U0344926

普通高等学校机械制造及其自动化专业“十三五”规划教材

编　委　会

丛书顾问：杨叔子 华中科技大学　　李培根 华中科技大学

李元元 吉林大学

丛书主编：张福润 华中科技大学　　曾志新 华南理工大学

丛书编委（排名不分先后）

吕　明 太原理工大学　　张宪民 华南理工大学

芮执元 兰州理工大学　　邓星钟 华中科技大学

吴　波 华中科技大学　　李蓓智 东华大学

范大鹏 国防科技大学　　王艾伦 中南大学

王　杰 四川大学　　何汉武 广东工业大学

何　林 贵州大学　　高殿荣 燕山大学

李铁军 河北工业大学　　高全杰 武汉科技大学

刘国平 南昌大学　　王连弟 华中科技大学出版社

何岭松 华中科技大学　　邓　华 中南大学

郭钟宁 广东工业大学　　李　迪 华南理工大学

管琪明 贵州大学　　轧　刚 太原理工大学

李伟光 华南理工大学　　成思源 广东工业大学

蒋国璋 武汉科技大学　　程宪平 华中科技大学

"十二五"普通高等教育本科国家级规划教材

普通高等学校机械制造及其自动化专业"十三五"规划教材

顾　问　杨叔子　李培根　李元元

机械工程概论

（第三版）

主　编　张宪民　陈　忠

副主编　邝泳聪　黄沿江

華中科技大學出版社

http://www.hustp.com

中国·武汉

内容简介

根据机械工程技术的基础性、入门性、全面性、前瞻性的要求，本书从机械设计、机械制造、机电控制三大部分，按照一定逻辑路线组织内容。在机械设计部分，从简单的力学知识到机构、零件、机器与创新设计；在机械制造部分，从原料到毛坯制造、少无切削的成形技术、传统制造、非传统制造；在机电控制部分，从机电控制基础到检测与传感、分布式控制技术；全面而简略地阐述了机械工程的基础知识。同时，特别增加了机器人技术概论与电子制造技术两个章节，以求突出现代机械工程所涉及的新领域与智能自动化技术。

本书可作为大专院校机械类专业一年级学生或非机械类专业学生开展机械工程通识教育的教学用书，也可作为从事机械工程相关工作的工程技术人员全面了解机械工程的参考书。

图书在版编目(CIP)数据

机械工程概论/张宪民，陈忠主编.—3版.—武汉：华中科技大学出版社，2018.11(2022.6重印)
普通高等学校机械制造及其自动化专业“十三五”规划教材
ISBN 978-7-5680-4736-4

Ⅰ.①机…　Ⅱ.①张…　②陈…　Ⅲ.①机械工程-高等学校-教材　Ⅳ.①TH

中国版本图书馆 CIP 数据核字(2018)第 257304 号

机械工程概论(第三版)
Jixie Gongcheng Gailun(Di-san Ban)　　张宪民　陈　忠　主编

策划编辑：俞道凯　　责任校对：刘　竣
责任编辑：姚　幸　　责任监印：周治超
出版发行：华中科技大学出版社(中国·武汉)　　电话：(027)81321913
　　　　　武汉市东湖新技术开发区华工科技园　　邮编：430223
录　　排：华中科技大学惠友文印中心
印　　刷：武汉科源印刷设计有限公司
开　　本：710mm×1000mm　1/16
印　　张：23　插页：2
字　　数：478 千字
版　　次：2022 年 6 月第 3 版第 3 次印刷
定　　价：48.00 元

本书若有印装质量问题，请向出版社营销中心调换
全国免费服务热线：400-6679-118　竭诚为您服务
版权所有　侵权必究

第三版前言

本书自 2011 年 9 月第一版及 2015 年 1 月第二版，目前已列入“十二五”普通高等教育(本科)国家级教材目录，日益受到广大师生的关注。随着我国普通高校本科教育继续强调“强基础、通识教育、交互学习”的教学理念及机械工程领域技术发展的日新月异，特别是工业信息物理系统、工业物联网、工业 4.0、人机交互工业机器人等新概念、新技术的出现与发展，故对本书进行增补并再版。

本书第三版继承第一、第二版中有关通识阐述的体系结构，强调机械工程知识的入门性与前瞻性、机械工程知识的全面性和知识选择性学习的灵活性三个特征，并着重在以下几个方面进行了增补与修订。

(1) 为了反映工业信息物理系统、工业物联网及工业 4.0 的相关基础内容，对第 12 章相关章节增补了主流实时工业以太网技术、工业信息物理系统的基础知识介绍。其中，为了简明扼要介绍工业信息物理系统的基础网络互联技术，以表格指标对比的方式，归纳介绍了主流实时工业以太网技术；同时，重点阐明了工业信息物理系统、工业物联网与工业 4.0 概念的相互关系，并以图形的形式简明扼要地阐明了工业信息物理系统的多层体系结构、基于云的分布式监控系统及与工业实时以太网技术的关系。在该章的拓展部分，强调了工业物理信息系统技术在电子制造领域中的应用案例。

(2) 为了在新版中反映机器人技术的在人机交互、软体机器人、机器人智能化等技术发展，对第 5 章内容进行了重新撰写。重点强调了工业机器人的历史发展与现状、工业机器人典型运动链构成、软体机器人等内容，并在拓展部分增加了机器人智能、机器人人-机交互方面的内容。本章的重新撰写，力图引起学生学习的兴趣，并引导学生主动探索、学习相关前沿机器人主题技术。

(3) 为了增强新版教材的互动性，在数字资源建设及教材的互动方面进行全面建设。在出版社教材学习网站上传了课件、丰富的视频资源。同时，通过在书中内嵌二维码，实现了书本与网络资源的对接，方便了对相关专业知识点的学习。

全书第三版由张宪民、陈忠主编。参加编写的还有邝泳聪、黄沿江等。具体编写分工如下。

张宪民、陈忠:确定再版编写、修订方案与统稿。

陈忠:负责第1章、第2章、第3章、第4章、第5章、第6章、第7章、第8章、第9章的课件与视频资源建设;负责增补第12章内容,增加了实时工业以太网与工业物理信息系统相关的内容。

邝泳聪:负责第10章、第11章、第12章的课件与视频资源建设。

黄沿江:负责第5章撰写,洪潮参与其中关于"机器人人-机交互"内容的撰写。

限于编者水平,书中不足之处,敬请读者批评指正。

编　者

2018年9月

前言

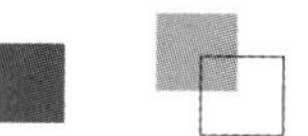

本书是应理工类普通高校本科学生机械工程知识的概述性教学需要而组织编写的，也可以作为高校其他专业本科学生学习机械工程知识的教学用书和参考读物。由于本书的使用对象为机械类低年级本科学生及非机械类本科学生，因此本书在安排上具有以下特点。

（1）强调机械工程知识的入门性与前瞻性。本书在机械工程的机械设计、机械制造与机电控制三个部分，通过基础性知识的介绍，逐步引入一些先进的机械工程专业知识内容，使学生对机械工程专业要解决的问题及解决问题的基本方法有一个初步的认识。如在第2章简要介绍了力与力平衡的知识及其与机械设计的关系；在第4章以案例的方式介绍了机械产品概念设计的方式方法、创新设计的过程。

（2）强调机械工程知识的全面性。本书涵盖了传统机械工程的设计、制造与控制的基本内容，还特别增加了第5章机器人技术概论、第9章电子制造技术等专题内容。这将进一步扩展读者的专业视野。

（3）针对不同读者，强调了本书的适应性。本书涵盖内容丰富。读者可有选择地阅读学习。特别是对非机械类本科学生，通过阅读本书的内容，可比较全面地了解整个机械工程基础专业知识。

本书的编写，意在激发学生们的专业学习热情，促使学生能够更加自主地投入到大学的后续学习生活。

本书由张宪民、陈忠主编。参加编写的还有邝泳聪、管贻生。具体编写分工如下：张宪民、陈忠确定编写方案并统稿；陈忠编写了第1章、第2章、第3章、第4章、第6章、第7章、第8章、第9章；邝泳聪编写了第10章、第11章、第12章；管贻生编写了第5章。

限于编者水平，书中不足之处在所难免，敬请读者批评指正。

编　者

2011年8月

目录

第1章　绪论 ……………………………………………………………… (1)
1.1　机械工程的起源与发展 ……………………………………………… (1)
1.2　机械工程的内涵与大学本科相关课程体系 ………………………… (13)
1.3　本书的特色与学习方法 ……………………………………………… (15)
1.4　知识拓展 ……………………………………………………………… (17)
本章重难点 ………………………………………………………………… (21)
思考与练习 ………………………………………………………………… (21)
第2章　机械结构的受力、运动与强度 ………………………………… (22)
2.1　相关本科课程体系与关联关系 ……………………………………… (23)
2.2　结构所受的作用力与运动 …………………………………………… (24)
2.3　机械结构所受的应力 ………………………………………………… (29)
2.4　知识拓展 ……………………………………………………………… (35)
本章重难点 ………………………………………………………………… (37)
思考与练习 ………………………………………………………………… (37)
第3章　机构、零件与机器组成 ………………………………………… (39)
3.1　相关本科课程体系与关联关系 ……………………………………… (40)
3.2　机器的功能与机构 …………………………………………………… (41)
3.3　常用机械零件 ………………………………………………………… (62)
3.4　机器的组成 …………………………………………………………… (71)
3.5　知识拓展 ……………………………………………………………… (78)
本章重难点 ………………………………………………………………… (81)
思考与练习 ………………………………………………………………… (81)
第4章　机械设计 ………………………………………………………… (82)
4.1　相关本科课程体系与关联关系 ……………………………………… (82)
4.2　机械设计概述 ………………………………………………………… (83)
4.3　机械设计的过程 ……………………………………………………… (85)
4.4　概念设计的案例分析 ………………………………………………… (89)

4.5 创新设计 …… (92)
4.6 创新设计的案例分析——智能化加工中心设计 …… (97)
4.7 现代设计方法简介 …… (101)
4.8 知识拓展 …… (109)
本章重难点 …… (112)
思考与练习 …… (112)
第5章 机器人技术概论 …… (113)
5.1 相关本科课程体系与关联关系 …… (113)
5.2 机器人的概念、发展、分类和趋势 …… (114)
5.3 机器人的机构 …… (130)
5.4 机器人的传感器 …… (133)
5.5 机器人的控制 …… (138)
5.6 软体机器人 …… (140)
5.7 知识拓展 …… (142)
本章重难点 …… (152)
思考与练习 …… (152)
第6章 机械制造中的毛坯成形技术 …… (154)
6.1 相关本科课程体系与关联关系 …… (154)
6.2 钢铁冶金与型材准备 …… (155)
6.3 传统的毛坯成形技术 …… (159)
6.4 先进的毛坯成形或近净成形技术 …… (167)
6.5 知识拓展 …… (173)
本章重难点 …… (175)
思考与练习 …… (176)
第7章 机械零件外形加工与装配连接技术 …… (177)
7.1 相关本科课程体系与关联关系 …… (177)
7.2 机械零件外形加工的运动学原理 …… (178)
7.3 传统的外形加工方法 …… (181)
7.4 非传统的外形加工方法 …… (190)
7.5 装配与连接技术 …… (197)
7.6 知识拓展 …… (199)
本章重难点 …… (210)
思考与练习 …… (210)
第8章 机械几何量的测量与检测 …… (211)

8.1 相关本科课程体系与关联关系 …… (211)
8.2 测量与检测基础 …… (212)
8.3 传统测量仪器与量具 …… (220)
8.4 现代测量与检测技术 …… (226)
8.5 知识拓展 …… (230)
本章重难点 …… (232)
思考与练习 …… (233)
第9章 电子制造技术 …… (234)
9.1 相关本科课程体系与关联关系 …… (234)
9.2 概述 …… (235)
9.3 集成电路制造技术 …… (237)
9.4 印制电路板的制造 …… (251)
9.5 印制电路板装配 …… (254)
9.6 知识拓展 …… (261)
本章重难点 …… (265)
思考与练习 …… (265)
第10章 机电控制基础 …… (267)
10.1 相关本科课程体系与关联关系 …… (267)
10.2 工业控制系统概述 …… (268)
10.3 经典控制方法 …… (272)
10.4 先进控制方法 …… (280)
10.5 伺服控制基础 …… (284)
10.6 数控技术基础 …… (293)
10.7 知识拓展 …… (303)
本章重难点 …… (303)
思考与练习 …… (304)
第11章 检测技术与传感器 …… (305)
11.1 相关本科课程体系与关联关系 …… (305)
11.2 检测技术基础 …… (306)
11.3 常用传感器 …… (310)
11.4 传感信号的变换与调理 …… (323)
11.5 自动化仪表 …… (327)
11.6 虚拟仪器概述 …… (330)
11.7 知识拓展 …… (333)

本章重难点 …………………………………………………………… (333)
思考与练习 …………………………………………………………… (334)
第12章 分布式工业控制技术与工业信息物理系统 ………………… (335)
12.1 相关本科课程体系与关联关系 ……………………………… (335)
12.2 现场设备的通信方式 ………………………………………… (336)
12.3 分布式控制系统 ……………………………………………… (340)
12.4 工业信息物理系统 …………………………………………… (351)
12.5 知识拓展 ……………………………………………………… (355)
本章重难点 …………………………………………………………… (358)
思考与练习 …………………………………………………………… (358)

第1章 绪论

机械工程的发展不可避免地包含设计与制造的交合。回顾历史，人类的制造活动在工业革命前主要是凭手艺，以手工作坊形式进行的。工业革命后则是以制造厂、制造企业、制造业方式进行的。在20世纪前半叶，制造业的主体是机械制造业，企业关注的仅是产品在企业内的生产。在20世纪下半叶，制造业则已扩展为大制造业，为了企业的生存和发展，企业需要关注产品寿命的全过程，而不仅仅是产品在企业内的生产过程。

机械化、机械自动化、机电一体化的历史演进体现了现代机械工程技术的重要内涵。进入20世纪下半叶，微电子技术与信息技术的迅速发展和迅速普及，使人类的生产活动、技术开发和社会生活开始进入信息化和智能自动化时代，极大地减轻了人体力劳动的强度，提高了社会劳动生产率。在今天，现代机械工程技术已成为实现现代化的基石，是现代社会和现代文明发展的动力。

1.1 机械工程的起源与发展

1.1.1 机械设计

1. 古代至17世纪初的古代设计技术

根据我国近代的考古发现和我国的古代书籍记载，表明在4 000多年前，我国的机械设计已经有了一定的规范，掌握了初步的物理知识。如新石器时代的尖底瓶，它是仰韶时代的产物，瓶为陶制，口小、腹大、底尖，两侧的耳可以装绳索。在汲水时，因瓶底尖、重心高，瓶会倾倒，水由瓶口流入；当瓶中水量达到一定量时，其重心改变，使瓶直立在水中,瓶口露出水面,灌水自动停止。这一器皿的发现说明我国古代人民具有初步的物理知识,并能用于产品设计,其性能在当时是很先进的。《诗经·邶风·泉水》中有“载脂载辖,还车言迈”,说的是当时已经采用油脂润滑轴承。在我国古代文献中随处可见机械产品与人民生活密切的联系。在我国春秋战国时代的著作《道德经》中有“三十辐共一毂,像日月也”的说法,而在秦陵发掘出来的二号铜车马,其车轮就有30个轮辐。虽然当时的车并不都是每个车轮用30个轮辐,但是对轮辐的数目已经有了一定的规定,表明机械设计已经有了一些规则。

此外,我国古代在武器、纺织机械、农具、船舶等方面也有许多发明,到秦汉时期(公元前221—公元220年),我国机械设计和制造已经达到相当高的技术水平,当时在世界上处于领先地位,在世界机械工程史上占有十分重要的位置。

东汉时已经设计制造了比较成熟的记里鼓车和指南车。记里鼓车能自报车行距离,从记里原理来看,其内部构造肯定为机械传动,甚至有人推测有齿轮组成的轮系传动,并作出了复原模型,如图1-1所示。

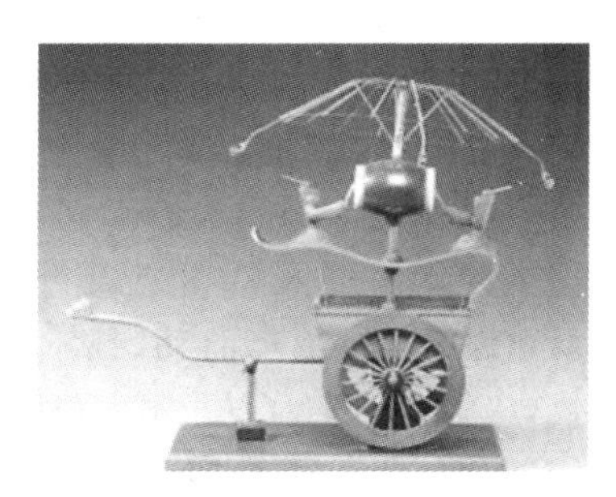

图 1-1　记里鼓车复原模型

在我国古代,机械发明、设计与制造往往是一人所为。有许多著名的人物,他们的成果代表了当时我国的机械设计水平。

三国时期魏人马钧以善于设计、制造机械闻名。他改革了纺织机械,简化其结构,提高了效率;设计了提水机械——翻车,翻车是一种刮板式提水机械,又名龙骨水车,轻快省力,在以后很长时间内得到广泛的应用;设计了水轮机,用水推动木轮转动,其上有机械人作表演;此外还设计和改进了一些兵器。

三国时期魏乐陵太守韩暨在马排的基础上发明了水排,将卧式水轮的旋转运动,经绳传动,配以曲柄、连杆等,转换为直线往复运动。

唐朝时,我国与许多国家开展了经济、文化和科学技术交流,与东亚、东南亚、阿拉伯地区及非洲东海岸贸易频繁,这对我国和世界其他一些国家有很大的影响。由于贸易的发展,要求增加商品,从而改进生产设备,使机械设计也有了很大的发展,造纸、纺织、农业、矿冶、陶瓷、印染机械及兵器等都有新的进展,机械设计水平也提高了一大步。宋人沈括的著作《梦溪笔谈》记载了当时的许多科学成就,反映了当时的科学水平。

宋朝福建人苏颂奉皇帝之命设计制造了大型计时、天文仪器“水运仪象台”,其结构如图1-2所示。水运仪象台高约12 m,宽约7 m,分3层。上层平台上安放“浑仪”，可对天体进行跟踪观测；中层密室内安放“浑象”，标出了约1 400颗恒星的位置，可以演示天象；下层是报时装置。水运仪象台运转时，用人力提水到高处的容器中，通过定量装置用水力推动水轮，带动传动系统，昼夜不停转动。这一装置中已经有了现代计时仪器中起擒纵器作用的机构，有初步的自动控制系统设计的思想，是机械史上引人注目的创造性设计。

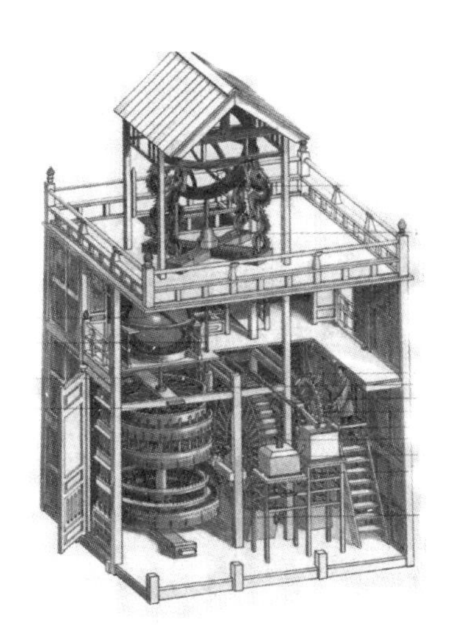

图1-2　水运仪象台的结构

13世纪末出现了铜火铳，元朝时有较大的发展，明初已能生产多种形式的火铳，一门炮可重达数百斤。

中国火器传入西方后，13世纪至16世纪欧洲火器技术得到很大的发展，并于明朝正德、嘉靖年间传入中国。这些火器的性能优于当时的中国火器。中国由1523年开始仿制欧洲火器。

以上成果反映了我国古代机械设计的光辉成就。世界其他国家也有不少古代机械设计的成果，但这些设计多是凭设计者的经验完成的，缺乏必要的和一定精度的理论计算。

2. 17世纪初至第二次世界大战结束的机械设计

17世纪，欧洲的航海、纺织、钟表等工业兴起，提出了许多技术问题。1644年，英国组成了“哲学学院”，德国成立了实验研究会和柏林学会。1666年，法国、意大利也都成立了研究机构。意大利人伽利略(1564—1642年)发现了自由落体定律、惯性定律、抛射体轨迹，还进行过梁的弯曲实验；英国人牛顿提出了运动三定律，提出了计算流体粘度阻力的公式，奠定了古典力学的基础；英国人胡克建立了在一定范围内弹性体的应力-应变成正比的胡克定律；1705年，伯努利提出了梁弯曲计算的微分方程式，在古典力学的基础上建立和发展了近代机械设计的理论(也称为常规机械设计理论)，为18世纪产业革命中机械工业的迅速发展提供了有力的理论支持；1764年，英国人瓦特发明了蒸汽机，为纺织、采矿、冶炼、船舶、食品、铁路等工业提供了强大的动力，推动了多种行业对机械的需求，使工业的机械化水平迅速提高，从而进入了产业革命时代。这一时期，对机械设计提出了很多要求，各种机械的载荷、速度、尺寸都有很大的提高，机械设计理论也在古典力学的基础上迅速发展。

在1854年德国学者劳莱克斯发表的著作《机械制造中的设计学》中，把过去包含在力学中的“机械设计学”独立出来，建立了以力学和机械制造为基础的新学科体系，由此产生了“机构学”“机械零件设计”，成为机械设计的基本内容。在这一基础上，机械设计学得到了很快的发展。在疲劳强度、接触应力、断裂力学、高温蠕变、流体动力润滑、齿轮接触疲劳强度计算、弯曲疲劳强度计算、滚动轴承强度理论等方面都取得了大量的成果；新工艺、新材料、新结构的不断涌现，使机械设计的水平也取得了很大的发展。机器的尺寸减小，速度增加，性能提高，机械设计的计算方法和数据积累也相应有了很大的发展，反映了时代的特色。

3. 第二次世界大战结束到现在机械设计

第二次世界大战以后，作为机械设计理论基础的机械学继续以更加迅猛的速度发展，摩擦学、可靠性分析、机械优化设计、有限元计算及计算机在机械设计中迅速推广，使机械设计的速度和质量都有大幅度的提高。在机械中计算机和自动化程度的提高，使现代机械具有明显的特色。因此，机械设计在理论、内容和方法方面与过去相比，有了划时代的发展。

而国际市场的激烈竞争，使世界各国逐渐认识到产品市场竞争对各国经济发展的重要作用。面对印有“Made in U. S. A”的美国产品充斥德国市场，德国提出了“关键在于设计”的口号，计划努力恢复德国产品的声誉，使“Made in Germany”风靡世界。日本虽然在某些尖端科学研究方面走在一些国家的后面，但是在产品设计方面发展很快，迅速摆脱了第二次世界大战以前“东洋货”质量不好的印象，大量生产各国市场需要的产品，取得了巨大的经济效益。美国、英国也逐渐认识到产品设计的重要意义，美国提出了“为竞争的优势而设计”(designing for competitive advantage)的口号。因此，机械产品设计技术在这一时期获得了空前的进展。“21世纪将是设计的世纪”，机械设计目前已经不宜再作为机械学的一个分支，而应该认为是与机械学并立的一门技术科学了。

为了更快、更好地促进我国的机械设计科学的发展，必须集中探讨机械设计各主要环节的正确工作方法和解决关键问题的途径，收集新产品开发的成功经验和范例，积累大量的设计资料，了解世界有关行业的发展动向，致力于提高我国机械工业的水平，生产出具有国际竞争能力的机械产品。

1.1.2 机械制造

1. 古代制造技术的发展

从公元前的五帝时代到明朝末期(即17世纪中叶)的4 000多年里，我国的机械制造技术一直领先于世界。那时，机械制造采用手工作坊的生产模式，生产以手工操作为主，以人力、牲畜力和自然力作为加工机械的动力来源，机械化得到初步应用。

众所周知，在古代没有现代的机械制造概念，不存在制造业这样划分清楚而又独立的行业，也没有较为系统的制造技术发展史料。为了便于了解古代机械制造发展中所取得的成就，本节将从原动力的发明、传动机或传动机构的发明这两个方面出发，对古代机械发展中一些较为典型的机构作简要介绍，说明古代制造技术发展的历程。

1）原动力方面的发明与制造技术的进步

无论哪一个民族，在制造业发展的初期，所需要的原动力都来自人力。后来最重要的一步发展是在人力以外利用其他的原动力。开始时利用牲畜力，后来利用风力、水力和热力，结果使机械制造的劳动生产率不断提高。古代制造技术所需的原动力包括以下几个方面。

（1）牲畜力　人类利用牲畜力为原动力是很早的。利用牲畜力作为农业方面的原动力，在我国古代社会极为普遍。除运输方面，如拉车驮载等以外，最显著的有以下三个方面：第一，利用牲畜力耕田及播种；第二，利用牲畜力碾米及磨面；第三，利用牲畜力带动水车灌溉田地。利用牲畜力还可为制造提供原动力，如冶金铸造所用的鼓风器所用的原动力，最初当然是人力，后来采用了牲畜力，再后来就发展到利用水力。目前，在原动力利用方面，牲畜力已处在次要地位，但是因为利用方便，在不少发展中的农业国家，牲畜力作为原动力仍占很重要的地位。

（2）风力　我国史书就有利用风力以表明风的方向；利用风力作为一种原动力以帮助行船及行车的记载。当人类最初发明利用风力的时候，首先是利用它在直线方向发生的压力或推力，以补充人力的不足，船上用的帆就是实例。利用一种风轮把风的直线运动转换为一种回转运动，以便做各种工作。

（3）水力　在这方面，我国的应用很早，并且利用的方式很多。最初的实例就是“刻漏”或“铜壶”。当时用刻漏表示时间，天文志上记载有“黄帝创观漏水”。其次，还有利用牲畜力的马排发展而来的水排，用于冶铸鼓风。另外，还有用水力作为天文仪器的原动力，用水力作为舂米的原动力，用水力作为碾米磨的原动力，用水力扬水和用水力纺纱等。这些发明在劳动生产中广泛应用，给人民的生产和生活带来了很大的帮助。

（4）热力　在热力的利用方面，中国在古代一直处于世界领先地位。像火箭这一武器，全世界都公认是我国最先发明的，因为它是能够由热力变换为机械力并且能做出相当大的功，所以应当归入热力发动机一类。除火箭以外，还

有其他的一些应用热力的武器,像作为飞弹的震天雷炮、神火飞鸦和自动爆炸的地雷、水雷和定时炸弹等。这些成就充分显示了我国古代人在热力利用过程中的智慧。

在以上介绍的有关各种原动力中,似乎与制造技术的进步没有太大关系,但是这些原动力后来都转变为制造过程中的各种动力源,使人类在制造方面脱离了自身力量的限制,从而大大提高了人类的制造能力,并加快了制造技术的发展。

2) 传动机或传动机构方面的发明

为了解决原动机的回转运动与工作机运动形式的转换及运动的传递问题,同时也可实现驱动能的传递,需要各种类型的传动机或传动机构。下面对几类常用的传动方式进行说明。

(1) 绳带传动　绳带传动是人类制造技术发展史上出现最早的一种传动机构形式,虽然在它出现之初还仅仅是一种不成熟的传动机构,但它却是人类机械制造发展历程中的一项重大突破。在距今 2 000 年左右的西汉末年,在凿盐井的过程中就曾采用过绳带传动,据宋应星所著的《天工开物》上记载:在凿井的时候用牛转绳轮,再经过导轮和辘轳等向上提水和舂碎的石粉泥浆。另外还在磨床上使用绳带传动,古代用于琢磨玉石的磨床,在磨石轮轴的两边,各将绳索或皮条的一端固定在轴上,并按相反的方向各绕轴几周。此外,在镟木加工的镟床上,各种起重用的滑车上和拉重物用的绞车上,也都采用了绳索或皮条来传递运动和力量。

(2) 链传动　在我国,链的应用发明也很早。而真正用于传动的链大多属于搬运链的性质,包括翻车及拔车、水车、高转筒车和天梯。其中,天梯是一种铁制的链子,把下边的一个小横轴的转动经过两个小链轮传递到上边的一个小轴杆上,这是一种真正具有传递动力和运动性质的链条。链传动相对绳带传动来讲,它的传动较为精确,是在绳带传动之后出现的一种较为成熟的传动形式。

(3) 齿轮和齿轮系传动　齿轮和齿轮系是传动机或传动机构里最重要的一种。我国齿轮和齿轮系的发明可以上溯到秦代或西汉初年。我国利用齿轮传动所发明的一些典型机构,包括记里鼓车、指南车上的齿轮系等。此外还有北宋时的水运仪象台上所用的齿轮系,北宋末年王辅和元代郭守敬所制水力天文仪器上所用的齿轮系,元末明初詹希元所制五轮沙漏上所用的齿轮系等。齿轮机构的出现是人类机械制造技术发展史上具有划时代意义的一件大事。

这些机构的发明与制造为后来设计与制造出更为高级精密的设备提供了必要的条件,从而使制造能力大大提高成为可能。可以说,以上每一种机构的出现都是人类机械制造技术发展史上的一座里程碑。

2. 近代制造技术的发展

在漫长的古代制造技术的发展历程中，各种工具或机械相继被制造出来了，人类的生活逐渐得到了改善。近代制造技术真正取得了飞速发展，其成就也远远超过以往漫长年代所有成就的总和。

1）工业革命前后机械制造的发展

（1）动力源的变革——从气压的利用到蒸汽机的诞生　18世纪，随着纺织机的发明、矿山开采的需求及靠水车转动的机械的局限性，人们希望能出现一种比水车更强大的动力装置。

1680年，荷兰人惠更斯利用大气压使装在汽缸里的活塞动作。后来，帕平接受惠更斯的这种想法，改用蒸汽取代火药使活塞动作，其发明成为发明蒸汽机的导火索。1712年，纽克门终于完成了第一台实用的蒸汽机。

为了解决热利用率问题，1765年，瓦特发明了可以保持真空的“另外的容器”，即给蒸汽机安装上冷凝器，并进一步完成了利用蒸汽压力而运动的蒸汽机的发明。到了1780年左右，蒸汽机已被大量采用，成为各种工厂特别是制造工厂的强大动力源。

（2）机床的发展　在同一时期，各种机床陆续问世，其数量也日益增多，工厂也犹如雨后春笋般在各地出现。18世纪，英国的工业在世界上是发展最快的，需要大量生产机械设备，推动了各种金属加工机床的问世。

① 刀具的自动进给　15至16世纪，脚踏式的、通过曲轴使主轴转动的车床开始被大量地使用。但是，刀具仍需要用手拿着。为了解决这些问题，人们又考虑出了新的加工方法，不是手握刀具，而是制作一个支承台，用其固定刀具。当时，很多人都提出了带有支承台的车床设计。

② 威尔金森的镗床　1769年，英国出现了用水车作动力的镗床。后来，英国又有人改进了这种镗床(如图1-3所示的威尔金森镗床)。如加工气缸，将刀具安装在支承着两端的一根粗轴上，这个轴贯通气缸；旋转这根轴，再使汽缸毛坯移动，以此方法切削加工的汽缸直径为50 in(1 in＝25.4 mm)，误差为1/16 in左右。因此，瓦特的蒸汽机能正常动作，是与镗床的进步分不开的。

③ 带有进刀装置的车床　为了设计并制造出一种不需要过多实践经验就能准确运转的机床，在1770年左右，诞生了将装有刀具的底座通过螺纹旋转产生进给的机床。在同一时期，英国的机械技师拉姆兹汀也制造了一台通过丝杠进给刀具切削螺纹的机床。在1780年，莫兹利制成一台螺纹切削车床，这种车床以切削出高质量的螺纹为目的，如图1-4所示。该车床是全金属的，全长36 in，刀具安装在刀架上，该刀架和一根丝杠啮合，可以左右移动。这样，刀具就完

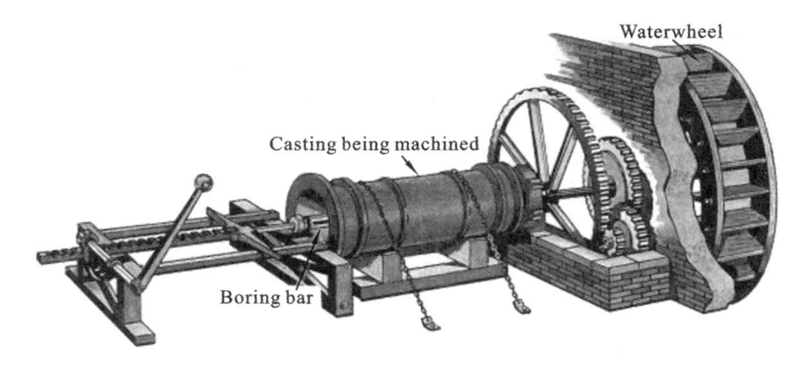

图 1-3　威尔金森镗床(John Wilkinson 1774 **年发明**)

全脱离了人手的控制,成了机床的一部分。莫兹利的带有进刀装置的全金属车床,是今天车床的原型。

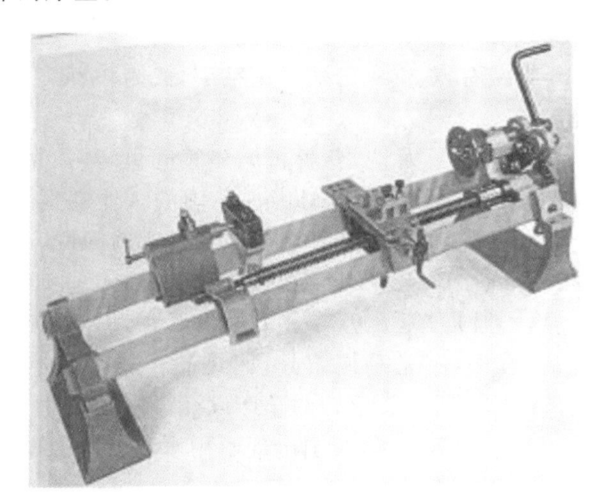

图 1-4　莫兹利(Henry Maudslay)**发明的螺纹切削车床**

(3) 动力的发展与进步　1804 年,第一台行驶在轨道上的蒸汽机车出现。其后德国、法国和荷兰修建了铁路,蒸汽机车就成为铁路运输的主要工具。由于蒸汽机体积大,安装和移动并不容易,当时出现了研制内燃机的热潮。英国的巴尼特于 1838 年制造出一台十分精巧的装有点火装置的内燃机。1859 年,法国的勒努瓦制成内燃机,并开始投入实际使用。此后,英、法、德国的工程师对内燃机不断改进。1886 年,戴姆勒制造出转速为 900 r/min 的内燃机并装在他为妻子 43 岁生日而购买的马车上,成为世界上最早使汽车奔驰的人。1831 年,德国的雅可比制造出一种新型的电动机。此后,电动机成为机械制造业的重要动力源。

2）大批量生产

（1）互换式生产方法　从19世纪初期到中期，北美战争不断，从而对枪支的需求量大大增加。而在当时枪支大部分是由手工加工的，这种手工加工出来的枪支不仅生产量极少，而且共用性很差。人们认识到，只有使枪支的各种零件都实现标准化，具有互换性，才能真正地解决这一问题。惠特尼首先提出并创立了互换式的生产方法，在此基础上，他还建立了世界上第一个采用互换式生产模式进行生产的工厂。此后，在自行车、缝纫机、打字机等行业开始逐渐推行这种方法。

（2）机床技术的发展　为了保证互换式生产方法的顺利推行，就需要性能良好的机床，于是生产者们努力制作高质量的机床，由此各种新型机床就被陆续制造出来了。

① 铣床　开始实行互换式生产方法的惠特尼，为了尽量实现加工生产的自动化，于1818年制作了世界上第一台卧式铣床。这种铣床是刀具转动，而所要加工的工件随工作台前后、左右移动，它可以铣削出平面。1861年，Brown & Sharpe公司的Brown和其合伙人发明了可以加工螺旋线的万能铣床，并取得了巨大成功，图1-5所示为该万能铣床的示意图。铣床的发明促进了互换性生产，并对后来的制造技术的发展作出了重要的贡献。

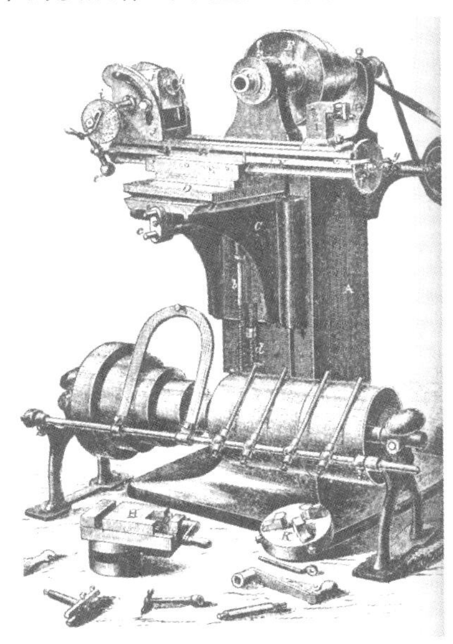

图1-5　1861年的Brown & Sharpe万能铣床

② 仿形机床　尽管惠特尼设计的多种机床可用于加工多种枪械上的零件，但枪托仍然是手工作业，因为其形状不规则，当时的机床不能加工这种不规则的形状。为了解决这一问题，美国的托马斯·布兰查德凭着自己对机械的执著，发明了可以把木制枪托完整精加工成形的机床。这就是仿形机床的原型。

③ 转塔车床　随着大量机械装备的生产，需要大批的螺栓和螺母，但当时的生产能力不能保证其需求。为此，转塔车床诞生了。这种机床在滑鞍上装有一个称为塔的刀架。使用这种车床时，可以不用两个顶尖夹持工件，而是让工件材料通过中空的主轴，使用卡盘夹持工件。这种转塔车床可以安装几把刀具，刀具按顺序和一定的角度转动，适用的刀具就到达工件的加工位置。这种转塔车床使大批量的生产方式更加完备了。

3）自动化

20 世纪初出现的泰勒科学管理法及随之出现的各种技术的发展，更进一步推进了工业生产方式的合理化。在这种环境之下，当时的一些企业家与机械技师开始提出各种改进生产方法与生产模式的方案，以希望缩短加工时间和降低成本，从而满足当时人们对产品不断增长的需求。

(1) 福特生产系统　在生产工序中，最费时间的不是加工，而是在制品等待下一道工序加工的时间。但是，福特不只是为了使搬运这种作业实现机械化而使用传送带，他认为还必须重新考虑各种作业的方法，诸如如何配置人员、每个人所要进行的工作怎样安排才为最合理等。考虑到上述情况，福特通过使产品单一化、各种零部件标准化，以及机床和工具等单一化、标准化，完成作业简化。自动线上的每个操作工人只需从事单一的作业。由于作业的单一化和引进传送带可以大幅度地提高生产效率，所以，后来人们就把这种生产方法称为传送带系统，或者用福特的名字来命名，称为“福特生产系统”。

(2) 自动生产加工线　随着可以实现单一作业的专用机床，例如钻孔用的专用机床、切削螺纹的专用机床的出现和把它们用传送带连接起来后，整个机械加工的自动化程度就提高了。起初人们把这种机床称为连续自动加工机床。

1928 年，米尔沃尔基的斯密思公司为了加工汽车的车架而制造出自动加工线，1 天可以制造出 1 万台汽车车架。1947 年，福特建成了新的高性能的自动生产加工线，而且在公司内成立了为这种高性能自动生产加工线进一步提高生产效率的部门，并给该部门取名为“自动化(automation)部”。自从福特设置了自动生产加工线以后，许多地方的汽车制造工厂也都设置了自动生产加工线。以此为起点，不只是汽车工业，自动化技术也普及到了化学、仪器等其他行业，使各种行业都朝着自动化生产的方向迈进。

（3）机床的自动化　到19世纪末，能够适应零件加工多样化的万能机床应运而生。后来，随着大批量生产方式的推广，只需进行简单加工的单功能机床出现，减少工件的搬运时间就成为减少制造时间的关键。由此，可以连续不断地加工相同零件的自动加工机床出现了，这就是组合机床生产线的前身，它是由很多单功能机床组成的。

（4）电子技术与机床　第二次世界大战后，有关自动控制理论的研究取得了迅速的进展。在机械制造工厂，因电子技术在机床等加工设备中的应用，以及随后连续自动加工机床也采用了电子技术，这就使机械生产加工向更高程度的自动化道路迈进了一步。

4）系统化

（1）数控机床的普及　在20世纪40年代，帕森斯曾研究过一种可以加工工具的机床，加工出的工具可以用于检查直升机机翼轮廓。1952年，麻省理工学院与帕森斯合作研发了世界上第一台数控机床，它是机械和电子技术相结合的结果。后续的研究获得了成功，并籍此开始了数控机床的工业化。

美国的卡尼-特莱克公司于1958年研制成功了一种称为加工中心的机床。这种机床是配有自动换刀装置的数控机床。加工中心备有可容纳几十把刀具的刀库，通过穿孔纸带进行控制。机械手根据事前存储在穿孔带上的指令，可以自动取出当前加工所需要的工具，并送到主轴的前端，夹紧后进行加工。由于用一台机床就可以进行铣削、钻孔、镗削等多种加工，因此加工中心很快得到了普及。

（2）群控管理系统　数控机床在推动机械加工自动化、提高生产效率方面取得了很大的成绩。但仅机床用计算机控制，并实现自动化还是不够的，最好整个工厂都实现自动化，这就是所说的工厂的省力化。在此基础上又有人提出实现工厂的无人化方案。这就要求进一步将机械加工系统组成一个整体进行管理。

因此，人们就考虑了自动加工系统，该系统的核心就是用一台计算机管理多台数控机床，人们把这种系统称为群控系统。可以说它是由计算机和数控机床的一个机群组成的。计算机设在控制室里和若干台数控机床联合起来使用。

制造技术是从简单工具的制造开始，逐渐发展成为复杂机械的研制的，其本身也是从低级幼稚阶段逐渐进入高级先进阶段的。特别是第二次世界大战后，各种制造业都迅速地发展起来，对我们的社会发展起了巨大推动作用，给我们的社会带来丰富的物质财富，把人类从各种繁杂的体力劳动中解脱出来，大大提高了人类改造自然的能力。

3. 未来制造技术的发展

在近代制造技术的发展历程中,人类不仅创造出了新的机械设备和动力源,而且应用了大批量、自动化、系统化等高效的生产模式。近年来,随着IT和互联网技术的高速发展,现实的物理环境与虚拟的数字世界的交互已经成为发展的必然趋势。为此,制造业将迎来一场在产业模式上根本性的变革。

2013年4月,德国政府在汉诺威工业博览会正式推出了工业4.0战略,旨在提高德国工业的竞争力,维持其工业领头羊的地位。自此,工业4.0的概念成为了未来制造业发展的风向标,预示着基于数字化、网络化和集成化的新一代工业革命的到来。

1)信息物理融合系统

信息物理融合系统(CPS)是一个综合计算、网络和物理环境的多维复杂系统,能够通过计算、信息和控制技术的有机融合和深度合作,实现虚拟世界与物理世界的紧密交互。未来制造业的发展将以CPS为技术基础,将人需求的数据、制造现场设备传感器输出的数据和控制数据及企业信息数据融合成大数据,传到云端进行存储、分析,并形成决策,反过来指导设备的生产和企业的运营,从而实现人、物理设备和数字信息的紧密联系,提高制造业的生产灵活性和资源利用率。

2)"智能工厂"与"智能生产"

"智能工厂"和"智能生产"是工业4.0项目的两大主题,也是实现制造业技术革新的关键。智能工厂重点研究智能化生产系统及过程,以及网络化分布式生产设施的实现;智能生产主要涉及整个企业的生产物流管理、人机互动及3D技术在工业生产过程中的应用等,利用物联网的技术和设备监控技术加强信息管理和服务。

智能工厂的基本设想是制造的产品集成了动态数字存储器和通信能力,承载着整个供应链和生命周期中所需的各种信息,整个生产链中所集成的生产设施能够实现自组织,以及能够根据当前的状况灵活地决定生产过程,从而建立一个高度灵活的个性化和数字化的产品和服务的生产模式。在这种模式下,智能工厂能够掌握产品生命周期信息,从而定制出灵活多样的生产制造周期,并实现个性化产品定制;能够实现产品研发、生产、市场、服务、运行及回收各个阶段的动态管理。

智能工厂系统与近代工厂的自动化系统完全不同,智能工厂系统集成了信息物理融合系统在制造和物流的技术中,并在工业流程中使用物联网及其服务技术,它采用的是面向服务的体系架构(见图1-6)。在该体系中,采用物联网技术实现现场物理设备之间的连接，采用信息物理生产系统（CPPS）进行控制，连接安全可靠的云网络主干网进行监控管理，采用互联网提供服务。

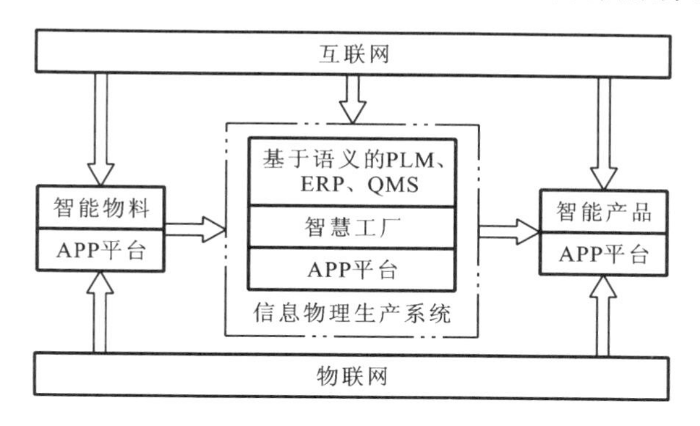

图 1-6　智能工厂的体系架构图

3）分散化生产模式

（1）生产力的分散化　在工业化大生产的时代，由于分工明细和大批量生产的需要，一方面，工人和技术人员等劳动力会被集中在一起工作；另一方面，生产力往往只集中在少数的大规模生产企业。随着 IT 和互联网技术及制造技术的发展，这种“集中式”的生产模式开始向“分散化”模式发展。分散化生产模式的实现依赖于强大的信息沟通系统及数据处理能力，届时人们在家也能完成自己的工作任务，而大规模的集中生产力也将分散成一个个数据互联的生产个体。

（2）产业链的分散化　以往的制造业主要关注于制造技术的发展，产业链中各个模块之间及各行业之间是独立的管理模块。分散式生产的目标是建立一个高度灵活的个性化和数字化的产品与服务的生产模式。在这种模式中，传统的行业界限将消失，并产生各种新的活动领域和合作形式，创造新价值的过程将发生改变，产业链分工将被重组。

1.2　机械工程的内涵与大学本科相关课程体系

在 1.1 节，我们勾勒出机械工程的发展全景，但为了更好地认识机械工程的实质内涵，需给出机械工程的定义与内涵。机械工程是以有关的自然科学和技术科学为理论基础,结合生产实践中积累的基础经验,研究和解决在开发、设计、制造、安装、应用和修理各种机械中的全部理论和实际问题的总称。

机械工程学科包括机械设计及理论、机械制造及自动化和机械电子工程学科等。

机械设计及理论是对机械进行功能综合并定量描述及控制其性能的基础技术学科。它的主要任务是把各种知识、信息注入设计中,加工成机械制造系统能接受的信息并输入机械信息系统。机械制造及自动化是指接受设计输出的指令和信息,并加工出合乎设计要求的产品的过程。因此,机械制造及自动化是研究机械制造系统、机械制造过程手段的科学。机械电子工程是 20 世纪 70 年代由日本提出来的用于描述机械工程和电子工程有机结合的一个术语。机械电子工程学科已经发展成为一门集机械、电子、控制、信息、计算机技术为一体的工程技术学科。该学科涉及的技术是现代机械工业最主要的基础技术和核心技术之一,是衡量一个国家机械装备发展水平的重要标志。图 1-7 所示为机械工程学科的技术构成。

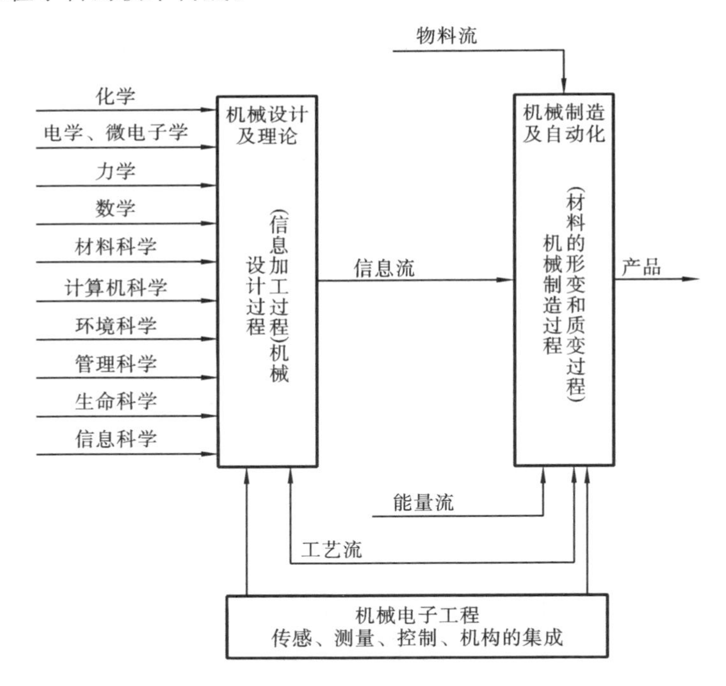

图 1-7　机械工程学科的技术构成

设计与制造是两个不可分的统一体,忽视了这一点就有可能出现以下问题:若轻制造,用先进的设计技术,就可能制造出“质量不高的先进产品”;反之,若轻设计,用先进制造技术,又可能制造出“落后的高质量产品”。只有用先进的设计技术设计出适应社会需求的产品,以先进的制造技术制造,才能形成对市场的快速响应。

机械设计及理论学科的研究对象包括机械工程中图形的表示原理和方法;机械运动中运动和力的变换与传递规律;机械零件与构件中的应力、应变和机械的失效;机械中的摩擦行为;设计过程中的思维活动规律及设计方法;机械系统与人、环境的相互影响等内容。

机械制造及自动化学科包括机械制造冷加工学和机械制造热加工学两大部分。机械制造发展至今,正由一门技艺成长为一门科学。机械加工的根本目的是以一定的生产率和成本在零件上形成满足一定要求的表面。为此,正在逐步形成研究各种成形方法及其运动学原理的表面几何学;研究材料分离原理和加工表面质量的材料加工物理学;研究加工设备的机械学原理和能量转换方式的机械设备制造学;研究机械制造过程的管理和调度的机械制造系统工程学等。

机械电子工程的本质:机械与电子技术的规划应用和有效的结合,以构成一个最优的产品或系统。机械电子方法在工程设计应用中的基础是信息处理和控制。有些人可能对“机械电子学”产生反感,认为它“仅仅是控制工程的改头换面”,持这种观点的人没有认识到采用和结合电子技术与计算机技术对机械系统设计方法产生的直接影响。事实上,用机械电子工程的设计方法设计出来的机械系统比全部采用机械装置的方法更简单,所包含的元件和运动部件更少。例如,以机械电子方法设计的一台缝纫机,利用一块单片集成电路控制针脚花样,可以代替老式缝纫机约 350 个部件。因为将复杂的功能(如机械系统的精确定位)转化为由电子来实现,所以带来了很多方便。多年来,机械工程、电气工程和电子工程早已相互结合。

作为大学本科阶段的机械工程教育的课程体系,要着眼于适应现代机械工程的高素质工程型人才的培养,体现了全面掌握相关领域知识的课程安排。

1.3 本书的特色与学习方法

本书作为综合性大学文理工科机械工程知识的启蒙读物,基本内容紧密围绕现代机械工程相关的机械设计、机械制造、机械电子三个层次,而各层次内容

通过绪论及其各章的引述说明关联起来。由于现代机械工程的内容很多，本书既要反映传统机械工程技术，又要体现现代机械工程技术及其最新发展。因而，在具体内容组织上以机械工程材料常识、机器的构成与设计、现代设计技术、传统加工制造技术、先进制造技术、现代机械工程中的传感器技术及测控技术等为主线，力求反映现代机械工程的技术全貌。

本书的主要内容详述如下。

绪论部分及机械工程材料常识部分从机械设计与机械制造两个方面介绍机械工程各阶段的发展，介绍了现代机械工程的内涵及本课程的学习方法，并列出一些学习的参考文献。该部分还论述了机械工程常用材料的冶金制备的常识、常用的金属材料和部分非金属材料特点及在机械工程中的应用实例。

机械设计部分包括机器的构成与设计、精度设计与测量、部分现代机械设计方法，主要讲述了机器的组成、常用机构的类型及应用，机械零件、传动等机械设计知识，机械精度设计涉及互换性技术与长度测量技术，以及优化设计、并行设计、逆向工程、虚拟设计等部分现代设计方法。

机械制造部分包括毛坯成形设备与方法、零件外形加工技术与机床、先进制造技术基础，主要讲述铸造技术、塑性成形技术、焊接技术、注射成形技术等冷、热加工方法，外形加工原理，切削加工、磨削加工、精整和光整加工方法等外形加工方法与机床、特种加工技术与机床，机械装配技术与设备，先进制造技术中的制造自动化技术、精密与超精密加工技术、快速原型技术、虚拟制造技术、微细制造与纳米技术、工业机器人、计算机集成制造技术、并行工程与精良生产。

机械工程中的机械电子与控制篇包括机电控制基础、检测技术与传感器、工业分布式控制技术，主要讲述工业控制系统基础、常用工业控制方法、先进控制方法、数控技术基础；检测技术理论基础与传感器技术基础、虚拟仪器技术；工业分布式控制系统。

支撑机械工程及自动化专业的课程由公共基础课、学科基础课和专业领域课体系构成。公共基础课一般包括高等数学、大学物理、大学化学、线性代数、积分变换、英语、画法几何及机械制图等。学科基础课一般包括理论力学、材料力学、电工与电子技术、机械工程材料、互换性与测量技术基础、成形技术基础、机械原理、机械控制工程基础、机械设计、微机原理与应用、测试基础、机械制造技术基础等。专业领域课一般包括机械设备数控技术、快速成形技术、网络制造信息系统、功能材料、成形工艺与磨具设计、机械制造自动线设计、虚拟仪器、光电技术与系统、机器人学导论等。

支撑机械电子工程专业的课程由公共基础课、学科基础课和专业领域课体系构成。公共基础课一般包括高等数学、大学物理、大学化学、线性代数、复变函数、积分变换、英语、画法几何及机械制图等。学科基础课一般包括理论力学、材料力学、电工原理、模拟电子技术、数字电子技术、机械工程材料、互换性与测量技术基础、机械原理、机械设计、自动控制理论与实验、微机原理与接口技术、工程光学、检测技术与信号处理、机械设备数控基础、液压与气动传动技术等。专业领域课一般包括机电传动控制、机电系统安装与调试、机电一体化生产系统设计、电子线路CAD、控制系统抗干扰设计、虚拟仪器、计算机控制系统、机器人学导论、激光技术及其应用、特种与先进制造技术、机械振动、机械噪声及控制、快速成形技术、自动化机械设计、CAD/CAM、光电技术与系统等。

机械工程内容涉及的领域非常广泛,所需要掌握的知识非常多,所涉及的交叉学科也比较多,这从机械工程各专业所开出的专业基础课、专业课及各种选修课就可以看出来。对本课程的学习,就是要使学生可以较快地领会机械工程所涉及的主要知识脉络及各种分支知识脉络的关联,使得学生在未来的专业学习中能够更主动地去选择、去学习。因此,本课程力图反映现代机械工程的基本内容及最新技术发展。学生在本课程学习中应努力做到以下几个方面。

(1) 把握机械工程的全貌及机械工程的基本知识,不需要对各知识点深入学习和钻研,因为深入的理论及专业技术会在相应的专业和专业选修课中介绍。

(2) 了解现代机械工程的最新发展,把握机械与电控的结合技术,体会现代机械工程技术并不仅仅是纯机械的构成。

(3) 在教学过程中,教师会补充许多生动的实例,学生们应充分体会现代机械工程的技术与成果。

(4) 学生在学习时,不应局限在本书的内容,而应根据自己的思考,查阅相关的书籍和专业文章,进行主动学习。

1.4 知识拓展

1.4.1 多种机床的发明人惠特尼(见图 1-8)的生平

Whitney was born in Westborough, Massachusetts, on December 8, 1765, the eldest child of Eli Whitney Sr. ,a prosperous farmer. His mother,Elizabeth Fay of Westborough,died when he was 11. At age 14 he operated a profitable nail manufacturing operation in his father's workshop during the Revolutionary War.

Fig. 1-8 Inventor of milling maehine——Whitney(1765—1825)

Because his stepmother opposed his wish to attend college,Whitney worked as a farm laborer and schoolteacher to save money. He prepared for Yale at Leicester Academy(now Becker College)and under the tutelage of Rev. Elizur Goodrich of Durham,Connecticut,he entered the Class of 1789,and graduated Phi Beta Kappa in 1792. Whitney expected to study law but,finding himself short of funds,accepted an offer to go to South Carolina as a private tutor.

Instead of reaching his destination,he was convinced to visit Georgia. In the closing years of the 18th century,Georgia was a magnet for New Englanders seeking their fortunes(its Revolutionary-era governor had been Lyman Hall,a migrant from Connecticut). When he initially sailed for South Carolina,among his shipmates were the widow and family of Revolutionary hero,Gen. Nathanael Greene of Rhode Island. Mrs. Greene invited Whitney to visit her Georgia plantation,Mulberry Grove. Her plantation manager and husband-to-be was Phineas Miller,another Connecticut migrant and Yale graduate(Class of 1785),who would become Whitney's business partner.

Whitney is most famous for two innovations which later divided the United States in the mid-19th century:the cotton gin(1793)and his advocacy of interchangeable parts. In the South, the cotton gin revolutionized the way cotton was harvested and reinvigorated slavery. In the North the adoption of interchangeable parts revolutionized the manufacturing industry, and contributed greatly to their victory in the Civil War.

1.4.2　工业 4.0 的发展历程及战略意义

工业革命始于 18 世纪末机械制造设备的引进，那时像纺织机这样的机器彻底改变了产品的生产方式。继第一次工业革命后的第二次工业革命大约开始于 19 世纪 70 年代，在劳动分工的基础上，采用电力驱动产品的大规模生产。20 世纪 70 年代初，第三次工业革命又取代了第二次工业革命，并一直延续到现在。第三次工业革命引入了电子与信息技术，从而使制造过程不断实现自动化，机器不仅接管了相当比例的"体力劳动"，而且还接管了一些"脑力劳动"。前三次工业革命造就了机械、电气和信息技术。如今，物联网和制造业服务的兴起正宣告着第四次工业革命的到来。工业 1.0 到工业 4.0 的发展历程如图 1-9 所示。处在全球智能工业领域领先地位的德国，已敏锐地觉察到工业进程发展趋势，正式推出工业 4.0，以进一步提升自身在工业自动化制造业生产体系的地位。

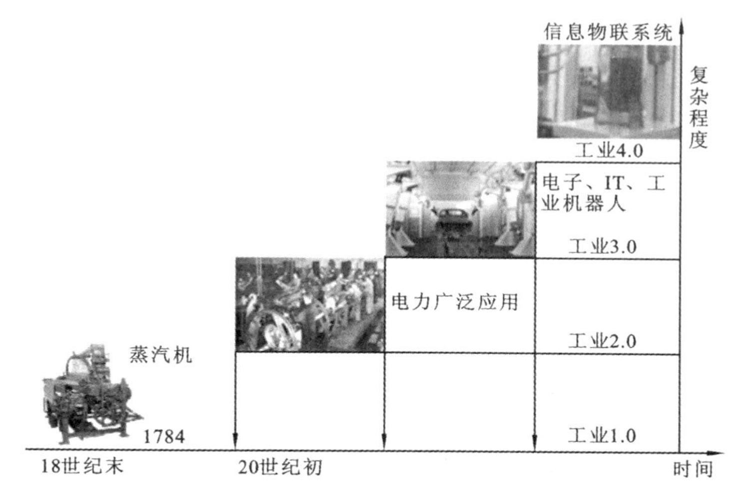

图 1-9　工业 1.0 到工业 4.0 的发展历程

工业 4.0 是德国政府 2010 年推出的《高技术战略 2020》十大未来项目之一，其目的在于奠定德国在关键工业技术上的国际领先地位。项目由政府出

资,注重中小企业。作为指引未来工业生产的一种全新概念,德国工业 4.0 的思路是:在工厂生产新产品的系统中,产品的组件直接与生产系统沟通,发出接下来所需生产过程的指令,这样将改变整个生产技术的使用,整个系统将更加智能,联系更加紧密,不同组件之间可以相互沟通,工作更快,反应更加迅速。物联网、服务网以及数据网将取代传统封闭性的制造系统,并成为未来工业的基础。德国电子电气工业协会预测:工业 4.0 将使工业生产效率提高 30%。

工业 4.0 的概念包含了由集中式控制向分散式增强型控制的基本模式转变,其目标是建立一个高度灵活的个性化和数字化的产品与服务的生产模式。在此模式中,传统的行业界限将消失,并会产生各种新的活动领域和合作形式。创造新价值的过程正在发生改变,产业链分工将被重组。该战略将首先从两个方向展开:一是“智能工厂”,重点研究智能化生产系统及过程,以及网络化分布式生产设施的实现;二是“智能生产”,主要涉及整个企业的生产物流管理、人机互动及 3D 技术在工业生产过程中的应用等。德国学术界和产业界普遍认为工业 4.0 概念就是以智能制造为主导的第四次工业革命,或革命性的生产方法,旨在通过充分利用信息通信技术和网络物理系统等手段,将制造业向智能化转型。

德国需要借鉴其作为世界领先的制造设备供应商以及在嵌入式系统领域的长处,广泛地将物联网和服务应用于制造领域,这样就可以在第四次工业革命的道路上起到引领作用。推出工业 4.0 不仅能巩固德国的竞争地位,而且也可推动解决全球性的问题,如资源和能源利用效率;国家所面临的挑战,如应对人口变化。然而,关键是要考虑在社会文化背景下的技术创新,因为文化和社会的改变本身也是创新的主要驱动力。例如,人口的变化有可能会改变社会中的所有关键领域,如学习方式的组织伴随着寿命延长、工作和健康的性质,以及当地社区基础设施建设等,这将反过来显著优化德国的生产结构,提高生产率。通过优化技术创新和社会创新之间的关系,将为德国经济的竞争力和生产率做出重要贡献。

中国素有制造大国之称,同时也是自动化技术需求大国。德国工业 4.0 路线图描绘出未来制造业的工厂生产景象。处在全球智能工业领域领先地位的德国,已敏锐地觉察到工业进程的发展趋势,正式推出工业 4.0,以进一步提升自身在工业自动化制造业生产体系中的地位。这一点对于长期处于全球工业制造业中低端链条上的中国企业具有更强的警示和启迪意义。

本章重难点

- 机械设计与机械制造的主要发展历史，以及其对现代机械设计与现代机械制造技术发展的启示。
- 理解机械工程的内涵，机械设计、机械制造及其自动化和机械电子学科各自面对的问题与内容。

思考与练习

1. 简述机械工程的定义与内涵。
2. 简述机械设计、机械制造及自动化、机械电子学科所研究的领域。
3. 思考从古代到现代机械工程发展的脉络，分析其推动力的来源，以及对未来机械工程发展的启示。

参考文献

[1] 水运仪象台资料[EB/OL]. http://baike.baidu.com/view/41566.htm? fr=ala0_1_1.

[2] 多种机床的发明者——惠特尼资料[EB/OL]. 维基百科，http://en.wikipedia.org/wiki/Eli_Whitney，_Jr.

[3] 威尔金森镗床的发明者资料[EB/OL]. 维基百科，http://en.wikipedia.org/wiki/John_Wilkinson_-(industrialist).

[4] 第一台螺纹车床的发明者资料[EB/OL]. 维基百科，http://en.wikipedia.org/wiki/Henry_Maudslay.

[5] 机械工程百科知识[EB/OL]. 维基百科，http://en.wikipedia.org/wiki/Mechanical_engineering.

[6] Grote K H，Antosson E K. Handbook of mechanical engineering[M]. Germany：Springer，2008.

[7] 张伯鹏. 机械制造及其自动化[M]. 北京：人民交通出版社，2003.

第2章 机械结构的受力、运动与强度

机械工程师的职责是利用掌握的数学、物理学理论知识完成机械结构、零件的设计，使其能承受足够的作用力及完成要求的运动。比如，机械工程师可以运用力平衡原理分析机械结构设计的合理性，达到要求后才允许制造加工。机械工程师应该有能力在结构的设计阶段就进行必要的分析，并进行必要的修正。比如，为了评价汽车的安全性，机械工程师可以建立汽车的三维实体模型，使用动力学分析软件(如著名的动力学分析软件 ADAMS)，在计算机上模拟汽车碰撞过程，评价汽车的安全性及进行必要的结构修改，这样能大幅度减少汽车实际碰撞实验的次数，降低新产品研发成本。

本章将简要介绍力学的基本知识，如何使结构保持静止或运动，结构为什么会发生变形、断裂。对于一个机械工程师来说，结构的受力分析是结构设计的第一步。通过这项工作来评价结构是否安全可靠、是否可能断裂、机器能不能驱动等。如图 2-1 所示，机械工程师应对装载机进行受力分析，确定设计的铲斗能举升多重的物体，能否达到设计要求。因此，通过这一章的学习，可以明确作为一个机械工程师的基本职责。相关更深入的内容将在"理论力学""材料力学"课程中学习。

图 2-1　装载机举升重物

2.1 相关本科课程体系与关联关系

为了更好地使读者，特别是大学机械类本科生了解机械结构的受力、运动与强度相关本科课程及与后续课程的关联关系，本节将简要勾勒与机械结构的受力、运动与强度相关的机械类大学本科课程的关联关系。

图2-2表明了理论力学及材料力学是本章内容密切相关的大学本科课程，同时，还表明机械结构的受力、运动与强度密切相关的理论力学及材料力学是机械类大学本科课程的核心学科基础课程。它一方面支撑了机械原理、机械设计等学科基础课程，同时也支撑了机器人学导论、模具设计及其计算机应用、机械振动冲击与噪声等主要专业领域课程。可以说，机械类大学本科生必须掌握好这两门课程所涉及的内容，才能为以后学科基础与专业课程的学习打下坚实的基础。

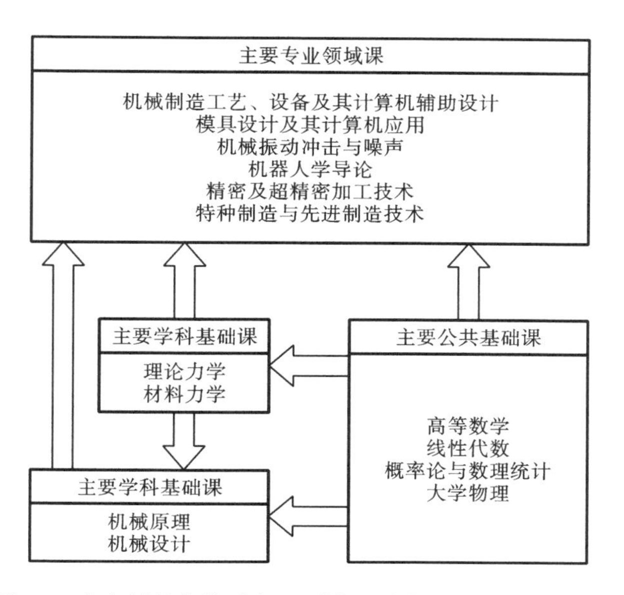

图2-2　与机械结构的受力、运动与强度相关的本科课程体系

2.2 结构所受的作用力与运动

本节介绍力的不同表达方式。结构所受的力是向量,即力有大小及作用方向,一个结构的作用力可以通过力的幅值和方向表示。力的国际单位(SI)是牛顿(N)。在英制与美制计量单位中使用磅(lb)和盎司(oz)作为力的单位。它们之间的关系是

$$1\ \text{lb}=16\ \text{oz}=4.448\ \text{N}$$

2.2.1 力的直角坐标与极坐标表达

我们使用 $\boldsymbol{F}$ 表示向量力。如图 2-3 所示,一个向量力可以投影到 x 坐标轴与 y 坐标轴上,所得到的标量力分别用 F_x、F_y表示。

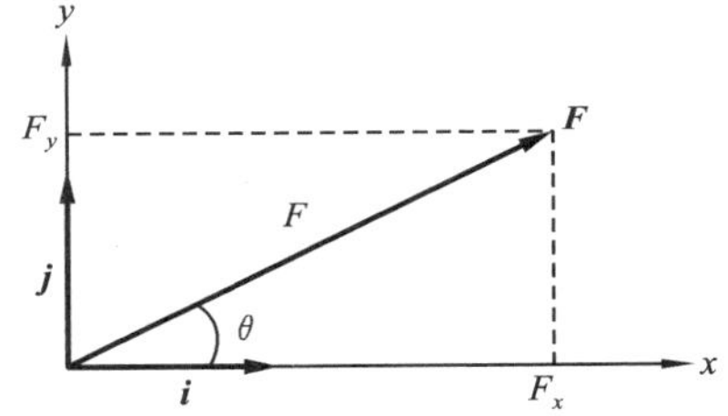

图 2-3 力向量的直角坐标表达

在图 2-3 中,我们还使用符号 $\boldsymbol{i}$、$\boldsymbol{j}$ 分别表示沿 x 坐标轴、y 坐标轴单位向量,分别表示向量力 $\boldsymbol{F}$ 在 x 坐标轴、y 坐标轴上投影的标量力 F_x、F_y的方向。为了用向量代数的公式表达向量力 $\boldsymbol{F}$,我们把单位向量 $\boldsymbol{i}$、$\boldsymbol{j}$ 与投影标量力 F_x、F_y 合成到一起,得到向量表达式为

$$\boldsymbol{F}=F_x\boldsymbol{i}+F_y\boldsymbol{j} \tag{2-1}$$

对向量力可以从两个方面去理解:一是力的大小,即要用多大的力才能推动或拉动物体,二是力的方向,即要从什么方向去推动或拉动物体。除了用式(2-1)所示的直角坐标表达方式外,还可以采用极坐标的向量力表达方式。如图 2-3 所示,向量力 $\boldsymbol{F}$ 与 x 坐标轴的夹角为 θ,表示向量力 $\boldsymbol{F}$ 的方向角为 θ。而向量力 $\boldsymbol{F}$ 的大小为向量力 $\boldsymbol{F}$ 的长度,用向量的幅值表示,记为 $F=|\boldsymbol{F}|$,即取向量绝对值或幅值,幅值 F 为标量。这样,用参量幅值 F 和向量方向角 θ 就可以表达向量力的大小与方向,这种表达方式称为极坐标表达。

根据图 2-3,得到向量力 $\boldsymbol{F}$ 在坐标轴 x、y 的投影 F_x、F_y,即

$$\begin{cases} F_x = F\cos\theta \\ F_y = F\sin\theta \end{cases} \tag{2-2}$$

根据式(2-2)，可以推导出极坐标表达所需要的参量值 F 和 θ，即

$$\begin{cases} F = \sqrt{F_x^2 + F_y^2} \\ \theta = \arctan\left(\dfrac{F_y}{F_x}\right) \end{cases} \tag{2-3}$$

如果要直接写出向量力的极坐标表达式，则可用标量参数 F 和 θ 表示复数，即

$$\boldsymbol{F} = F\mathrm{e}^{\mathrm{j}\theta} \tag{2-4}$$

式(2-3)、式(2-4)中的向量方向角 θ 采用反正切函数计算，其取值范围为 $-90°\sim+90°$。为了表达处于任一个坐标象限中的向量力，得到正确的向量方向角 θ，需要根据参数 F_x、F_y 的符号确定正确的向量力方向角 θ。对于第一象限的向量力 $\boldsymbol{F}$，F_x、F_y 都为正，向量方向角按式(2-3)直接计算就可以。如图2-4所示，向量力位于第一象限，F_x、F_y 分别为 100 N 和 50 N，根据式(2-3)可以计算出幅值 $F=111.8$ N 和向量方向角 $\theta=26.6°$。对于第四象限的向量力 $\boldsymbol{F}$，F_x 为正、F_y 为负，向量方向角按式(2-3)直接计算就可以。如图 2-4 所示，向量力位于第四象限，F_x、F_y 分别为 100 N 和 -50 N，根据式(2-3)可以计算出幅值 $F=111.8$ N 和向量方向角 $\theta=-26.6°$。对于位于第二象限的向量力 $\boldsymbol{F}$，F_x 为负、F_y 为正，向量方向角不能直接按式(2-3)计算，需要修正，即在计算的结果上加上 180°。对于位于第三象限的向量力 $\boldsymbol{F}$，F_x、F_y 都为负，向量方向角不能直接按式(2-3)计算，需要修正，即在计算的结果上也要加上 180°。

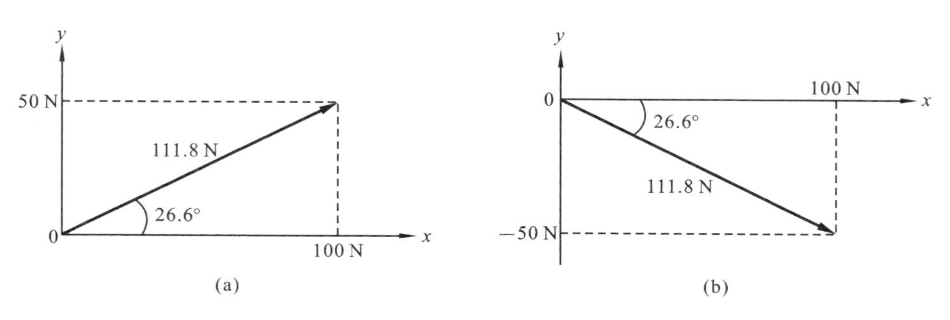

图 2-4　确定作用力方向

(a) 向量力位于第一象限　(b) 向量力位于第四象限

2.2.2 力的合成

当有多个向量力同时作用在物体上时，通常需要进行向量力的合成，来描述这些向量力对物体的影响。以 $\boldsymbol{F}$ 表示各向量力的合力，此力也是向量力。图 2-5(a)所示为一个支架受到三个向量力的作用，三个力具有不同的大小与方向。这些向量力用 $\boldsymbol{F}_i(i=1,2,\cdots,N)$ 表示，则合力 $\boldsymbol{F}$ 按向量力的向量代数的方法可表示为

$$\boldsymbol{F}=\boldsymbol{F}_1+\boldsymbol{F}_2+\cdots+\boldsymbol{F}_N=\sum_{i=1}^{N}\boldsymbol{F}_i \tag{2-5}$$

向量力的合成也可用向量多边形的方法，把各向量力按作用方向依次相连，最后首尾点的连线即表示其合力。图 2-5(b)所示为支架受力的多边形向量力合成图，图中得到的向量力 $\boldsymbol{F}$ 即是所求的合力。

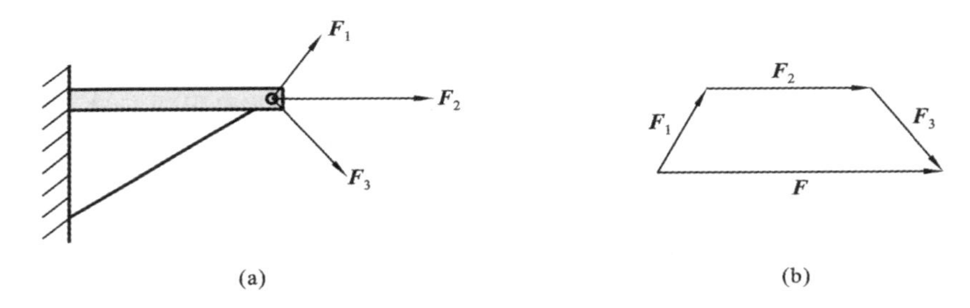

图 2-5 支架受到三个向量力作用及力合成图

2.2.3 力矩

力矩的现象在人们的日常生活中经常呈现。当运动员骑着自行车在道路上飞奔的时候，运动员的双脚通过自行车脚踏板、链条、链轮对自行车后车轮施加了一个力矩；当钳工用扳手拧紧螺栓时，钳工通过扳手对螺栓施加了一个力矩。当一个作用在物体上的力，有使物体发生旋转的趋势时，这个物理量可用力矩表示。力矩的大小与力及力臂的大小成正比。

如图 2-6(a)所示，支架受到一个作用力 $\boldsymbol{F}_1$ 时，旋转中心 O 到作用力 $\boldsymbol{F}_1$ 的垂直距离为 d，那么，支架所受到的力矩的幅值为

$$M_O=F_1 d \tag{2-6}$$

式中：M_O 为作用力 $\boldsymbol{F}_1$ 对旋转中心 O 的力矩；F_1 为作用力 $\boldsymbol{F}_1$ 的幅值。在国际单位制(SI)中，力矩的单位为 N・m。

当作用力的方向发生改变而幅值保持不变时，但力矩会发生变化。如图2-6(b)所示，作用力 $\boldsymbol{F}_2$ 的延长线通过旋转中心 O。这时，力臂 d 将变为0，按式(2-6)，作用力 $\boldsymbol{F}_2$ 对旋转中心 O 的力矩将为 0 N·m。因此，在计算力矩时必须同时考虑作用力方向与其幅值。

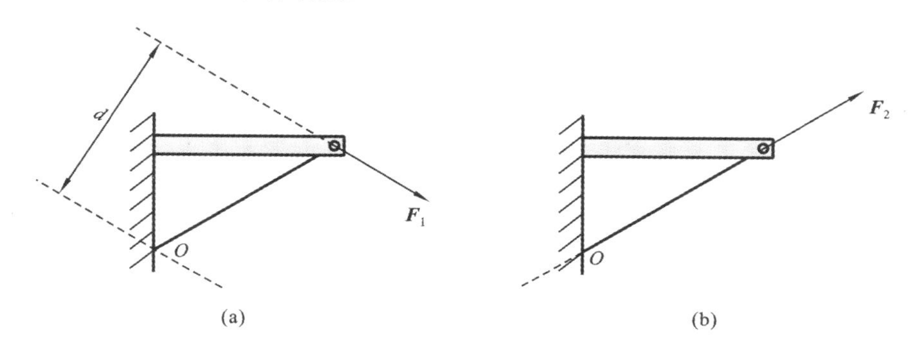

图 2-6 支架受到的力矩

(a) 支架作用力不过 O 点 (b) 支架作用力过 O 点

2.2.4 力与力矩的平衡

在学习了力与力矩的基本知识后，接下来就要考虑作用在物体上的力与运动之间的关系。当物体静止或匀速运动时，物体所受的合力应该为零。

当把物体当做刚体，即物体本身不产生变形，且尺寸可以忽略不计时，这个物体可以缩略为一个点。此时，作用在刚体上的作用力相当于作用在同一个点上，物体简化为质点。显然，质点上各作用力产生的力矩将均为零。当物体的尺寸对计算会产生影响时，就不能忽视物体的尺寸，此时我们把它当做刚体来处理。这时，各作用力产生的力矩将不一定等于零。这两种情况如图2-7所示。根据运动学原理，物体静止或匀速直线运动时，其合力等于零，即存在一个力平衡式。投影到 x 坐标轴与 y 坐标轴，得到两个力平衡式，即

$$\begin{cases} \sum_i F_{xi} = 0 \\ \sum_i F_{yi} = 0 \end{cases} \tag{2-7}$$

当物体静止或匀速旋转运动时，得到一个力矩平衡式，即

$$\sum_i M_{Oi} = 0 \tag{2-8}$$

式中：M_{Oi} 表示第 i 个作用力产生的对 O 点的力矩。

对于实际的机器或零件，可根据不同的情况，将其简化为质点或刚体处理。如太空飞船绕地球运行时，因太空飞船相对于地球很小，其尺寸可以忽略不计，这时太空飞船可简化为质点。但要分析其动态特性时，太空飞船的尺寸就很重要了，这时就要把太空飞船作为刚体处理。当物体作为质点处理时，只有两个力平衡方程；当物体作为刚体处理时，就有三个平衡方程。

2.2.5 物体的运动

当物体可以简化为质点或刚体，且其合力或合力矩不为零时，物体将发生加速运动。对于质点来说，没有旋转运动。如图 2-7 所示，质点受到 N 个作用力的作用，当其合力为零时，质点静止或做匀速运动。当其合力不为零时，质点将产生加速运动，其加速度为

$$\boldsymbol{a}=\frac{\boldsymbol{F}}{m} \tag{2-9}$$

式中：$\boldsymbol{F}$ 为质点的合力；m 为质点的质量。而 $m\boldsymbol{a}$ 称为惯性力。当把惯性力也作为质点所受到的力施加在质点上时，我们又可以得到力平衡式(2-7)。

对于刚体，当其合力矩不为零时，刚体加速旋转，其旋转角加速度为

$$\boldsymbol{\alpha}=\frac{\boldsymbol{M}_O}{I_O} \tag{2-10}$$

式中：$\boldsymbol{M}_O$为刚体对 O 点的合力矩；I_O为刚体对 O 点的转动惯量。而 $I_O\boldsymbol{\alpha}$ 称为旋转惯性力。当把旋转惯性力也作为刚体所受到的力矩施加在刚体上的作用力矩时，我们又可以得到力矩平衡式(2-8)。

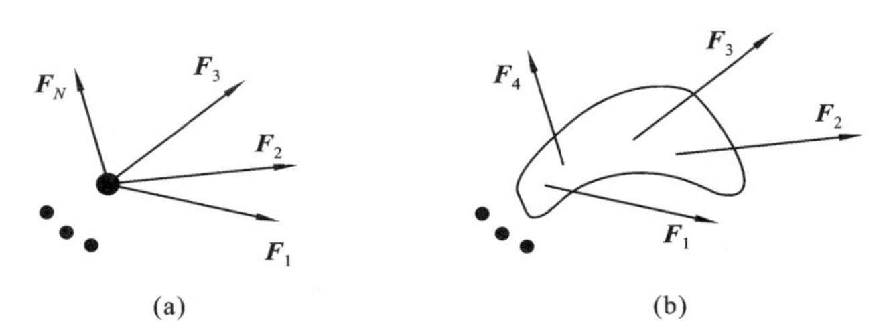

图 2-7 质点与刚体的作用力与力矩

(a) 质点受力 (b) 刚体受力

实际的机器是由多个构件相互连接而成的，因此，实际的机器常根据分析的需要，简化为一个多刚体系统，机器的运动分析将转换为多刚体系统的运动分析。

2.3 机械结构所受的应力

机械设计工程师的职责是确保所设计的机械结构在可能的工况下不发生断裂等失效。为此，必须对机械结构进行受力分析。但是，知道了结构的受力大小与方向，还不能直接确定所设计的机械结构是否能够承受足够的载荷。例如，5 kN 的作用力足以把一个小螺栓拉断或使一个直径较小的杆发生永久性塑性弯曲，但杆的直径增加足够大，就可以承受 5 kN 的作用力而不发生塑性弯曲或变形。

一个机械结构是否发生断裂等失效，取决于作用在它上面的载荷与结构的尺寸。同时，即使机械结构尺寸相同、载荷相同，结构的承载能力也可能不相同，这是因为机械结构局部形状的影响。如果机械结构的局部存在形状的突变，如轴的键槽槽底的直角转折，则机械结构的承载能力就会大大降低。这种现象称为应力集中现象。

因此，判断机械结构是否可能发生强度失效，应分析机械结构可能产生的最大应力。机械工程师应能辨识机械结构所承受的应力类型（如拉应力、压应力、剪切应力等），绘制材料的应力-应变曲线，能区别弹性变形与塑性变形，采用安全系数进行机械结构设计。

2.3.1 拉应力与压应力

如图 2-8 所示的直杆受到沿直杆轴线的作用力 $\boldsymbol{F}$，当 $\boldsymbol{F}$ 作用力方向朝向杆外时，直杆会被拉长；当 $\boldsymbol{F}$ 作用力方向朝杆内时，直杆会被压缩。直杆被拉长时，直杆在直径方向会产生收缩的现象；直杆被压缩时，直杆在直径方向会产生膨胀的现象。收缩与膨胀现象对于金属结构件一般不是特别明显，收缩与膨胀量需要用精密仪器测量才能观察到。我们可以用一个矩形截面的橡皮带进行一个拉伸实验：当拉伸橡皮带时，就会明显观察到橡皮带在拉伸伸长的同时，橡皮带的宽度减小了。

直杆受到拉伸后伸长，当直杆的拉伸力变为零时，直杆能复原或不能复原。如果直杆能够复原，表明直杆在受到拉伸力载荷后发生了弹性变形；如果直杆不能复原，表明直杆在受到拉伸后发生了永久性塑性变形。机械结构是

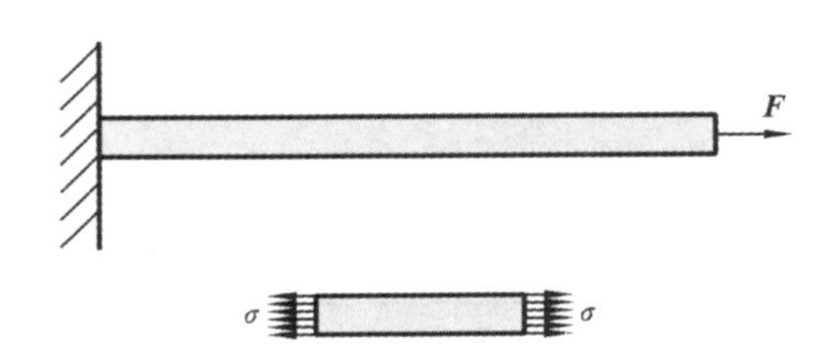

图 2-8　直杆受拉伸的情况

否发生塑性变形，这是机械工程师确定机械结构材料与尺寸的重要依据。

如图 2-8 所示，作用力虽然作用在直杆的右端，但直杆内部也会受到作用力，这个作用力称为内力。我们取直杆的一段，该段直杆的左右截面会受到大小相等、方向相反的作用力，但该作用力是作用在整个直杆截面上的。这时，我们用应力来表示这个内力。该直杆的拉伸应力定义为单位初始直杆截面积的作用力，用公式可表示为

$$\sigma = \frac{F}{A} \tag{2-11}$$

式中：A 为直杆的截面积；σ 为应力，垂直于直杆截面，单位为 Pa(1 Pa=1 N/m^2)。由于工程上应力的量级较大，常采用更大单位，如 kPa(1 kPa=10^3 Pa)、MPa(1 MPa=10^6 Pa)、GPa(1 GPa=10^9 Pa)。当应力 σ 朝向体外时，符号为正，称为拉应力。当应力 σ 朝向体内时，符号为负，称为压应力。

直杆受到拉应力或压应力时，将伸长 ΔL 或缩短 ΔL。当两个直杆直径一样，并且受到同样大小的沿直杆轴线的拉力，只是直杆长度不一样时，两个直杆内的拉应力大小是一样的，但伸长却不一样。为了更好地评价物体的变形能力，引入应变的概念，并且定义为单位长度的变形量，用公式可表示为

$$\varepsilon = \frac{\Delta L}{L} \tag{2-12}$$

式(2-12)中的分子与分母的量纲相同，因此应变是无量纲的量。由于工程上应变都较小，常用小数来表示(如 ε=0.005)或百分数表示(ε=0.5%)，读作 5 微应变(1 m 长度变化 5 μm)。

2.3.2　材料的应力-应变曲线

结构的应力与应变相对于结构上所受的作用力与伸长量更有工程意义，比如直杆的拉伸应力与应变随直杆的直径单调变化，而与直杆的长度无关。

对于如图 2-8 所示的直杆，受到一个拉伸力 **F** 的作用。拉伸力 F 值的大小与直杆伸长量 ΔL 成正比，其关系式为

$$F=k\Delta L$$

式中:k 为常数,称为直杆的刚度。这就是著名的胡克定理。

准备一系列不同直径、长度的直杆,然后进行直杆的拉伸试验,并测量伸长量 ΔL。试验完成后,绘制拉伸力 F 与拉伸量 ΔL 的曲线图。可以发现,对单个直杆来说,F-ΔL 关系曲线是一条过原点的直线,直线的斜率就是直杆的刚度。直杆越长、直径越小,F-ΔL 关系曲线越靠近横坐标轴;直杆越短、直径越大,F-ΔL 关系曲线越靠近纵坐标轴。但是,这种 F-ΔL 关系曲线与结构的尺寸有关,不能揭示材料的特性。

图 2-9 所示为塑性材料的标准应力-应变曲线,它反映了材料的特性,而与结构的尺寸无关。应力-应变曲线分为低应变弹性区和高应变塑性区。在低应变弹性区,材料不会发生永久变形;而在高应变塑性区,材料会发生永久变形。在应变低于比例极限 A 时,应力与应变保持线性关系,其关系为

$$\sigma=E\varepsilon$$

式中:E 为弹性模量,它反映了材料特性,等于应力-应变曲线线性区的斜率。对于图 2-8 所示的直杆,当载荷低于比例极限时,直杆伸长量为

$$\Delta L=\varepsilon L=\left(\frac{\sigma}{E}\right)L=\frac{F/A}{E}L=\frac{FL}{EA}=\frac{F}{k} \tag{2-13}$$

式中:$k=EA/L$,表示直杆的拉伸刚度。

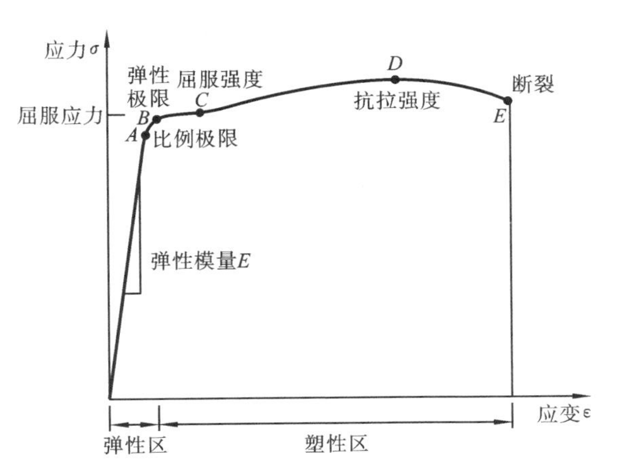

图 2-9 低碳钢理想应力-应变曲线

如表 2-1 所示,钢的弹性模量约为 210 GPa,铝合金的弹性模量约为 70 GPa,它们之间大致是 3 倍的关系。

表 2-1　常用材料的弹性模量、泊松比、重力密度

材　　料	弹性模量 E/GPa	泊松比 ν	重力密度 ρ/(kN/m³)
铝合金	72	0.32	27
青铜	110	0.33	84
紫铜	121	0.33	86
合金钢	207	0.30	76
不锈钢	190	0.30	76
钛合金	114	0.33	43

图 2-8 所示直杆拉伸时，直杆直径会变小。直径改变的程度用泊松比 ν 这个参数表示。定义为

$$\nu = \frac{\varepsilon_d}{\varepsilon_L} = -\frac{\Delta d/d}{\Delta L/L} \tag{2-14}$$

根据式(2-14)，当直杆沿其轴线伸长 ΔL 时，直杆直径的变化为

$$\Delta d = -\nu d\frac{\Delta L}{L} \tag{2-15}$$

式(2-15)计算结果的符号表示直杆直径的增加或减小。如直杆受到拉伸，直杆直径变化值符号为正；直杆受到压缩，直杆直径变化值符号为负。

在图 2-9 所示应力-应变曲线的 B-C 段，应变将产生较大的变化，而应力基本不变。这时，材料发生明显的塑性变形。对机械工程师来说，发生屈服变形是结构将要失效的重要标志。C 点对应的应力称为屈服强度(屈服点)，记为 R_e。当载荷继续增加超过 C 点后，应力与应变都有明显增加；当应力达到最高点 D 后，应力反而减小；达到 E 点，材料发生断裂失效。D 点对应的是材料的极限强度，记为 R_m。机械工程师经常要查阅材料的屈服强度 R_e 与极限强度 R_m，以通过强度校核判断所选定的材料是否足以承受所需的载荷。

材料的力-变形或应力-应变曲线常常需要通过制作标准试样，并在动态材料疲劳实验机上进行测量得到。图 2-10 所示为一种新型的电子伺服动静态材料疲劳试验机，它通过拉伸夹具夹持标准试样或三点弯夹具实现工件的定位夹持。材料疲劳试验机上下夹头的一端带有精密的力传感器，可以测量试验机施加到试件上的作用力；试验机的直线运动轴上还带有精密的位移传感器，可以间接测量试件的变形量，也可外接一个引伸计直接测量试件的变形量。在试验过程中，计算机不断地记录力、位移数据，最后用疲劳试验机的专用软件转换成应力-应变曲线。运用图 2-10 所示的材料疲劳试验机可完成结构的 R_e-N 疲劳曲线的测试与绘制，图 2-11 所示为对直圆形柔性铰链的不同

可靠度下的 R_e-N 曲线，图中 R50 表示可靠度为 50%。

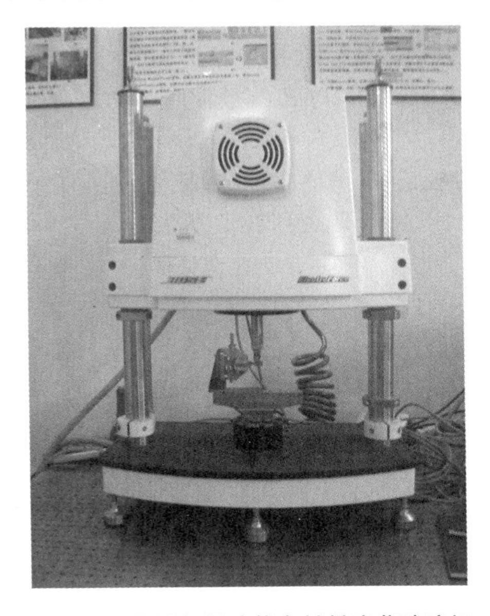

图 2-10 电子伺服动静态材料疲劳试验机

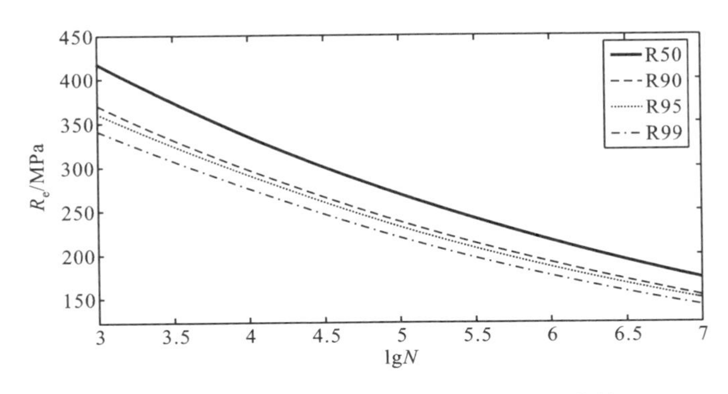

图 2-11 不同可靠度下柔性铰链的 R_e-N 曲线

2.3.3 切应力

如图 2-8 所示，直杆某截面的拉应力方向垂直于该截面。而另一种应力——切应力在截面内，相当于顺着截面的切面力。图 2-12 所示为一个矩形截面直杆的切应力分布情况，在图示的剪切平面内存在与作用力 F 平衡的剪切力，等效于剪切平面存在切应力 τ，它均布于剪切平面。与拉应力的公式类

似，切应力定义为

$$\tau = \frac{V}{A} \tag{2-16}$$

式中：A 为剪切平面的面积；V 与 F 平衡的剪切力。

机械工程中的螺栓连接、铆接、焊接结构常常需要验算切应力，以判断是否存在剪切失效。

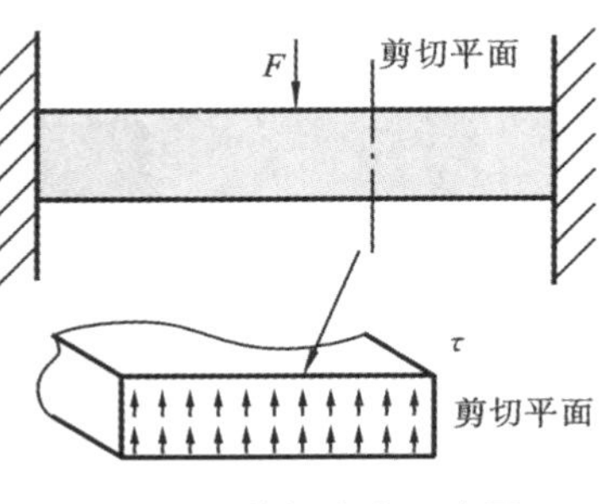

图 2-12 剪切应力示意图

2.3.4 安全系数与强度校核

机械工程师进行机械设计时，要根据拉应力、压应力、切应力理论分析零件的实际应力分布，并以此为基准，合理确定零件的尺寸、形状和材料。零件的最大应力在任何工况都不小于其屈服强度，即应力 $\sigma < R_e$。当应力 $\sigma \geqslant R_e$ 时，零件将发生失效。从工程角度出发，机械工程师要计算拉应力安全系数，拉应力安全系数可表示为

$$n_{\text{tension}} = \frac{R_e}{\sigma} \tag{2-17}$$

如果 $n_{\text{tension}} > 1$，零件将不可能发生屈服失效；如果 $n_{\text{tension}} < 1$，零件将发生屈服失效。同时，还要计算切应力安全系数 n_{shear}。一般剪切屈服强度 R_{es} 取为拉应力屈服强度的一半。与拉应力安全系数计算方法类似，切应力安全系数可表示为

$$n_{\text{shear}} = \frac{R_{es}}{\tau} \tag{2-18}$$

那么，机械工程师如何选择拉应力安全系数 n_{tension} 与切应力安全系数 n_{shear} 呢？安全系数选得过大将使得结构傻大笨粗；安全系数选得过小，也可因实际工况载荷超过了预计载荷，导致结构失效。例如，航天飞机的结构件安全系数就定得比较小，目的是尽量减小航天飞机的质量，那么，这时就要对航天飞机的结构件及整机进行详细的静态、动态分析与测试，以保证航天飞机进入太空后不发生结构失效。对于机器设备工况不确定或不能详细描述时，结构件的安全系数就要定得大一点，这一方面降低了设计成本，也增加了机器设备的适应能力。

为了对复杂结构进行应力、应变分析，机械工程师常常采用计算机软件来分析结构件的应力与应变，并可考虑进行安全系数的结构件强度校核。如图

2-13所示为采用 Ansys Workbench 分析软件对加工中心立柱的应力、应变分析的结果。

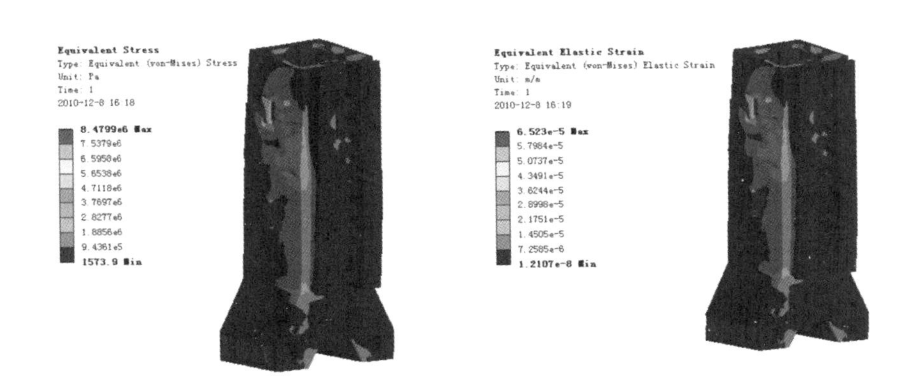

图 2-13　加工中心立柱应力、应变分析示意图

2.4　知识拓展

单自由度有阻尼受迫振动系统

一台机器、一个零件除了要进行静态力与应力分析外，有些时候还要进行动态分析，以确定动态力。而动态力的值在结构共振点附近将很大，如果机器设备长时间工作在共振点附近，将造成设备与零件的屈服失效。另一个要进行动态分析的原因是改善机器的动态精度。如高精度的加工中心，为了保证加工精度，整机必须要有很好的动态特性。

机械系统的动态分析理论基础是机械系统的动力学理论，其中，单自由度质量、弹簧、阻尼系统动力学理论是最基础的。

图 2-14 所示为单自由度系统质量、弹簧、阻尼动力学模型及质量体的受力分析示意图。其中，c 为阻尼系数，k 为弹簧劲度系数，$Q=Q_0\sin\omega t$ 为作用在质量体上的简谐激励力，建立的力平衡式为

$$m\ddot{x}=Q_0\sin\omega t-c\dot{x}-kx \quad 或 \quad m\ddot{x}+c\dot{x}+kx=Q_0\sin\omega t \qquad (2\text{-}19)$$

式(2-19)即为单自由度线性振动系统的微分方程式的普通式。它可以分

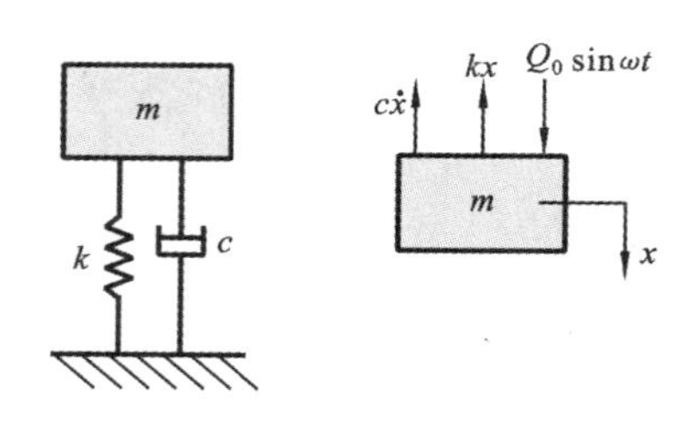

图 2-14　单自由度系统及受力分析示意图

为如下几种情况。

(1) 单自由度无阻尼系统的自由振动,即

$$m\ddot{x} + kx = 0$$

(2) 单自由度有黏性阻尼系统的自由振动,即

$$m\ddot{x} + c\dot{x} + kx = 0$$

(3) 单自由度无阻尼系统的受迫振动,即

$$m\ddot{x} + kx = Q_0 \sin \omega t$$

(4) 单自由度有黏性阻尼系统的受迫振动,即

$$m\ddot{x} + c\dot{x} + kx = Q_0 \sin \omega t$$

微分方程式(2-19)的解包括瞬态部分与稳态部分,由于有阻尼的存在,瞬态部分会随着时间逐渐消失。而单自由度无阻尼系统稳态部分的解为

$$x = B\sin (\omega t - \varphi)$$

式中:

$$B = \frac{Q_0}{k} \frac{1}{1 - \left(\frac{\omega}{\omega_n}\right)^2} \tag{2-20}$$

其中

$$\omega_n = \sqrt{\frac{k}{m}}$$

令 $\frac{Q_0}{k} = B_s$,则式(2-20)可改写为

$$\frac{B}{B_s} = \frac{1}{1 - \left(\frac{\omega}{\omega_n}\right)^2} = \frac{1}{1 - z^2} \tag{2-21}$$

式中:z 为激振频率与系统固有频率之比,称为频率比。

单自由度有黏性阻尼系统稳态部分的解请参考文献[2]。图 2-15 所示为单自由度有阻尼受迫振动系统的幅频响应与相频响应曲线,ξ 为相对阻尼系数,$\xi = c/(2m\omega_n)$。

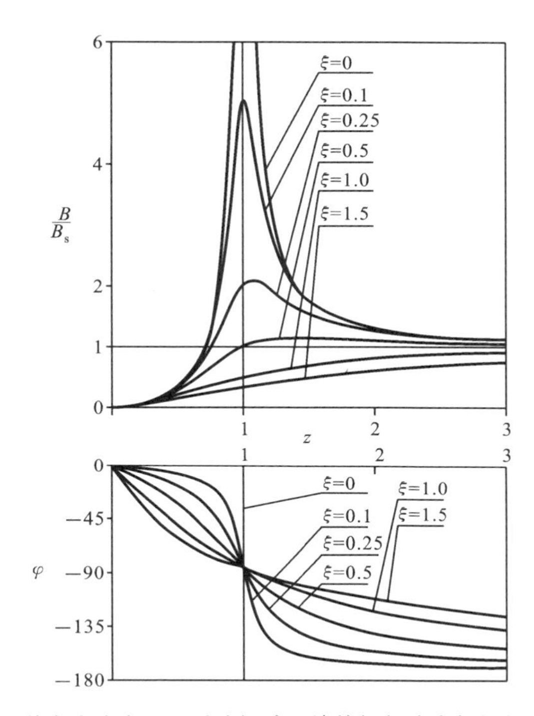

图 2-15 单自由度有阻尼受迫振动系统的幅频响应与相频响应曲线

本章重难点

重点

- 机械设计中力、力矩及其平衡方程。
- 机械设计中拉应力、压应力及切应力的概念。
- 安全系数的概念。

难点

- 单自由度无阻尼系统的特点。

思考与练习

1. 试对一个日常生活中的小系统进行受力分析，并画出多边形力关系图。
2. 力矩的概念。
3. 什么是拉应力、压应力与切应力？

4. 作为一个机械工程师选择安全系数的基本原则是什么?

5. 单自由度振动系统的固有频率的表达式是什么?

参考文献

[1] Jonathan Wickert. An introduction to mechanical engineering(影印本)[M]. 西安:西安交通大学出版社,2003.

[2] 闻邦椿,刘树英,张纯宇. 机械振动学[M]. 北京:冶金工业出版社,2000.

[3] Grote K H,Antosson E K. Handbook of mechanical engineering[M]. Germany:Springer,2008.

第3章 机构、零件与机器组成

机械工程师被赋予的首要任务是能够设计运行正常的机器，而机器常常是由各种标准化的零件组装而成的。对于一个从事机械设计的机械工程师，在用确定形状与尺寸的零件及部件“堆砌”成一个具有具体功能的机器之前，首先要把机器抽象出来，用没有特定形状的杆件等实现机器的运动功能，如实现一个函数变换、转动到平动、转动到摆动、平动到摆动、转动到一定轮廓的运动等，这称为机构运动分析与设计。机构运动分析与设计常常是一台具有创新思想的机器诞生的最重要阶段。如图 3-1(a)所示为牛头刨床；图 3-1(b)所示为牛头刨床对应的机构表达，它是一个六杆机构，它实现了杆 5 往复运动，在杆 5 前送切削的时候可提供较大的切削力。

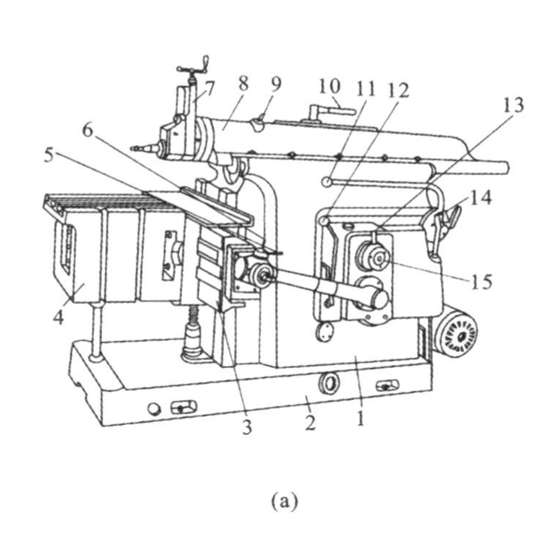

(a)

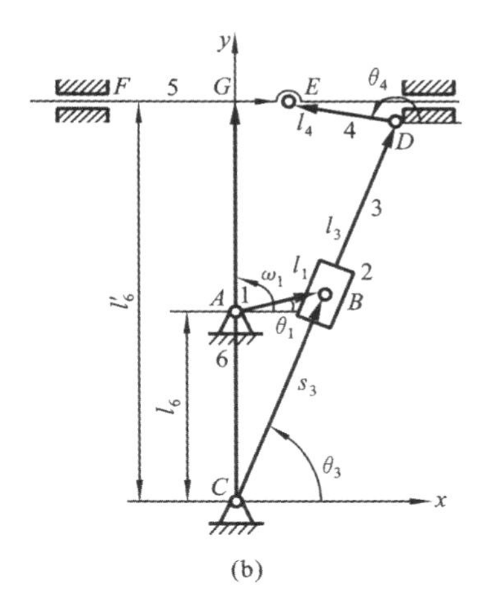

(b)

图 3-1　牛头刨床及其机构

1—床身；2—底座；3—横梁；4—工作台；5—进给运动换向手柄；

6—工作台横向或垂直进给手柄；7—刀架；8—滑枕；9—位置手柄；

10—调节滑枕紧定手柄；11—操纵手柄；12—工作台快速移动手柄；

13—进给量调节手柄；14—变速手柄；15—调节行程长度手柄

除了对一个机器进行机构分析与设计外,机构的物理实现,即能够实际完成设计所赋予的功能,包括零件尺寸、形状的确定、标准化零件选择等工程问题,成为机械工程师需要经常面对的问题。这需要了解与机械零件相关的专用术语,以便在工程活动中能够自如地与其他工程技术人员进行技术交流。如图3-1所示的牛头刨床,从简洁的机构表达到机器,涉及构件的结构化设计、结构件的标准化工作、标准化零件的选择等。

本章将对机械设计中常用的机构形式、常用机械零件及机器的构成做一简要介绍。

3.1 相关本科课程体系与关联关系

为了更好地使读者,特别是大学机械类本科生了解机构、零件与机器组成技术相关的本科课程及与后续课程的关联关系,本节将简要勾勒机构、零件与机器组成相关的机械类大学本科课程的关联关系。

图3-2表明了机械原理与机械设计是与本章内容密切相关的大学本科课

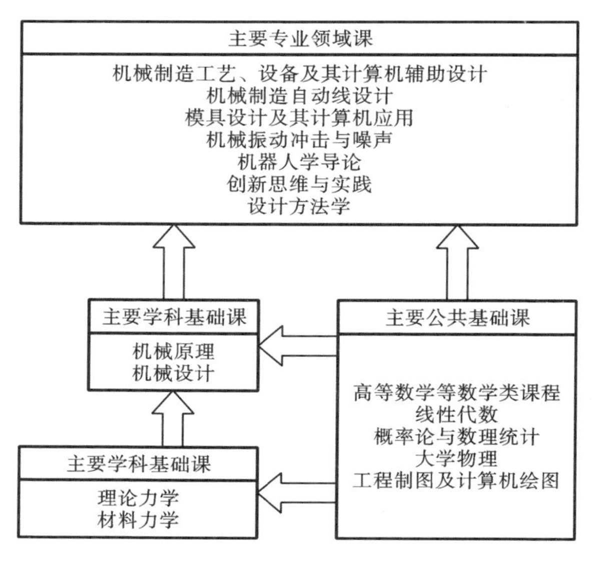

图3-2 与机构、零件与机器组成相关的本科课程体系

程，还表明机构、零件与机器组成密切相关的机械原理、机械设计是机械类大学本科学生的核心学科基础课程，但它比理论力学与材料力学更加接近机械类相关专业课程。机械原理、机械设计和互换性与技术测量课程中的精度设计内容是完成机械设计类课程的必备专业基础知识。本章所涉及的学科基础课程也直接支撑了机械制造工艺、设备及其计算机辅助设计、机器人学导论、模具设计及其计算机应用等设计类专业课程。可以说，机械类大学本科生必须掌握好这两门课程所涉及的内容，才能为后续学科基础与专业课程的学习打下坚实的基础。

3.2　机器的功能与机构

机器的功能主要是靠机械的运动来实现的，而机械的运动又离不开各种机构。

如前所述，对于形形色色的机器(机械产品)，其功能各异，而同样的功能也可以采用不同的原理来实现。如图 3-1 所示的牛头刨床，其主要功能是用刀具直线往复切削工件，前推切削，后退不切削。直线运动可用直线电动机直接驱动，但太过奢华，且电动机频繁换向，控制要求高。直线运动也可用普通旋转交流电动机，通过齿轮齿条传动，但电动机需频繁换向，传统机构成本较高。而采用 3-1(b)所示的六杆机构，在前推时可提供较大的切削力，而后退时的力足以保证后退需要，同时电动机连续回转，不需进行频繁的换向控制。因此，完成同样的功能，用不同的机构都可以实现。对于机械工程师来说，确定合适的方案，就需要机构运动学等方面的理论知识、机械工程的实际经验来综合选择。

如糖果包装机，其功能是包装糖果，而糖果包装常有以下三种形式。

(1) 扭结式　如图 3-3(a)所示，它将颗粒糖果用纸包裹后扭结而成。

(2) 接缝式　如图 3-3(b)所示，又称枕式包装，它是将包装纸包裹在糖果上进行纵封和横封得到的糖果包装。

(3) 折叠式　如图 3-3(c)所示，它将颗粒糖果用纸进行侧封、端封后实现糖果包装。

三种不同的糖果包装形式，糖果包装机的工艺动作各不相同，因而需要选择不同的执行机构，完成相应的运动方案。

印刷机械的主要功能是印刷，根据印刷数量的大小、质量要求的高低，其工

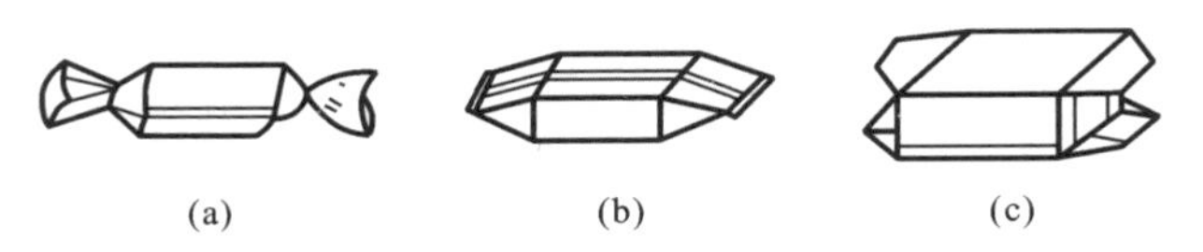

图 3-3　颗粒糖果的包装形式

作原理有以下两种形式。

（1）平版印刷机　在平面的铜锌字版上涂刷油墨，然后将待印纸张覆盖在铜锌字版上完成印刷。平版印刷工作犹如盖图章的动作。

（2）轮转式印刷机　将铜锌字版装在圆筒表面，随圆筒连续转动，而将待印纸张相应连续移动并与圆筒贴合，完成印刷。轮转式印刷机的工作原理与“盖图章”的动作不同，它是属于连续式印刷，因此生产效率大大提高。

平板印刷机和轮转式印刷机的工艺动作过程和工序各不相同，故构成运动方案的机构形式也不相同。

由此可见，一部机器，特别是自动机，要实现较为复杂的工艺动作，往往需要由各种类型的机构来实现。近年来，虽然随着机电一体化技术的广泛应用，一部机器的机构数目和复杂程度都有下降的趋势，但从机器必须实现某一工艺动作过程来看，机构仍然是大多数机器的重要部分。

从机构学的角度看，传动机构与执行机构并无差别，只不过是在机械中所起的作用不同。有些机械中有时很难分清传动机构和执行机构，故常将二者统称为机械运动系统。机械运动系统可以是机构的基本型，也可以是机构基本型的机构组合或组合机构。

3.2.1　工程中常用机构的基本类型

1. 机构的基本型

机构的基本型是指最基本的、最常用的机构形式。

1）全转动副四杆机构的基本型

全转动副四杆机构的基本型为曲柄摇杆机构，可演化为双曲柄机构、双摇杆机构。图 3-4(a)所示为曲柄摇杆机构的机构简图。其中，构件 1 为曲柄，它可以绕转动副中心 A 做整周运动；构件 3 则只能在一定的角度范围内做往复摆动，故称为摇杆。曲柄摇杆机构的运动特点是能够将原动件的等速转动变为从动件的不等速往复摆动；反之，可将原动件的往复摆动变为从动件的圆周运动。

2）含有一个移动副四杆机构的基本型

含有一个移动副四杆机构的基本型为曲柄滑块机构，可演化为转动导杆机构、

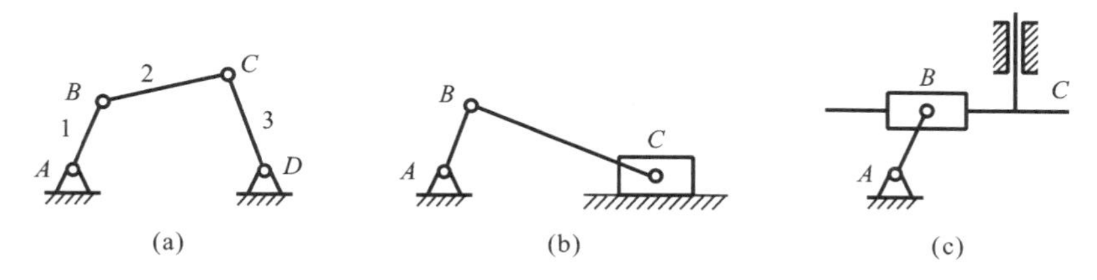

图 3-4　四杆机构的基本型

移动导杆机构、曲柄摇块机构、摆动导杆机构。图 3-4(b)所示为曲柄滑块机构的机构简图。

3）含有两个移动副四杆机构的基本型

含有两个移动副四杆机构的基本型为正弦机构，可演化为正切机构、双转块机构、双滑块机构。图 3-4(c)所示为正弦机构的机构简图。

4）圆柱齿轮传动机构的基本型

圆柱齿轮传动机构的基本型为外啮合直齿圆柱齿轮传动机构，可演化为斜齿圆柱齿轮传动机构、人字齿圆柱齿轮传动机构(可用渐开线齿形，也可用摆线齿形和圆弧齿形)，还可以演化为行星齿轮传动机构。圆柱齿轮传动机构的基本型如图 3-5(a)所示。

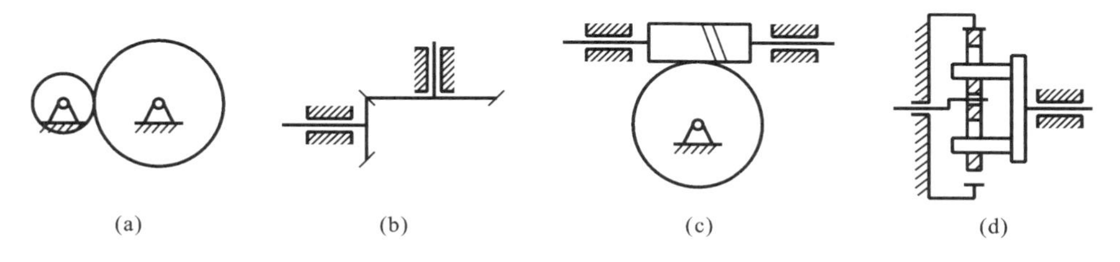

图 3-5　齿轮机构的基本型

5）锥齿轮传动机构的基本型

锥齿轮传动机构的基本型为外啮合直齿锥齿轮传动机构，可演化为斜齿锥齿轮传动机构和曲齿锥齿轮传动机构。其基本型如图 3-5(b)所示。

6）蜗杆传动机构的基本型

蜗杆传动机构的基本型为阿基米得圆柱蜗杆传动机构，可演化为延伸渐开线圆柱蜗杆传动机构、渐开线圆柱蜗杆传动机构。蜗杆传动机构的基本型如图 3-5(c)所示。

7）内啮合行星齿轮传动机构的基本型

内啮合行星齿轮传动机构的基本型是指渐开线圆柱齿轮少齿差行星传动机

构,可演化为摆线针轮传动机构、谐波传动机构、内平动齿轮传动机构、活齿传动机构。其基本型如图 3-5(d)所示。

8）直动从动件平面凸轮机构的基本型

直动从动件平面凸轮机构的基本型是指直动对心尖底从动件平面凸轮机构,可演化为直动对心滚子从动件平面凸轮机构、直动对心平底从动件平面凸轮机构、直动偏置从动件平面凸轮机构。其基本型如图 3-6(a)所示。

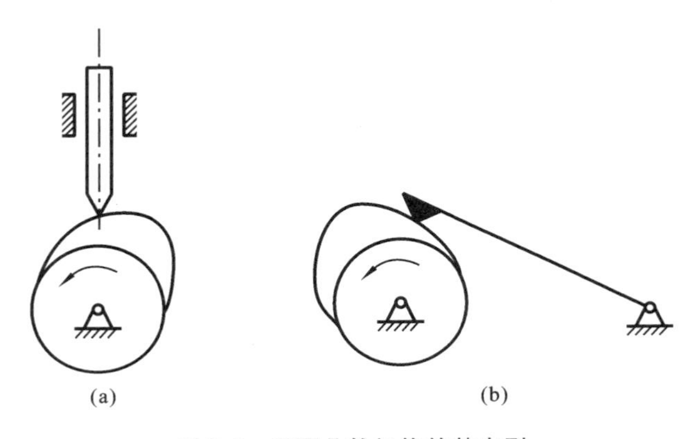

图 3-6　平面凸轮机构的基本型

9）摆动从动件平面凸轮机构的基本型

摆动从动件平面凸轮机构的基本型是指摆动尖底从动件平面凸轮机构,可演化为摆动滚子从动件平面凸轮机构、摆动平底从动件平面凸轮机构。其基本型如图 3-6(b)所示。

10）直动从动件圆柱凸轮机构的基本型

直动从动件圆柱凸轮机构的基本型主要是指直动滚子从动件圆柱凸轮机构。其基本型如图 3-7(a)所示。

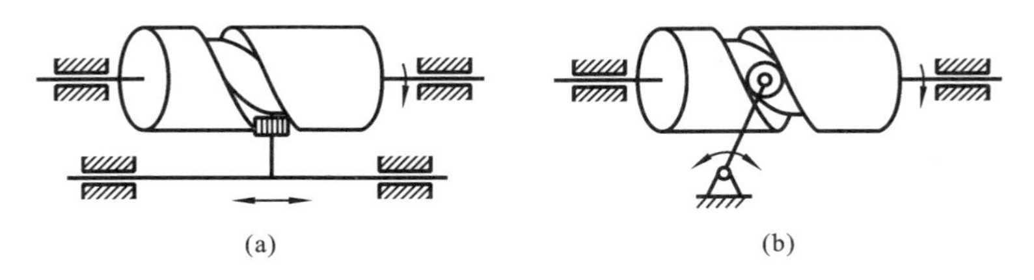

图 3-7　圆柱凸轮机构基本型

11）摆动从动件圆柱凸轮机构的基本型

摆动从动件圆柱凸轮机构的基本型主要是指摆动滚子从动件圆柱凸轮机构。其基本型如图 3-7(b)所示。

12）带传动机构基本型

带传动机构基本型是指平带传动机构，它可演化为 V 带传动机构、圆带传动机构、活络 V 带传动机构、同步齿形带传动机构。其基本型如图 3-8(a)所示。

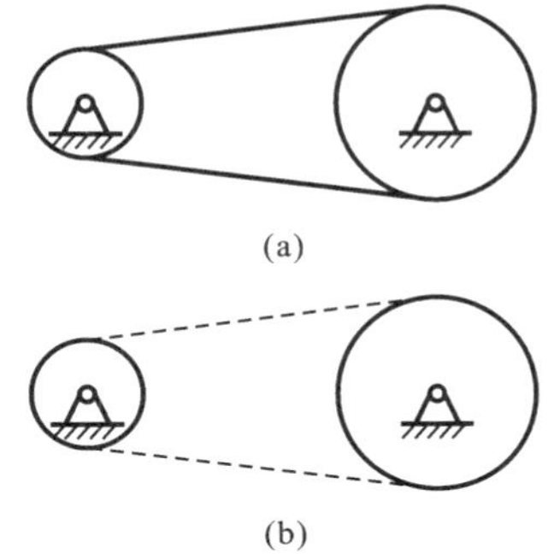

图 3-8　带、链传动机构的基本型

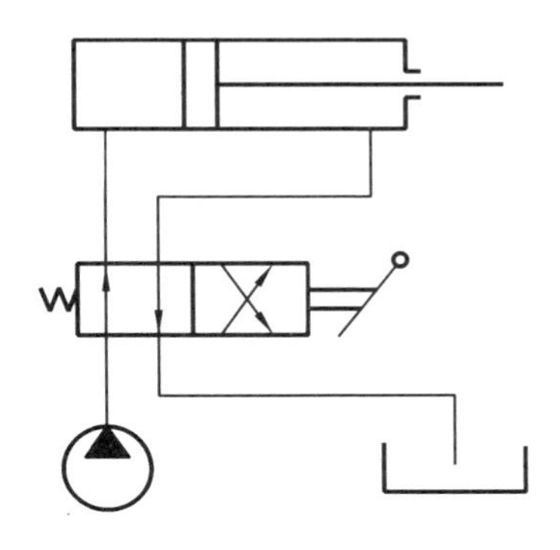

图 3-9　液、气传动机构的基本型

13）链传动机构的基本型

链传动机构的基本型是指套筒滚子链条传动机构，它可演化为多排套筒滚子链条传动机构、齿形链条传动机构。其基本型如图 3-8(b)所示。

14）液、气传动机构基本型

液、气传动机构基本型是指缸体不动的液压油缸和气缸，运行形式主要为摆动。其基本型如图 3-9 所示。

15）螺旋传动机构的基本型

螺旋传动机构的基本型是指三角形螺旋传动机构，它可演化为梯形螺旋传动机构、矩形螺旋传动机构、滚珠丝杠传动机构，其基本型如图 3-10 所示。

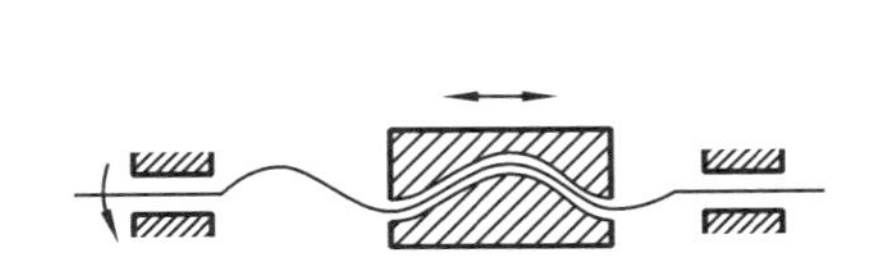

图 3-10　螺旋传动机构的基本型

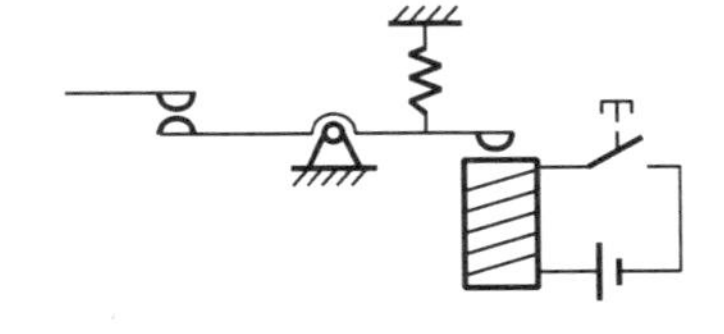

图 3-11　电磁传动机构的基本型

16）电磁传动机构的基本型

电磁传动机构的基本型如图 3-11 所示。电磁传动机构的基本型广泛应用在开关电路中。

17）间歇运动机构的基本型

间歇运动机构的基本型有外棘轮机构、外槽轮机构。图 3-12(a)所示为外棘轮机构的基本型，图 3-12(b)所示为外槽轮机构的基本型。

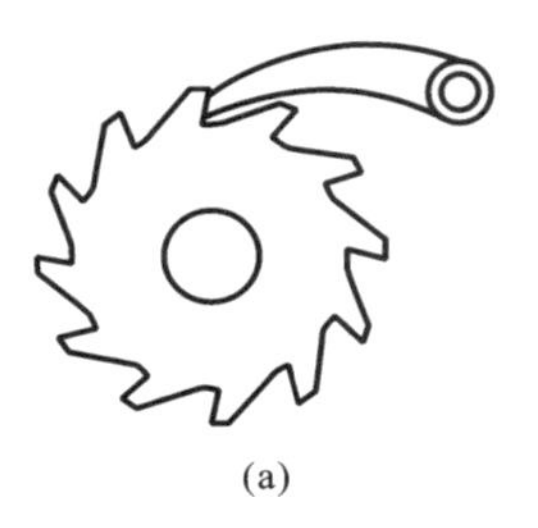
(a)

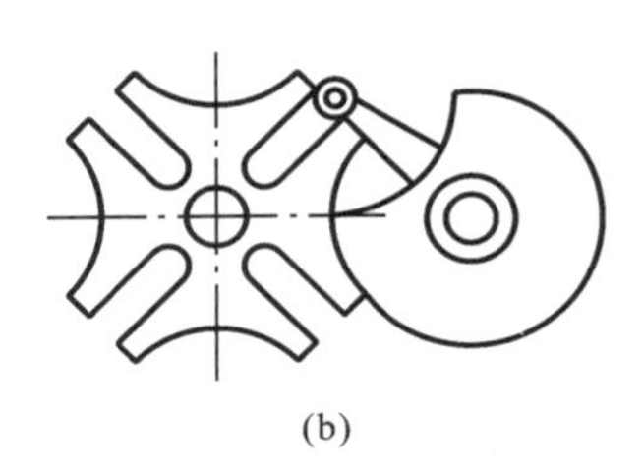
(b)

图 3-12　间歇运动机构的基本型

2. 机构组合

单一的机构经常不能满足不同的工作需要。把一些基本机构通过适当的方式连接起来,组成一个机构系统,这称为机构组合。在这些机构的组合中,各基本机构都保持原来的结构和运动特性,都有自己的独立性。在机械运动系统中,机构组合的应用很多。图 3-13 所示为一些机构组合的应用实例。

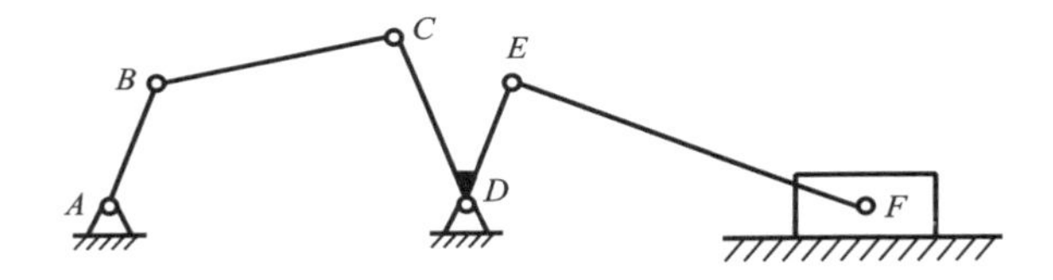

图 3-13　机构的组合示例

在图 3-13 中,铰链四杆机构 $ABCD$ 与曲柄滑块机构 DEF 串联在一起,前者的输出构件 DC 杆与后者的输入构件 DE 杆连接在一起,二者均保持自己的特性。不同机构串联的机械运动系统应用非常广泛。由于机构组合中的各机构均保持其原来的特性,机构的分析和设计方法仍然适合机构组合中的各个机构。

3. 组合机构

组合机构与机构组合有本质不同。组合机构是指若干基本机构通过特殊的组合而形成的一种具有新属性的机构。组合机构中的各基本机构已不能保持各自的独立性,也不能用原基本机构的分析和设计方法进行组合机构的设计。每种组合机构都有各自的分析和设计方法。对组合机构的开拓是机构创新设计的重要方法之一。

常见的组合机构有齿轮-连杆组合机构、齿轮-凸轮组合机构、凸轮-连杆组合机构。组合机构常用于完成复杂运动的机械系统中。图 3-14 所示为两种组合机构,它们都是实现较复杂运动轨迹的机械系统。图 3-14(a)所示为齿轮-连杆组合机构,五杆机构 $ABCDE$ 的两个输入运动是通过齿轮 1、齿轮 2 的运动来实现的。适当选择机构尺寸与齿轮的传动比,可得到预定的连杆曲线。

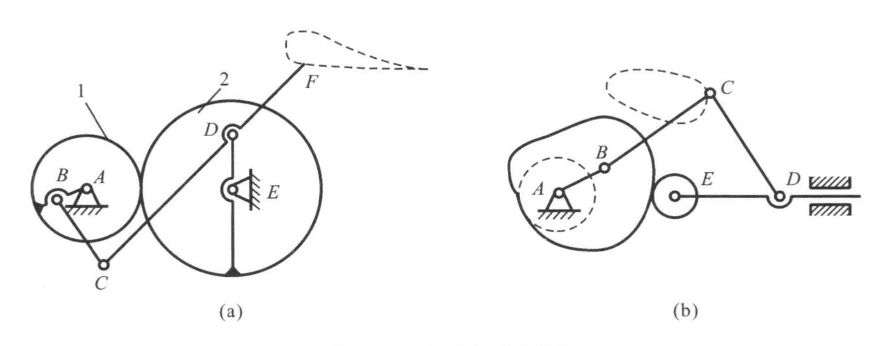

图 3-14 组合机构示例

(a) 齿轮-连杆组合机构 (b) 凸轮-连杆组合机构

1、2—齿轮

同样道理，在图 3-14(b)所示的凸轮-连杆组合机构中，五杆机构 $ABCDE$ 的两个输入运动是通过凸轮机构的凸轮和从动件来实现的，从而实现 C 点的复杂运动轨迹。

3.2.2 机械运动形态与变换

机械的主要特征就是要有运动的变换和运动的传递。没有机械运动的装置不是机械，可见机械的本质离不开机械运动。尽管机械中的传动机构、工作执行机构的种类很多，但其运动形式却是有限的。因此，了解基本的运动形式及其实现方法将为机械创新设计提供良好的基础，有助于增强以知识为核心的创造力。

机械通过运动来实现某种动作，从而达到预定的目的。而组成机械运动部件的运动形态只有定轴转动(含摆动和间歇转动)、往复移动及平面运动三种。实现这三种基本运动形态的机构种类很多，它们起到运动形式变换、运动速度变换、运动的传递、运动的合成及分解的作用。这里的机构是指广义机构，它们能实现各种不同的运动形态。

因机械中所使用的原动机大多是电动机或内燃机，它们的输出均是定轴转动，故以转动为基本运动形式的变换最为常用。

1. 连续转动到连续转动的运动变换与实现机构

转动到转动的运动变换是机械中最常见的运动形式，用于运动、动力的传递和运动速度的变换。能实现这种运动形式变换的机构有齿轮传动机构、蜗杆传动机构、摩擦轮传动机构、带传动机构、链传动机构、绳索传动机构、液-力传动机构、钢丝软轴传动机构、瞬心线机构、万向联轴器等。

1）齿轮传动机构

由于机械中作为原动机的电动机或内燃机转速较高，而工作机构的速度一般较低，为协调原动机和执行机构之间的运动关系，齿轮传动机构成为机械中应用最广泛的传动机构，用于运动、速度的变换并传递动力。它常用于各种减速器、汽车变速箱和各种机床中。

齿轮传动是依靠两齿轮轮齿之间直接接触的啮合传动。它可以用来传递平行相交轴或交叉轴之间的运动和动力。

齿轮传动机构的类型很多。主要有以下几种。

（1）直齿圆柱齿轮传动机构　如图 3-15 所示为直齿圆柱齿轮传动，简称直齿轮传动，它的轮齿与齿轮轴线相平行。直齿圆柱齿轮传动机构主要用于传递两平行轴之间的转动。直齿圆柱齿轮传动常用如图 3-16 所示的简图表示。

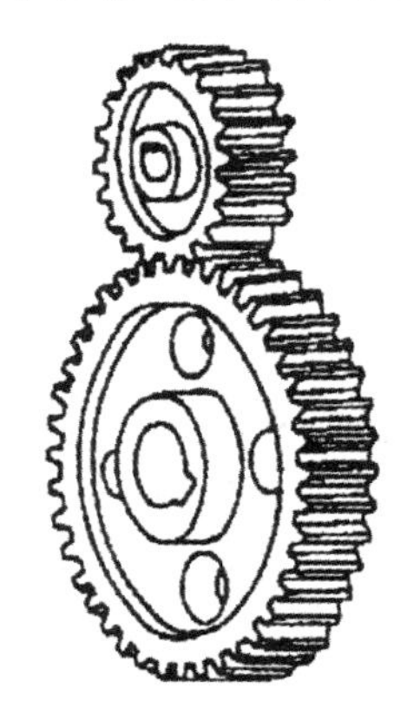

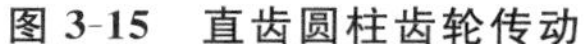

图 3-15　直齿圆柱齿轮传动

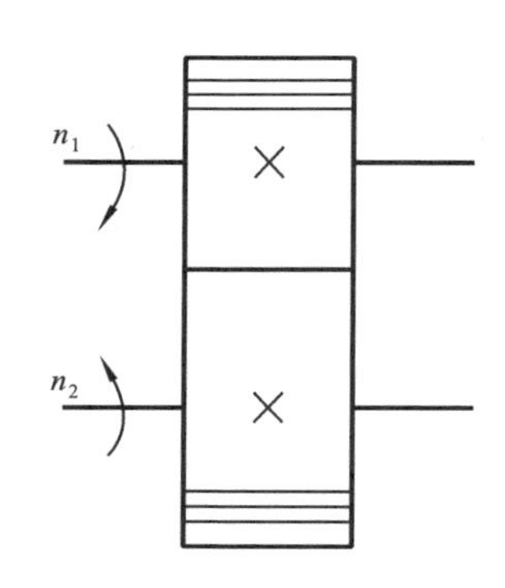

图 3-16　直齿圆柱齿轮传动简图

（2）斜齿圆柱齿轮传动机构　斜齿圆柱齿轮简称斜齿轮，它的轮齿与齿轮轴线倾斜了一个角度，如图 3-17 所示。斜齿轮也是用于传递两平行轴之间的转动的。斜齿轮传动与直齿轮传动相比，由于轮齿倾斜了一定角度，传动平稳。但有轴向力存在，这对轴承不利。为了限制轴向力的大小，减少轴向力的影响，当轴向力比较大时，可采用人字齿轮，如图 3-18 所示，因为人字齿轮左右两侧的轴向力可以相互抵消。

（3）锥齿轮传动机构　锥齿轮传动机构可以传递两相交轴之间的转动，如图 3-19 所示。锥齿轮传动机构简图如图 3-20 所示。

齿轮传动是应用广泛的一种机械传动形式。它与其他传动形式（如带传动、链传动等）相比，具有如下优点：能保证瞬时传动比恒定不变；传动效率高；允许的载荷大；结构紧凑；工作可靠且使用寿命长。齿轮传动的主要缺点：对齿

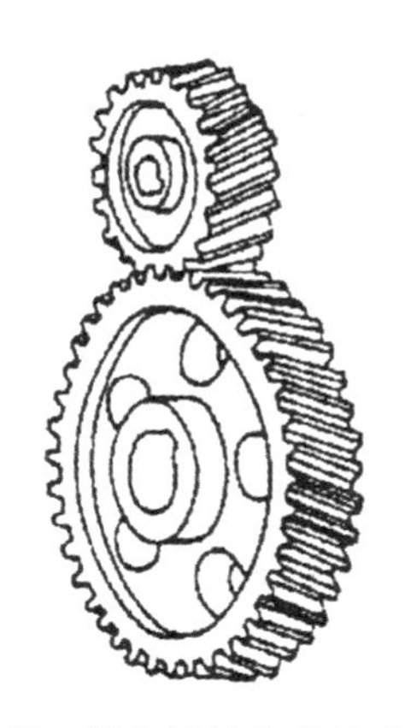
图 3-17　斜齿圆柱齿轮传动机构

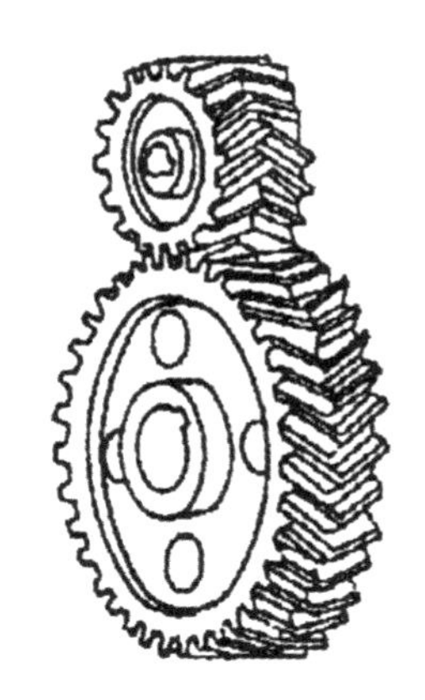
图 3-18　人字齿轮传动机构

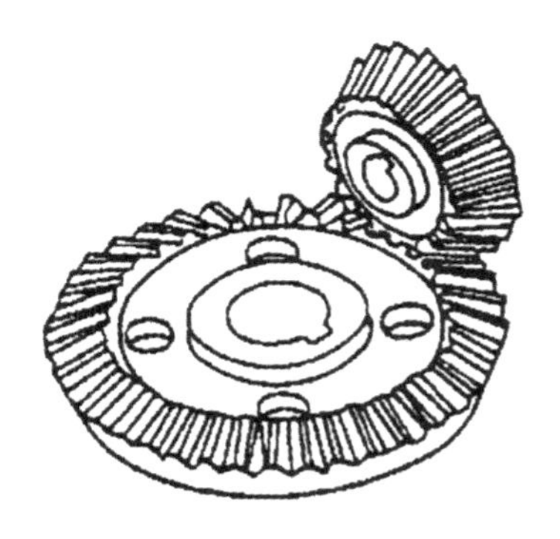
图 3-19　锥齿轮传动机构

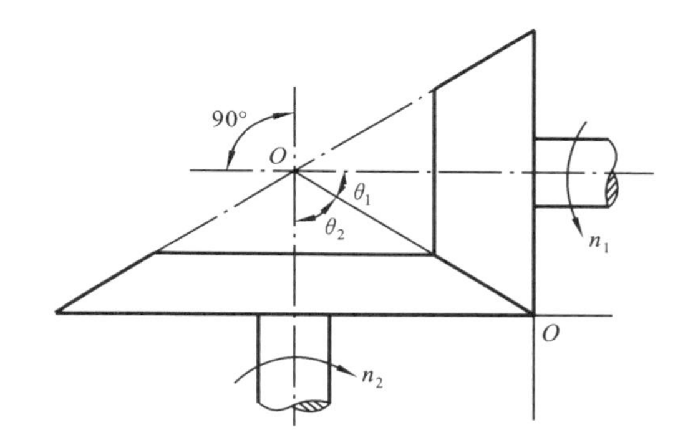

图 3-20　锥齿轮传动机构简图

轮的制造和安装精度要求较高，因此成本高；当两轴之间的距离较大时，不宜采用齿轮传动。

2）蜗杆传动机构

蜗杆传动机构如图 3-21 所示，它主要由蜗杆和蜗轮组成。蜗杆传动机构是用来传递两空间相错 90°轴之间的运动和动力的。在传动过程中，通常蜗杆是主动的，蜗轮是从动的。就工作原理来讲，蜗杆传动也是通过蜗杆和蜗轮轮齿的直接接触进行的啮合传动。其优点是可以获得较大的降速比，且结构紧凑、传动平稳、噪声小，但是它的传动效率低，在工作时需要良好的润滑。蜗杆传动机构简图如图 3-22 所示。

3）摩擦轮传动机构

摩擦轮传动机构难以传递过大的动力，主要应用在仪器中传递运动，如收录机中磁带的前进与倒退运动就是靠摩擦轮传动实现的。图 3-23 所示机构为

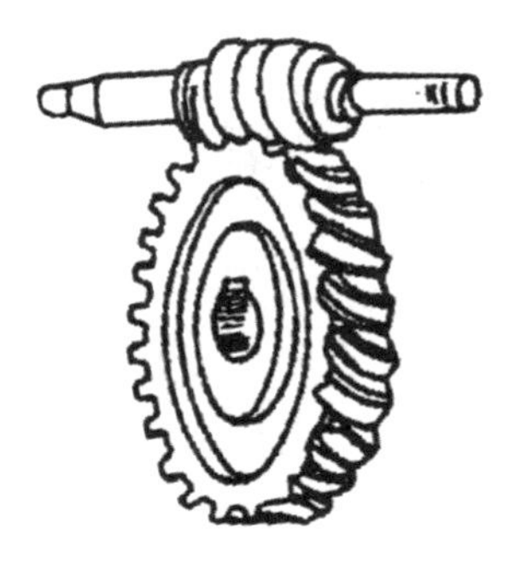

图 3-21　蜗杆传动机构

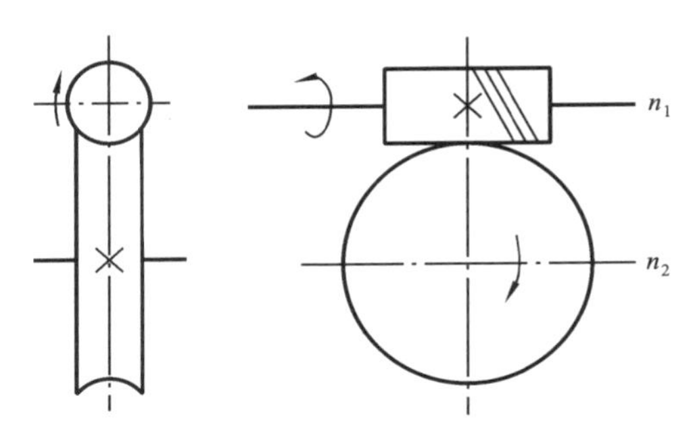

图 3-22　蜗杆传动机构简图

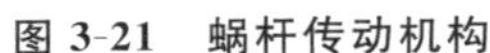

三种典型的摩擦轮传动机构,图 3-23(a)所示为平行轴圆柱摩擦轮传动机构,图 3-23(b)所示为圆锥摩擦轮传动机构,图 3-23(c)所示为垂直轴圆柱摩擦轮传动机构。

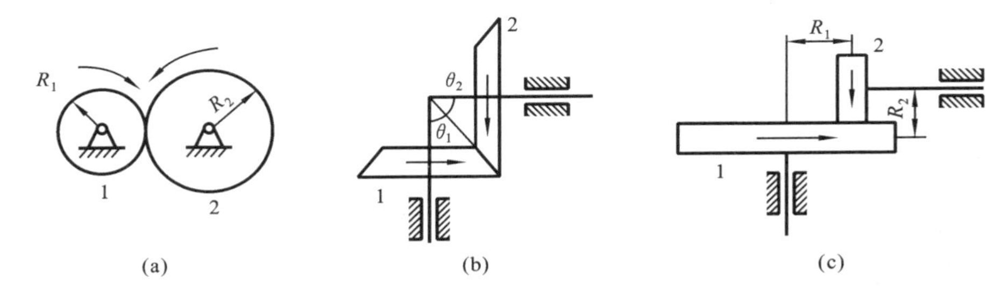

图 3-23　摩擦轮传动机构

(a) 平行轴圆柱摩擦轮传动机构　(b) 圆锥摩擦轮传动机构　(c) 垂直轴圆柱摩擦轮传动机构

1—主动轮;2—从动轮

4) 带传动机构

如图 3-24 所示的带传动机构可用图 3-25(a)所示的传动机构简图表示。带传动分为平带传动、圆带传动、V 带传动、同步齿形带传动等多种形式。其中平带传动和圆带传动可交叉安装,实现反向传动,如图 3-25(b)所示。图 3-25(c)中下方的小轮为张紧轮。

带传动的优点:结构简单,成本低廉;由于带具有良好的弹性,所以能减缓冲击,减轻振动;由于是摩擦传动,过载时传动带在带轮上打滑,因而可防止机器损坏。带传动适用于主动轴和从动轴间中心距较大的传动。但带传动不能保证准确的传动比,并且摩擦损失大,传动效率较低,外廓尺寸也较大。

5) 链传动机构

如图 3-26 所示,链传动机构是由主动链轮 1、从动链轮 2 和链条 3 所组成

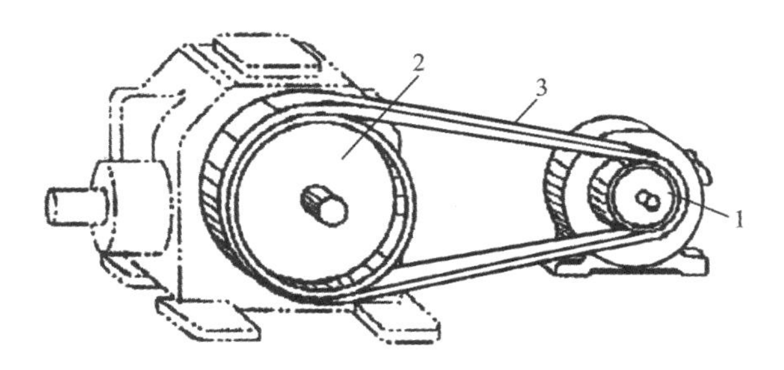

图 3-24 带传动机构

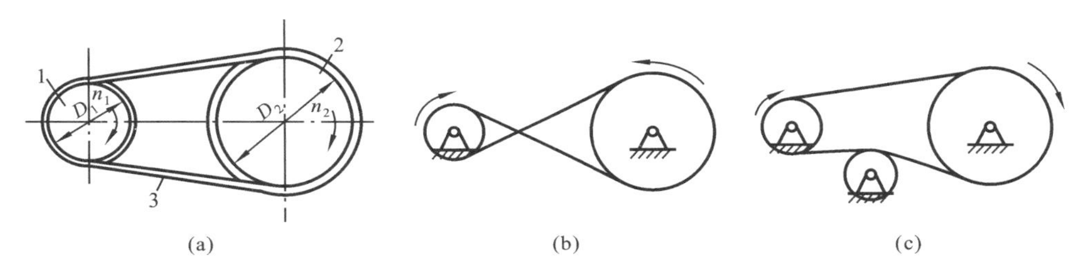

图 3-25 带传动机构

(a) 带传动机构简图 (b) 反向传动的带传动机构 (c) 有张紧轮的带传动机构

1—主动轮;2—从动轮;3—传动带

的。在传动过程中,通过链条的链节与链轮上的轮齿相啮合来传递两平行轴间的运动和动力,因此链传动是一种依靠中间挠性件(链条)的啮合运动。

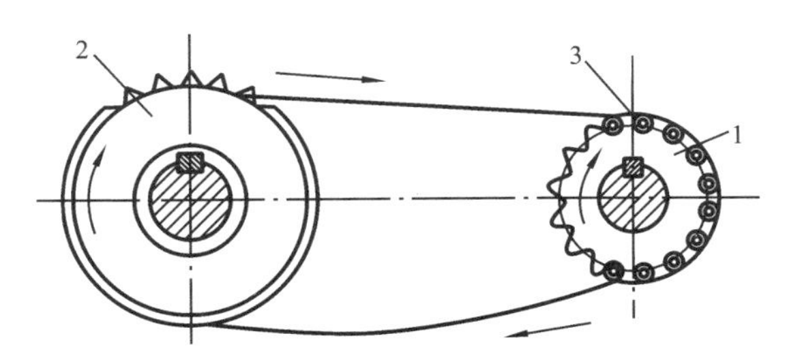

图 3-26 链传动

1—主动链轮;2—从动链轮;3—链条

链传动是啮合传动,它可以保证传动过程中的平均传动比不变,但链传动的瞬时传动比是变化的,因此在链传动中存在冲击、振动和噪声。

与带传动相比,链传动的平均传动比不变;由于链传动是啮合传动,所需的张力小,故链传动作用在传动轴上的力较小,它可在低速下传递较大的载荷,能在油污尘埃等恶劣环境中工作。但链传动的传动平稳性较差,安装精度要求较高。根据链传动的特点可知,链传动适用于要求平均传动比不变和传动轴中心距较大的场合。它广泛应用于交通机械、矿山机械、石油机械、农业机械、机床及轻工机械中。摩托车、自行车的链传动是人们最熟悉的。

6）绳索传动机构

除具有带传动的功能外，绳索传动机构还具有独特的作用。由于一轮缠绕，另一轮退绕，两轮中间可有多个中间轮。但不能传递较大的载荷。图 3-27 所示为绳索传动示意图。

7）液-力传动机构

液-力传动利用液体的动能把主动轮的转动传递到从动轮，也称为液力耦合器。在以内燃机为原动机的车辆中常使用液-力传动装置。在图 3-28 所示的液力耦合器中，壳体 3 内充满油液，主动轮 1 的转动带动油液随之转动，从而驱动从动轮 2 转动。

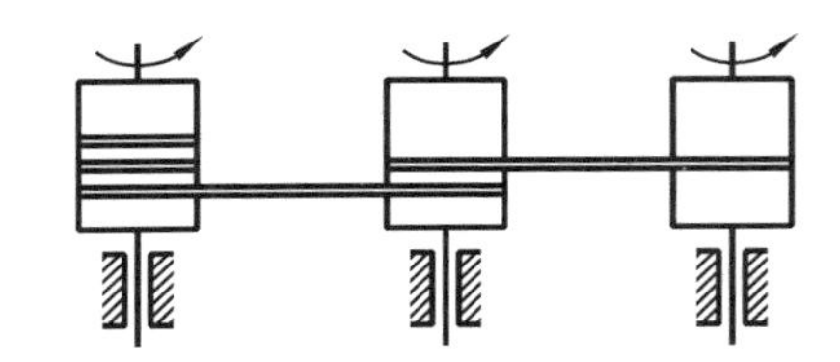

图 3-27　绳索传动示意图

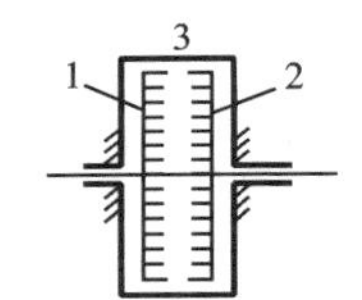

图 3-28　液力耦合器结构

1—主动轮；2—从动轮；3—壳体

8）钢丝软轴传动机构

钢丝软轴的内部由钢丝分多层缠绕而成。由于用软轴相连接，主从动件的位置具有随意性。图 3-29 所示为钢丝软轴传动机构。

9）瞬心线机构

瞬心线机构种类很多，这里仅列举两种瞬心线机构。图 3-30(a)所示为椭圆形瞬心线机构。图 3-30(b)所示为四叶卵形线轮传动机构。瞬心线机构可以实现连续的、周期性的变速转动输出。

10）连杆机构

能实现转动到转动运动变换的连杆机构有双曲柄机构、平行四边形机构、转动导杆机构及双转块机构等。图 3-31(a)所示为双曲柄机构，其传动比为变量。图 3-31(b)所示为平行四边形机构，可实现等速输出。图 3-31(c)所示为转动导杆机构。图 3-31(d)所示为双转块机构。双曲柄机构、转动导杆机构都有运动

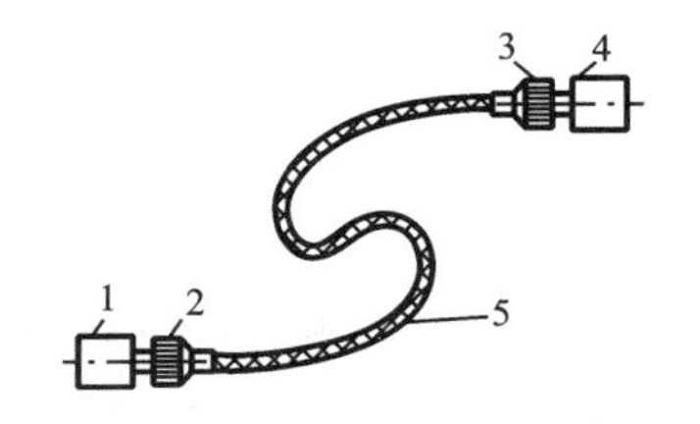

图 3-29　钢丝软轴传动机构示意图

1—动力源；2、3—接头；
4—被驱动装置；5—软轴

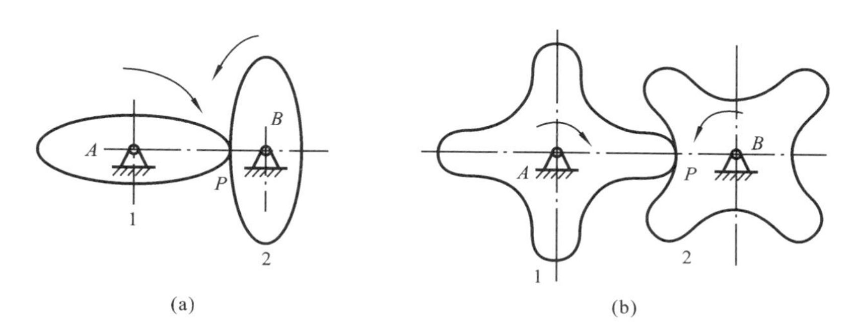

(a)　(b)

图 3-30　瞬心线机构

(a) 椭圆形瞬心线机构　(b) 四叶卵形线轮传动机构

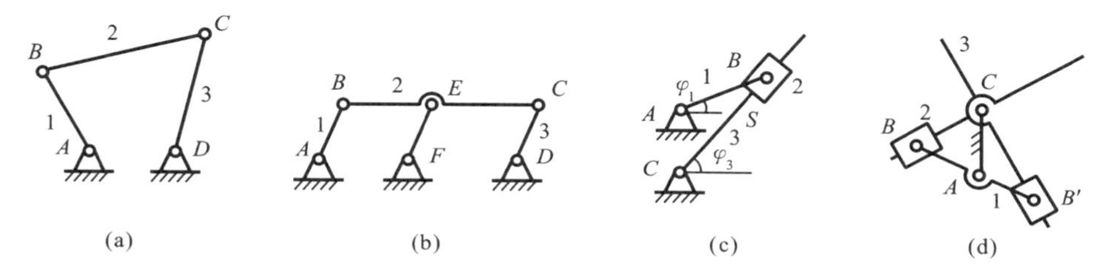

(a)　(b)　(c)　(d)

图 3-31　实现连续转动的连杆机构

(a) 双曲柄机构　(b) 平行四边形机构　(c) 转动导杆机构　(d) 双转块机构

急回特征，在要求有周期性快、慢动作的机械中得到广泛应用。

11) 万向联轴器

万向联轴器实际上是一种空间连杆机构，可分为单万向联轴器和双万向联轴器。单万向联轴器提供变速转动，双向联轴器提供等速转动。万向联轴器广泛应用在不同轴线的传动机构中。图 3-32(a)所示为单万向联轴器，图 3-32(b)所示为双万向联轴器。

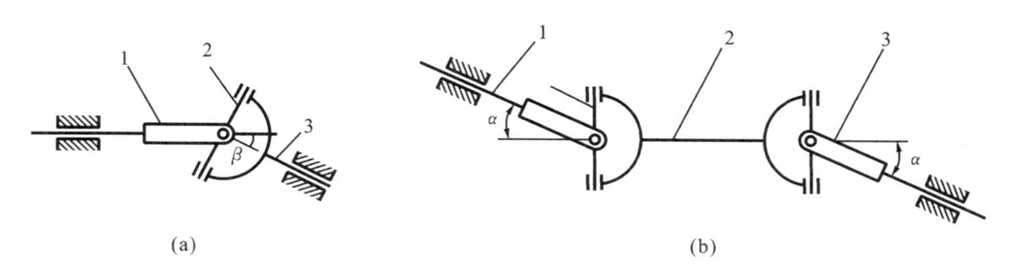

(a)　(b)

图 3-32　万向联轴器示意图

(a) 单万向联轴器　(b) 双万向联轴器

2. 连续转动到间歇运动的运动变换与实现机构

在生产中，某些机构常需要时动时停的间歇运动，如刨床中的进给运动，自动机床中的进给送料、刀架转位、成品输送等运动。这些都需将电动机输出的连续转动转换成间歇运动。完成这种运动的机构很多，常见的转换机构有棘轮机构、槽轮机构、不完全齿轮机构、分度凸轮机构等。下面介绍两种主要的间歇运动机构。

1）槽轮机构

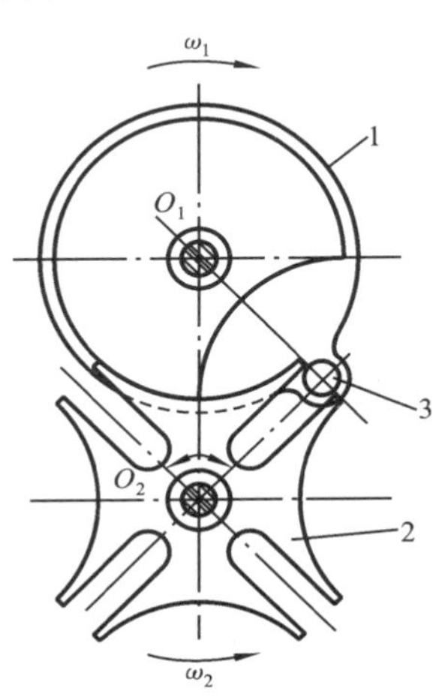

图 3-33 槽轮机构

1—拨盘；2—槽轮；3—拨销

图 3-33 所示的槽轮机构又称马氏机构，在自动机械中应用广泛。槽轮机构由装有圆柱拨销的拨盘和具有径向槽的槽轮及机架组成。拨盘上有一个带缺口的圆盘，该圆盘起定位作用。拨盘是主动件，做匀速转动。槽轮是从动件，时而转动，时而静止，做间歇运动。当拨盘上的圆柱拨销进入槽轮的开口槽中时，拨盘上的定位圆盘外凸圆弧面与槽轮的内凹圆弧面开始脱离接触，拨盘通过圆柱销驱使槽轮转动。当拨盘和槽轮各自转过一定的角度后，圆柱销与槽轮的开口槽分开，而拨盘继续转动，这时槽轮的内凹圆弧面被拨盘上的定位外凸圆弧面卡住，故槽轮静止不动。当拨盘再继续回转一定的角度，圆柱销又进入槽轮的另一个开口槽中，驱使槽轮又转动。这样周而复始，槽轮便获得单向的间歇转动。

电影放映机卷片机构就应用了槽轮机构的原理来控制影片的间歇运动。如图 3-34 所示，槽轮工具有 4 个径向槽，拨盘上装有一个圆柱拨销。拨盘转一周，拨销就拨动槽轮转动 1/4 周，胶片移动一个回格，并停留一定时间（即放一个画格）。拨盘继续转动，重复上述运动。电影就是利用人的视觉暂留现象来进行的，当每秒钟放映 24 幅画面时，人的视觉就会感受到连续运动的画面。

2）棘轮机构

棘轮机构是含有棘轮和棘爪的步进运动机构。如图 3-35 所示，棘轮机构主要由棘轮、棘爪和机架组成。棘轮与传动轴固联，驱动棘爪铰接于主动件摇杆上，摇杆套在传动轴上，它可以绕传动轴转动。当摇杆顺时针方向摆动时，与它相连的驱动棘爪插入棘轮的齿槽内，推动棘轮转过一定的角度。当摇杆逆时针方向摆动时，驱动棘爪便在棘轮背上滑动。这时，制动棘爪插入棘轮的齿间，阻止棘轮逆时针方向转动，故棘轮静止。因此，当摇杆往复摆动时，棘轮做单向的间歇运动。

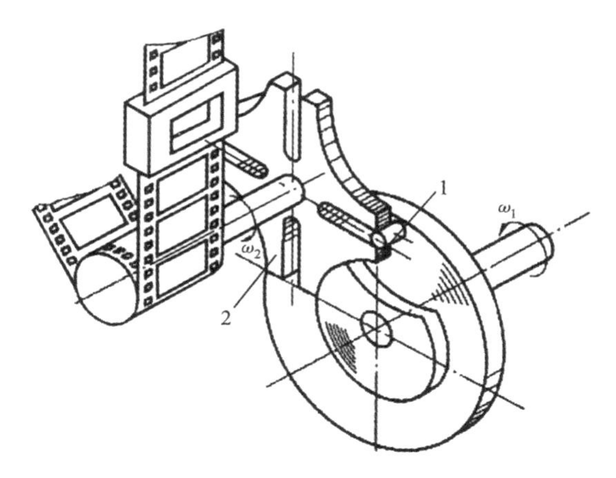

图 3-34　电影放片机的卷片机构

1—拨销；2—槽轮

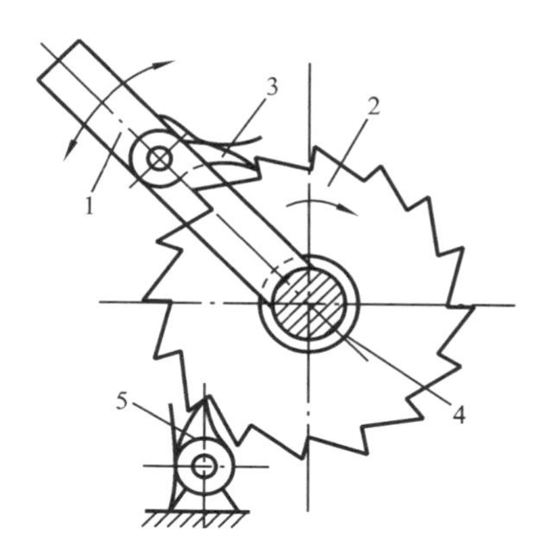

图 3-35　棘轮机构

1—摇杆；2—棘轮；3—驱动棘爪；4—传动轴；5—制动棘爪

棘轮机构应用广泛，现举两个实例加以说明。

例 3-1　如图 3-36 所示的牛头刨床工作台横向进给机构就是棘轮机构的一种典型应用。工作时，由电动机通过齿轮传动，带动偏心销 B 做连续回转，偏心销 B 通过连杆带动摇杆和棘爪做往复摆动，从而使摇杆上的棘爪驱动棘轮做单向间歇运动。此时，与棘轮固接的丝杆便带动工作台做横向进给运动。

例 3-2　如图 3-37 所示为起重设备中的棘轮制动器。在提升重物时，与棘轮连接在一起的卷筒逆时针转动，绕在卷筒上的钢丝绳把重物向上提起。此时固定在机架上的棘爪在棘轮的齿背上滑过。当需要该重物停在某一位置时，在重物重力 W 作用下，棘轮顺时针方向转动，此时棘爪将及时插入棘轮的相应齿槽中，实现了制动，并防止重物下落。

综上所述，棘轮机构的特点是结构简单，改变转角时方便，但它传递的动力不大，且传动平稳性差。因此，只适用于转速不高、转角不大的低速传动。

3. 连续转动到往复摆动的运动变换与实现机构

机器的工作机构部分是往复摆动的例子也是比较多的。实现连续转动到往复摆动的运动变换机构主要有曲柄摇杆机构、曲柄摇块机构、摆动导杆机构、摆动从动件凸轮机构等。图 3-38 所示为其简图，对其进行结构设计后，可得到多种执行机构。特别是图 3-38(b)所示的曲柄摇块机构是摆动油缸的简图，在液压传动中有广泛的应用。下面仅介绍常用的曲柄摇杆机构和凸轮机构。

1）曲柄摇杆机构

图 3-39 所示为颚式破碎机，运动由电动机(图中未画出)传给带轮，带动与带

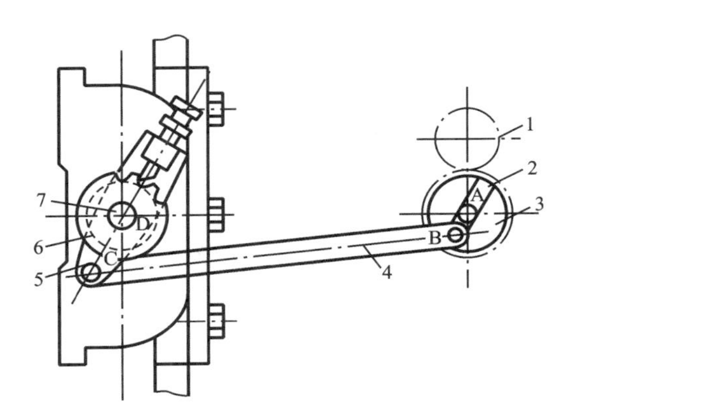

图 3-36　牛头刨床的进给机构

1—齿轮；2—曲柄；3—齿轮；
4—连杆；5—摇杆；6—棘轮；7—丝杆

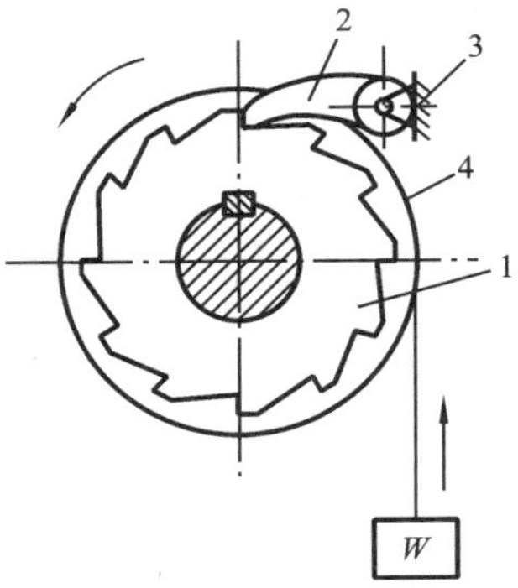

图 3-37　起重设备中的棘轮制动

1—棘轮；2—棘爪；3—机架；4—卷筒

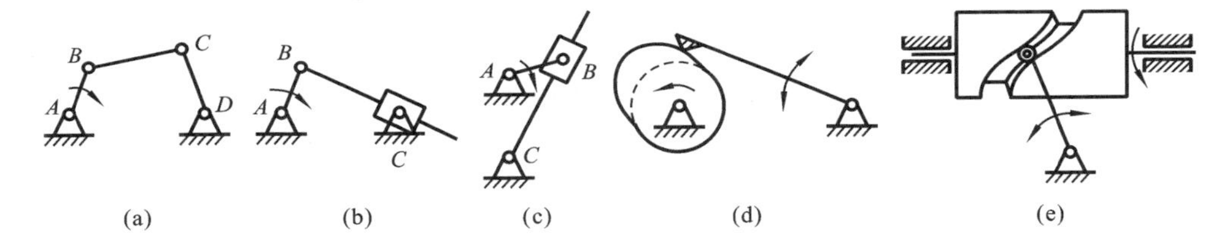

图 3-38　转动到摆动的运动变换机构示意图

(a) 曲柄摇杆机构　(b) 曲柄摇块机构　(c) 摆动导杆机构　(d)、(e) 摆动从动件凸轮机构

轮固联在一起的偏心轴绕回转中心 A 旋转，偏心轴带动动颚运动。在动颚与机架之间装有肘板，从而使动颚做复杂的摆动，不断挫挤大块石料，完成破碎工作。

从以上分析可知，颚式破碎机是一个由机架、主动件偏心轴、从动件动颚和肘板等四构件组成的曲柄摇杆机构，其机构简图如图 3-40 所示。当曲柄 2 为主动件时，曲柄 2 转一周，可使摇杆 3 往复摇动一次，即将原动机输出的连续转动变成了工作机的往复摆动。

曲柄摇杆机构也有以摇杆为主动件、曲柄为从动件的情况，此时，可使摇杆的往复摆动转变成曲柄的连续转动，如人们生活中使用的缝纫机。

2）凸轮机构

凸轮机构除了能将转动转变成往复的摆动外，还能将连续的旋转运动转变成直线运动。图 3-41 所示为自动车床的进刀机构。当凸轮 1 匀速转动时，它的轮廓驱使扇形齿轮推杆 2(从动件)按预定的运动规律绕 O 轴往复摆动，以推动齿条 3 移动，从而带动刀架座往复移动。

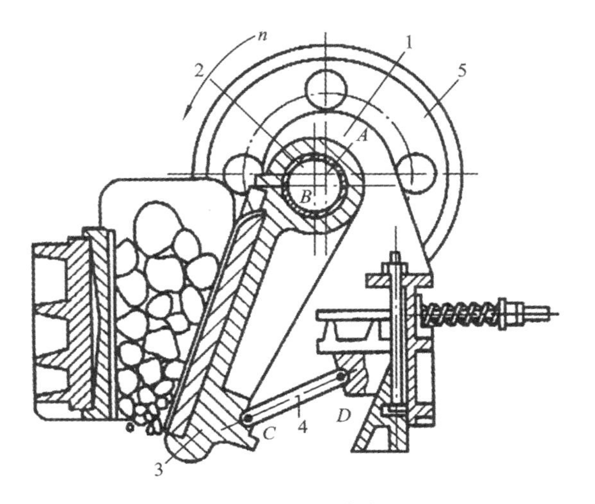

图 3-39　颚式破碎机

1—机架；2—偏心轴；3—动颚；4—肘板；5—带轮

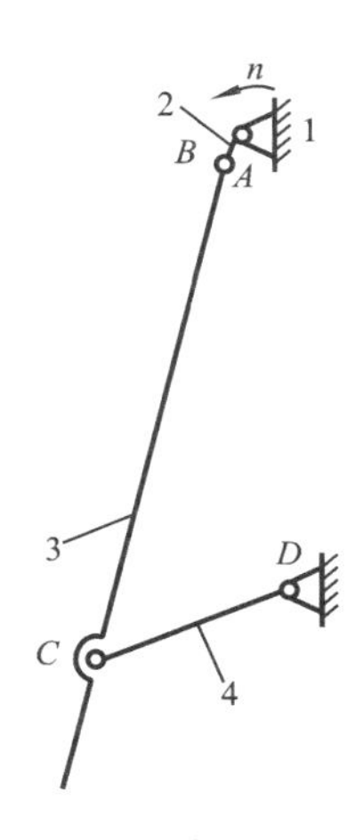

图 3-40　颚式破碎机机构简图

1—机架；2—曲柄；3—摇杆；4—肘板

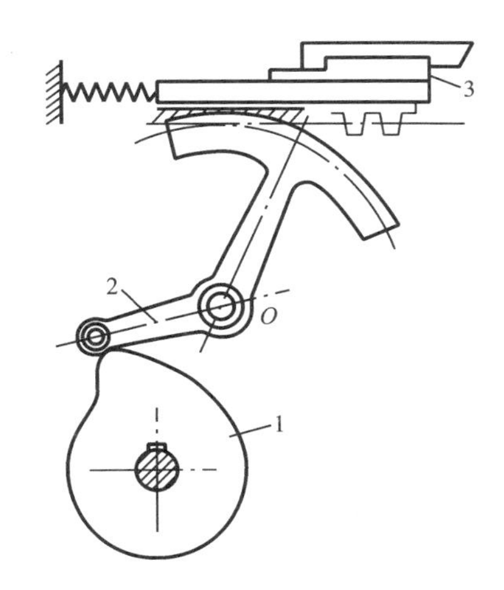

图 3-41　自动车床的进刀机构

1—凸轮；2—齿轮推杆；3—齿条

4. 连续转动到往复直线移动的运动变换与实现机构

有很多机器是以电动机作动力源的，而电动机输出的运动形式是连续的转动，当执行机构要求作直线运动时，这就需要将转动转换为直线运动。实现连续转动到往复直线移动的运动变换机构有曲柄滑块机构、正弦机构、凸轮机构、带或链传动机构、齿轮齿条机构、螺旋传动机构及一些机构的组合等，如图3-42所示。

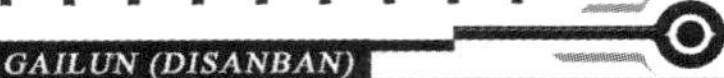

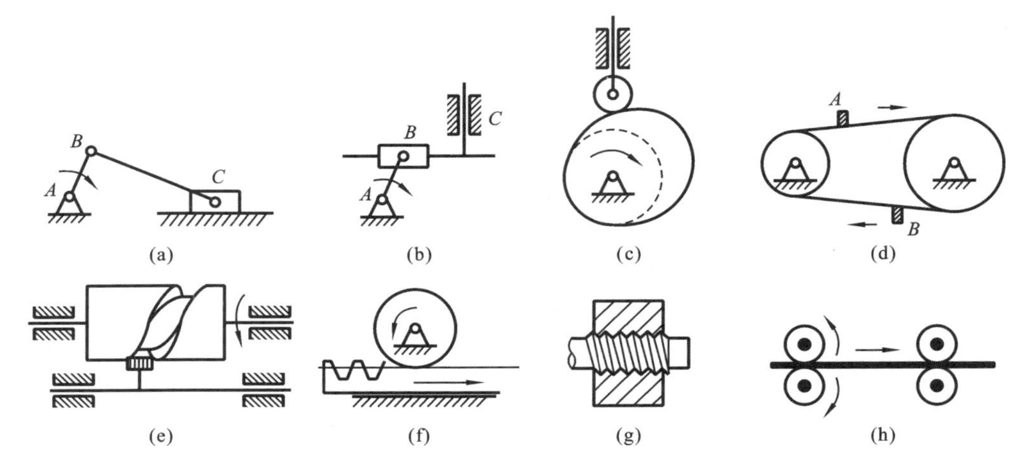

图 3-42　连续转动到往复移动的运动变换机构

(a) 曲柄滑块机构　(b) 正弦机构　(c) 凸轮机构　(d) 带或链传动机构　(e) 直线运动从动件凸轮机构　(f) 齿轮齿条传动机构　(g) 螺旋传动机构　(h) 摩擦滚轮传动机构

1) 螺旋传动机构

如图 3-42(g)所示的螺旋传动机构由螺杆(也称丝杠或螺旋)和螺母组成,螺杆置于螺母中。当转动螺杆时,螺杆上的螺旋沿着螺母的螺旋槽运动,从而将旋转运动变换为直线移动,同时传递运动及动力。

螺旋传动按其用途可分为以下三类。

(1) 传力螺旋　传力螺旋以传递动力为主,通常的紧固螺栓螺母属于这一种。它要求用较小的转矩转动螺旋(或螺母),使螺母(或螺旋)产生轴向运动和较大的轴向力,这个轴向力可以把两个物体牢固地连接在一起,也可以用来做各种笨重的工作。图 3-43(a)所示的千斤顶和图 3-44(b)所示的压力机等都是传力螺旋的应用。

(2) 传导螺旋　传导螺旋以传递运动为主,要求具有较高的运动精度,如机床刀架或工作台的进给机构,如图 3-44 所示。

(3) 调整螺旋　调整螺旋用于调整移动构件和固定零部件间的相对位置,如车床尾座螺旋、螺旋测微器(见图 3-45)等。

2) 齿轮齿条传动机构

如图 3-42(f)所示,齿轮齿条传动机构由齿轮与齿条组成,当齿轮为主动件时,它可以将旋转运动转换为直线运动。如龙门刨床的工作台往复移动装置(见图 3-46)。

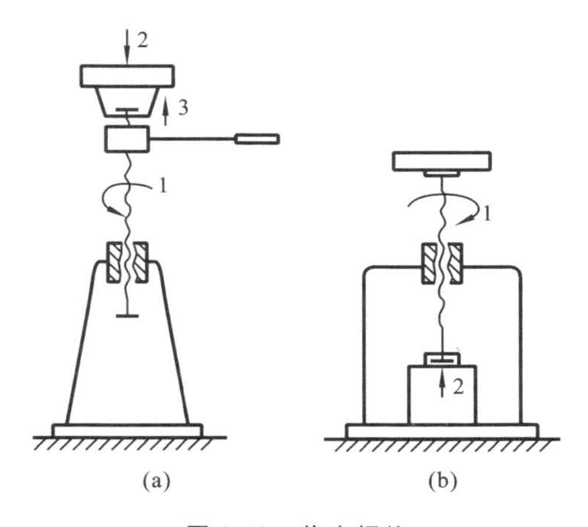

图 3-43　传力螺旋

(a) 千斤顶　(b) 压力机

1—扭矩；2—抗力；3—位移方向

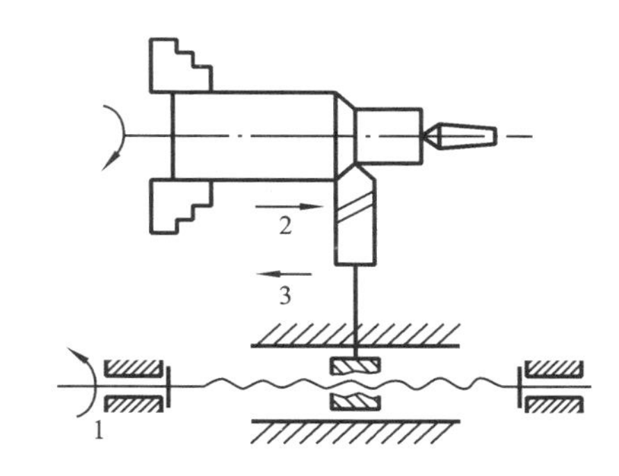

图 3-44　传导螺旋

1—扭矩；2—抗力；3—位移方向

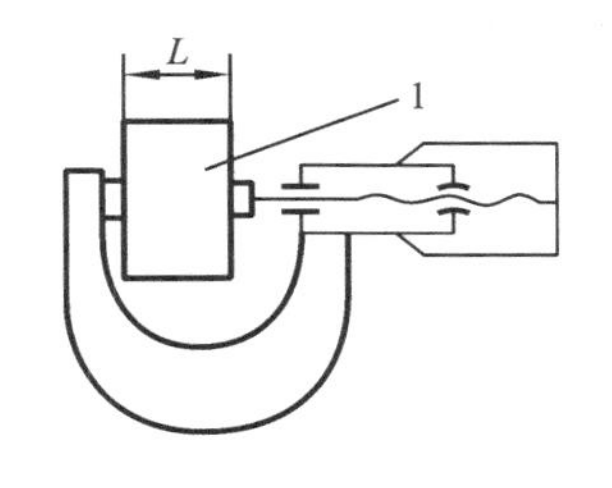

图 3-45　螺旋测微器

1—被测量的工件

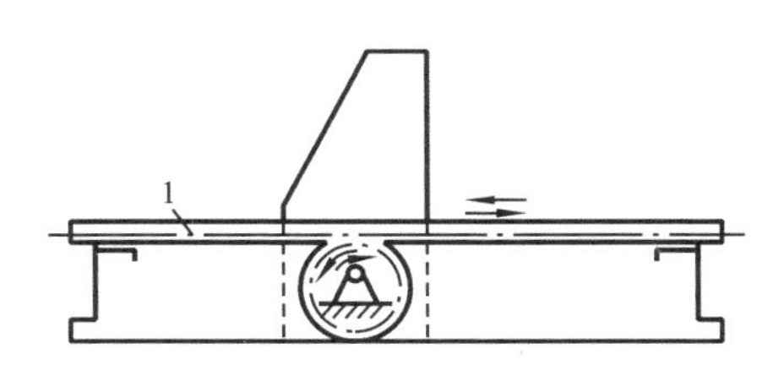

图 3-46　龙门刨床工作台往复移动装置

1—工作台

3）凸轮机构

凸轮机构由主动件的凸轮、从动件和支持整个机构的机架三个主要部分组成。一般凸轮做匀速回转运动，通过特定的形状轮廓与从动件相接触，使从动件实现某种预定规律的运动。如图 3-47 所示为某内燃机的配气凸轮机构。构件 1 为凸轮，是主动件；构件 2 为气门推杆，是从动件；构件 3 为机架；构件 4 是弹簧，它的作用是保证凸轮轮廓与气门推杆在运动过程中始终保持接触。当凸轮 1 匀速回转时，其表面凸出的轮廓将推杆向下推，使气门开启；等到凸轮以等半径的圆弧部分表面与推杆从动件接触时，推杆由弹簧作用向上移动，将气门关闭。其开启和关闭的时间全由内燃机的工作要求来确定，据此可以确定出凸轮的轮廓形状。

又如图 3-48 所示的自动上料凸轮机构。当具有凹槽的凸轮 1 转动时，槽中滚子 3 使从动件 2 往复运动，凸轮转一圈，从动件推送一个工件 4 到工作位置。

4）曲柄滑块机构

如图 3-42(a)所示，曲柄滑块机构由曲柄、连杆、滑块及机架组成。当曲柄为主动件做匀速转动时，连杆使滑块作往复的直线运动。由于曲柄滑块机构的结构简单，制造方便，滑块行程准确，因此，它在生产中得到广泛的应用。图 3-49 所示的简易搓丝机就是这种机构应用的实例之一。

5）其他传动机构

在图 3-42(d)中，带的两侧各有夹块，可推动物体单向或双向运动。图 3-42(h)所示为摩擦滚轮送料机构，应用也很广泛。

5. 直线移动转换为直线移动的运动变换与实现机构

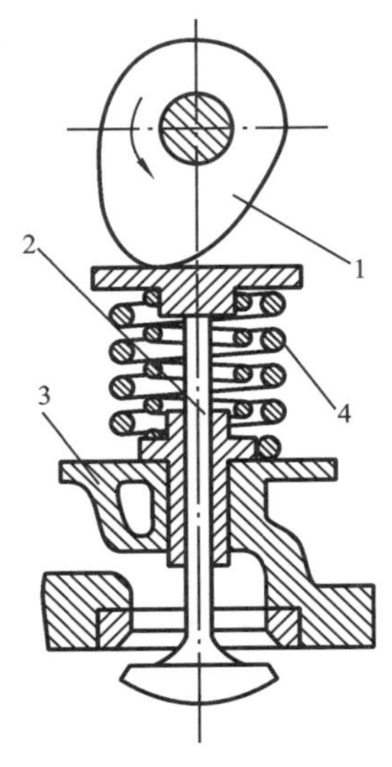

图 3-47　内燃机配气凸轮机构

1—凸轮；2—气门推杆；3—机架；4—弹簧

直线移动转换为直线移动的机构大多应用于液压机构中，用于送料、夹紧等装置。各类液压阀心、电磁阀心机构也采用了直动到直动的运动变换。斜面机构、具有两个移动副的连杆机构、移动凸轮机构有时也可以应用于线性运动变换，还可以用直线电动机直接实现直线移动。弹簧机构也是一种最常用的直线运动变换机构。图 3-50(a)所示为液压油缸或气缸移动示意图，图 3-50(b)所示为双滑块机构，图 3-50(c)所示为斜面机构，图 3-50(d)所示为移动凸轮机构。

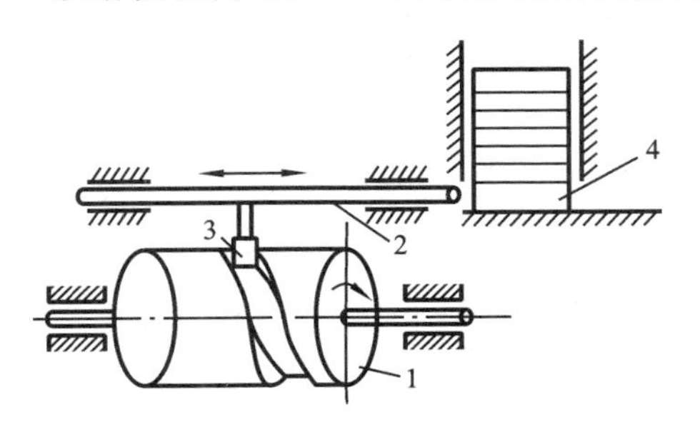

图 3-48　自动上料凸轮机构

1—凸轮；2—从动件；3—滚子；4—工件

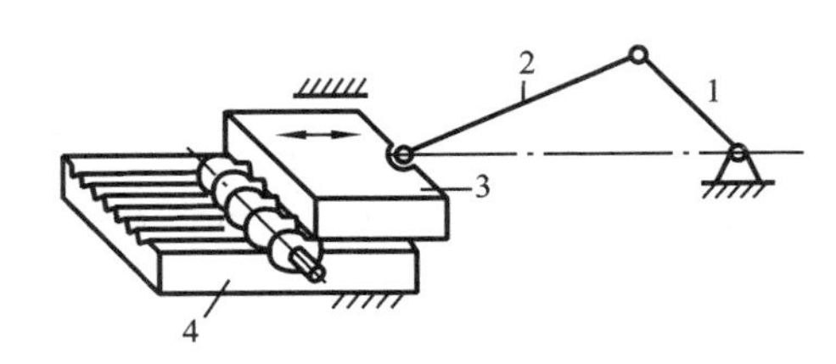

图 3-49　搓丝机的曲柄滑块机构

1—曲柄；2—导杆；3—滑块(活动搓丝板)；4—固定搓丝板

6. 直线移动转换为定轴转动或往复摆动的运动变换与实现机构

直线移动转换为定轴转动的最典型机构就是内燃机中的曲柄滑块机构，齿轮齿条机构也可实现移动到定轴转动的运动变换(此时齿条为主动件)。直线

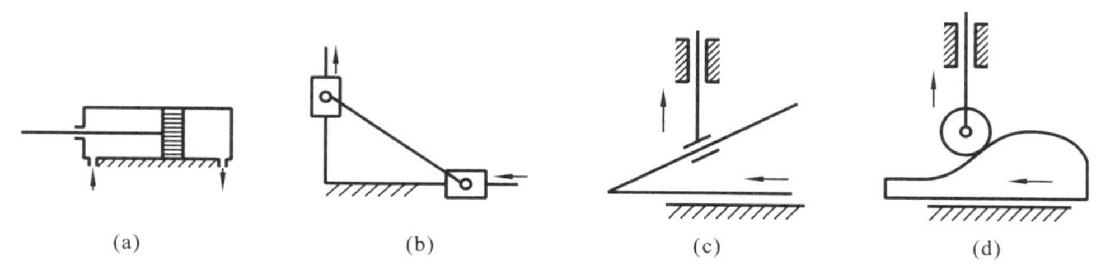

图 3-50　直线移动转换为直线移动的变换机构

(a) 液压油缸或气缸　(b) 双滑块机构　(c) 斜面机构　(d) 移动凸轮机构

移动转换为往复摆动的机构主要用在开关机构或微调机构中。图 3-51(a)所示为摆臂移动凸轮机构,图 3-51(b)所示为直动螺旋到摆动的变换机构。

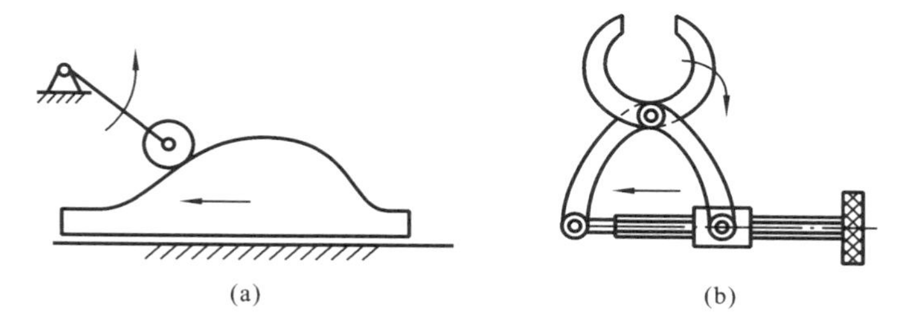

图 3-51　直线移动转换为摆动的变换机构

(a) 摆臂移动凸轮机构　(b) 直动螺旋摆动机构

能实现各种运动变换的机构种类很多,本节仅介绍了一些最基本的机构。通过以后几章介绍的机构演化与变异方法,可以设计出更多的新机构,进而达到创新设计新机械的目的。

3.2.3　机、电、液机构组合简介

随着科学技术的飞速发展,机械的构成发生了很大的变化。现代机械已不再是纯机械系统了,集机、电、液一体化的产品越来越普及,机、电、液、光、传感器与微机控制的智能化机械显示出强大的生命力。

机电机构组合中的运动形态由机构的结构来实现,而机械的运动参数(如位置、位移、速度、加速度等)和各执行机构的运动协调关系则是靠微机系统(微机、接口电路、各种电子元器件组成的硬件及软件)来实现的,这一点与普通机械有很大的不同。电子技术和传感技术的发展对传统的机械产生了很大的影响。先进的电子控制技术可以简化机械系统的复杂结构。在点阵打印机中,如送纸机构、色带机构及打印钢针机构的运动协调靠机械系统自身的结构去实现

将是难以想象的。微机系统对机械系统的微机控制框图如图3-52所示。可见，进行创新设计机电组合机械时，应根据工艺动作要求设计出机械系统时，必须同时充分考虑控制元件及控制方式，也就是说，机械系统、微机系统及传感系统要作为一体来考虑，力求机械系统的简化，更好地发挥软件的优势，这样可降低机器的成本。

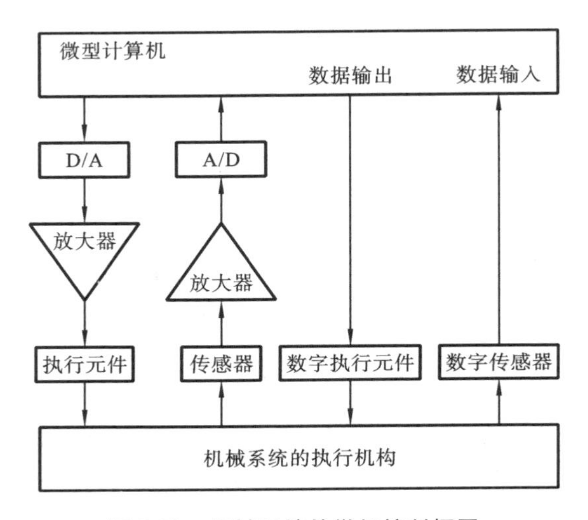

图3-52 机械系统的微机控制框图

3.3 常用机械零件

3.3.1 滚动轴承

轴承是用来作为旋转支承的重要零件，通过它连接旋转轴和固定的轴承座，如发动机与箱体、减速器与箱体等。轴承包括滚动轴承与滑动轴承两类。滑动轴承的基本工作原理是通过旋转轴在轴承衬套中的旋转，在轴与衬套间形成动压滑动油膜，从而减小了轴转动摩擦力。滑动轴承一般应用在内燃机引擎曲轴和压缩机曲轴的旋转支承中。本节仅介绍滚动轴承。

滚动轴承具有一定的承载能力，包括径向与轴向的载荷。不同种类的滚动轴承的承载能力不同，所主要承受的载荷方向也不同。

滚动轴承一般由保持架、外圈、内圈、滚动体四个部分组成。如图 3-53 所示的是滚动轴承的各种保持架。外圈一般固定不动，通过轴承座上的轴肩轴向定位。内圈与旋转轴相配合。如图 3-54 所示，轴承承受了一定的轴向推力和径向力，并通过轴与轴承座的轴肩、轴承内外圈承受轴向推力。为此，机械工程师应根据滚动轴承在轴系中可能的受力情况进行分析，确定滚动轴承的受力方向与载荷大小，并以此为依据选择恰当的轴承。

图 3-53　各种滚动轴承保持架

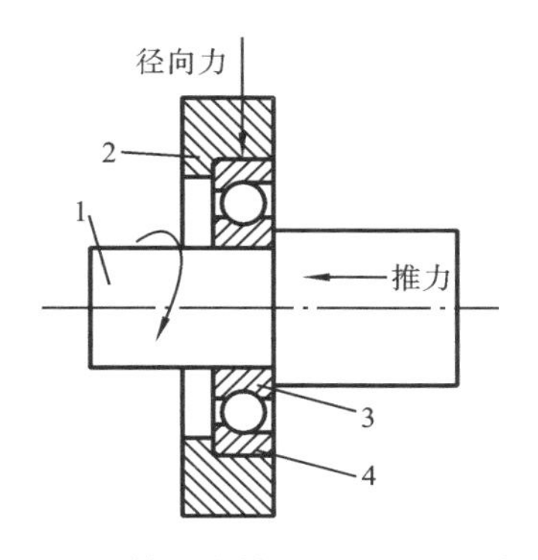

图 3-54　轴承在轴系中的安装示意图

1—轴；2—轴承座；3—内圈；4—外圈

图 3-55　带座轴承

另外一类安装形式的轴承是带座轴承，即轴承本身带了轴承座，如图 3-55 所示。它通过法兰的通孔，用螺栓与机座安装面连接。这种带座轴承的安装精度不高，但安装方便，常用在对精度要求不高的轻工机械设备中。当需要把滚动轴承安装在机器箱体内时，可采用如图 3-54 所示的安装方法；当需要把滚动轴承安装在箱体外表面时，要选择带座轴承，通过螺栓将其直接安装在箱体表面。一般滚动轴承的工程安装方法包括冷装/机械法、热安装、液压法。如图 3-56所示，采用电磁感应加热滚动轴承，使其膨胀，再套在机器的传动轴中。当滚动轴承使用失效后就要进行拆卸。如图 3-57 所示，采用机械式拉爪从传动轴上拆卸滚动轴承。一般轴承拆下来后就不能再用了，特别是用拉爪拉滚动轴承外圈进行拆卸的轴承。

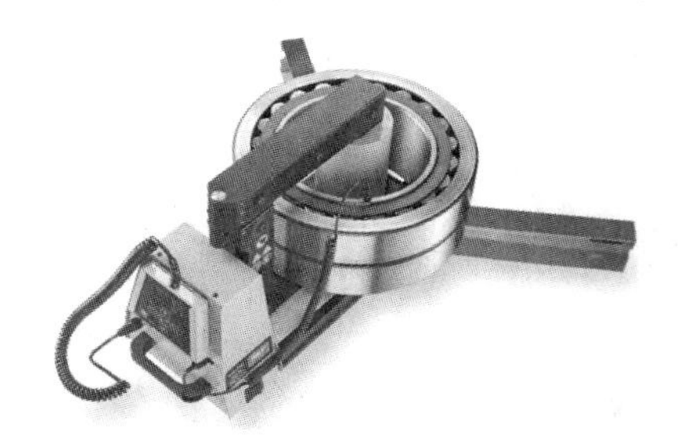

图 3-56　电磁感应加热滚动轴承

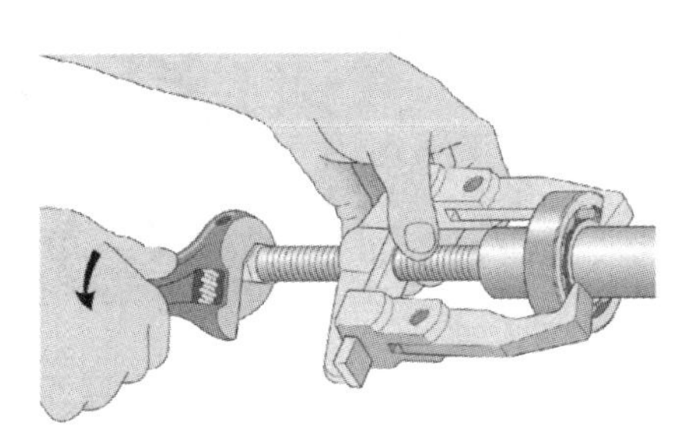

图 3-57　拉爪拆卸轴承

1）球轴承

球轴承是最常用的滚动轴承，如图 3-58 所示。球轴承由外圈、内圈、保持架、钢球组成。保持架的作用是使钢球可以在滚道上均匀分布，并且相互间没有碰撞与摩擦。理论上，球轴承的钢球滚动体与内、外圈滚道的接触为点接触，因此球轴承的承载能力不高。但由于钢球滚动体滚动接触面小，所以允许的转速较高。球轴承包括深沟球轴承、角接触球轴承等。除了单列的球轴承外，也有双列的球轴承。为了提高轴承的承载能力，滚动体常用圆柱滚子或圆锥滚子。

2）圆柱滚子轴承

图 3-59 所示为圆柱滚子轴承，它的滚动体采用的是圆柱形的滚子。圆柱滚子使轴承所受的径向作用力比较好地分布到内外圈滚道上。同时，所有圆柱滚子的轴线均与轴承的旋转轴线平行。由于圆柱滚子轴承的特点，它一般用于需要承受较大的径向力的旋转支承，而且其不能承受轴向力。

3）圆锥滚子轴承

图 3-60 所示为圆锥滚子轴承，它的滚动体采用的是圆锥形的滚子。所有圆锥滚子有同样的圆锥角，其轴线与轴承的旋转轴线相交于一点。圆锥滚子常常采用轻微的腰鼓形，以改善该类轴承的耐用性。圆锥滚子轴承可以弥补球轴承与圆柱滚子轴承的不足，应用在径向载荷与轴向载荷同时存在的工况，比如汽车的车轮用轴承。汽车车轮用的轴承要承受汽车的重量及汽车转向时产生的

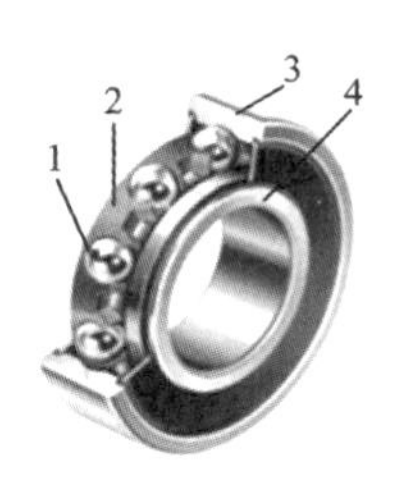

图 3-58　球轴承

1—滚动体；2—保持架；
3—外圈；4—内圈

图 3-59　圆柱滚子轴承

图 3-60　圆锥滚子轴承

轴向作用力。在高径向载荷与一般的轴向载荷工况下，选择圆锥滚子轴承是恰当的。图 3-61 所示为用于重载荷的 4 列圆锥滚子轴承。

4）推力轴承

如图 3-62 所示为推力轴承。推力轴承是专门用来承受轴向载荷的滚动轴承。该类轴承的所有滚动体轴线沿径向放射性分布，滚动体为带有轻微腰鼓形的圆柱滚子和圆锥滚子。推力轴承一般用于转动工作台类部件的支承，这是因为一方面要保证工作台自由旋转，另一方面轴承要承受转台的重量。

图 3-61　4 列圆锥滚子轴承

图 3-62　推力轴承

3.3.2　齿轮

机械传动系统中的齿轮是比较重要的零件。通过齿轮传动可以提高输出旋转速度，但输出力矩减小；可以降低输出旋转速度，输出力矩提高。齿轮在很多机器传动系统中采用，如直升机的主减速器、汽车变速器等。图 3-63 所示的是拖拉机传动系统中采用的齿轮传动。

齿轮的轮齿形状一般采用标准化的渐开线齿形。对于机械工程师来说，在

图 3-63　拖拉机的齿轮传动系统

其设计的机器中若采用齿轮,可以从齿轮供应商那里选择定型的齿轮产品或直接选择齿轮减速器。但是,选择定型齿轮可能得不到最佳的性能,如噪声水平、精度等。当机器中的齿轮特别重要,机械工程师就需要特别设计。本小节将简要介绍直齿圆柱齿轮、齿轮齿条、伞齿轮、斜齿圆柱齿轮、蜗轮蜗杆的特点。

1）直齿圆柱齿轮

直齿圆柱齿轮是最简单的齿轮,它的特点是轮齿与轴线平行,如图 3-64 所示。当两个齿轮相互啮合时,动力即从主动齿轮传递到从动齿轮。当主动齿轮是小齿轮时,从动大齿轮即减速,输出力矩增大;当主动齿轮是大齿轮时,从动小齿轮即加速,输出力矩减小。

图 3-64　直齿圆柱齿轮

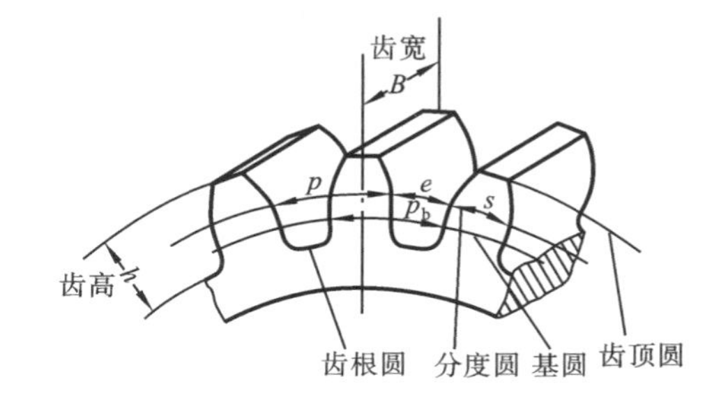

图 3-65　直齿圆柱齿轮的一些术语示意

图 3-65 所示为直齿圆柱齿轮相关的一些术语。其中:分度圆是指设计齿轮的基准圆;齿顶圆是所有轮齿顶端的圆;齿根圆是过所有齿槽底部的圆;基圆是产生渐开线的圆;齿高是齿顶圆与齿根圆之间的径向距离。分度圆齿厚是轮齿

在分度圆上度量的圆弧长度，分度圆槽宽是轮齿间齿槽在分度圆上度量的圆弧长度。标准直齿圆柱齿轮的分度圆齿厚一般稍大于分度圆槽宽，目的是避免由此造成的齿轮啮合传动时的振动、噪声与速度波动。直齿圆柱齿轮的轮齿垂直齿轮轴线的截面轮廓线是渐开线，渐开线是齿轮基圆作纯滚动的轨迹线。

分度圆模数可表示为

$$m=\frac{p}{\pi}=\frac{d}{z}$$

式中：p 为分度圆齿距；d 为分度圆直径；z 为齿轮齿数。显然分度圆模数、分度圆齿距越大，一般齿轮轮齿也越厚。

两个直齿圆柱齿轮啮合时，它们的齿形是相容的。如图 3-66 所示，小齿轮的分度圆与大齿轮的分度圆是相切的，啮合传动过程中，在理想情况下（中心距为 a_w，齿轮轮廓是理想的等），啮合点 W 是始终保持不变的，其传动比 i 可表示为

$$i=\frac{n_1}{n_2}=\frac{d_2}{d_1}=\frac{z_2}{z_1}$$

式中：n_1、n_2 分别是主动齿轮、从动齿轮的转速；d_1、d_2 分别是主动齿轮、从动齿轮的分度圆直径；z_1、z_2 分别是主动齿轮、从动齿轮的齿数。

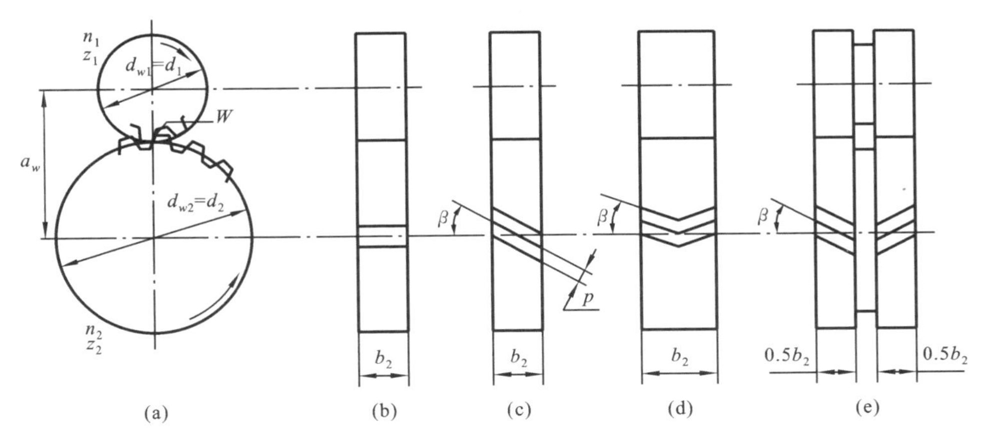

图 3-66　齿轮啮合传动示意图

(a) 齿轮啮合示意图　(b) 直齿圆柱齿轮　(c) 斜齿圆柱齿轮　(d)、(e) 人字形圆柱齿轮

2）齿轮齿条

当要通过齿轮把旋转运动转变为直线运动时，就需要采用齿轮齿条的传动形式。它实际上是把两个直齿圆柱齿轮中的一个齿轮的分度圆直径变为无限大，这时该齿轮就变为齿条形式了。图 3-67 所示为齿轮齿条的传动示意图。齿轮齿条机构实际应用在很多需要将旋转运动转换为直线运动的场合。如图3-68

所示,汽车转向机构就采用了齿轮齿条传动。

图 3-67　齿轮齿条啮合传动

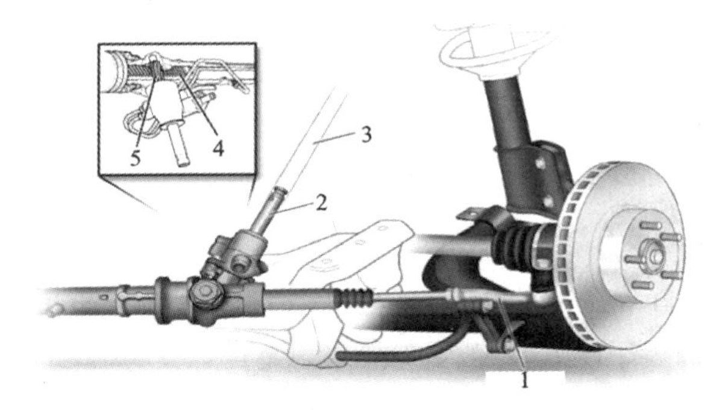

图 3-68　齿轮齿条传动应用在汽车转向机构中

1—推杆;2—齿轮轴;3—转向柱;4—齿条;5—齿轮

3) 伞齿轮

伞齿轮的轮齿不是在圆柱上生成,而是在圆锥面上生成的。伞齿轮传动的特点是可以实现 90°转向传动,如图 3-69 所示。伞齿轮传动可以应用在两个传动轴的轴线以 90°相交的场合。图 3-70 所示的是各种形式的伞齿轮。

图 3-69　伞齿轮啮合传动示意图

图 3-70　各种形式的伞齿轮

4) 斜齿圆柱齿轮

斜齿圆柱齿轮的轮齿不是与齿轮轴线平行,而是依螺旋线生成的。直齿圆柱齿轮啮合时,虽然是全齿宽接触,但在换齿啮合时存在冲击,从而引起振动与噪声。而斜齿圆柱齿轮可以同时有多个轮齿对啮合,因而啮合传动平稳性较好。图 3-71 所示为斜齿圆柱齿轮的传动示意图。由于斜齿圆柱齿轮传动平稳性较好,故常用在转速较高的传动机构中,如汽车齿轮变速器、减速器等。图 3-72所示为用在减速器中的斜齿圆柱齿轮,图 3-63 所示的传动系统中也采用了斜齿轮。除了将直齿圆柱齿轮改进为斜齿圆柱齿轮外，这个理念也可以用到直齿伞齿轮上，如图 3-70 所示。由于斜圆柱齿轮传动会产生附加的轴向力，因此，在轴系中应采用推力轴承或向心推力轴承加以平衡。

图 3-71　斜齿圆柱齿轮啮合传动示意图

图 3-72　用在减速器中的斜齿圆柱齿轮

5）蜗轮蜗杆

将斜齿圆柱齿轮的螺旋角增加到足够大，它就成为蜗轮蜗杆传动机构。如图3-73所示为蜗轮蜗杆传动示意图。蜗杆上只有一个齿，即蜗杆转一周，只有一个齿在回转。蜗轮蜗杆是一个减速传动机构，两个传动轴相错 90°，即传动轴在空间上不相交，这与伞齿轮传动不同。图 3-74 展示了各种形式的蜗轮蜗杆。

图 3-73　蜗轮蜗杆传动示意图

图 3-74　各种形式的蜗轮蜗杆

3.3.3　柔性联轴器

当需要一台机器的输出轴与另一台机器的输入轴连接时，可能首先会想到采用刚性的连接方法。但由于机器的安装误差,会造成两个传动轴不同轴,即使通过测量调整的方法,力图使两个传动轴对中,也会由于测量、对准的误差,造成两传动轴不可能完全对准。如图 3-75 所示,电动机输出轴与泵输入轴不同心。当两个轴存在对准误差,而又采用刚性连接的时候,必然造成附加的作用力。这个作用力是直接作用在轴承上的,因此轴承极易损坏,同时,也会产生较大的振动与噪声。图 3-76 所示为对图 3-75 所示的两个轴用刚性联轴器连接后所造成的影响示意图。

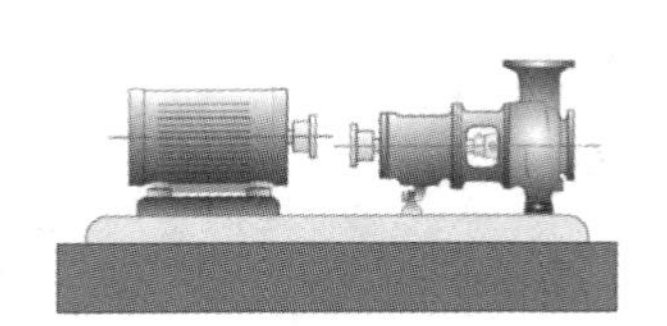

图 3-75　传动轴没有对准的示意图

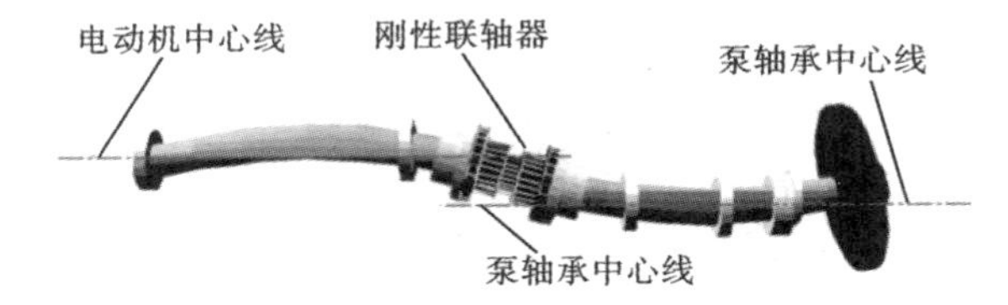

图 3-76　采用刚性联轴器造成的影响

因此,在传动轴相互连接时常常选用柔性联轴器。图 3-77 所示为各种柔性联轴器。

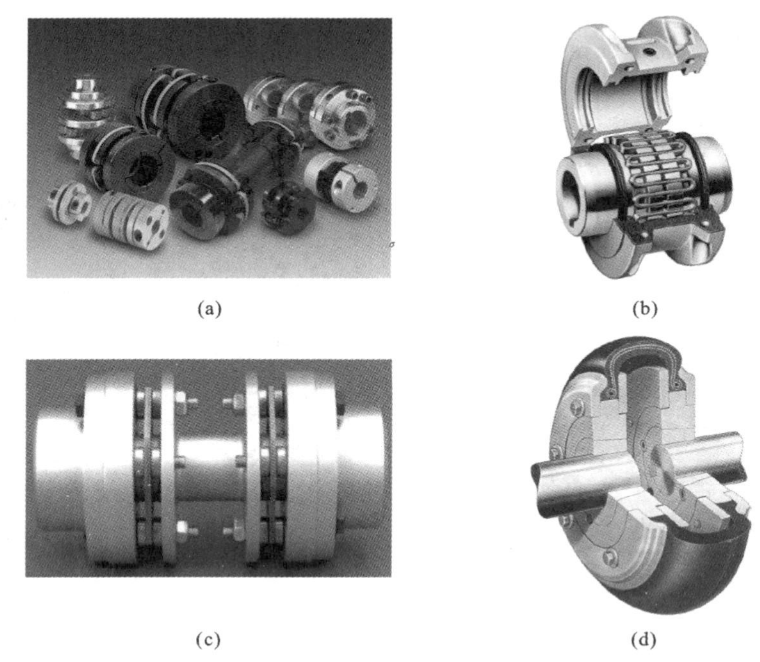

(a)　(b)　(c)　(d)

图 3-77　柔性联轴器

(a) 各种常用柔性联轴器　(b) 金属带型联轴器　(c) 柔性盘型联轴器　(d) 橡胶胎型联轴器

3.4　机器的组成

前面介绍了机构的基本知识和常用的机械零件。就一台机器来说，其机械本体是用各种特殊和标准化的零件或部件“堆砌”而成的。为了更系统地认识机器的构成，下面从两个方面做一个归纳。

3.4.1　从机器的功能角度看机器的组成

机器的种类多种多样，机构也不尽相同。但任何一个机械从功能角度都可以分为以下几个部分，如图 3-78 所示。

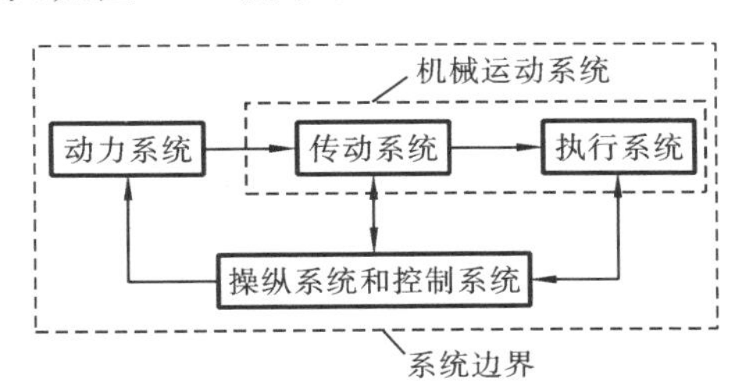

图 3-78　机器的组成

1. 动力系统

动力系统包括动力机和配套装置，是整个机器工作的动力源。根据能量转换的性质的不同，动力机可以分为一次动力机和二次动力机。

一次动力机是指把自然界的能源（一次能源）直接转变为机械能的机械，如内燃机、汽轮机、燃气轮机等，其中内燃机广泛用于各种车辆、船舶、农业机械、工程机械等移动作业机械，汽轮机、燃气轮机多用于大功率高速驱动的机械。以一次动力机为动力源的机器比较多，比如汽车、飞机、轮船、潜艇等都是以一次动力机为动力源的。

二次动力机是指把二次能源（电能）或由电能产生的液能、气能转变为机械能的机械，如电动机、液压马达、气动马达等。它们在各类机械中都有广泛应用，其中尤以电动机应用更为普遍。比如，各种类型的机床、洗衣机、电风扇、水泵、油泵等，都是以二次动力机作为机器的动力源的。由于经济上的原因，动力机输出的运动通常为转动，而且转速较高。

选择动力机时,应全面根据现场的能源条件、执行机构的动作要求、工作载荷等实际情况来选择动力机的类型和型号。

2. 传动系统

传动系统是指把动力机的动力和运动传递给执行系统的中间装置,是连接动力系统和执行系统的"桥梁"。

每个执行系统中的执行构件与动力机之间都有一个传动联系,有时执行机构与执行构件之间也有传动联系。组成传动联系的一系列传动件称为传动链,所有传动链及它们之间的相互联系组成传动系统。机械的种类繁多,用途也各种各样,因此各种机械的传动系统千变万化,但它们通常包括下列几个组成部分:变速装置、启停和换向装置、制动装置及安全保护装置等。

传动系统有下列主要功能。

(1) 减速或增速　把动力机的速度降低或增高,以适应执行系统工作的需要。

(2) 变速　当用动力机直接变速不经济、不可能或不能满足要求时,可通过传动系统实行变速(有级或无级),以满足执行系统多种速度的要求。

(3) 改变运动规律或形式　把动力机输出的均匀连续旋转运动转变为按某种规律变化的旋转或非旋转、连续或间歇的运动,或改变运动方向,以满足执行系统的运动要求。动力机的运动输出形式一般是转动,而执行机构的运动形式是根据实际工作要求来确定的,因此,它的运动形式是多种多样的,有可能是转动,也有可能是移动,还有可能是摆动等,这就需要通过传动系统来转换运动的形式。

(4) 传递动力　把动力机输出的动力传递给执行系统,供给执行系统完成预定任务所需的功率、转矩或力。

传动系统在满足执行系统上述要求的同时,应能适应动力机的动力特性,且应尽量简单。如果动力机的动力特性完全符合执行系统工作的要求,传动系统也可省略,可将动力机与执行系统直接连接。

3. 执行系统

执行系统由执行构件和与其相连的执行机构组成,是直接完成机器工作任务的部分,常出现在机械系统的末端,直接与作业对象接触,如搅拌机的叶轮、洗衣机的波轮、割草机夹固刀片的夹持器、车床的刀架等,通过它们完成机器预定的功能,因此,执行系统是直接影响机器工作质量的重要部分。例如,为了提高洗衣机洗净衣服的效果,不同的厂家开发了"棒式波轮"、"碟形波轮"、"凸形波轮"、"偏心波轮"等多种形式。机器人的执行机构是抓取机构,为了能可靠抓起不同形状的物体，抓取机构有各种结构形式。

执行系统有下列主要功能。

(1) 传递、转换运动与动力　执行机构的作用是传递、转换运动与动力，即把传动系统传递过来的运动与动力进行必要的转换，以满足执行部件的要求。

(2) 执行机构转换运动　就其转换形式来说，常见的有将转动转换为移动或摆动，或反之。就转换的节拍来看，则可分为将连续运动转换为不同形式的连续运动或间歇运动。

(3) 执行系统是在执行构件和执行机构协调工作下完成任务的。虽然工作任务多种多样，但执行系统的功能归纳起来有以下几种：夹持、搬运、输送、分度与转位、检测、施力等。根据机械系统工作要求，往往一个执行系统需要具备多种功能要求。

(4) 执行系统通常处在机械系统的末端，直接与作业对象接触，其输出也是机械系统的主要输出。因此，执行系统工作性能的好坏，直接影响到整个系统的性能，执行系统除能满足强度、刚度、使用寿命等要求外，还应充分满足其运动精度和动力学特性等方面的要求。

4. 操纵系统和控制系统

操纵系统和控制系统是使动力系统、传动系统、执行系统彼此协调运行，并准确可靠地完成整机功能的系统。它的功能是控制上述各子系统的启动、离合、制动、变速、换向或各部件间运动的先后次序、运动轨迹及行程。此外，还有控制换刀、测量、冷却与润滑的供应与停止工作等一系列动作。

传统的控制系统通常由接触器、继电器、按钮开关、行程开关、电磁铁等传统电器组成。随着计算机和微电子技术的发展，现代机械朝着自动化、精密化、智能化方向发展的趋势不可阻挡，计算机控制的机电产品从生产机械(如数控机床)到家用电器越来越普遍。因此控制系统在整台机器设备中的作用日益重要，在整机成本中的份额也越来越大。如全自动洗衣机中的程序控制器，早期多用“机械定时器”作为该控制器的基本结构，而现今的洗衣机更多采用微处理器作为控制的核心。

5. 支承系统

支承系统是总系统的基础部分。它主要包括底座、立柱、横梁、箱体、工作台和升降台等，其作用是支承动力机、传动系统、执行系统、操纵系统和控制系统等，使它们保持各自正确的位置，并将其有机地联系起来。机器设备的运输、安装都离不开支承系统，并往往占据了机器质量的大部分。如图 3-79 所示，车床由底座和车身组成了该设备的支承系统，显然这是不可缺少的一个重要部分。

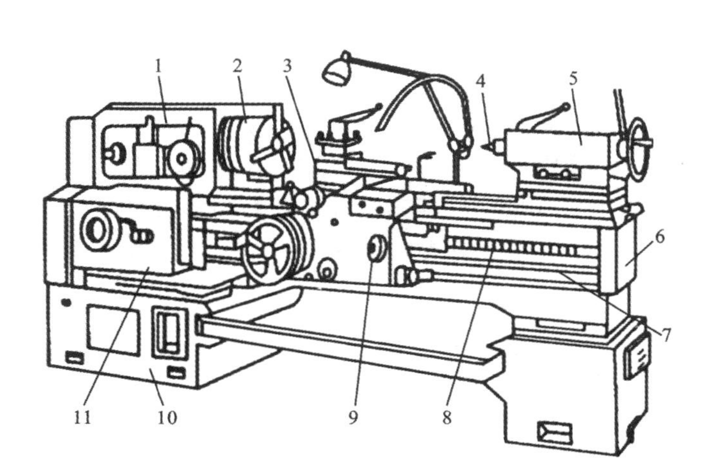

图 3-79 CA6140 **型卧式车床外形**

1—主轴箱;2—卡盘;3—刀架;4—后顶尖;5—尾座;6—床身;
7—光杠;8—丝杠;9—溜板箱;10—底座;11—进给箱

6. 润滑、冷却与密封系统

润滑与密封装置的作用是减少摩擦;冷却的作用是降低温升。两者的目的都是为了保证总系统及各子系统能在规定的温度范围内正常工作和延长使用寿命。

从上述分析可以看出,任何机械产品都离不开机械系统,不论是汽车、飞机,还是汽轮机、轧钢机,乃至机器人、加工中心这种典型的机电一体化产品,都必须有机械系统。通常所指的加工中心也都是在机械系统基础之上,应用相应的控制理论和方法,结合电子及微电子技术,并采用多种电子集成元件,组成了比普通机床在某一方面或某几方面技术指标都有所提高的一种加工设备。

图 3-80 所示为德国 MAHO 加工中心的结构。该加工中心可对工件进行钻、铣、镗等工序的加工。被加工工件放在工作台 3 上,工作台可作纵向(z 轴)和升降(y 轴)运动。有两个带动刀具旋转的主轴 5 和 7(图中所示为立式主轴 5 工作时的状态)。当主轴 5 不工作时将其旋转 180°,则该主轴头便被旋到后上方,此时,卧式主轴 7 便可工作了。由此可知,MAHO 加工中心的执行系统为两个主轴、装夹工件并带动工件移动的工作台及能自动换刀的机械手 8。它们各自的动力源和传动系统都是相互独立的。两主轴由电动机及一系列齿轮等带动,工作台则由电动机和丝杠、导轨等带动。整个加工中心的支承是由庞大的床身(主柱)、底座及横梁等组成。其操纵、控制系统则由控制器 9 和一些限位开关及相应的软、硬件来完成。它的润滑、冷却系统也很完善(图中未画出)。

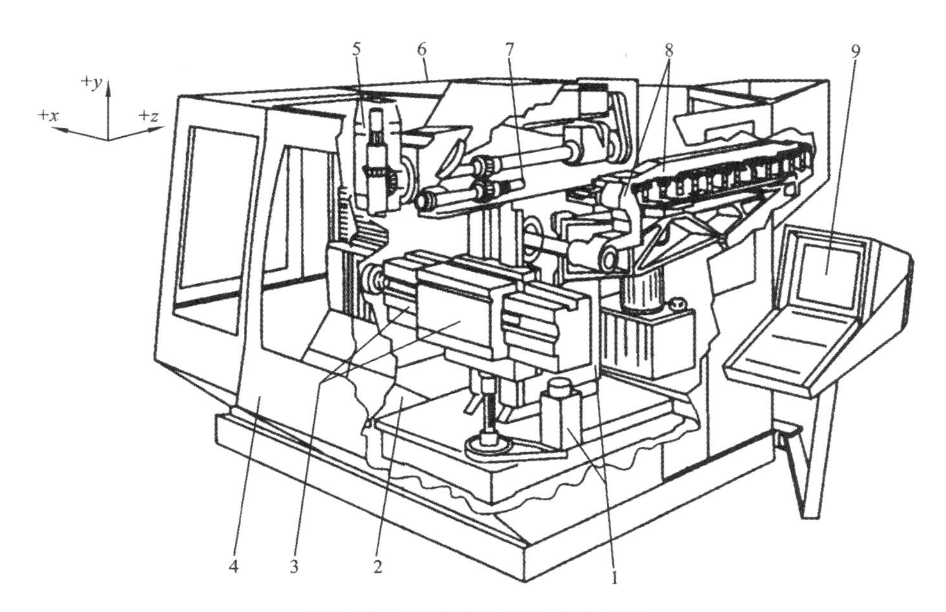

图 3-80　MAHO 加工中心的结构

1—立柱及 y 轴驱动机构；2—冷却液单元；3—工作台及滑座；4—前滑门；5—立式主轴铣头；
6—CNC 控制箱；7—卧式主轴铣头；8—刀库及换刀机械手；9—控制器

根据上述方法，我们可以对自己熟悉的小机械、小电器产品进行分析，了解它们的性能和组成。同时也应知道，机械产品的设计是根据产品功能要求来决定对各子系统的取舍，并不是机械系统中的所有子系统都必须存在于任何产品中。在工程中，有些机械没有传动机构，而是由原动机直接驱动执行机构。如水力发电机组、电风扇、鼓风机及一些用直流电动机驱动的机械，它们都没有传动机构。随着电动机调速技术的发展，无传动机构的机械有增加的趋势。图 3-81所示的机械中都没有传动机构。图 3-81(a)所示为水力发电机组，图 3-81(b)所示为鼓风机，图 3-81(c)所示为二坐标机床的工作台。

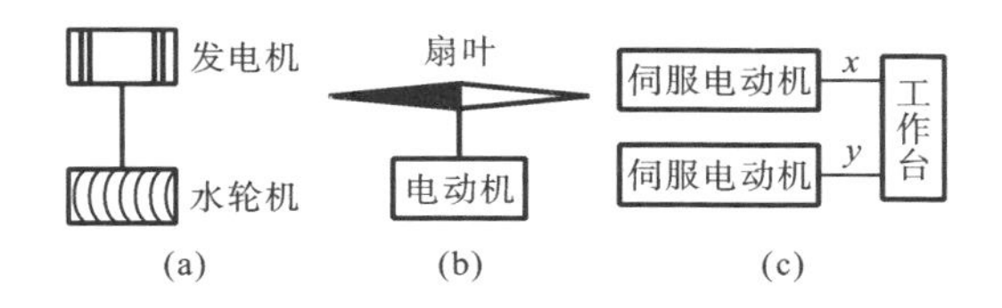

图 3-81　无传动机构的机械

(a) 水力发电机组　(b) 鼓风机　(c) 二坐标机床的工作台

具有传动机构的机械占大多数。图 3-82 所示的油田抽油机(俗称磕头机)就是具有代表性的此类机械。图中,带传动与齿轮减速箱为传动机构,起缓冲、过载保护、减速的作用。连杆机构 $ABCDE$ 为执行机构,圆弧状驴头通过绳索带动抽油杆往复移动。

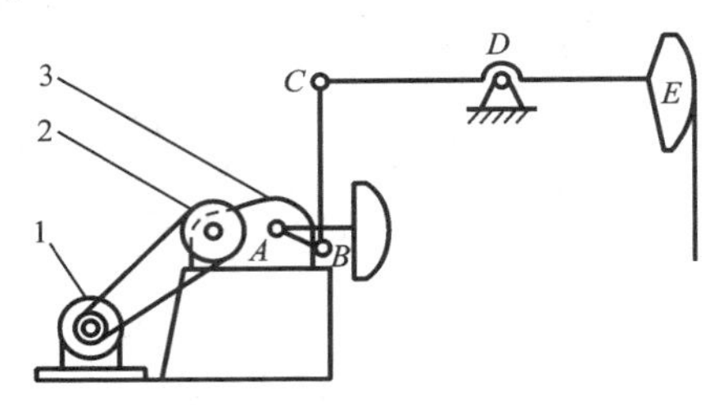

图 3-82 油田抽油机机构简图

1—电动机;2—传动带;3—减速箱

3.4.2 从机器制造、装配的角度看机器的组成

为了便于组织机械产品生产,整台机器在设计中就必须考虑将它分成若干相对独立的"部件",分别进行制造、组装(或从外面购买)。总装配时,再将各部件按一定要求集合在一起,经过调试、检验,最终成为一台完整的机器。因此从制造、装配的角度出发,任何一台机器大致都可以按照以下的顺序进行分解:机器→部件总成→组件→零件。以图 3-79 所示的卧式车床为例,可进行如图 3-83 所示的分解。

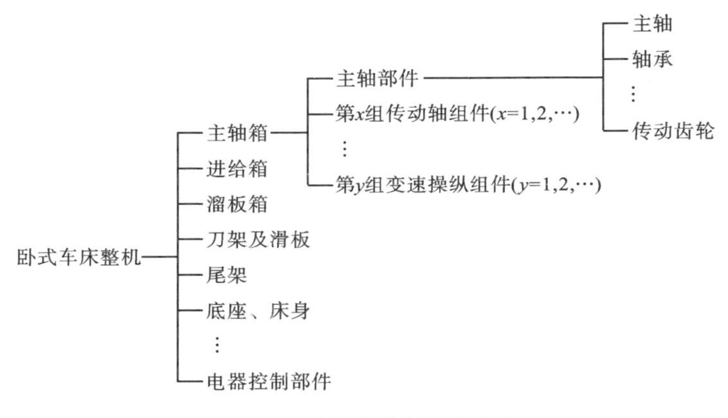

图 3-83 卧式车床整机的分解

对于一些复杂设备,在一个部件总成内涉及的配套部件很多,因此部件、组件分解的层次也会多一些。图 3-84 大致表示了货车主要部件的配置。

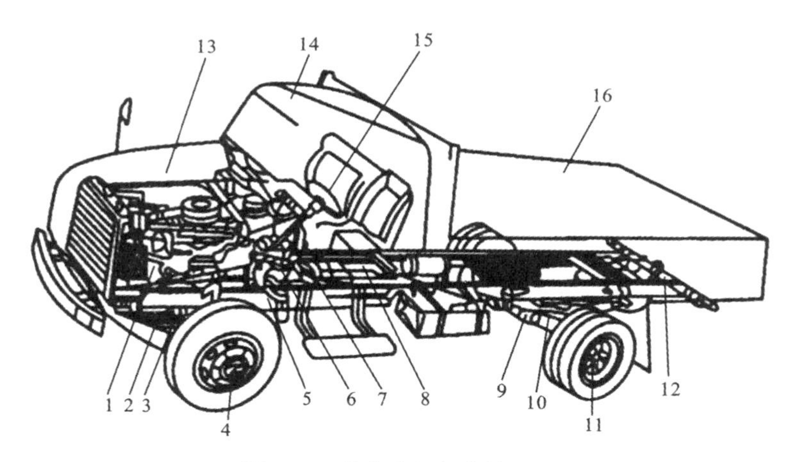

图 3-84　货车主要部件的配置

1—发动机；2—前轴；3—前悬架；4—转向车轮；5—离合器；6—变速器；7—手制动器；8—传动轴；9—驱动桥；10—后悬架；11—驱动车轮；12—车架；13—车前钣制件；14—驾驶室；15—转向盘；16—车厢

货车部件总成的分解大致有图 3-85 所示的关系。

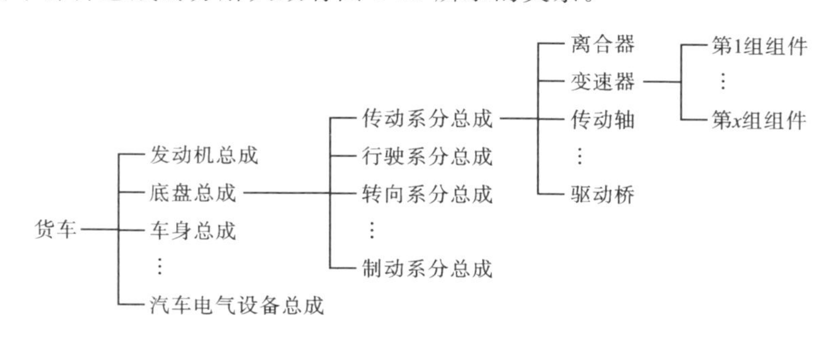

图 3-85　货车部件的分解

这里要说明的是，从系统的观点看问题，以上每一个总成（如底盘总成等）对汽车而言都是一个部件，它下面的分总成（如传动系等）可看成该部件的一个组件；而每个分总成由于要独立实现一定的功能，也可以看成是一个部件。如汽车传动系统总成的功能是将发动机的动力传给轮子等，它下面的离合器、变速器等是该部件的组件，依此类推，分解到最后的单个实体才称为零件。汽车的生产也大致按上述部件、组件分类，由一系列总装厂、部件厂、零件厂组织起来，互相协同配合，如发动机厂、转向器厂、变速器厂、曲轴厂等。当我们要了解一台机器时，从外形结构上观察就可以大致把该设备按部件分开，然后了解这些部件起什么作用，完成哪些工作。

3.5 知识拓展

柔性铰链与柔顺机构简介

柔性铰链是连接两个刚体构件的薄壁构件,由此相连的两个刚体可绕其相对转动。如图3-86所示为柔性铰链与传统转动副铰链的对比。基于柔性铰链的转动功能,可把它当做有限转动范围的轴承,如图3-87所示。

对于经典的转动轴承(滚动轴承或滑动轴承),轴与轴承座产生相对转动,而且两者的转动中心是一致的,如图3-87(a)所示。柔性铰链也可提供与经典转动轴承相似的转动功能,不同在于两个构件的转动中心不再是共心的,如图3-87(b)所示。

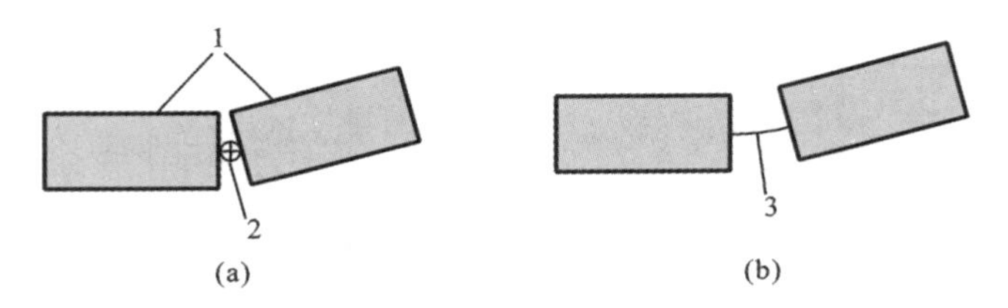

图3-86 转动铰链对比

(a) 经典转动副铰链 (b) 柔性铰链

1—刚体连杆;2—转动中心;3—柔性铰链

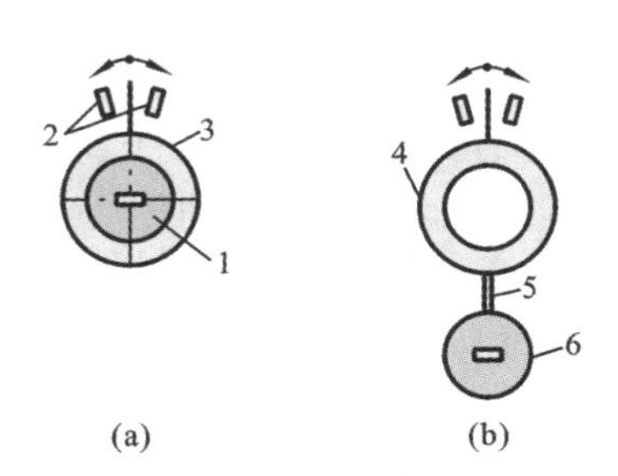

图3-87 转动轴承与柔性铰链转动功能对比

(a) 经典同心转动轴承 (b) 不同心柔性铰链

1—固定轴;2—限位块;3—转动轴承座;4—运动连杆;5—柔性铰链;6—固定连杆

实际上,柔性铰链可采用以下两种方式获得。

(1) 用独立的薄片(二维应用)或圆柱形(三维应用)等柔性构件,通过装配的方法,把两个刚体构件连接在一起。

(2) 在平板上直接加工得到薄壁构件,作为柔性铰链。它的特点是柔性铰链与需要连接的刚体是一体的,不需要装配。

因此,柔性铰链是连接两个刚体连杆的具有弹性与柔性的单元,它在机构中起到有限角度转动的作用。这种机构常称为柔顺机构(compliant mechanism),其设计可采用伪刚体优化方法。柔顺机构相对于传统机构的显著优点体现在以下几个方面。

(1) 无摩擦损失。

(2) 无须润滑。

(3) 无滞后。

(4) 结构紧凑。

(5) 可在小尺度应用中使用。

(6) 装配简单。

(7) 无须维护。

虽然柔顺机构具有整体无需维护的优点,但是柔性铰链存在以下缺点。

(1) 只能提供相对小的转动。

(2) 因柔性铰链变形复杂,其转动不是纯转动。

(3) 转动中心不固定。

(4) 对温度变化敏感。

对于二维应用的单轴柔性铰链来说,其柔顺机构采用一体式设计与加工,加工方法包括端铣、点火花线切割(WEDM)、激光切割、冲压和光刻。对于三维应用的柔性铰链来说,采用车削、精密铸造加工。二轴柔性铰链可绕两个相互垂直的轴线转动,两个方面的转动刚度可以不同。其他用于三维应用的柔性铰链可成为多轴柔性铰链。图 3-88 所示为三种主要类型的柔性铰链。最常用柔性铰链的几何形状是直圆形与圆角形,这是因为选择恰当的柔性铰链切口几何形状,需要综合考虑精度、能量损失、应力集中、转动能力等因素的影响。同时,柔性铰链几何尺寸的变化可能会使柔性铰链的输出有敏感的响应。一般来说,评价柔性铰链性能的指标包括以下几个方面。

(1) 转动能力。

(2) 转动精度。

(3) 应力水平。

(4) 能量损失。

评价柔顺机构的指标包括以下几个方面。

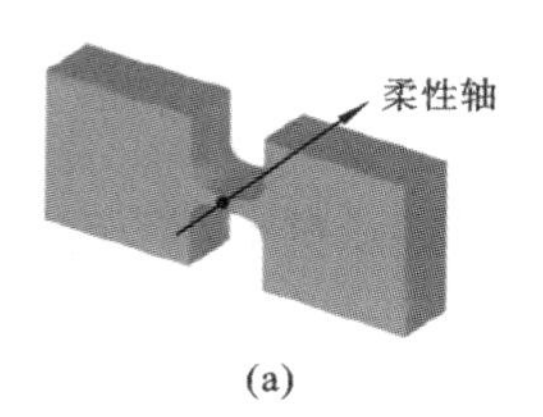

(a)

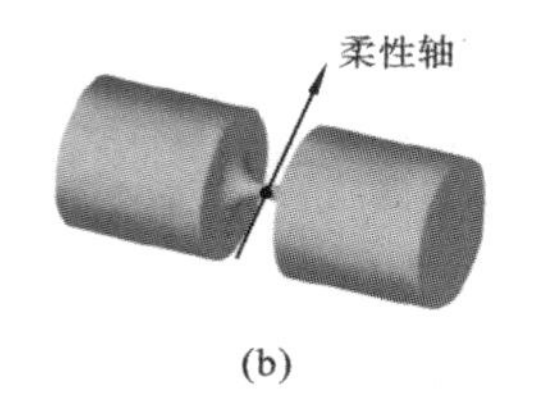

(b)

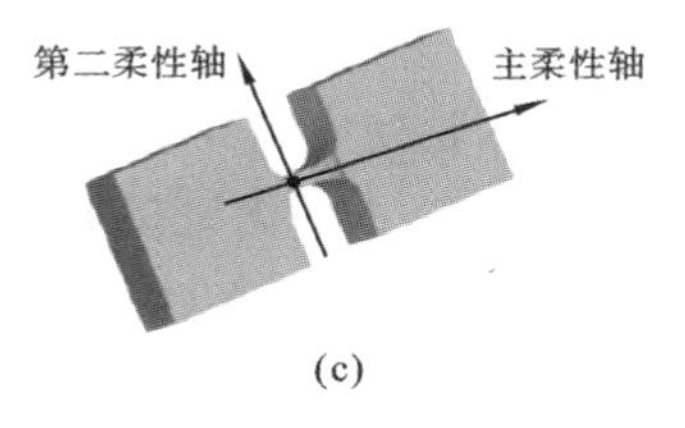

(c)

图 3-88　柔性铰链的三种主要类型

(a) 单轴　(b) 多轴　(c) 两轴

(1) 输出位移/力。

(2) 刚度。

(3) 能量损失。

(4) 输出运动的精度。

宏尺度下柔性铰链的材料一般为塑性材料,微尺寸下柔性铰链的材料一般为脆性材料,如 MEMS 机构采用硅或其他基于硅的材料。如图3-89所示为材料的力-变形曲线,采用塑性材料的柔性铰链一般工作在线性区间,这时自然保证了小应力与应变的工况;采用脆性材料的柔性铰链失效的变形一般要比塑性材料柔性铰链大。

图 3-90 所示为采用柔性铰链的平面 $xy\theta$ 三自由度精密定位平台。它采用三个压电陶瓷驱动器作为输入,三路相同柔性铰链支链放大输出。控制输入的不同位移,可得到所需的平面 $xy\theta$ 坐标位置。

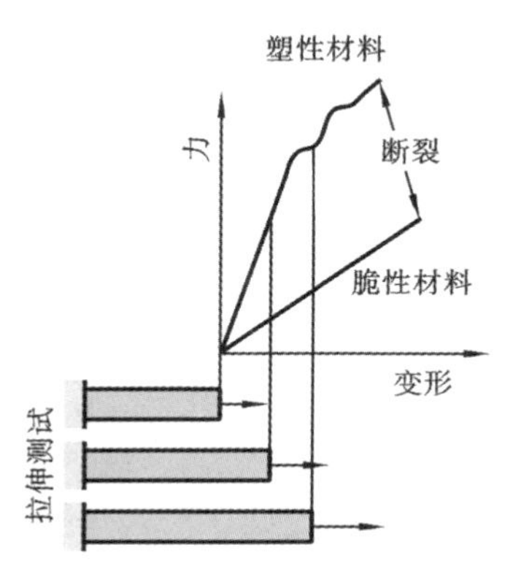

图 3-89　塑性材料与脆性材料的力-变形曲线

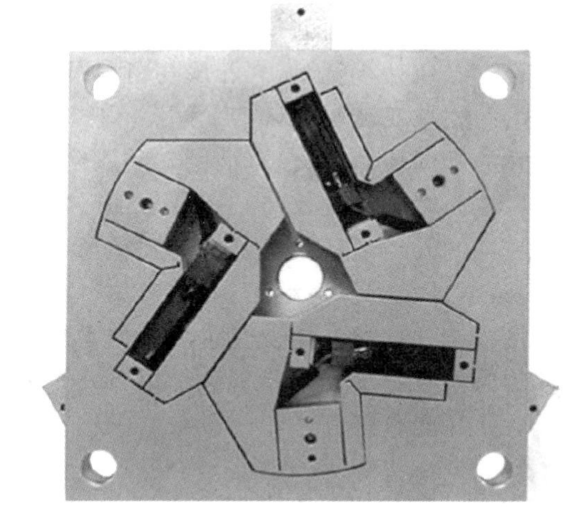

图 3-90　三输入平面 $xy\theta$ 三自由度精密定位平台

本章重难点

重点

- 常用机构的特点。
- 常用机械零件的特点。
- 机器的构成。

难点

- 如何选择恰当的机构实现不同运动形式之间的转换。
- 柔性铰链的特点。

思考与练习

1. 连续转动到连续转动的运动机构有哪些？各自的特点是什么？
2. 连续转动到间歇运动的运动机构有哪些？各自的特点是什么？
3. 连续转动到往复摆动的运动机构有哪些？各自的特点是什么？
4. 连续转动到往复直线移动的运动机构有哪些？各自的特点是什么？
5. 直线移动到直线移动的运动机构有哪些？各自的特点是什么？
6. 常用滚动轴承的类型与特点是什么？
7. 常用齿轮的类型有哪些？各自的特点是什么？
8. 柔性联轴器的作用是什么？
9. 从机器的功能角度来看，机器如何分类？从制造、装配角度来看，机器又如何分类？

参考文献

[1] 张春林. 机械创新设计[M]. 北京：机械工业出版社，2007.
[2] 蔡兰，冠子明，刘会霞. 机械工程概论[M]. 武汉：武汉理工大学出版社，2004.
[3] Nicolae Loontiu. Compliant mechanisms-design of flexure hinges [M]. USA：CRC Press，2003.
[4] Grote K H，Antosson E K. Handbook of mechanical engineering[M]. Germany：Springer，2008.
[5] Zhang X，Zhu B. Topology Optimization of compliant mechanism [M]. Singapore：Springer，2018.

第4章　机械设计

机械设计是机械工程师工程活动的核心。机械工程师的终极目标是设计一个又一个新的产品,用于解决现代社会中的技术问题。不管是开始一项创新产品设计,还是在已有产品上进行改进设计,设计始终是产品的灵魂。受过大学正规教育并不是产生新的设计思想的必要条件。很多没有受过高等教育的工程人员,通过经验、兴趣、执著与灵感,在机械设计中也能产生新的想法与创新的实践。但大学正规教育给了我们优化一个新设计的专业知识,可以使得机械工程师的设计更加合理。一个机械工程师必须牢记的是:机械设计的基本准则是简单(simple)、简洁(clear)、安全(safe)。本章将介绍机械设计的一般流程、概念设计的案例分析、产品创新的基本知识与案例分析、现代机械设计简介及产品专利的相关知识。

4.1　相关本科课程体系与关联关系

为了更好地使读者,特别是大学机械类本科生了解机械设计相关的本科课程及与后续课程的关联关系,本节将简要勾勒其与相关的机械类大学本科课程的关联关系。图 4-1 表明了设计方法学、创新思维与实践等课程是本章机械设计内容密切关联的大学本科专业领域课程,与该课程密切关联的主要学科基础课程是理论力学、材料力学、机械原理、机械设计、互换性与技术测量、机械工程材料等大学本科课程。本章所涉及的内容属于专业领域课程的范畴,掌握机械类本科涉及的理论力学、材料力学、机械原理、机械设计、互换性与技术测量、机械工程材料等主要学科基础课程是学好相关专业知识以及学会如何进行机械设计与开展创新性设计工作的重要阶段。

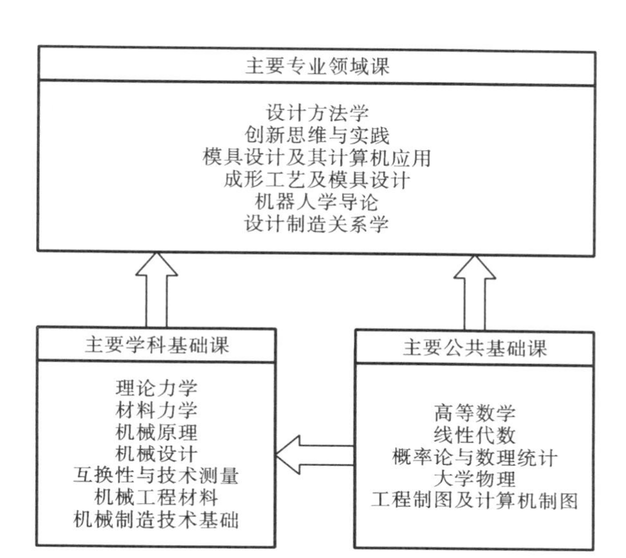

图 4-1 与机械设计相关的本科课程体系

4.2 机械设计概述

4.2.1 机械设计的基本概念

1. 概念

机械设计就是根据客观需求，提出设计任务，通过人们创造性的思维活动，借助已掌握的各种科学知识和信息资源，经过判断、决策，构思出系统的工作原理运动方式、力和能量的传递方式、结构、材料、尺寸、冷却、润滑方式等，并进行综合分析、计算，最终形成图样、文件，建立性能好、成本低、价值优的技术系统。这里所指的技术系统，简言之就是要设计的产品按系统模型分析，技术系统的输入与输出是能量、物料、信号，输入量经技术系统转换为要求的输出量。

2. 设计的本质

设计(design)一词包括两方面的含义：工业美术设计(industrial design)和

工程技术设计(engineering design)。英国 Wooderson 1966 年给设计下的定义是:设计是一种反复决策、制订计划的活动,而这些计划的目的是把资源最好地转变为满足人类需求的系统或器件。

设计有以下基本内涵。

(1) 存在着客观需求,需求是设计的动力源泉。

(2) 设计的本质是革新和创造。

(3) 设计是把各种先进的技术成果转化为生产力的活动。

(4) 设计远不只是计算和绘图。

设计所涉及的领域继续扩大,更加深入,如丹麦技术大学 Andeasen 博士提出了以市场需求作为产品设计依据的"产品开发一体化"模式。只有广义理解设计,才能掌握主动权,得到符合功能要求又成本低的创新设计。

3. 设计的重要性

产品的质量、性能、成本等在很大程度上取决于设计的水平与质量。设计是建立技术系统的重要环节,所建立的技术系统应能实现预期的功能,满足预定的要求,同时也应是给定条件下的"最优解"。设计应避免思维灾害。

产品的一系列质量问题大多是在于设计不周引起的。设计中的失误会造成严重的损失,某些方案性的错误将导致产品被彻底否定。有关统计资料表明,机械产品的质量事故约有 50%是设计不当造成的;产品成本的 70%~90%是在设计阶段决定的。因此,把好设计阶段这一关,对获得一个好产品就有了一半的把握。

4.2.2 机械设计与产品的生命周期

图 4-2(a)所示为产品生命周期的含义。从产品构思到产品终结的整个产品生命周期中,产品规划与任务设定、设计与开发是产品设计阶段。设计阶段的设计品质决定了产品生命周期的长短及产品利润的大小。只要有了好的开端,就可能得到好的结果,反之,没有好的开端,就一定没有好的结果。如图 4-2(b)所示,在产品设计阶段,企业是亏损的,而且在产品市场导入阶段的大部分时间产品也是亏损的;随着产品市场的推广,产品利润率逐渐提高,直到达到最高点;然后,产品逐渐衰落,利润率逐渐减小,甚至亏损,最终退出市场。通过产品全寿命周期设计,可通过再利用、回收来延长产品的生命周期。因此,设计出的产品达到适应性的过程是动态的,图 4-2(c)所示的是用螺旋上升来描述产品达到对市场的"适应性"的一系列工作和活动。

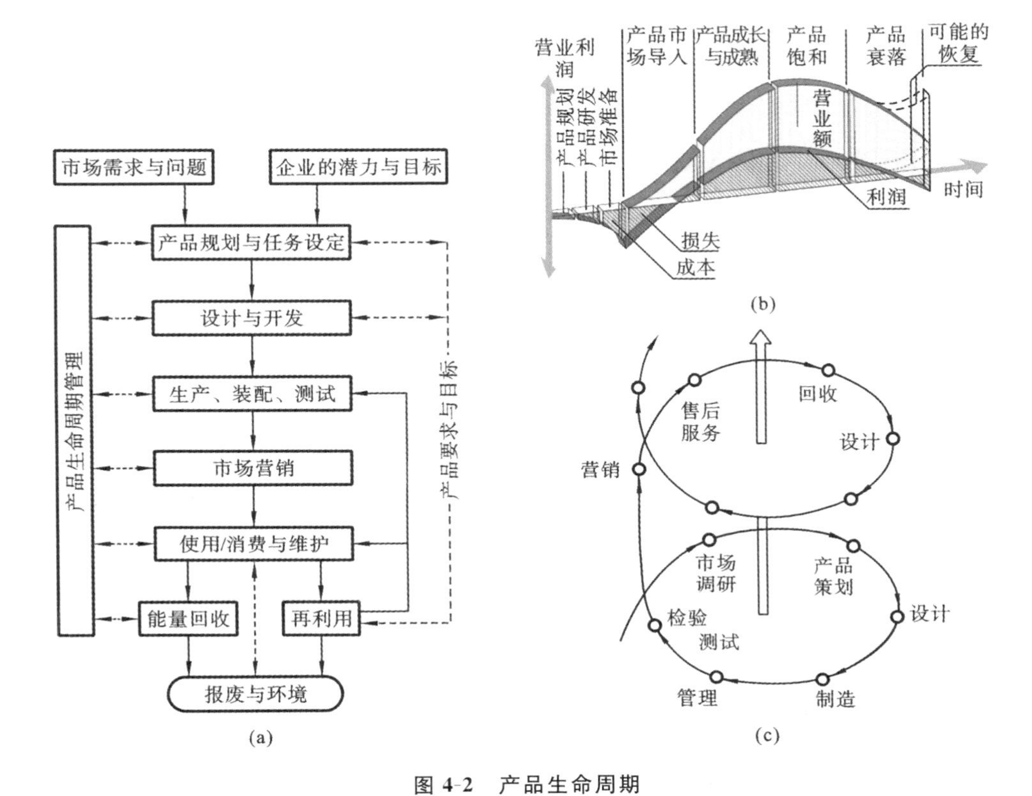

图 4-2　产品生命周期

(a) 产品生命周期的含义　(b) 产品生命周期与营业利润的关系　(c) 产品生命周期与市场的“适应性”

4.3　机械设计的过程

一个创新产品常常从一个新颖的想法开始，以反复、迭代的方式，完成产品设计方案遴选的概念设计阶段、详细设计阶段等系统化设计过程，制定相应的制造工艺，才能生产出消费者需要的创新性产品。图 4-3 所示为机械设计的一般过程。机械设计工程师常常要与市场营销人员、消费者沟通，并由此产生一个新产品的概念轮廓或新的构思。一个新产品最原始的创新常常产生于这个阶段，然后通过不断地迭代、修改完善这一方案。设计工程师最初的设计工作将充满不确定性，即各种约束条件会随着设计的不断深化，不时发生变化,各个阶段的设计会随着设计过程的不断迭代,逐渐细化与完善。设计工程师不要对设计过程的参数模糊产生诧异。

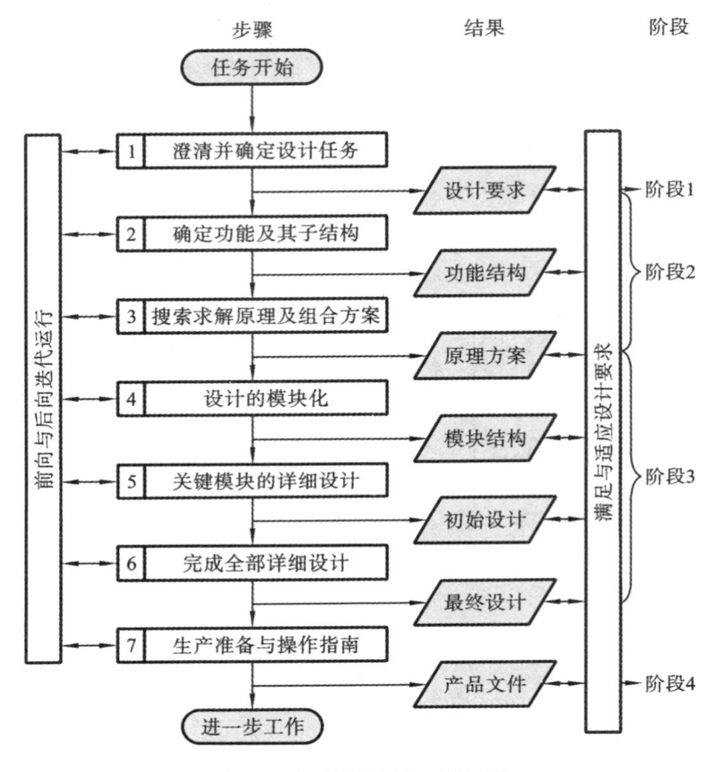

图 4-3　机械设计的一般过程

一般来说,我们强调设计过程应该遵循三个重要准则:创新性、简单化、迭代。作为设计工程师应该在实际的设计工作中不断体会。一个新产品从白纸上的构思到完善的设计,本身就是不断迭代的设计过程。图 4-3 所示的设计过程分为 7 个步骤:澄清并确定设计任务、确定功能及其子结构、搜索求解原理及其组合方案、设计的模块化、关键模块的详细设计、完成全部详细设计、生产准备与操作指南。其中,阶段 1 称为产品规划阶段;阶段 2 称为概念设计阶段,包括设计步骤 1、2、3;阶段 3 称为构形设计阶段,包括步骤 4、5、6;阶段 4 称为生产准备阶段,包括步骤 7。下面就设计过程的 4 个阶段进行简要叙述。

4.3.1　产品规划阶段

产品规划阶段要求进行需求分析、市场预测、可行性分析,确定设计参数及制约条件，最后给出详细的设计任务书(或要求表)，作为设计、评价和决策的依据。

“好的开始，才可能有好的结果。”设计工程师首先要描述出新产品的技术要求：功能、重量、成本、安全性、可靠性，等等。这些是新产品必须满足的约束条件，也是后续产品设计过程中的约束条件。设计工程师必须查阅相关领域的技术专利文献，与可能在产品中使用的零部件供货方洽谈，参加相关专业商业展会，与潜在用户面谈，更好地了解新产品在该应用领域的情况。通过这些琐碎的工作，逐渐确定在产品规划阶段应该完成的设计文件。

4.3.2 概念设计阶段

产品的新颖性、创新性在很大程度上源于概念设计阶段的工作。图 4-4 所示为概念设计的过程。设计工程师要与产品设计团队的其他成员一起构想出设计问题的可能解决方案。这个过程是一个创新的过程，不是已有知识的简单累加。一般来说，通过设计团队召开的头脑风暴会议，记录所有的新想法、新概念，并不进行深入的讨论。通过这个概念产生过程，就有了解决问题的所有可能方案。

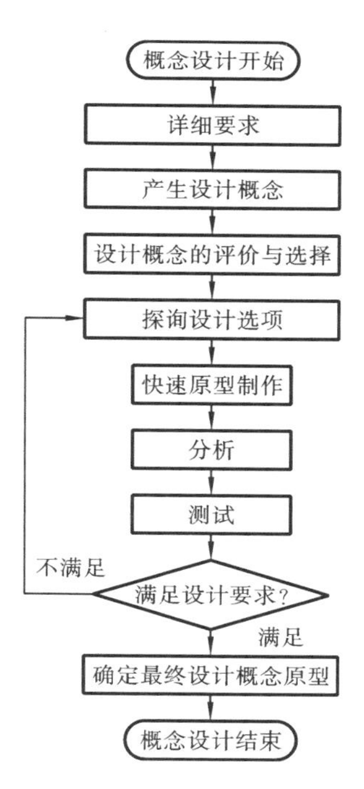

图 4-4 概念设计的过程

接下来就要对这些方案与概念进行筛选。设计工程师可以做一些初步的计算，如强度比较、安全性评价、成本、可靠性等，然后根据计算结果抛弃一些明显不合理的方案。也可以采用快速原型的方法(制作的产品如图 4-5 所示，见第 7 章知识拓展部分的快速原型制造方法论述)，快速把设计方案从草图变为实体，然后对产品原型进行测试、分析与评价。

对于机械产品来说，在功能分析和工作原理确定的基础上进行工艺动作构思和工艺动作分解，初步拟定各执行构件动作相互协调配合的运动循环图，进行机械运动方案的设计(即机构系统的型综合和数综合)等，这就是产品概念设计过程的主要内容。

4.3.3 构形设计阶段

构形设计阶段是将机械方案(主要是机械运动方案等)具体转化为机器及

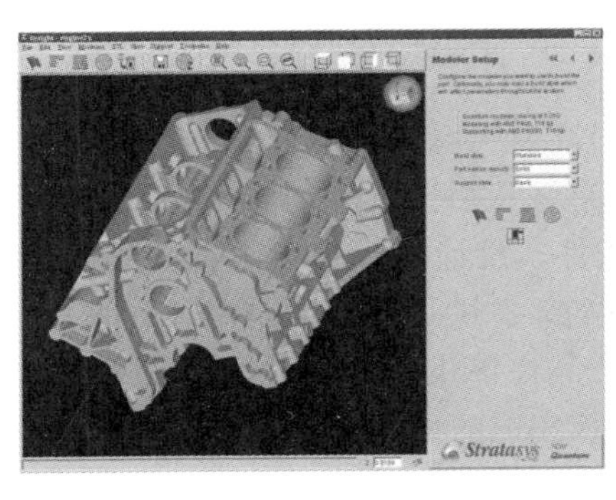

图 4-5　熔融沉积快速原型 CAD 模型与产品

其零部件的合理构形,也就是要完成机械产品的总体设计,部件和零件设计,完成全部生产图样,并编制设计说明书等有关技术文件。

在构形设计时,要求零件、部件设计满足机械的功能要求;零件结构形状要便于制造加工;常用零件尽可能标准化、系列化、通用化;总体设计还应满足总功能、人机工程、造型美学、包装和运输等方面的要求。

构形设计时一般先由总装配图分拆成部件、零件草图,经审核无误后,再由零件工作图、部件图绘制出总装图。

4.3.4　生产准备阶段

在生产准备阶段要编制技术文件,如设计说明书,标准件、外购件明细表和备件、专用工具明细表等,编制产品操作使用手册与维修手册等各种文件。

对于大批产品来说,根据一次设计的结果直接进行大批生产是有很大风险的。一般是采用渐进、逐步完善设计的迭代过程,如图 4-6 所示。

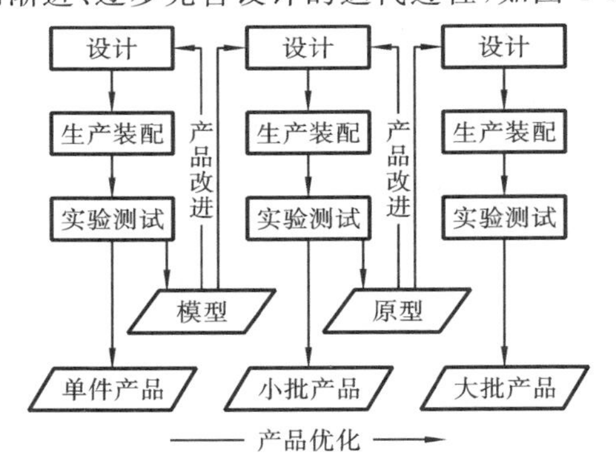

图 4-6　大批产品的递进设计过程

总之，产品的最终设计结果应满足设计要求与约束。除此之外，一个成功的产品还应满足产品安全性的要求。如果一个产品技术上很先进，但它要使用昂贵的材料和成本高的精密加工方法，用户可能因性价比的原因不会选择这个产品，而会选择成本与性能相平衡的产品。制造过程实际上就是一个不断满足消费者需求的商业过程，因而，机械设计也应做到这一点。

4.4 概念设计的案例分析

概念设计在产品设计过程的重要性是不容置疑的。本节将通过一个简单的设计问题阐述概念设计的过程。设计问题如下。

设计一台小车，该车只能以一个捕鼠夹的弹性势能为动力，要求以最短的时间行驶 10 m 的距离；以 3 个学生组成一个参赛队；最后，通过赛道比赛确定优胜队。要求所设计的小车必须满足以下条件：

(1) 小车质量不超过 500 g；

(2) 小车体积不大于 0.1 m^3；

(3) 比赛赛道为 10 m 长、1 m 宽，如果在比赛中小车的任何部分超出赛道，将取消比赛资格；

(4) 比赛过程中，要求小车必须与地面接触；

(5) 小车的动力来源为家用标准捕鼠夹；

(6) 在小车的装配过程中，不能使用胶带。

以上设计约束条件对所设计的小车进行了限制。如果其中任何一条不满足，小车就是不合格的设计。比如，赛道 10 m 长、1 m 宽的特点，要求所设计的小车直线行驶的准确性。因此，小车的设计必须平衡所有约束条件，以设计符合要求的小车。

在整个小车的概念设计过程中，学生们需要准备一个笔记本。在小组讨论或小组头脑风暴讨论会过程中，如实记录下每一个闪光点，在笔记本上画出每一个构思草图。随着设计的深入，笔记本上将有丰富的设计信息，包括日期、构思、签名等。在企业的概念设计过程中，也有类似的设计档案。

4.4.1 概念设计 1——线与杠杆

如图 4-7 所示为小车的概念设计 1。该构想的要点是在后轮轴上设置一个绕线轴,其外圆周缠绕数圈拉线,而拉线用一个延长杠杆拉紧。该构想意图通过延长杠杆的旋转,拉动后驱动轴,从而驱动小车。小车行走的动力来自捕鼠夹的弹性势能。这是一个非常直接而又简单的小车构思。

项目小组经过讨论,提出了以下问题。

(1) 延长杠杆的长度及绕线轴的直径应该为多少?拉线应该足够长,充分利用捕鼠夹的弹性势能,使绕线轴转动足够多的圈数。设计考虑的出发点有两个:一是在整个 10 m 路程,驱动轴保持驱动;二是只在行程前段去驱动,剩下的没有动力,靠滑行完成剩下的路程。对于第二种设计,还要考虑离合装置。为了增大启动力矩,可采用如图 4-7(c)所示的锥形绕线轴,可实现自动改变传动比。

(2) 捕鼠夹安装的位置。在概念设计阶段,这个方面可暂不考虑。

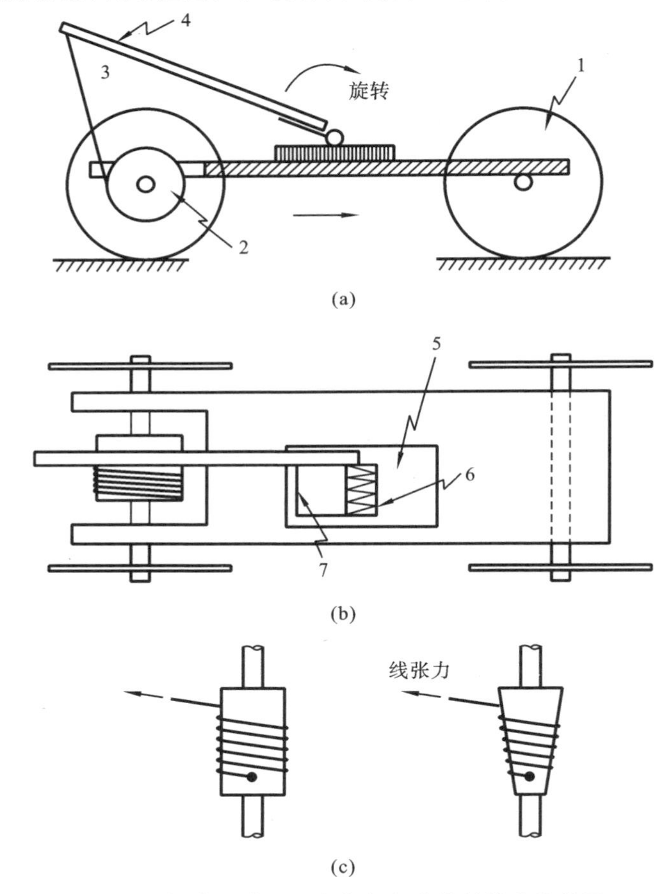

图 4-7　概念设计 1:延长杠杆与卷绕轴的设计草图

1—光盘做的车轮;2—绕线轴;3—线;4—延长杠杆;5—捕鼠夹;6—弹簧;7—夹臂

（3）车轮的直径应该取多少？车轮直径越大，车速越快，但加速度会降低。因此，需要综合计算。项目小组在概念设计阶段选择了用光盘作为车轮。

项目小组用笔记本记录上面的问题与讨论，但并不需要马上确定尺寸、材料等物理属性。这是在确定了最优方案后才开始的工作。

4.4.2　概念设计 2——齿轮传动

项目小组继续讨论，并提出了一个如图 4-8 所示的方案。该方案采用齿轮传动，把捕鼠夹的弹性势能传递到驱动轴。为了减少质量，方案中去掉了一部分车体，而采用三轮小车方案。图中方案是两级齿轮传动方案。实际上，是否采用单级、两级或三级齿轮传动，在概念设计阶段并不需要考虑。与概念设计 1 一样，该方案也要充分考虑如何利用捕鼠夹的弹性势能，避免车轮打滑。当小车加速行驶时，小车质量太小，则摩擦力不够，车轮打滑就会发生；当车质量增加时，车速又会变慢，但捕鼠夹的弹性势能就会完全转换为小车的动能。这种方案要求小车全程驱动。如果是半程驱动，后半程小车车轮将不能转动，只能滑动，小车动能将很快消耗掉。这是项目小组不希望看到的。

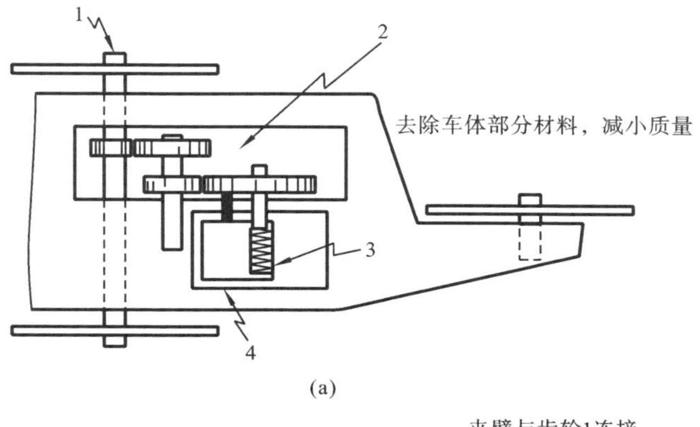

(a)

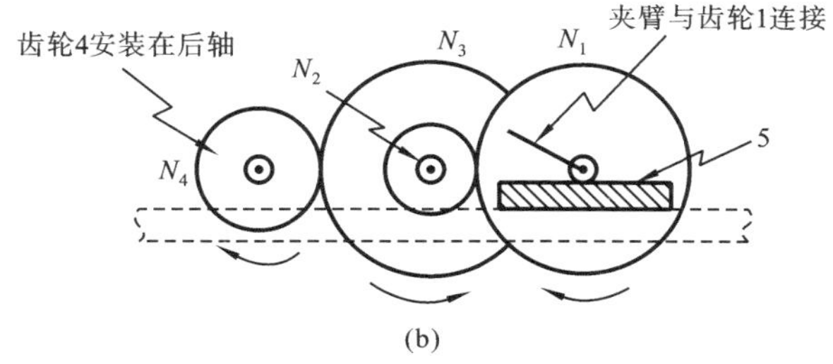

(b)

图 4-8　概念设计 2：齿轮传动的设计草图

1—后轴；2—齿轮传动链；3—弹簧；4—夹臂；5—捕鼠夹

4.4.3 概念设计 3——伞形齿轮传动

项目小组经过前面的方案讨论,又提出了如图 4-9 所示的方案。该方案的创意在于以最短的时间把小车提高到最高速度,然后以滑行的方式走完剩下的路程。为此,必须要有脱离啮合传动的结构。该方案巧妙地采用了伞形齿轮,通过齿轮的啮合范围,把捕鼠夹的弹性势能完全转化为小车动能。而转到伞形齿轮的缺口部分,齿轮脱离啮合。这样,小车以滚动滑行的方式,以最小的摩擦损耗跑完全程。方案中的中间齿轮起到增加伞形齿轮与驱动轴中心距的作用,以利于结构的实现。

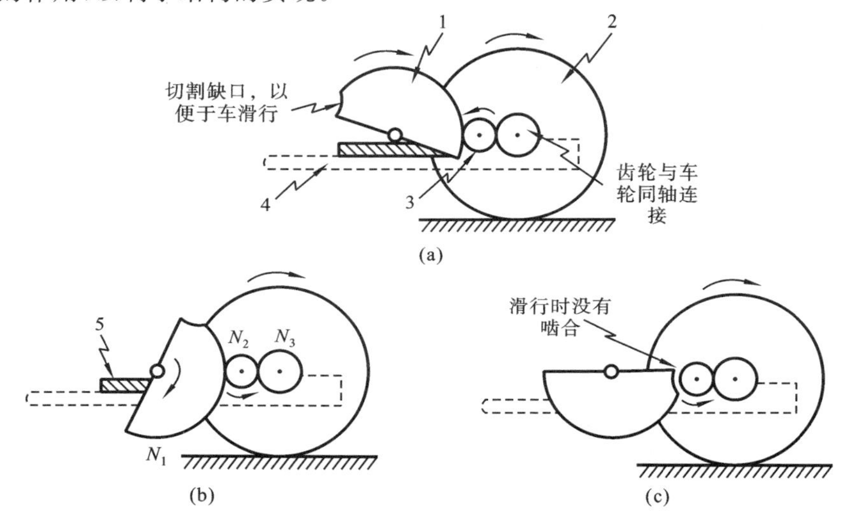

图 4-9 概念设计 3:伞形齿轮与惰轮传动的设计草图

1—伞形齿轮;2—前驱动轴;3—惰轮;4—车体;5—捕鼠夹

最后,项目小组要分析比较以上方案,确定最合理的方案,并制作出小车原型。项目小组列出可用的材料:夹芯泡沫板、轻质木材、铝合金、铜管、球轴承润滑油、线、黏结剂等。项目小组要通过一定的设计计算,进行材料的选择,确定结构尺寸,设计小车装配图及零件图,加工、制作小车原型。

4.5 创新设计

创造力是指人的心理活动在最高水平上体现的综合能力。一个没有创新能力的民族，难以屹立于世界民族之林。创新(innovation)与发现(discover)不同，创新不是对自然现象新的发现和认识，而是人们有目的的一种创造行为。创造与发明并不神秘，只要加强创造性思维的训练，掌握必要的创造技巧，增强自信心，积极投身于创造活动的实践，不断提高自身创造力，你也能创造与发明。

4.5.1 创新设计方法

1. 移植法

移植法是指将其他领域中的原理、技术和方法移植到本领域里来形成创新构想的一种方法。如根据家具磁性门的原理而设计的磁性文具盒；还有将军事上的爆破技术移植到医学上，治疗人体内各种结石疾病。在运用移植法时，不可机械行事，不能原封不动地照搬，要有所创新。

2. 延伸法

延伸法是指把现有产品稍加改进或不加改进，而可扩大其用途的方法。如用来挡雨的雨伞，可延伸到遮阳伞，成为夏日里人们外出的必备之物。利用现有和传统的产品，扬长避短，扩展长处，克服缺陷，增加产品功能和用途，便可有新的发明和创造，如“多用活动扳手”“带起子的眼镜”等。只要我们平时留心，一些看起来功能单一、用途较少的产品，通过延伸法可发挥它更大的作用。

3. 思维的扩展法

人们在思考时，总是不自觉地依照一定的常规去思考，如打破这一常规，往往能获得创新的效果。我们一定有这样的感受：整齐威武的军乐队，迈着规则的步伐，时而变成方队，时而成为梯形，通过顺序上的变换，给人耳目一新的享受。如图 4-10 所示的蛙式打夯机，它是带传动与连杆机构的组合。发明者巧妙地利用了一般认为是有害的惯性力，在大带轮上设计一个重锤，借重锤离心力向外并向上甩，使夯靴提升离地；当重锤转到左侧，离心力帮助夯靴向前移动，重锤转至左下侧时，离心力迫使夯靴富有冲击力地打击地面，实现打夯功能。这种变害为利的设计，没有思维的扩展是难以完成的。

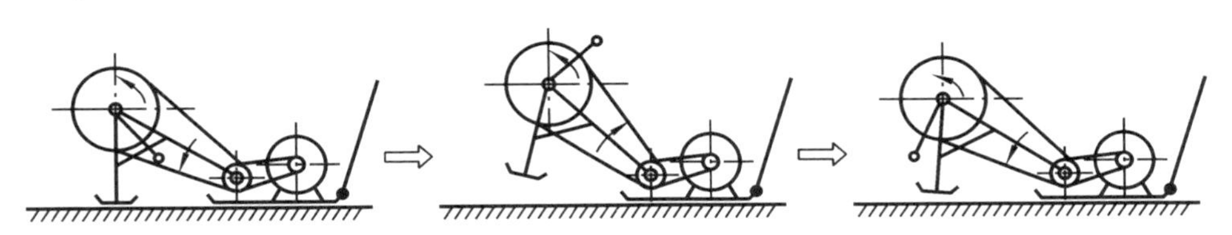

图 4-10 蛙式打夯机工作过程示意图

4. 仿生法

仿生法是指对自然界的某些生物特性进行分析和类比,直接或间接模仿后进行创新设计的方法。它包括形状模仿、结构模仿、动作模仿、功能模仿等。如飞机构件中的蜂窝结构、响尾蛇导弹的引导系统、模仿鸟类的飞机、模仿鱼类的潜水艇、根据萤火虫发光原理制作的反光交通提示牌,还有根据金钱豹与草丛相似的皮毛,迷惑敌人,保护自己而发明的迷彩服等。在运用仿生法时,要求首先弄清某些生物现象的特征和科学道理,并大胆巧妙地运用到创造中去。

5. 仿真与变异法

仿真是指模仿人或动物的动作,而变异则是指突破模仿另具创新的动作,两者都可以实现创造性的设计。

如图 4-11 所示的挖掘机,它由工作装置Ⅰ、上部转台Ⅱ、行走装置Ⅲ等组成。挖掘机工作时模仿人手挖土,这是很成功的设计。如图 4-12 所示的搓元宵机也是构思巧妙地模仿人的动作而制作成的,整个机构的动力由旋转圆盘输入,它装配在机架的一个斜圆孔内,通过装在圆盘外圈的球形铰链带动连杆与转动轴销及与连杆固接的工作箱做空间振摆运动,从而使工作箱内的元宵馅在稍许湿润的元宵粉中多方向滚动而制成元宵。

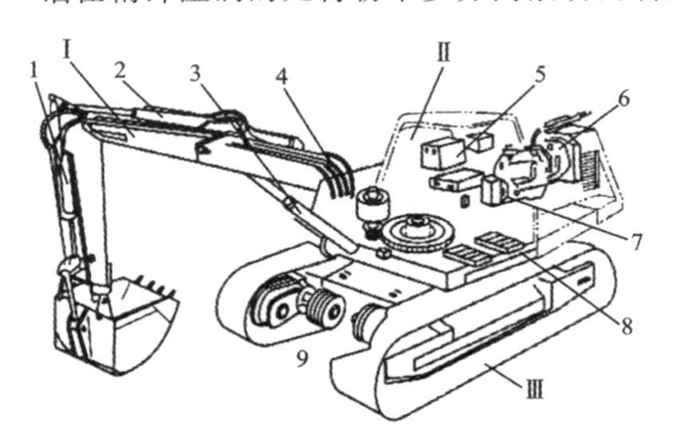

图 4-11 挖掘机

1—铲斗;2—斗杆;3—动臂液压缸;4—回转液压马达;5—油箱;6—发动机;7—液压泵;8—控制阀;9—行走液压马达

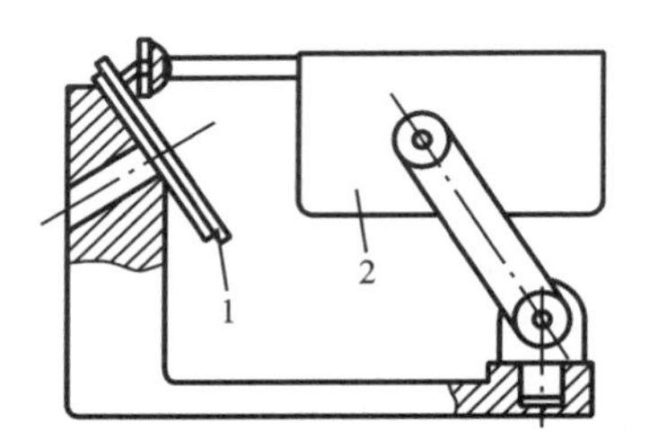

图 4-12 搓元宵机

1—旋转圆盘;2—工作箱

6. 自然现象探求法

如钟表开始时是用滴漏等装置来作为定时元件,由于这种定时元件不稳定,故制作的钟表是不准确的,需要经常校正。后来根据教堂中的挂灯随风摆动时,不论摆幅大还是小,其频率是恒定的这一自然现象,发明了用摆来作为钟表的定时元件,使现代钟表的精度大为提高。直至现在最精确的原子钟,也还是利用了这种自然现象，只不过它已不是利用摆的振荡，而是利用了原子的振荡而已。

7. 专利利用法

专利利用法是指分析研究已公开的专利，启发自己的创新设计思维，创造出新的专利产品的方法。

8. 机械系统搜索法

机械系统搜索法是指利用机械系统的各种组成规律，如机构串联和并联组合，从中搜索出适合设计要求的新机构，进行创新设计的方法。

9. 功能原理法

功能原理法是指分析所设计产品的总功能，将这些功能分解成一些分功能，然后根据这些分功能设计合适的机构，将这些有分功能的机构组合成一个能实现所需总功能的新机械系统，完成机械系统创新的方法。

4.5.2 创新设计实例

1. 两构件相对运动关系的应用

利用两构件相对运动的关系来完成独特的动作过程，使机构创新有一种全新的思路。图 4-13 所示的铰链四杆机构，利用摇杆和连杆的特殊形状和运动关系得到一个分送工件的机构。图 4-13 中，在Ⅰ位置上将一个圆柱形工件接住；在Ⅱ位置上将圆柱形工件送出，并且挡住料斗内其余的工件，在垂直位置上将圆柱形工件送到滑板 S 处滑下。这一构思是将铰链四杆机构中的连杆的运动功能与摇杆的运动功能有机地结合起来，达到分送工件的目的。这是通过简单的机构中两构件相对运动关系完成较为复杂的动作过程，其构思很巧妙。

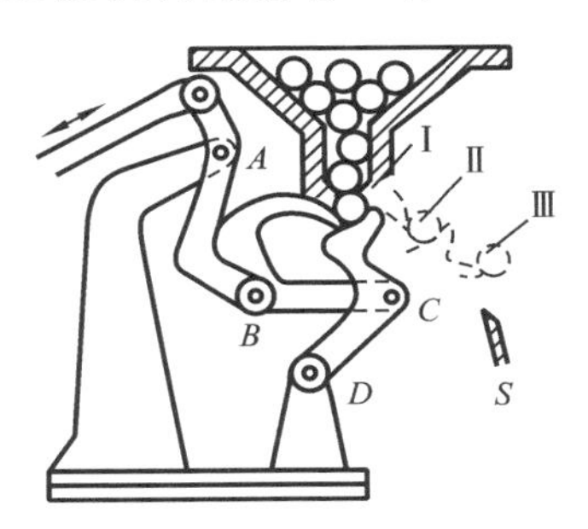

图 4-13 分送工件的铰链四杆机构

2. 应用交叉学科创造新的机构

为了使机构具有新颖、独特、高效的特点，往往要脱开纯机械模式，采用光、电、液等工作原理来创造新机构。

图 4-14 所示为光电动机，其受光面是太阳能电池，3 只太阳能电池组成三角形与电动机的转子连接在一起。电动机一转动，太阳能电池也跟着旋转，动力就由电动机转子轴输出。由于受光面连成一个三角形，所以光的入射方向改变也不会影响电动机的启动。这种将光能变为机械能的特殊机构的构思很巧妙。

3. 虎钳的快速夹紧机构

如图 4-15 所示为一种快速夹紧机构,它可以提高虎钳夹持工件的效率。这种快速夹紧机构采用一对具有相同曲面的转动凸轮和固定凸轮,用手柄转动凸轮快进到预定位置。然后,由螺旋机构进行夹紧,虎钳的钳口位置可以借助夹压间距调节手轮进行调节,以适应不同的材料厚度,同时也可调整夹紧力。该机构可用作铣床、镗床、装配夹具等的夹压机构,是一种夹紧力调节简单的快速夹紧装置。

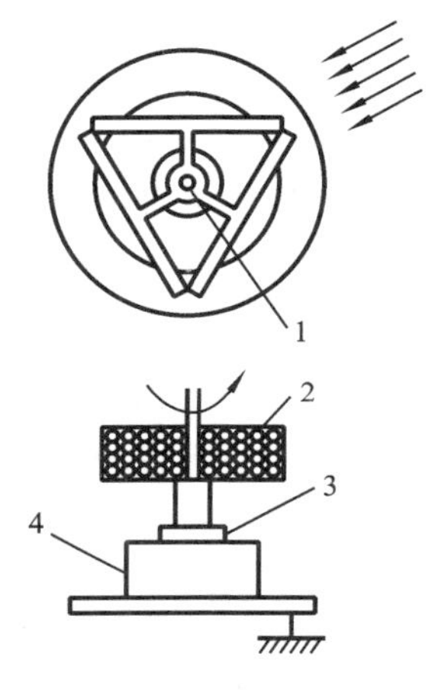

图 4-14　光电动机

1—转子轴;2—太阳能电池;
3—滑环;4—定子

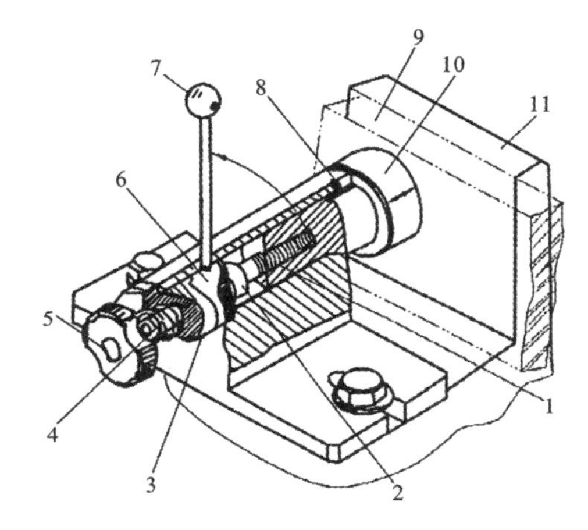

图 4-15　虎钳的快速夹紧机构

1—丝杠;2—转动凸轮压紧部分(在丝杠上);
3—固定凸轮;4—螺旋弹簧;5—夹压间距调节手轮;
6—转动凸轮;7—手柄;8—防转顶丝;
9—被夹压材料;10—虎钳可动钳口;11—虎钳固定钳口

4. 无死点机构

在曲柄滑块机构中,当滑块为主动件时,机构有死点出现。如何构思一个无死点机构呢?若采用图 4-16(a)所示结构形式,则无死点出现。再如蒸汽机动力设备是 90°开式双气缸结构,这样的结构也可避开死点(见图 4-16(b))。

图 4-17 所示为一种巧妙的无死点机构,其巧妙之处是:滑板与活塞杆相连接,利用滑板上的曲线形长孔及与之配合的曲柄销驱动曲柄轮转动,在曲柄销的左右死点位置上,滑板的曲线形长孔的斜面与曲柄销接触,就能消除一般曲柄机构的死点。曲线形长孔的倾斜方向确定了曲柄轴的旋转方向,并使其保持固定的旋转方向。

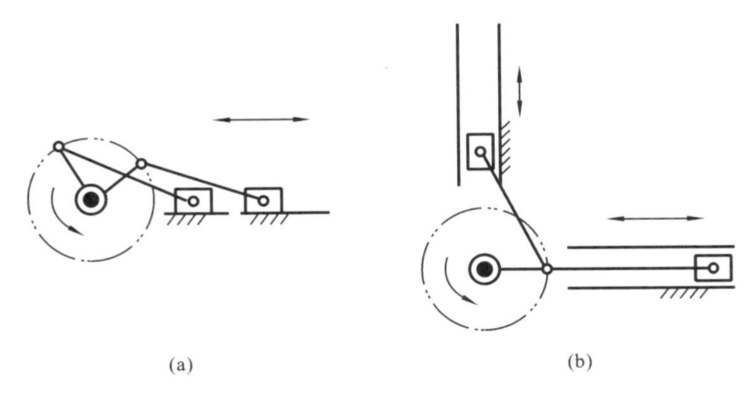

图 4-16　无死点机构

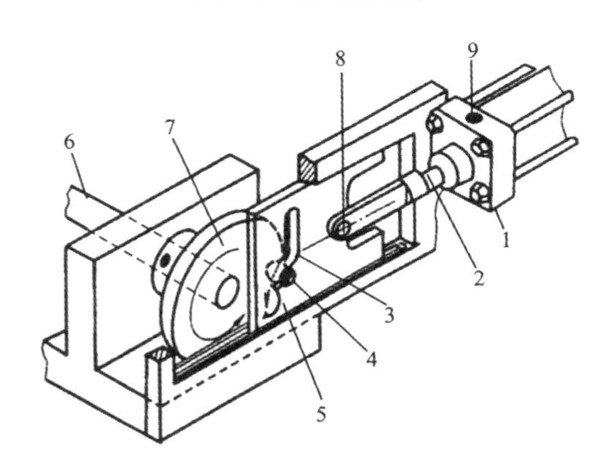

图 4-17　巧妙的无死点机构

1—气缸；2—活塞杆；3—曲线长孔；4—曲柄销；5—滑板；6—曲柄轴；7—曲柄轮；8—滑板销轴；9—进气口

4.6　创新设计的案例分析——智能化加工中心设计

本案例针对“智能加工中心”这一概念，按功能要求→功能→机构→结构及进展的设计思路，以螺旋状上升来完善过程，完成该概念的具体化设计。

4.6.1　智能化加工的基本概念

高性能机床一般要求高刚度与恒温环境。但按照这种“加工智能化”的思路进行设计时，不必采用高刚度和恒温环境，代之以普通的刚度及变温环境，也应该能够获得高性能的机床。

如图 4-18 所示，智能化加工的基本原理包括以下几个方面。

(1) 加工及信息发送　全部加工现象以各种形式发出信息，如力、热、声音、应变、变形、振动及光等。

(2) 加工模型　与这些加工现象信息的关系及其相互关系是既定的。加工系统中固有的关系是模型，而一般性的关系则用知识讲述(两者之和统称为广义的知识)。

(3) 现象控制　若利用这些关系，则能实现所期望的加工现象。

(4) 智能化基本要素　从现象抽出信息的传感器，以及由所产生的信息改变现象的执行元件。

(5) 智能化的思考方法　如 C 形环的信息发送——力的 C 形环中，全部要素以力及变形等形式发送信息；相对转换——相对的事物互相转换是可能的，如被动转换为主动，结构体转换为执行元件。

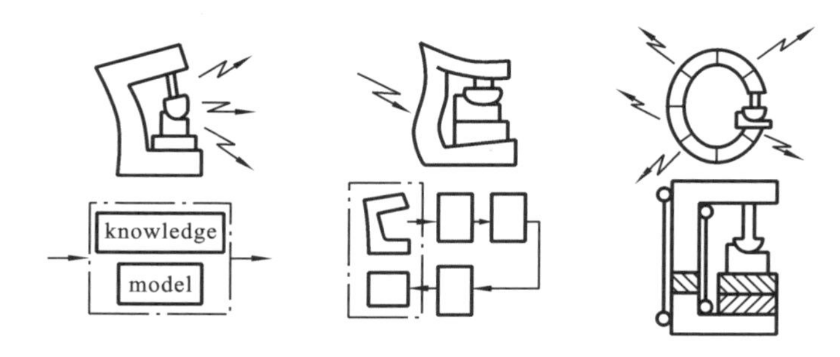

图 4-18　智能化加工基本原理

以图 4-18 中体现的思想为基础构造的智能化加工系统的基本组成如图 4-19所示。通过传感器获取加工过程中的关键物理量，输入预先建立的模型及知识模块中。系统将据此求出的当前值及下一时刻的值，并与由计算出的期望值进行比较，按其差值确定控制量，通过执行元件作用于现象本身，使其趋近于所期望的状态。

4.6.2　智能化加工中心的设计

为了在不同恒温环境和特殊高刚度条件下设计、制造能达到高精度的加工中心，应用了前述的加工智能化思想。该智能化加工中心设计的基本思想的整体过程如图 4-20 所示，与该过程的功能相关的功能要素如图 4-21 所示，

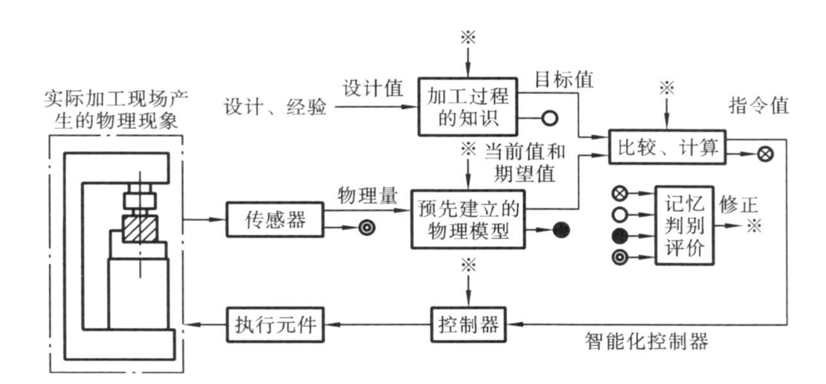

图 4-19　智能化加工的基本组成

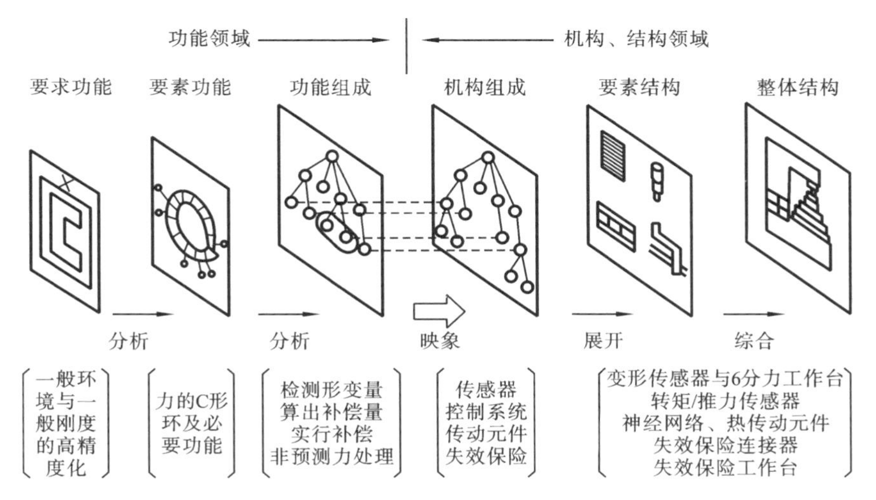

图 4-20　智能化加工的加工过程

从功能领域到机构领域的映象如图 4-22 所示。

首先，对不采用高刚度和恒温环境的条件下要实现高精度的功能要求进行分解，考虑误差产生的机制，得出力的 C 形环及误差的关系(见图 4-21)。提取构成力的 C 形环的机构元件所要求的功能，得出其功能构成。在智能化加工中心中，检测变形量、算出补偿量、完成补偿与非预测力的处理，这 4 个主要功能是最重要的。这些功能中，每个还可进一步细分成几个子功能(见图 4-22 上图)。

其次，确定与各功能要素对应的机构元件。这个过程是按一一对应的映象进行的。这样，与功能构成相对应的机构组成就被确定下来。这里，与各自

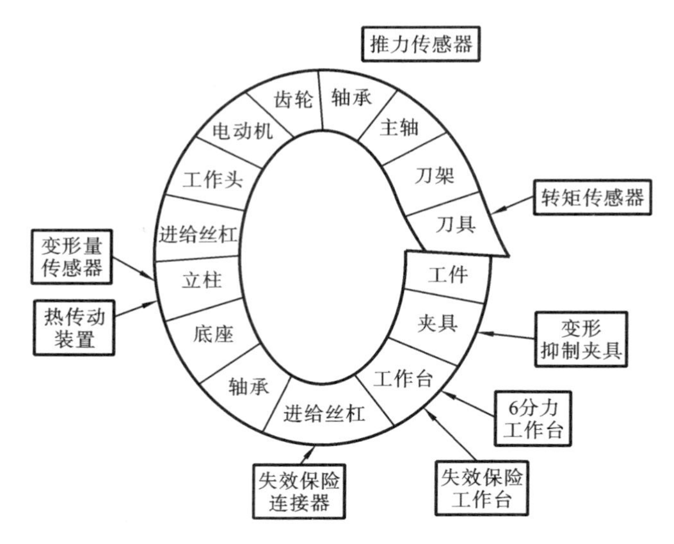

图 4-21　智能化加工中心所必需的功能要素

的功能相对应,构成了传感器控制系统执行元件和变形元件等。

对组成这种机构的各个元件,确定其尺寸及材质,并逐渐展开完成零件设计(见图 4-21)。同时,再进一步展开设计成各自变形量传感器、6 分力工作台、转矩/推力传感器等的传感器群和神经网络、热传动装置、油压失效保险系统、失效保险工作台等的失效保险群。

将这些新开发的各种结构与加工中心的基本机械机构(如工作台、底座、立柱、工作头及主轴等)进行组合,经过整体协调处理,得到最终的结构(见图 4-22 下图)。

智能化加工中心设计的思考过程大致如上所述。但各个功能元件的设计中要按照“功能→机构→结构”这一过程反复进行,不断迭代进行。

经过上述思考过程,设计制造了智能化加工中心,并经过了实际使用验证。

为了实现智能化加工中心,开发了热传动装置和结构体变形量本身精密检测的变形传感器,对检测加工反力的 6 分力工作台和转矩、推力传感器,为防止非预期过载导致损坏的失效保险连接器和失效保险工作台等所要求的功能进行分解,也进行了开发,使其都具有充分的性能。通过这些组合,使智能化加工中心得到了实现。

从这个实例也可看出,可以运用“创造性设计原理”设计出原本不存在的机械。

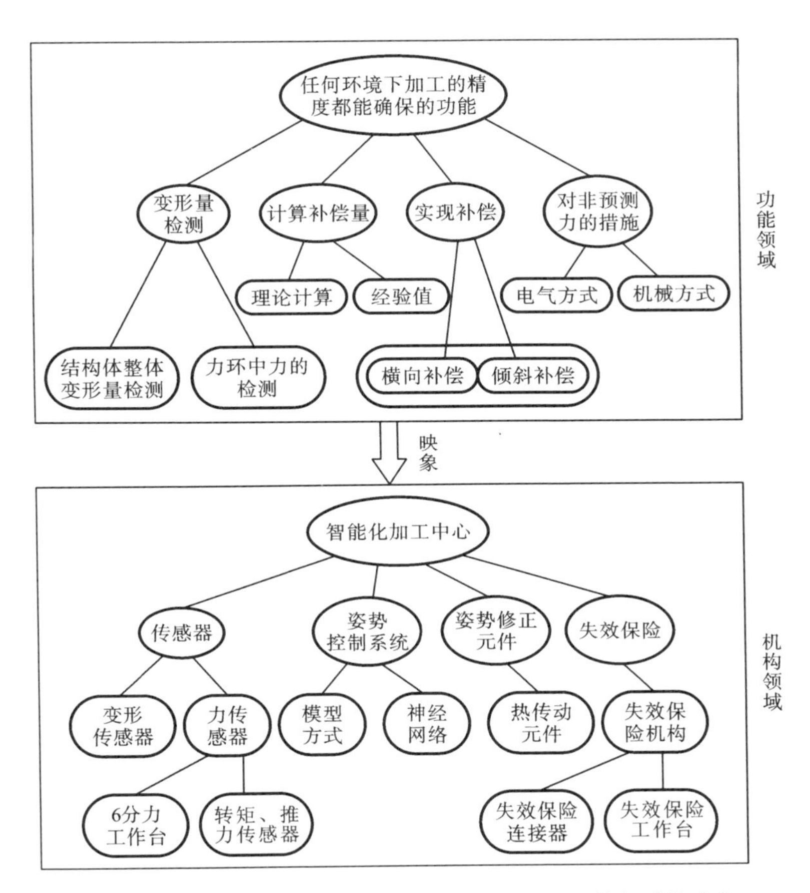

图 4-22　智能化加工中心设计中从功能领域到机构领域的映象

4.7　现代设计方法简介

4.7.1　优化设计

机械优化设计是指某项机械设计在规定的设计限制条件下，优选设计参数，使某项或几项设计指标获得最优值的方法。工程设计上的"最优值"(optimum)或“最佳值”是指在满足多种设计目标和约束条件下所获得的最令人满意、最适宜的值,它主要包含两部分内容:优化设计问题的建模技术和优化设计问题的求解技术。如何将一个实际的设计问题抽象为一个优化设计问题,并建立起符合实际设计要求的优化设计数学模型,这是建模技术要解决的问题。建立实际问题的优化数学模型,不仅需要熟悉掌握优化设计方法的基本理论、设计问题抽象和数学模型处理的基本技能,更重要的是要具有该设计领域的丰富设计经验。

1. 优化设计的数学模型

机械优化设计方法是一种规格化的设计方法,它首先要求将工程设计问题按优化设计所规定的格式建立数学模型,选择合适的优化设计方法及编制计算机程序,然后再通过计算机获得最优设计方案。

工程设计问题优化可以表达为优选一组参数,使其设计指标达到最佳值,且须满足一系列对参数选择的限制条件。这样的问题在数学上可以表述为在以等式或不等式表示的约束条件下,求多变量函数的极小值或极大值,即

$$\min f(x), x=[x_1, x_2, \cdots, x_n]^{\mathrm{T}} \in \mathbf{R}^n$$

约束条件:
$$g_u(x) \leqslant 0 \text{ 或 } g_u(x) \geqslant 0, u=1,2,\cdots,m$$
$$h_v(x)=0, v=1,2,\cdots,p<n$$

因此,优化设计都应按此形式将工程设计问题进行数学上的描述,以适应优化设计方法求解的需要,这就是所谓优化设计的数学模型。

2. 优化设计的基本思想

优化算法各种各样,但大多数方法是采用数值迭代法。其基本思想是搜索、迭代和逼近。从某一点 x_0 出发,根据目标函数和约束函数在该点的某些信息,确定本次迭代计算的一个方向和适当的步长,去寻找新的迭代点 x_1,然后用 x_1 代替 x_0,x_1 点的目标函数值应比 x_0 点的目标函数值小一些。这样一步步的重复迭代,逐步改进目标函数值,直到最终逼近极值点为止。这样一个逐步寻优的过程,即逼近极小点(无约束或约束极小点)的过程比喻为向“山”的顶峰攀登的过程,始终保持向“高”的方向前进,直至达到“山顶”为止。当然,“山顶”可以理解为目标函数的极大值,也可以理解为极小值,前者称为上升算法,后者称为下降算法。这两种算法都有一个共同的特点,就是每前进一步应该使目标函数值有所改善,同时还要为下一步移动的方向提供有用的信息。如果是下降算法,则序列迭代点的目标函数值必须满足

$$f(x^0)>f(x^1)>\cdots>f(x^k)>f(x^{k+1})$$

如果是求一个约束的极小点,则每一次迭代的新点 $x^{(1)}$,$x^{(2)}$,…都应该在

约束可行域内，即

$$\{x^k, k=0,1,\cdots\} \in D$$

图 4-23 所示为优化设计迭代过程的示意图。这种迭代算法中最重要的是每次迭代方向和步长因子的确定。正由于确定的方向不同，就会构造出若干种不同的算法，即最优方法。

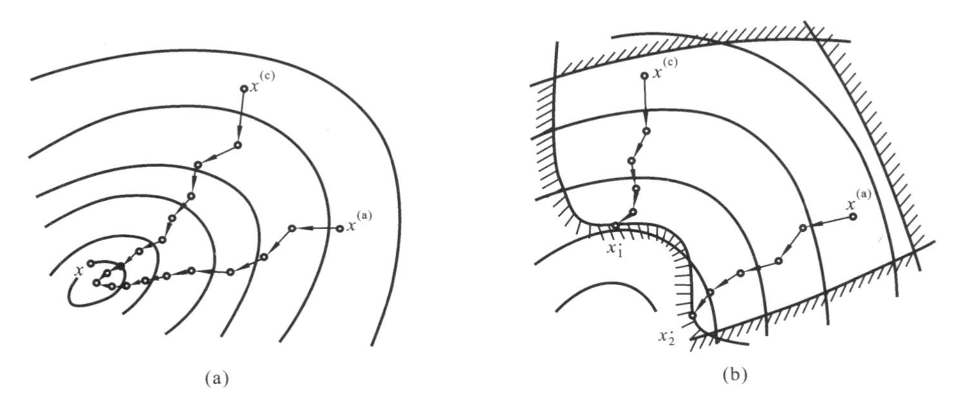

图 4-23　优化设计迭代过程的示意图

(a) 无约束最优解　(b) 约束最优解

4.7.2　并行设计

1. 并行设计及其运行模式

并行工程(concurrent engineering,CE)是一种系统方法，强调以集成、并行的方式设计产品及其相关过程。由于并行工程在产品开发的上游阶段就开始考虑整个产品生命周期的所有影响因素，因此对缩短产品开发周期，提高设计的一次性成功率具有重要的作用。

并行设计(concurrent design)是指将并行工程的原则应用于产品设计开发活动中的新型设计方式。如图 4-24 所示为日本丰田汽车公司的并行工程系统。该系统对汽车设计采用并行设计方法，较串行设计方法明显减少了新产品的研制周期。

并行设计的运行模式如图 4-25 所示，并行设计的运行由以下四个层次组成。

(1) 控制层　最中心的是控制层执行过程管理的功能，整个运行过程由过程管理进行控制和协调。

(2) 集成支持层　集成支持层在第二层，它通过统一的产品信息管理和集

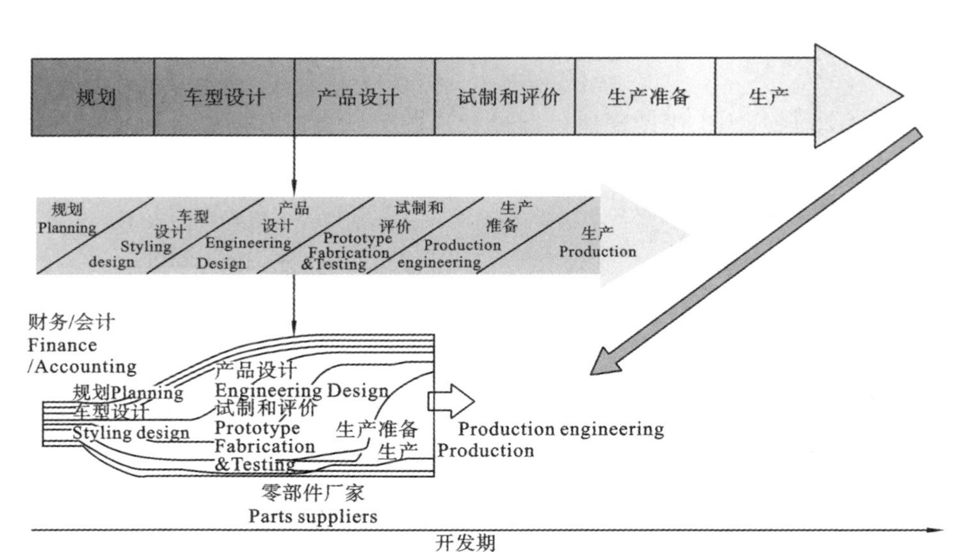

图 4-24 丰田汽车公司的并行工程系统

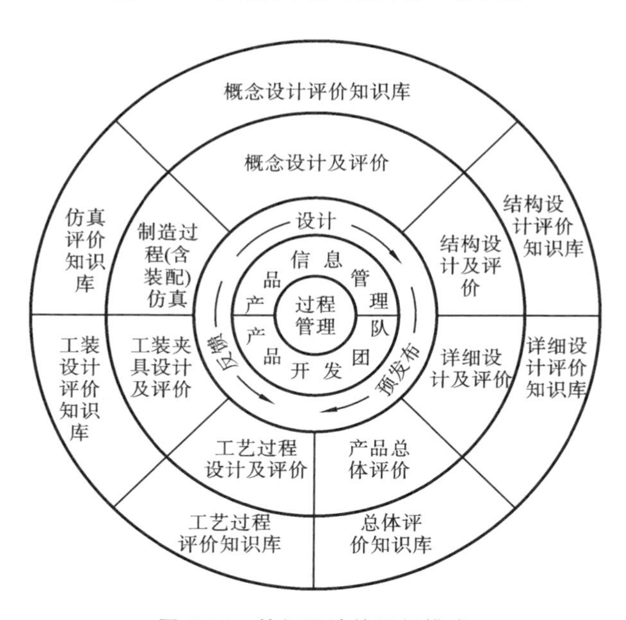

图 4-25 并行设计的运行模式

成产品开发团队(integrated product teamwork,IPT)的协同工作方式将设计各环节的功能和信息集成起来。

(3) 设计层　设计层是第三层，它完成各种设计任务，这些任务的执行过程是一个设计、预发布和反馈相交互的过程。在设计过程中采取的主要手段是各种 CAX 工具和 DFX 工具。CAX(computer aided X)是 CAD(computer aided design，计算机辅助设计)、CAPP(computer aided process planning，计算机辅助工艺规划)、CAM(computer aided manufacturing，计算机辅助制造)、CAE(computer aided engineering，计算机辅助工程)等计算机辅助应用系统的统称。DFX(design for X)是指面向产品生命周期中某一环节的设计，如面向装配的设计 DFA(design for assembly)，面向制造的设计 DFM(design for manufacturing)，面向质量的设计 DFQ(design for quality)，面向测试的设计 DFT(design for test)，面向成本的设计 DFC(design for cost)，面向服务的设计 DFS(design for service)，等等。

(4) 知识层　知识层是第四层。为实现各种 DFX 功能，必须有各种知识库的支持，即存放各个环节的专家知识、设计规则和设计经验。这些知识辅助设计人员在设计的上游就考虑了下游的各种因素，对产品的各种性能进行有效的分析和决策。

2. 并行设计的特点

(1) 强调团队工作(team work)和工作方式　为了实现并行工程系统，首先要实现设计人员的集成。团队工作是 CE 系统正常运转的首要条件，需要组织一个包括与产品开发全过程有关的各部门的工作技术人员的多功能小组，小组成员在设计阶段协同工作，在设计产品的同时设计有关过程。

(2) 强调设计过程的并行性和面向工程的设计　并行工程有两方面的含义：在设计过程中，通过专家把关，同时考虑产品寿命循环的各个方面；在设计阶段就同时进行工艺(包括加工工艺、装配工艺和检验工艺)过程设计，并对工艺设计的结果进行计算机仿真，直至用快速原型法制造产品的样件。

(3) 强调设计过程的系统性　设计、制造、管理等过程不再是一个个相互独立的单元，而是将它们纳入一个系统来考虑。设计过程不仅出图样和其他设计资料，还要进行质量控制、成本核算，也要制订进度计划等。这种工作方式是对传统管理机构的一种挑战。

(4) 强调设计过程的快速“短”反馈　并行工程强调对设计结果及时进行审查，并及时反馈给设计人员。这样可以大大缩短设计时间，还可以保证将“错误”消灭在“萌芽”状态。

4.7.3 逆向工程

1. 逆向工程的定义

逆向工程(reverse engineering,RE;也称反求工程、反向工程)是指在没有产品原始图样、文档或CAD模型数据的情况下,通过对已有实物的工程分析和测量,得到重新制造该产品所需的几何模型、物理和材料特性数据,从而复制出已有产品的过程。

按照传统的设计和工艺流程,产品的设计从概念设计开始,确定功能规模的预期指标,根据二维图样或设计规范,借助CAD软件建立产品的三维模型,然后编制数控加工程序,经历不同的工序,生产出最终的产品。此类开发模式称为预定模式(prescriptive mode),开发工程则称为顺向工程(forward engineering)。

在顺向工程的设计中,设计者以设计规范及已有的CAD模型为出发点建立产品的三维模型,根据产品的三维模型制造出实际的产品。

然而在很多情况下,设计和制造者面对的只有实物样件,没有图样或CAD模型数据。为了适应先进制造技术的发展,需要通过一定的途径将这些实物转化为CAD模型,使之能利用CAD、CAM、RPM、PDM及CIMS等先进技术进行处理。目前,与这种从实物样件获取产品数学模型技术相关的技术已发展成为CAD/CAM中相对独立的一个范畴,称为"逆向工程"或"反求工程"。作为获取成品的两种不同途径,顺向工程和逆向工程的设计流程如图4-26所示。

到现在为止,对逆向工程还没有一个统一的定义。一种观点认为,逆向工程是指以实物(或样件)为依据的产品设计和制造过程,认为逆向工程是针对一现有工件(样品或模型),利用3D数字化测量仪器准确、快速地将轮廓坐标测得,由测量数据构造三维CAD模型,传至CAD/CAM系统,再由CAM产生刀具轨迹送至CNC机床制作所需模具,或者送到快速成形机将样品模型制作出来。

2. 逆向工程设计的基本方法

随着计算机辅助设计的理论和技术的发展及应用,CAD/CAE/CAM集成系统的开发和商业化,产品实物的逆向设计首先可通过测量扫描及各种先进的数据处理手段获得产品实物信息,然后充分利用成熟的CAD/CAM技术快速、准确地建立实体数学几何模型,在工程分析的基础上,用CNC机床加工出产品模具,最后制成产品,实现从产品或模型→设计→产品的整个生产流程。图4-26(b)所示为逆向工程的工作流程。

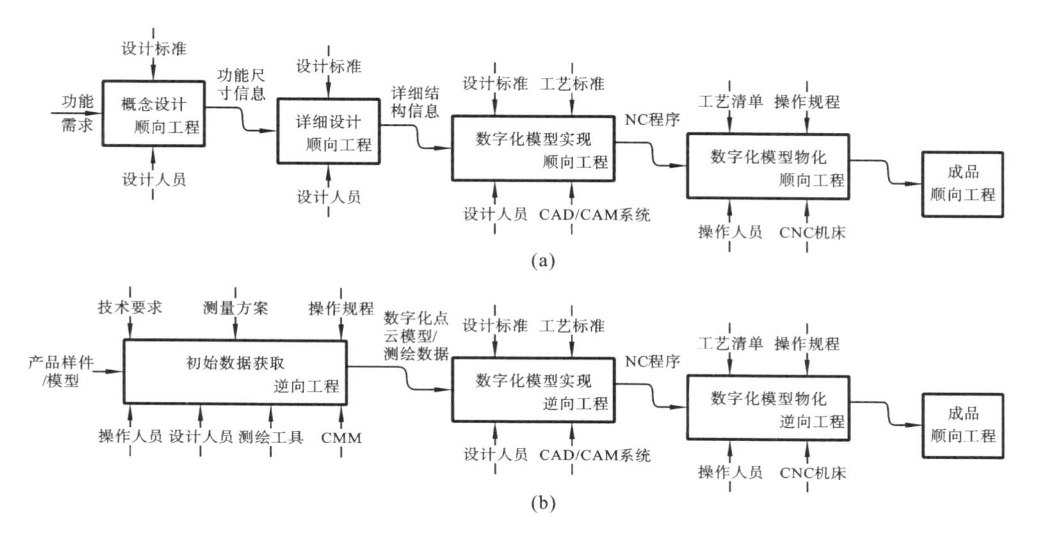

图 4-26 设计流程

(a) 顺向工程流程 (b) 逆向工程流程

逆向工程的关键技术包括以下几个方面。

(1) 物体表面三维坐标数据的测量技术(物体表面数字化技术)。

(2) 曲面重构技术。

(3) 逆向工程系统的构成。

从图 4-26(b)所示的逆向工程的工作流程可看出,逆向工程系统主要由三部分组成:产品实物几何外形的数字化、CAD 模型重建、产品或模具制造。建立一套完整的逆向工程系统,通常需要配置下列软硬件设备。

(1) 测量机+测量探头 测量机+测量探头是进行实物数字化过程的关键设备。测量机有三坐标测量机、多轴专用机、多轴关节式机械臂等;测量探头分接触式(如触发探头、扫描探头等)和非接触式(如激光位移探头、激光干涉探头、线结构光及 CCD 扫描探头、面结构光及 CCD 扫描探头等)两种。

(2) 数据处理 由坐标测量机得到的外形点云数据在 CAD 模型重建以前,必须进行格式转换、噪声滤除、平滑、对齐、归并、测头半径补偿和插值补点等数据处理。

(3) 模型重建软件(CAD/CAM) 模型重建软件包括三类:一是用于顺向设计的 CAD/CAE/CAM 软件,如 SolidWorks、I-Deas、GRADE 等,但数据处理和逆向造型功能有限;二是集成有逆向功能模块的顺向 CAD/CAE/CAM 软件,如 SCANTOOLS 模块的 Pro/Engineer、集成有点云处理和曲线、曲线拟合、快速造型功能的 UG Ⅱ 和 STRIM100 等;三是专用的逆向工程软件,如 Im-

ageware、Geomagic、Paraform 等。除此之外,有较高要求的还包括产品数据管理(PDM)等软件。支撑软件的硬件平台有个人计算机和工作站等。

(4) CAE 软件　计算机辅助工程分析包括机构运动分析、结构仿真、流程及温度场分析等。目前较流行的分析软件有 ANSYS、Nastran、I-Deas、Moldflow、ADMAS 等。

(5) 数控加工设备　各种数控加工设备如数控铣床或数控加工中心等,进行原型和模具制作。

(6) 快速成形机　快速产生模型样件,按制造工艺原理分有立体印刷成形、层合实体制造、选域激光烧结、熔融沉积成形、三维喷涂粘结、焊接成形和数码累积成形等方法。

(7) 产品制造设备。

(8) 各种注塑成形机、拉深成形机、钣金成形机等。

4.7.4　虚拟设计

传统物理样机的开发模式在人力、物力上的耗费往往与产品的复杂程度成正比。用数字样机取代物理样机,也即生成虚拟样机技术,既是适应市场激烈竞争需要的产物,也是计算机软硬件和网络技术飞速发展的必然结果。其中,特别是三维几何造型和编辑修改技术、机械系统动力学建模和仿真技术、计算机运算和图形处理能力的突飞猛进,促进了计算机可视化技术及动画显示技术的提高,为虚拟样机技术提供了良好的基础和用户交互界面。

虚拟样机包含两层意思:第一层为 virtual prototype,可以定义为采用计算机仿真建模技术建立的与物理样机相似的数字模型,通过对该模型进行评估和测试,能获取候选物理模型设计方案的特性,例如外观、结构、动力学和运动学特性;第二层为 virtual prototyping,是指为了测试和评价一个系统方案的设计,使用上述虚拟样机技术的过程。两部分内容统称 VP。

虚拟样机环境是指包含虚拟样机,将计算机辅助实体造型、系统仿真和人机交互等技术集成后形成的一个支持虚拟产品设计的仿真环境。从并行方法角度理解,虚拟样机环境是将多个 CAD 过程、知识推理过程等,通过计算机支持的协同工作(computer supported cooperative work,CSCW)技术、用户界面技术、设计过程管理和文档化技术集成起来,形成一个分布式环境,以支持产品并行设计进程。

虚拟样机技术是以虚拟样机和虚拟样机环境为基础,将系统工程、逆向工程和优化方法与计算机辅助建模、仿真、设计和协同工作技术、产品数据管理

(PDM)及以虚拟现实(virtual reality,VR)为手段的人机交互技术等有机地结合在一起,为产品寿命周期设计和评估提供分布式集成环境的技术。

虚拟样机的概念与集成化产品和加工过程开发(integrated product and process development,IPPD)的概念不可分割。VP过程将产品概念开发直到生产的所有活动集成在一起,对产品开发整个过程进行优化。IPPD的核心是虚拟样机,而虚拟样机必须依赖IPPD才能实现。

功能强大的商业软件正由少数专家使用的研究工具逐渐面向普通工程设计人员,比较有影响的产品包括美国Mechanical Dynamics公司的ADAMS,Computer Aided Design Software公司的DADS,以及德国航天局的SIMPACK等。

4.8 知识拓展

工程中的专利

专利是指经主管机关依照法定程序审查批准的、符合专利条件的发明创造。它包含以下各个要素:第一,专利是一项特殊的发明创造,是产生专利权的基础;第二,专利是符合专利法规定的专利条件的发明创造;第三,作为专利的发明创造必须经专利主管机关依照法定程序审查确定,在未经审批以前,任何一项发明创造都不是专利。发明创造是指发明、实用新型和外观设计。

在新产品开发过程中,设计人员可能会产生对公司发展至关重要的创新性发明创造。为了保护公司的知识产权,对关键核心技术申请专利保护已成为公司发展的重要步骤。

图4-27所示为中国专利的申请、审批流程。

随着经济的快速发展,企业研发能力的不断提高及市场扩展的需要,企业向外国申请专利的需求也逐渐增加。向外国提交专利申请有两种方式:一是根据《巴黎公约》直接向寻求专利保护的国家提交专利申请;二是根据《专利合作条约》(Patent Cooperation Treaty,PCT)向受理局提交专利国际申请,然后进入寻求保护的国家。图4-28所示为《巴黎公约》国际专利申请体系。图4-29所示为PCT国际专利申请体系。

需要注意的是,通过PCT进行国际专利申请虽然费用低,但授权时间较长

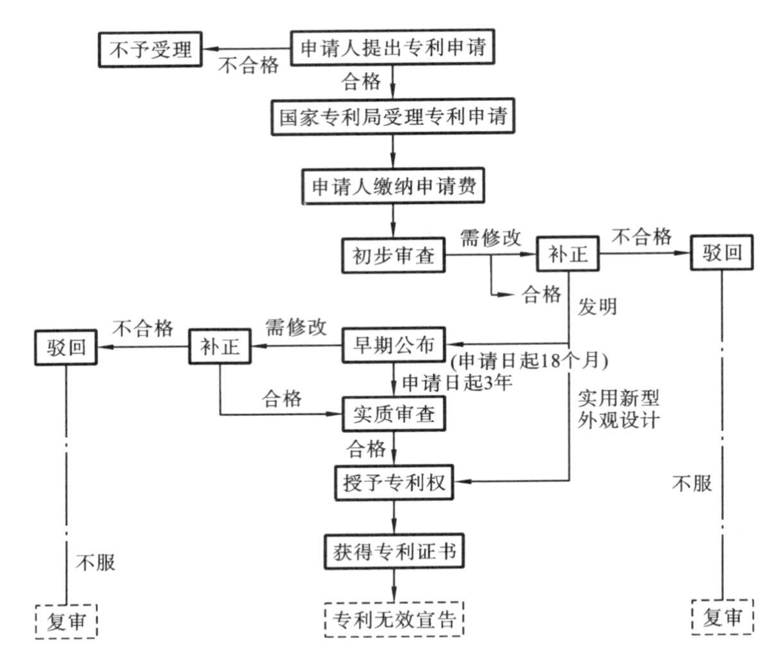

图 4-27　中国专利的申请、审批流程图

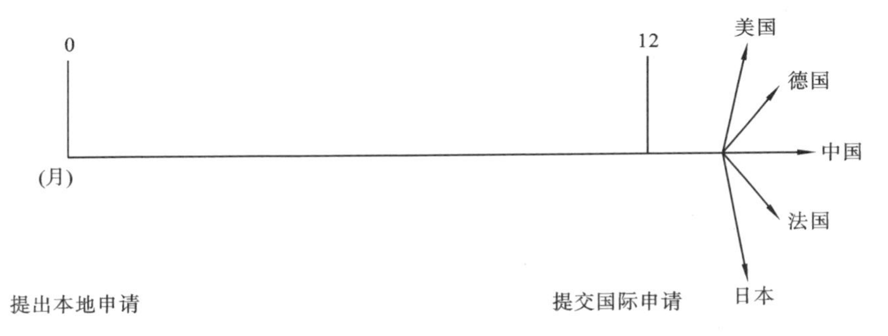

图 4-28　《巴黎公约》国际专利申请体系

(一般需 3～4 年),不能授予外观设计专利权等。如果申请人只是希望在少数的一两个国家获得专利权(包括外观设计),并且希望在相对较短的时间内得到授权,则可以通过《巴黎公约》要求外国优先权的方式,直接向该国提出申请,缩短授权周期。

图 4-30 所示为中华人民共和国知识产权局授权的手持式标签打印机和切割装置的说明书首页。

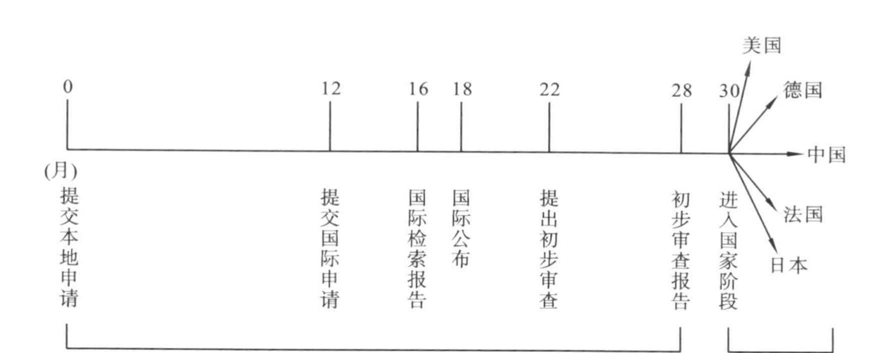

图 4-29　PCT 国际专利申请体系

[19]中华人民共和国国家知识产权局

[51]Int. Cl⁷

B65C 11/02

B65C 11/00　B65H 35/00

[12]发明专利申请公开说明书

[21]申请号　99806715.6

[43]公开日　2001年7月11日

[11]公开号　CN 1303343A

[22]申请日　1999.4.28　[21]申请号　99806715.6

[30]优先权

[32]1998.5.28　[33]US [31]09/085,990

[86]国际申请　PCT/US99/09248　1999.4.28

[87]国际公布　WO99/61322　英　1999.12.2

[85]进入国家阶段日期　2000.11.27

[71]申请人　勃来迪环球股份有限公司

地址　美国威斯康星州

[72]发明人　R·L·沙恩克　B·A·布兰德豪斯

[74]专利代理机构　上海专利商标事务所

代理人　顾峻峰

权利要求书2页　说明书6页　附图页数5页

[54]发明名称　手持式标签打印机和切割装置

[57]摘要

一种用于手持式打印机(10)的切割机构,包括一可枢转地安装于一底座(44)并连接于一可滑动安装的刀片(42)的杠杆(50)。杠杆的枢转移动可转变成刀片沿一切割轴线的移动,以便切割标签介质。杠杆可由一弹簧(80)自动地返回非切割位置,刀片由一结合在刀片(42)的安装机构中的弹簧(70)压向切断杆。刀片具有V字形,以在一个较短的切割行程内实现光整地切割。

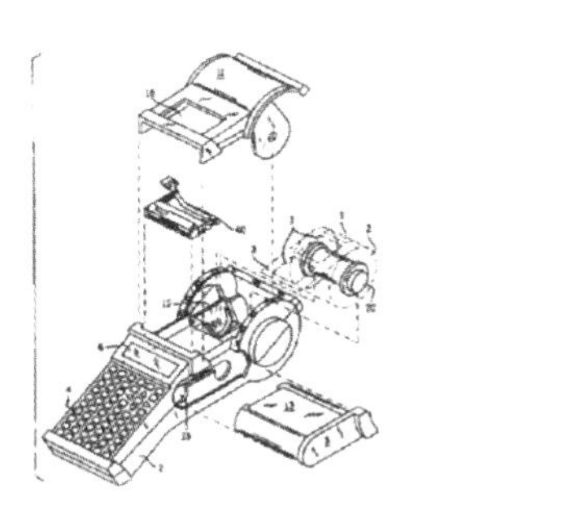

ISSN1008-4274

图 4-30　中华人民共和国国家知识产权局授权的发明专利示例

本章重难点

重点

- 机械设计的概念与本质。
- 理解机械设计过程。
- 创新设计的方法与案例。

难点

- 概念设计的过程与案例分析。
- 创新设计的过程与案例分析。

思考与练习

1. 机械设计的概念与本质是什么?
2. 试举例叙述机械设计的过程。
3. 结合课外科研设计活动,完成一个机构的概念设计。
4. 理解“智能化加工中心”的创新设计方法。
5. 机械优化设计的定义与特点是什么?
6. 并行设计的定义与特点是什么?
7. 逆向工程的定义与组成是什么?
8. 国内专利包括哪几种? 简要叙述其申请流程。
9. 国外专利的申请渠道有哪些? 如何申请?

参考文献

[1] Grote K H,Antosson E K. Handbook of mechanical engineering[M]. Berlin:Springer,2008.

[2] Pahl G,Beitz W,Feldhusen J,Grote K H. Konstruktionslehre(in German)[M]. 7th ed. Berlin:Springer,2007.

[3] Wickert J. An Introduction to Mechanical Engineering(影印版)[M]. 西安:西安交通大学出版社,2003.

[4] 郭洪义. 知识产权概论[M]. 广州:华南理工大学出版社,2010.

[5] 蔡兰,冠子明,刘会霞. 机械工程概论[M]. 武汉:武汉理工大学出版社,2004.

第5章 机器人技术概论

在现代社会生产和生活中的大量产品不只是单纯的机械系统,而是机械系统与电子系统、控制系统等有机结合而构成的综合系统。在这些系统中,机械系统是载体和执行部分,是基础、核心和骨干,其他系统则是血肉、大脑和灵魂。机械工程只有与电子工程、控制工程和计算机技术等综合才能产生现代化尖端产品。

机器人是现代尖端机电产品的典型代表,体现了机械工程与其他学科的完美融合,它涉及机械学、电子学、计算机科学、传感技术、人工智能等多个学科。自从第一台机器人问世以来的几十年里,机器人技术已取得了飞速的发展。各类机器人广泛应用于国民经济的各个领域。本章对机器人技术作一简要介绍,以工业机器人为例,阐明了机器人机构、机器人传感技术、机器人控制技术和机器人智能化,并指出机器人技术的发展趋势。

5.1 相关本科课程体系与关联关系

为了更好地使读者,特别是大学机械类本科生了解与机器人技术相关的本科课程及关联课程,本节将简要勾勒出与机器人技术相关的机械类大学本科课程的关联关系。

图5-1表明了机器人学导论是与机械工程内容密切关联的大学本科专业领域课程,与该课程密切关联的主要学科基础课程是理论力学、材料力学、机械原理、机械设计、互换性与技术测量、机械工程材料、机械控制工程基础等大学本科课程。本章所涉及的内容属于专业领域课程的范畴,掌握机械类本科涉及的理论力学、材料力学、机械原理、机械设计、互换性与技术测量、机械工程材料、机械控制基础等主要学科基础课程是学好相关专业知识及进一步深造学习有

关机器人技术的重要基础。同时,本章所涉及的课程又与机电传动技术、液压与气压传动技术、机械动力学等专业领域课程密切相关。

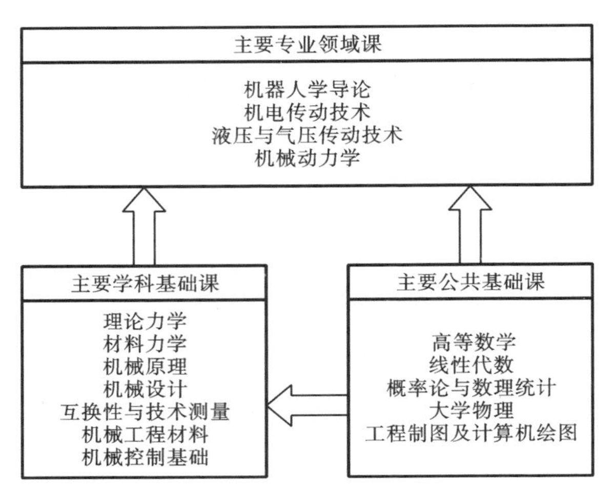

图 5-1　与机器人技术相关的本科课程体系

5.2　机器人的概念、发展、分类和趋势

5.2.1　机器人的概念

"机器人(robot)"作为专有名词进入人们的视野已经将近 100 年。1920 年,捷克作家 Karel Capek 编写了一部科幻剧 *Rossum's Universal Robots*,剧中描述了一家公司发明并制造了一大批能听命于人,能劳动且形状像人的机器,这些机器在初期阶段按照其主人的指令工作,没有感觉和感情,以呆板的方式从事繁重的不公正的劳动。后来的研究使这些机器有了感情,进而导致它们发动了反对主人的暴乱。剧中的人造机器取名为 robota(捷克语,意为农奴、苦力),robot 是由其衍生而来的。

随着科技的发展,20 世纪 60 年代出现了可实用的机器人,机器人逐渐从科幻世界走进现实世界,进入人们的生产与生活当中。但是,现实生活中的机器人并不像科幻世界中的机器人那样具有完全自主性、智能性和自我繁殖能力。

那么，现实中是怎么定义机器人的呢？到目前为止，国际上还没有对机器人作出明确统一的定义。根据各个国家对机器人的定义，总结各种说法的共同之处，机器人应该具有以下特性。

- 一种机械电子装置。
- 动作具有类似于人或其他生物体的功能。
- 可通过编程执行多种工作，具有一定的通用性和灵活性。
- 具有一定程度的智能，能够自主地完成一些操作。

1940 年，一位名叫 Jsaac Asimov 的科幻作家首次使用了 Robotics（机器人学）来描述与机器人相关的科学，并提出了“机器人学三原则”，这三条原则如下。

- 机器人不得伤害人或由于故障而使人遭受不幸。
- 机器人必须服从于人的指令，除非这些指令与第一原则相矛盾。
- 机器人必须能保护自己的生存，只要这种保护行为不与第一或第二原则相矛盾。

这三条原则给机器人社会赋予新的伦理性，并使机器人概念通俗化，更易于为人类社会所接受。至今，它仍为机器人研究人员、设计制造厂商和用户提供了十分有意义的指导方针。

机器人的大量应用是从工业生产的搬运、喷涂、焊接等方面开始的，目的是希望能够将人类从繁重的、重复单调的、危险的生产作业中解放出来。随着机器人技术的不断发展，机器人应用领域也在不断扩展。如今机器人已经逐渐进入人们生产与生活的方方面面。除了工业机器人得到广泛应用外，医疗机器人、家政服务机器人、救援机器人、娱乐机器人等也得到了长足发展。另外，除了在民用领域，军事领域也在广泛使用机器人。各发达国家研发了许多海、陆、空战用机器人，以显示军事现代化的实力。进入 21 世纪以来，机器人的应用已经随处可见，它正在影响和改变着人们的生产与生活。

机器人系统的基本组成如图 5-2 所示。

一般来说，一个机器人系统由机械结构、控制器、传感器、驱动系统和作业信息等几部分组成。机械结构包括机器人本体、传动机构和执行机构，主要实现机器人运动和力的传递；控制器主要是对机器人模型、环境模型、工作任务和控制算法的分析与实现，以及实现人-机交互；传感器包括内部传感器和外部传感器，主要实现对机器人内部状态和外部环境的监控；驱动系统包括驱动器和伺服系统，驱动器是机器人的动力源，可以是气动的、液压的或电动的；作业信息主要实现对作业对象、作业顺序等信息的分析与处理。由图 5-1 可知，机器人技术是集机械工程学、计算机科学、控制工程、电子技术、传感器技术、人工智

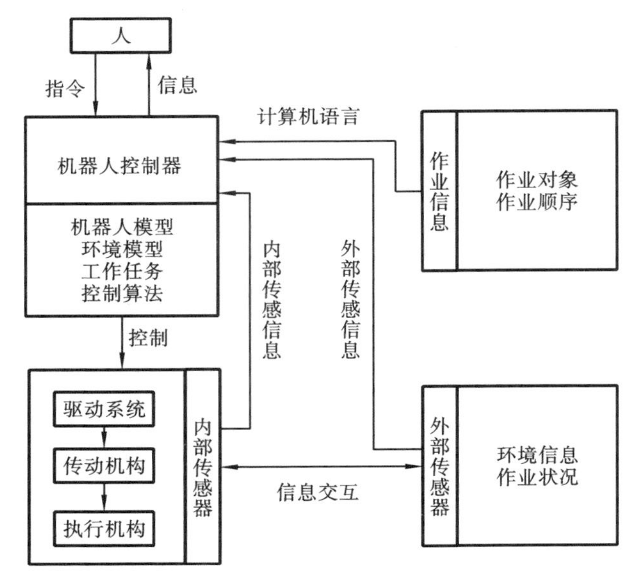

图 5-2 机器人系统的基本组成

能、仿生学等学科为一体的综合技术，它是多学科交叉与多学科科技革命的必然结果。每一台机器人，都是一个知识密集和技术密集的高科技机电产品。机器人研究涉及的主要研究内容可以概括如下。

(1) 机器人机构学、运动学与动力学　机器人构型综合、尺度综合、运动学与动力学分析等。

(2) 驱动与传动　驱动方式、驱动器性能和减速器等驱动、传动系统。

(3) 传感器与感知系统　传感器技术、多传感器系统和传感器信息融合；传感数据采集、传输与处理以及机器视觉技术等。

(4) 机器人建模与控制　控制理论(包括经典控制、现代控制和智能控制)；控制系统结构、模型和算法；多机器人协同控制；控制接口设计等。

(5) 机器人规划与调度　环境建模、任务规划、路径规划、机器人导航、机器人调度和协作等。

(6) 人工智能计算机科学　机器人中的人工智能技术，人-机接口、人-机交互、机器人语言、计算机网络、并行处理、大数据处理与云计算等。

5.2.2 机器人的发展

世界上第一台机器人于 20 世纪 50 年代诞生在美国，虽然它是一台试验的样机，但是它体现了现代工业广泛应用的机器人的主要特征。因此，它的诞生标志着机器人从科幻世界进入现实生活。1959年，工业机器人产品问世。然而，在工业机器人问世后的头十年，机器人技术的发展较为缓慢，主要停留在大学和研究所的实验室里。虽然在这一阶段也取得了一些研究成果，但是没有形成生产力，且应用较少。代表性的机器人有美国Unimation公司的Unimate机器人和AMF公司的Versatran机器人等。

20世纪70年代，随着人工智能、自动控制理论、电子计算机等技术的发展，机器人技术进入了一个新的发展阶段，机器人进入工业生产的实用化时代。最具代表性的机器人是美国Unimation公司的PUMA系类工业机器人和日本山梨大学牧野洋研制的SCARA机器人。到了20世纪80年代，机器人开始大量在汽车、电子等行业中使用，从而推动了机器人产业的发展。机器人的研究开发，无论是水平还是规模都得到迅速发展，工业机器人进入普及时代。然而，到了80年代后期，由于工业机器人的应用没有得到充分挖掘，不少机器人厂家倒闭，机器人的研究跌入低谷。

20世纪90年代中后期，机器人产业出现复苏。世界机器人数量以较快增长率逐年增加，并以较好的发展势头进入21世纪。近年来，机器人产业发展迅猛。据国际机器人联合会（IFR）数据，2014年全球新装机器人10万台，比2013年增加了43%，世界工业机器人的市场前景看好。在机器人产业迅猛发展的时间里涌现了大量的机器人生产企业，其中最著名的就是工业机器人领域所谓的“四大家族”，它们是德国的KUKA、瑞士的ABB、日本的FANUC和YASKAWA。这四大家族的机器人占据了全球工业机器人市场的50%以上（见图5-3）。

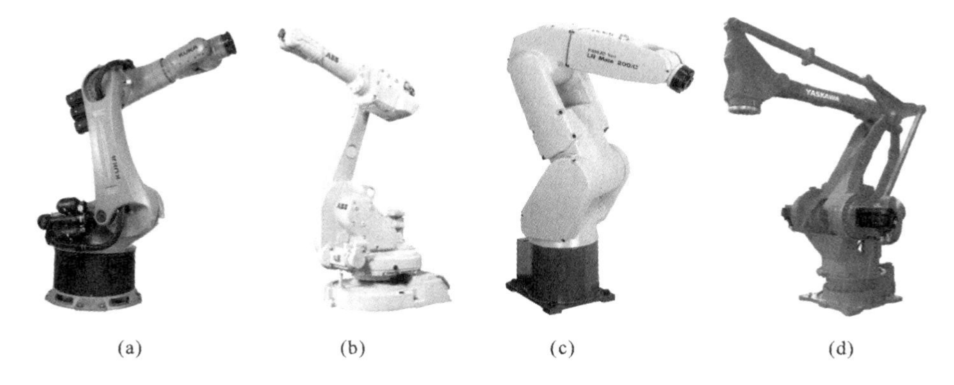

图5-3　工业机器人领域的“四大家族”

(a) KUKA　(b) ABB　(c) FANUC　(d) YASKAWA

工业机器人的发展历程可以简单地用图 5-4 表示。

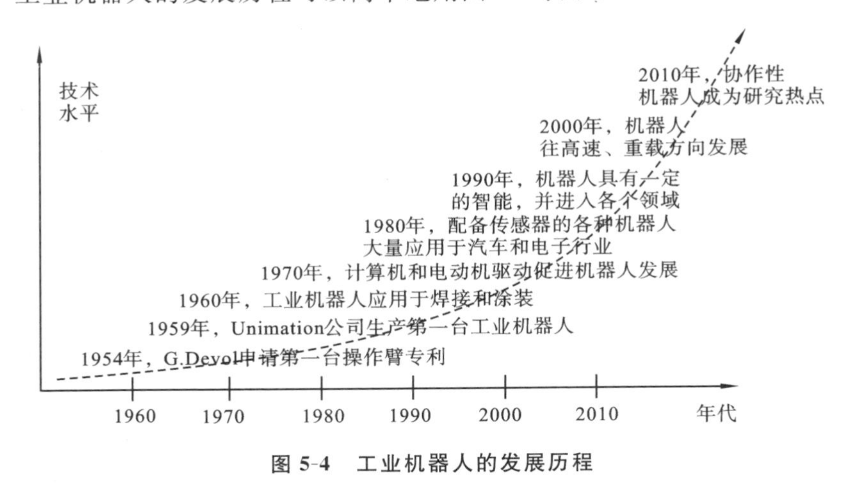

图 5-4 工业机器人的发展历程

目前，世界上机器人无论是从技术水平上，还是从已装备的数量上来看，优势都集中在以欧美日为代表的地区和国家。但是，随着中国等新兴国家的发展，世界机器人的发展和需求格局正在发生变化。

美国是最早研发机器人的国家，也是机器人应用最广泛的国家之一。近年来，美国为了强化其产业在全球的市场份额，以及保护美国国内制造业持续增长的趋势，一方面鼓励工业界发展和应用机器人，另一方面制订计划，增加机器人科研经费，把机器人看成美国再次工业化的象征，迅速发展机器人产业。美国的机器人发展道路虽然有些曲折，但是其在性能可靠性、机器人语言、智能技术等方面一直都处于领先水平。

日本的机器人产业的发展虽然晚于美国，但是日本善于引进与消化国外的先进技术。自 1967 年日本川崎重工业公司率先从美国引进工业机器人技术后，日本政府在技术、政策和经济上都采取措施加以扶持。日本的工业机器人迅速走出了试验应用阶段，并进入到成熟产品大量应用的阶段，20 世纪 80 年代就在汽车与电子等行业大量使用工业机器人，实现工业机器人的普及。

德国引进机器人的时间比较晚，但是由于战争导致劳动力短缺，以及国民的技术水平比较高等因素却促进了工业机器人的快速发展。20 世纪 70 年代，德国就开始了“机器换人”的过程。同时，德国政府通过长期资助和产学研结合扶植了一批机器人产业和人才梯队，比如德系机器人厂商 KUKA 机器人公司。随着德国工业迈向以智能生产为代表的“工业 4.0”时代，德国企业对工业机器人的需求将继续增加。

我国工业机器人的起步比较晚，始于 20 世纪 70 年代，大体可以分为 4 个阶段，即理论研究阶段、样机研发阶段、示范应用阶段和产业化阶段。理论研究阶段始于20世纪70年代至80年代初期。这一阶段主要由高校对机器人基础理论进行研究，在机器人机构学、运动学、动力学、控制理论等方面均取得了可喜进展。样机研发阶段始于20世纪80年代中期。随着工业机器人在发达国家的大量使用和普及，我国工业机器人的研究得到政府的重视与支持，机器人步入了跨越式发展时期。1986年，我国开展了"七五"机器人攻关计划。1987年，"863"高技术发展计划将机器人方面的研究开发列入其中，进行了工业机器人基础技术、基础元器件、几类工业机器人整机及应用工程的开发研究。在完成了示教再现式工业机器人及其成套技术的开发后，又研制出了喷涂、弧焊、点焊和搬运等作业机器人整机，几类专用和通用控制系统及关键元部件，其性能指标达到了20世纪80年代初国外同类产品的水平。20世纪90年代是工业机器人示范应用阶段。为了促进高技术发展与国民经济发展的密切衔接，国家确定了特种机器人与工业机器人及其应用工程并重、以应用带动关键技术和基础研究的发展方针。这一阶段共研制出7种工业机器人系列产品并实施了100余项机器人应用工程。同时，为了促进国产机器人的产业化，到20世纪90年代末期就建立了9个机器人产业化基地和7个科研基地。进入21世纪，我国工业机器人进入了产业化阶段。这一阶段先后涌现出以新松机器人为代表的多家从事工业机器人生产的企业，自主研制了多种工业机器人系列，并成功应用于汽车点焊、货物搬运等任务。经过40多年的发展，我国在工业机器人基础技术和工程应用上取得了快速发展，基本奠定了独立自主发展机器人产业的基础。

在工业机器人发展的同时，其他非工业生产领域的机器人也在快速发展中。各种轮式、履带式或足式移动机器人及空间机器人、水下机器人等所谓的特种机器人大量出现。一方面，机器人的应用领域不断扩大，早已从工业生产领域走向农业、林业、建筑、军事、医疗、教育、娱乐、家庭和社会服务等各个领域，其活动场所和范围已扩展到水下、水面、地面、空中、太空直至其他星球。另一方面，机器人的内涵和范畴也逐步扩大，远远超出当初工业机器人的定义。小到能钻入血管，大到负载达几十吨重；形态上，除了仿人机器人（狭义的"机器人"）和仿生机器人具有人或相应动物的基本形状和运动功能外，其他机器人形形色色、五花八门，乃是各种广义的机器人，而"机器人"一词已不能准确反映"robot"的原意。

5.2.3 机器人的分类

在20世纪70至80年代，机器人的种类还不多，可以简单地分为两类：在工业生产领域上应用的工业机器人和工业领域之外的特种机器人。发展到现在，机器人的范畴已经非常广泛，种类繁多，有很多不同的分类方法，对每一类机器人，又可以按不同的方式分为很多子类，但是没有一种分类方法能准确涵盖所有的机器人。

1. 机器人的常见分类

根据工作环境，机器人包括下列几大类。

• 星球机器人　在月球或火星上作业，具有移动功能，要求耐低温，能源供给为太阳能，与地面通过卫星通信，如图 5-5 所示。

• 太空机器人　在大气层外的太空中工作，要求耐低温，能源供给为太阳能，与地面通信通过卫星，如图 5-6 所示。

• 飞行机器人　在空中飞行或悬停作业，要求有大的功率质量比，能源供给为电池或燃油发动机，通过无线摇控或自主飞行，如图 5-7 所示。

• 地面机器人　最常见最普通的机器人，绝大多数在常温和大气压下工作，通信方式包括有线和无线，如图 5-8 所示。

• 水下机器人　在水下作业，要求有良好的密封性和足够的抗压性，通信方式可以有电缆或无电缆，如图 5-9 所示。

• 微纳机器人　机器人的尺度是微纳米的或是可以进行微纳米操作的机器人，例如在人体内进行细胞操作或药物运输，通过电磁方式进行控制，如图 5-10所示。

图 5-5　星球机器人

图 5-6　太空机器人

图 5-7　飞行机器人

图 5-8　地面机器人

图 5-9　水下机器人

图 5-10　微纳机器人

根据应用领域，机器人可分类如下。

• 工业机器人　应用于工业生产的一类机器人，发展最早、技术最成熟、应用最广。固定于车间，用于焊接、喷涂、装配、打磨、搬运等作业，在汽车和电子生产线上大量使用，如图 5-11 所示。

• 军事机器人　用于物资搬运、火炮发射、探雷排险或侦察等军事作业，要求机动灵活，有移动功能，在地面多数为轮式移动，也可为足式步行，在空中则是飞行移动，如图 5-12 所示。

• 安保机器人　从事安全保卫工作，如反恐、排爆、巡逻、监控等，多为轮式或履带式移动机器人，如图 5-13 所示。

• 医疗机器人　辅助医生进行医疗或诊断工作，如手术、扎针、整骨等。由于直接与人接触和交互，要求有极高的可靠性和安全性，如图 5-14 所示。另有能进入肠道或血管进行检测的微小型医疗机器人。

• 建筑机器人　用于建筑物墙面的清洁、检测探伤或表面喷涂防护等作业，如图 5-15 所示。

• 农业机器人　对瓜果进行采摘或对蔬菜谷物等作物进行护理、施肥或收获等处理，具有移动功能，一般为轮式或履带式。不同于一般的农业机械，农业机器人配备足够的传感器，具有一定的自主性和智能化，如图 5-16 所示。

图 5-11　工业机器人

图 5-12　军事机器人

图 5-13　安保机器人

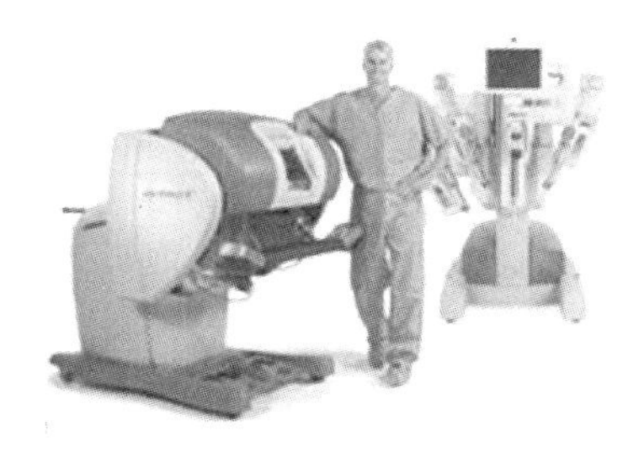

图 5-14　医疗机器人

图 5-15　建筑机器人

图 5-16　农业机器人

• 林业机器人　用于树枝修剪、树木清理或搬运等作业，能攀爬树木或在地面移动，有轮履式或多足式几种，如图 5-17 所示。

• 教育/娱乐机器人　针对青少年寓教于乐，或者用于老年人抚慰。要求有良好的人-机交互性能，具有观赏性和趣味性，因而一般在外观和功能上模仿某些可爱的动物，如图 5-18 所示。

• 社会/家庭服务机器人　用于社会服务或家庭服务，例如展览馆接待或导航、家庭清洁或安全监控、对老弱病残护理等，一般也具有良好的移动功能，对可靠性和安全性要求高，如图 5-19 所示。

图 5-17　林业机器人

图 5-18　教育/娱乐机器人

图 5-19　社会/家庭服务机器人

根据模仿动物对象的不同，机器人包括如下种类。

• 仿生飞行机器人　模仿飞行动物的扑翼在空中飞行，如图 5-20 所示。

• 仿生攀爬机器人　如仿壁虎机器人、仿蟑螂机器人等，如图 5-21 所示。

• 仿生跳跃机器人　如仿袋鼠、仿青蛙或仿蚱蜢进行跳跃的机器人，如图 5-22 所示。

• 仿生步行机器人　模仿双足或多足动物进行行走的机器人，如仿狗机器人(见图 5-23)和六足机器人(见图 5-24)等。

• 仿生爬行机器人　贴着地面，依靠身体的扭动变形来实现移动的一类机器人，典型的是蛇形机器人，如图 5-25 所示。

• 仿生游动机器人　模仿水生动物在水面或水下进行游动的机器人，如仿水龟机器人(见图 5-26)和仿鱼机器人(见图 5-27)。

图 5-20　仿生飞行机器人

图 5-21　仿生攀爬机器人

图 5-22　仿生跳跃机器人

图 5-23　仿狗机器人

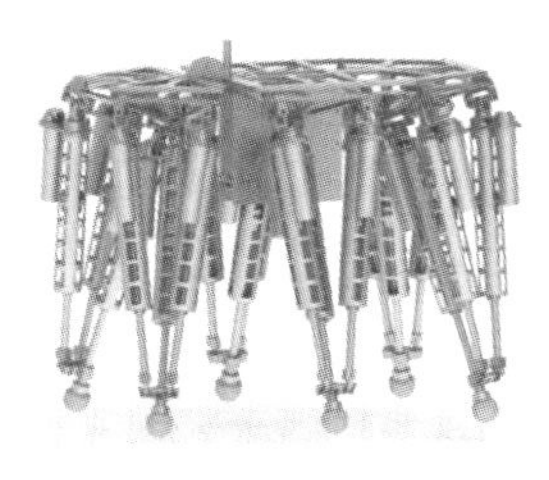

图 5-24　六足机器人

图 5-25　仿生蛇形机器人

图 5-26　仿水黾机器人

图 5-27　仿鱼机器人

• 仿生软体机器人　模仿软体生物运动的机器人，如仿象鼻机器人(见图 5-28)和仿章鱼机器人(见图 5-29)。

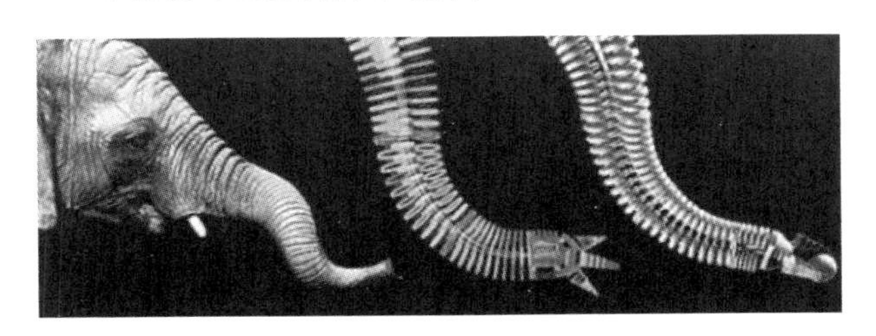

图 5-28　仿象鼻机器人

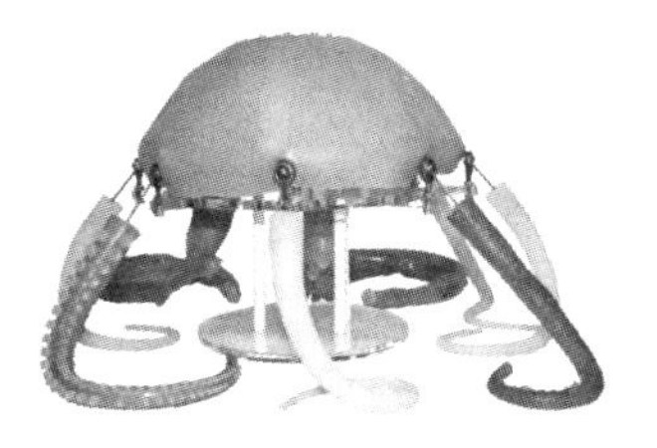

图 5-29　仿章鱼机器人

• 仿人机器人　是一种真正字面上或狭义的“机器人”，外形和运动功能都模仿人类，具有双腿双臂，自由度多(往往具有 30 多个)，代表机器人发展的最高水平，如图 5-30 所示。

(a)

(b)

(c)

(d)

(e)

图 5-30　几种著名的仿人机器人

(a) ASIMO　(b) ATLAS　(c) HRP-4　(d) Valkyrie　(e) NAO

2. 工业机器人的分类

工业机器人也有多种分类方法，本小节分别按机器人的控制方式、结构坐标系特点、机器人组成结构进行分类。

1）按照控制方式分类

可把机器人分为非伺服控制机器人和伺服控制机器人两种。

非伺服控制机器人工作能力比较有限，机器人按照预先编好的程序顺序进行工作，使用限位开关、制动器、插销板和定序器来控制机器人的运动。插销板是用来预先规定机器人的工作顺序，而且往往是可调的。定序器是一种定序开关或步进装置，它能够按照预定的正确顺序接通驱动装置的能源。驱动装置接通能源后，就带动机器人的手臂、腕部和手部等装置运动。当它们移动到由限位开关所规定的位置时，限位开关切换工作状态，给定序器送去一个工作任务已完成的信号，并使终端制动器动作，切断驱动能源，使机器人停止运动。

伺服控制机器人比非伺服控制机器人有更强的工作能力。伺服系统的被控制量可为机器人手部执行装置的位置、速度、加速度和力等。通过传感器取得的反馈信号与来自给定装置的综合信号用比较器比较后，得到误差信号，经过放大后用以机器人的驱动装置，进而带动末端执行器以一定规律运动，到达规定的位置或速度等，这是一个反馈控制系统。

伺服控制机器人可分为点位伺服控制和连续轨迹伺服控制两种。点位伺服控制机器人的受控运动方式为由一个点位目标移向另一个点位目标，只在目标点上完成操作。机器人可以以最快的和最直接的路径从一个目标点移到另一个目标点。通常点位伺服控制机器人能用于只有终端位置是重要的而对目标点之间的路径和速度不作主要考虑的场合。点位控制主要用于点焊、搬运机器人。连续轨迹伺服控制机器人能够平滑地跟随某个规定的路径，其轨迹往往是某条不在预编程端点停留的曲线路径。连续轨迹伺服控制机器人具有良好的控制和运行特性。由于数据是依时间采样，而不是依预先规定的空间点采样的，因此机器人的运行速度较快，功率较小，负载能力也较小。连续轨迹伺服控制机器人主要用于弧焊、喷涂、打飞边毛刺和检测等。

2）按机器人结构坐标系特点分类

(1) 直角坐标型机器人 直角坐标型机器人的结构如图 5-31(a)所示，它在 x、y、z 轴上的运动是独立的。

(2) 圆柱坐标型机器人 圆柱坐标型机器人的结构如图 5-31(b)所示，R、θ 和 z 为坐标系的三个坐标，其中 R 是手臂的径向长度，θ 是手臂的角位置，z 是垂直方向上手臂的位置。如果机器人手臂的径向坐标 R 保持不变，机器人手臂的运动将形成一个圆柱表面。

(3) 极坐标型机器人 极坐标型机器人又称为球坐标型机器人，其结构如图 5-31(c)所示，R、θ 和 β 为坐标系的坐标。其中 θ 是绕手臂支承底座垂直轴的转动角，β 是手臂在铅垂面内的摆动角。这种机器人运动所形成的轨迹表面是半球面。

(4) 关节型机器人 关节型机器人结构如图 5-31(d)所示，它是以其各相邻运动构件之间的相对角位移作为坐标系的。θ、α 和 ϕ 为坐标系的坐标，其中 θ 是绕底座铅垂轴的转角，ϕ 是过底座的水平线与第一臂之间的夹角，α 是第二臂相对于第一臂的转角。这种机器人手臂可以达到球形体积内绝大部分位置，所能到达区域的形状取决于两个臂的长度比例。

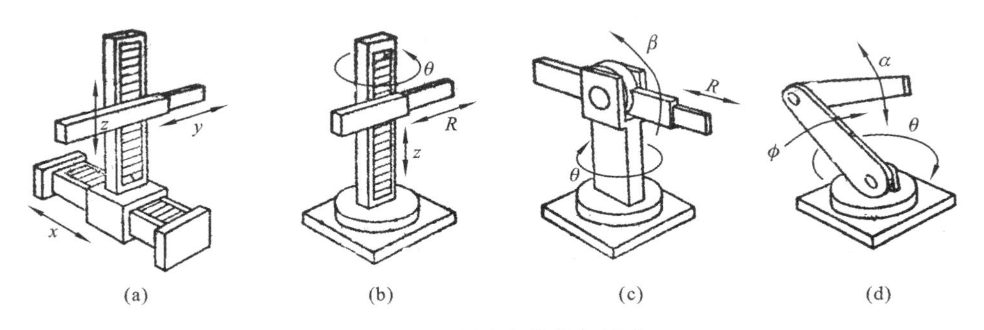

图 5-31 不同坐标结构机器人

(a) 直角坐标型 (b) 圆柱坐标型 (c) 极坐标型 (d) 关节型

表 5-1 总结了不同坐标结构机器人的特点。

表 5-1　不同坐标结构机器人的特点

形式名称	特　　点	实例、机构简图及工作空间示意图
直角坐标型（笛卡儿坐标）	用于定位的前三个运动按直角坐标形式配置，即通过三个相互垂直轴线上的移动关节实现末端执行器的空间定位，工作空间呈长方状	
圆柱坐标型	用于定位的前三个运动按圆柱坐标形式配置，即通过两个相互垂直轴线上的移动关节和一个转动关节实现末端执行器的空间定位，工作空间呈圆柱状	
球坐标型	用于定位的前三个运动按球坐标形式配置，即通过一个移动关节和两个转动关节实现末端执行器的空间定位，工作空间呈球状	
极坐标型	用于定位的前三个运动通过两个转动关节和一个移动关节实现，其轴线平行且铅垂，工作空间呈圆柱状	
关节型	用于定位的前三个运动按类似人的腰部扭转和大小臂的摆动配置，全部由转动关节实现，后两个转动关节的轴线平行，并与第一个转动关节的轴线垂直，工作空间呈球状	

3）按机器人组成结构分类

（1）串联机器人　串联机器人是一个开式运动链机构，它是由一系列的连杆通过转动关节或移动关节串联而成的，即机械结构使用串联机构实现的机器人称为串联机器人，如图5-3所示。按构件之间运动副的不同，串联机器人可分为直角坐标型机器人、圆柱坐标型机器人、球坐标型机器人和关节型机器人。

串联机器人因其结构简单、易操作、灵活性强、工作空间大等特点而得到了广泛的应用。串联机器人的不足之处是运动链较长，系统的刚度和运动精度相对较低。另外，由于串联机器人需在各关节上设置驱动装置，各动臂的运动惯量相对较大，因而，也不宜实现高速或超高速操作。

（2）并联机器人　并联机器人是一种闭环机构，包含有运动平台（末端执行器）和固定平台（机架），运动平台通过至少两个独立的运动链与固定平台相连接，机构具有两个或两个以上自由度，且以并联方式驱动，如图5-32所示。

并联机器人机构按照自由度划分，有2自由度、3自由度、4自由度、5自由度和6自由度并联机构。其中2到5个自由度机构被称为少自由度并联机构。

与传统串联机构相比，并联机构的零部件数目较串联机构大幅减少，主要由滚珠丝杆、伸缩杆件、滑块构件、虎克铰、球铰、伺服电动机等通用组件组成，这些通用组件由专门厂家生产，因而其制造和库存备件成本比相同功能的传统机构低很多，容易组装和模块化。

并联机构主要特点如下。

- 采用并联闭环结构，机构具有较大的承载能力。
- 动态性能优越，适合高速、高加速场合。
- 并联机构各个关节的误差可以相互抵消、相互弥补，运动精度高。
- 运动空间相对较小。

（3）混联机器人　混联机器人把串联机器人和并联机器人结合起来，结合了串联机器人和并联机器人的优点，既有串联机器人工作空间大、运动灵活的特点，又有并联机器人刚度大、承载能力强的特点，如图5-33所示。

具有至少一个并联机构和一个或多个串联机构按照一定的方式组合在一起的机构称为混合机构。含有混合机构的机器人称为混联机器人。混联机器人通常有以下三种形式：第一种是并联机构通过其他机构串联而成；第二种是并联机构直接串联在一起；第三种是在并联机构的支链中采用不同的结构。

4）工业机器人典型运动配置

工业机器人运动轴最大到7个运动轴，包括最大到4个臂轴和3个腕轴。目前最常用的工业机器人运动链配置归纳如表5-2所示。

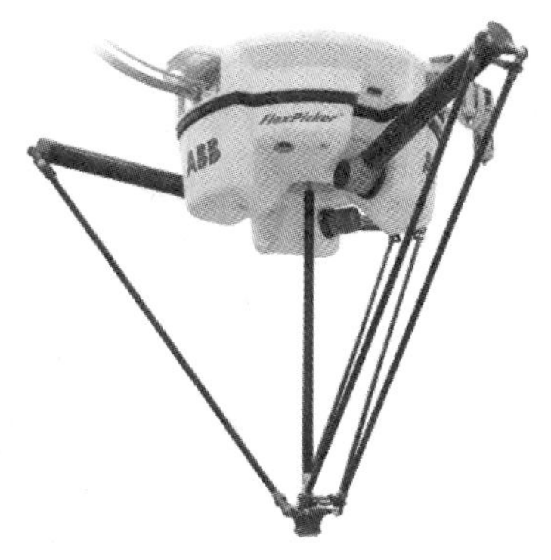

图 5-32　并联机器人

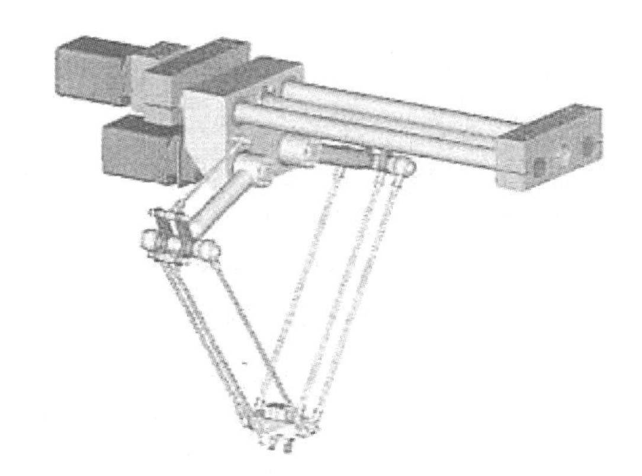

图 5-33　混联机器人

表 5-2　工业机器人典型臂腕运动配置

机器人	轴		腕部(自由度)		
	运动链	工作空间			
直角坐标型机器人			1	1	2
			2	3	3
圆柱坐标型机器人			1	1	2
			2	3	
球坐标型机器人			1	2	3
			3	3	3
极坐标型机器人			1	2	2
			2		

续表

机器人	轴		腕部(自由度)		
	运动链	工作空间			
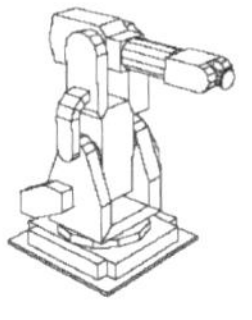 关节型机器人	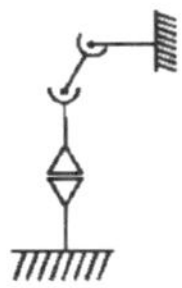		2 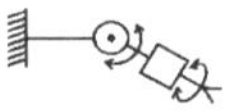	3 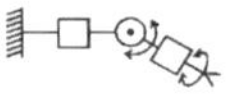	3 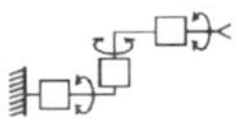
			3 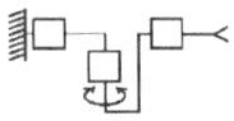	3 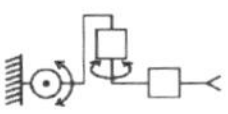	3 
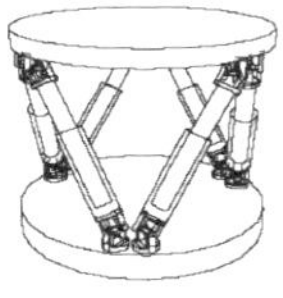 并联机器人	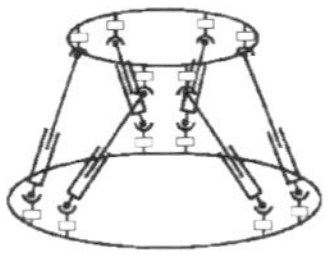	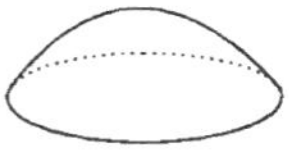			

5.2.4 机器人技术的发展趋势

随着科学技术的发展,未来机器人技术的发展趋势主要表现在以下几个方面。

1. 机器人操作机构设计技术

通过对机器人机构的创新,进一步提高机器人的负载-自重比。同时,机构向模块化、可重构方向发展,包括伺服电动机、减速器和检测系统三位一体化,以及机器人和数控技术一体化等。

2. 机器人控制技术

注重开放式、模块化控制系统,机器人驱控一体化技术等。基于 PC 机网络式控制器及 CAD/CAM/机器人编程一体化技术已经成为研究的热点。

3. 多传感融合技术

机器人感觉是指将相关特性或相关物体特性转换为执行某一机器人功能所需要的信息。这些信息由传感器获得,是机器人顺利完成某一任务的关键。多种传感器的使用和信息的融合已成为进一步提高机器人智能性和适应性的关键。

4. 人-机共融技术

人与机器人能在同一自然空间里紧密地进行协调工作,人与机器人可以相互理解、相互帮助。人-机共融技术已成为机器人研究的热点。

5. 机器人网络通信技术

机器人网络通信技术是机器人由独立应用到网络化应用、由专用设备到标准化设备发展的关键。以机器人技术和物联网技术为主体的工业 4.0 被认为是第四次工业革命,而网络实体系统及物联网则是实现工业 4.0 的技术基础。因此,机器人网络通信与大数据、云计算及物联网技术的结合成为机器人领域发展的主要方向之一。

6. 机器人遥操作和监控技术

随着机器人在太空、深水、核电站等高危险环境中应用的推广,机器人遥操作和监控技术已成为机器人在这些危险环境中正常工作的保障。

7. 机器人虚拟现实技术

基于多传感器、多媒体、虚拟现实及临场感应技术,实现机器人的虚拟遥操作和人-机交互。目前虚拟现实技术在机器人中的作用已从仿真、预演发展到过程控制,能够使操作者产生置身于远端作业环境中的感觉来操作机器人。

8. 微纳机器人及微操作技术

微纳机器人和微操作被认为是 21 世纪的尖端技术之一,已成为机器人技术重点发展的领域和方向。微纳机器人具有移动灵活方便、速度快、精度高等特点,可以进入微小环境以及人体器官,进行各种检测和诊断。该领域的发展将对社会进步和人类活动的各方面产生巨大影响。

9. 多智能体协调控制技术

多智能体系统是由一系列相互作用的智能体构成,系统内部的各个智能体之间通过相互通信、合作、竞争等方式,完成单个智能体不能完成的和大量而又复杂的工作。机器人作为智能体已经广泛出现在多智能体系统中,多智能体的协调控制已经成为机器人领域研究的重要方向之一。

10. 软体机器人技术

软体机器人是一种新型柔性机器人,其设计灵感主要是模仿植物或动物的构造,在医疗、救援等领域有广阔的应用前景,引起了机器人学者的广泛兴趣。

5.3 机器人的机构

图 5-2 所示的机器人体系结构中包含驱动系统、传动系统和执行系统。这三个子系统在机械学上是一体的,属于机器人的机械系统,即机器人的本体。机器人本体实现能量的转化、运动或力的传递。

5.3.1 机械结构

通常根据机器人各部分的功能，其机械部分主要由下列各部分组成（见图5-34）。

1. 手部结构

机器人为了进行作业，在手腕上配置的操作机构，有时也称为手爪或末端操作器。

2. 手腕结构

连接手部和手臂的部分，主要作用是改变手部的空间方向和将作业载荷传递到手臂。

3. 臂部结构

连接机座和手腕的部分，主要作用是改变手部的空间位置和将各种载荷传递到机座。

4. 机身结构

机器人的基础部分起支承作用。对固定式机器人，直接连接在地面基础上；对移动式机器人，则安装在移动机构上。

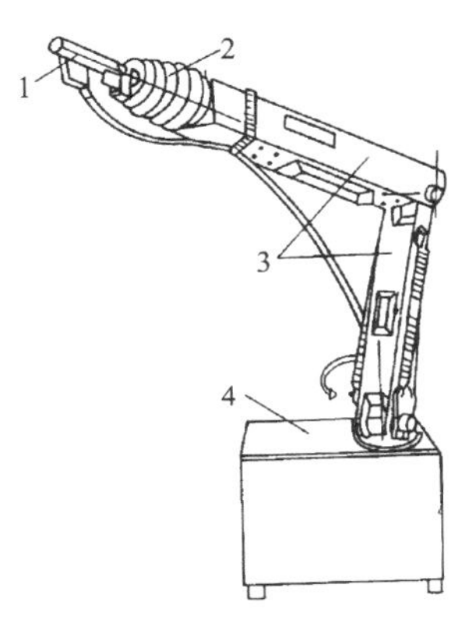

图 5-34 机器人机械结构

1—手部；2—手腕；3—臂部；4—机身

5.3.2 关节形式

机械系统或机器人关节中可用的运动副形式如表 5-3 所示。其中，移动副和转动副用得最多。球面副常用于腕部，螺旋副的实现形式常常为滚珠丝杆或梯形螺杆，圆柱副和万向节基本上没有在机器人上应用（一般通过两个单自由度关节组合而实现其等效运动）。

表 5-3 运动副/机器人关节

形式		特征	自由度数	结构	符号
移动（滑动）副		做直线移动	1		
转动副	摆转副	做旋转运动，转轴与连杆轴垂直	1		
	回转副	做旋转运动，转轴与连杆轴重合或平行	1		

续表

形　　式	特　征	自由度数	结　　构	符　　号
球面副	能绕过关节中心的任意轴转动	3		
螺旋副	将转动转换成移动	1		
圆柱副	同时做转动和移动	2		
万向节(虎克铰)	绕两个垂直轴转动	2		

5.3.3 驱动方式

机器人的驱动系统是向执行系统提供动力、实现能量转化的装置。驱动方式包括电动、液动、气动及除此之外的其他一些特殊驱动方式等,如表 5-4 所示。

表 5-4　机器人的驱动方式

驱动方式	特　　征	应用举例
电动	包括步进电动机、直流伺服电动机或交流伺服电动机,能源干净,使用方便,结构紧凑	绝大多数机器人
液动	由液压驱动,传动平稳、输出力大、响应快,但需要油泵和输油管,难以集成为紧凑的系统,难密封、易泄漏,造成环境污染	喷涂机器人
气动	由气压驱动,速度快,但难以精确控制运动位置和速度,也需要气泵和输气管,不易集成为紧凑系统,运行时声音大,也是一种环境污染	搬运机器人或机械手、人工肌肉
其他	除了上述常规驱动方式之外的特种驱动,包括压电马达(压电陶瓷 PZT)、超声波马达、形状记忆合金(SMA),驱动力、速度和行程等一般比常规驱动方式的小	柔顺机构、小型机器人的关节、医疗机器人

5.3.4 传动方式

一般机器人的动力源(电动机等)的额定转速比较高、驱动力较小,很少直接与关节轴相连,需要通过传动机构这一中间环节减速增力再驱动关节运动。传动机构也能改变运动方式(如将电动机的旋转运动转换成关节的直线移动)或方向(例如将转动轴线改变 90°)。有时为了总体系统设计的需要,动力源与其所驱动对象有一定空间分离,中间就需要传动机构进行连接。

常见的传动机构包括齿轮(直齿齿轮或锥齿轮等)、齿条、谐波减速器、滚珠丝杆、同步齿形带、钢丝绳和链条等。其中,齿轮和谐波减速结构紧凑,用得最广泛,在很多机器人的关节中都采用;齿条和滚珠丝杆常用于直线移动关节或夹持器中,滚珠丝杆也在早期的含局部闭链的关节型工业机器人中驱动小臂;同步齿形带传动距离可以较远,在目前的仿人机器人中用得较多;钢丝绳也常用作远程传动,不仅常用于早期的机器人多指手中,也可用于操作臂上;链条也是一种远程传动,在早期的工业机器人中用于腕关节的传动。

5.4 机器人的传感器

机器人的运动或力必须在控制下才能实现期望的作业,完成期望的任务。为了实现精确的控制,必须知道机器人自身的状态,有时也需要检测机器人与外界环境之间的关系。这些信息的获取是通过传感器实现的,用于机器人控制时的反馈或监测。要实现机器人的自主性或半自主性、智能化或半智能化,机器人必须配备足够的传感器,具有充分的感知功能。

机器人的传感包括对机器人自身状态的检测和对外界环境的探测,相应的传感器分别叫作内部传感器和外部传感器。机器人内部传感器主要用于调整和控制机器人的运动,安装在机器人自身中。而外部传感器用于机器人和环境发生交互作用时,对周围环境和目标物的状态特征进行感知,从而使机器人对自身行为具有自校正、对环境具有自适应能力。有些外部传感器可以安装在机器人之外。

5.4.1 机器人内部传感器

常用的机器人内部传感器包括位置(位移)传感器、速度传感器、加速度传感器、力或力矩传感器、位置/姿态传感器、零位开关和限位开关等。几种传感器如图 5-35 所示。

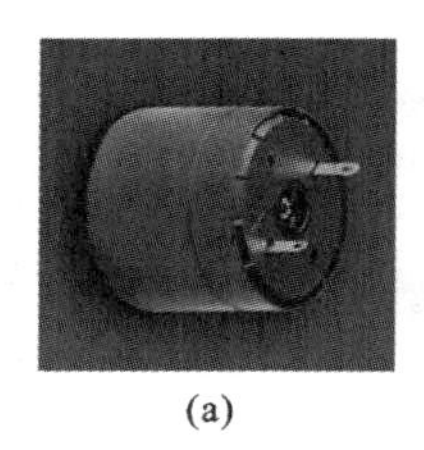

(a)

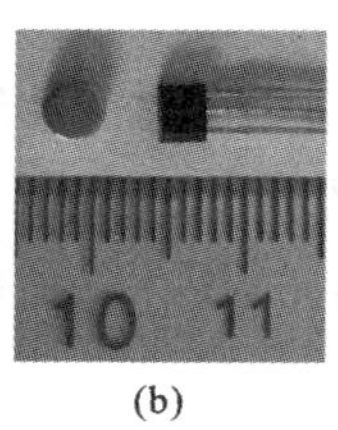

(b)

(c)

(d)

图 5-35 几种传感器

(a) 光电编码器 (b) 霍尔元件 (c) 带霍尔元件的盘式电动机 (d) 多维力/力矩传感器

位置传感器用于感知关节变量,即关节的角位移或线位移,是机器人运动控制中起反馈作用的不可缺少的元件。位置传感器有电阻式、光电式和磁电式等类型。典型的电阻式位置传感器是电位计,其中有触头,通过机械接触,检测与位移成比例的电压而实现对关节位置的感知。这种传感器的分辨率较低、线性度不好、可靠性也不高。旋转式电位计可直接安装在关节轴(例如多指灵巧手的手指关节)上。光电式位置传感器的核心是光源(LED)和感光元件(如光敏晶体管)等,用于检测直线位移的有光栅尺,用于检测角位移(角度)的有光电编码器,也称光电码盘。光电编码器基于圆光栅莫尔条纹和光电转换技术,将机械轴转动的角度量转换成数字式电量(脉冲)输出,精度高,可靠性好,常常安装在驱动电动机轴的尾端。与光电式位置传感器类似,磁电式位置传感器通过磁感应,将机械运动通过磁阻元件转换成电脉冲输出。用于检测直线位移的有磁栅尺,用于检测角位移(角度)的有磁编码器。与光电编码器相比,磁编码器结构简单、体积小、响应快、价格低,也可以与伺服电动机的转轴连接。霍尔传感器也属于磁电式传感器,其工作原理是霍尔效应,即有电流通过的导体在垂直电流方向的磁场作用下,在与电流和磁场垂直的方向上形成电荷积累和出现电势差的现象。霍尔传感器也可以用于检测角位移,例如有些盘式电动机集成三个霍尔元件感知电动机的转角,而免除了较昂贵的光电编码器。霍尔传感器也可用于零位开关和限位开关。

顾名思义,速度传感器用于检测关节或其他物体运动的速度,包括线速度和角速度。与位置传感器,速度传感器也是机器人运动控制中用于反馈的不可或缺的元件。由于位移对时间的微分就是速度，因此上述光电编码器和磁电编码器同时可用做速度传感器。其他速度传感器包括测速发电机，只是由于其重量和体积都比较大，在机器人上并不常用。

力/力矩传感器是机器人最重要的传感器之一，包括单维（单轴）和多维（多轴）两种能获取力或力矩信息，广泛用于力/位置控制、精密装配、轮廓跟踪、多机器人协调及遥操作等机器人控制和应用中。压力传感器常用的敏感元件有压敏电阻和压电晶体（如石英晶体，即 SiO_2）等。压敏电阻的阻值对电压敏感，即在一定的电流电压范围内其电阻值随电压而变化，常用的材料是半导体氧化锌（ZnO）。压电晶体在受到压力后会产生一定的电信号，其强弱由受到的压力值决定。使用三对石英晶片能同时对三维互相垂直的力进行检测。 在工业机器人上，常在腕部安装一个三维或六维力/力矩传感器（腕力传感器）以感知末端执行器与外界环境之间的作用力/力矩。腕力传感器的结构有筒式和十字式，敏感元件是组成半桥的应变片。在机器人多指手上，常在指端或指根部安装三维力/力矩传感器或在指关节安装单轴力矩传感器以检测手指对物体的抓持力。而在仿人机器人上，力/力矩传感器常安装在双腿的踝关节处，以检测行走中支撑脚所受的力进而计算脚底平面上的零力矩点或检测游动脚着地时的冲击，以判断和控制仿人机器人行走时的动态稳定性。单轴力矩传感器对于关节力矩控制是必不可少的反馈元件。

姿态传感器用于对机器人或其末端执行器的姿态进行检测。水平姿态传感器主要用于检测物体的倾斜度（倾角），在飞行机器人上广泛采用，包括摆式、压电谐振式、磁流体式等几种。

位置传感器用于对机器人本体或其末端执行器的三维位置信息进行检测，典型的产品是 GPS（全球定位系统），能检测出载体的经度、纬度和海拔高度，GPS 也能检测移动速度，在野外移动机器人上有应用。

陀螺仪（gyroscope）是一种全方位的角度偏移检测仪器，也可用于角运动检测，能提供姿态、位置、速度和加速度等信息。陀螺仪可以分为两大类，一类是基于经典力学的机械式陀螺仪，例如振动陀螺仪和微机电系统陀螺仪；另一类是基于现代物理学的光学陀螺仪，例如激光陀螺仪（RLG）和光纤陀螺仪（FOG）。陀螺仪在需要对姿态进行稳定性控制的机器人系统中（例如仿人机器人、飞行机器人和足式跳跃机器人等）广泛应用。

加速度传感器（G-sensor）能够感知到力的变化，加速力就是当物体在加速过程中作用在物体上的力。振动、晃动、跌落或升降等各种移动变化都能被 G-sensor 转换为电信号。线加速度传感器基于牛顿第二定律，通过检测具有一定质量的物体所受的力或力矩来计算其加速度。在机器人系统上，加速度传感器对系统的动态性能提高起重要作用,如用于对柔性臂的振动进行检测和抑制,甚至可用于姿态测控。

5.4.2 机器人外部传感器

常用的机器人外部传感器根据传感功能,可以分为视觉传感器、触觉传感器、接近觉传感器和听觉传感器等。

视觉是人类和大多数动物的最重要的一种感觉功能,人类从外界获取的视觉信息包括图形信息、立体信息、空间信息和运动信息等。同样,视觉在机器人传感中起着非常重要的作用。机器人视觉从三维环境中获取丰富的信息,并提取观察对象的重要特征,形成观察对象的描述。机器视觉有三个过程,即图像获取、图像处理和图像理解。图像获取通过视觉传感器将环境图像转换为电信号;图像处理主要是提取有用的特征;而图像理解则是根据特征给出环境或物体的描述。视觉传感器主要有 MOS(金属氧化物半导体)图像传感器和 CCD(电荷耦合器件)图像传感器,基于后者的摄像机由于体积小、重量轻、抗振动、几何精度高等优点,在机器人视觉中得当越来越广泛的应用。视觉传感器不仅能对物体进行识别,还能对物体的几何尺寸和位姿进行测量。典型的应用在于自主式智能系统和导航,如视觉伺服、手-眼系统、视觉导航、移动机器人 SLAM(同时定位和地图构建)。

按照摄像机的数目不同,机器人视觉可分为单目视觉、双目视觉和多目视觉;按照摄像机放置位置的不同,可分为固定摄像机系统(eye-to-hand 结构)和手-眼系统(eye-in-hand 结构)。机器人视觉系统由硬件系统和软件系统组成。硬件系统主要包括景物和距离传感器、视频信号数字化设备、视频信号快速处理器、计算机及其外设、机器人及其控制器。软件系统主要包括计算机系统软件、机器人视觉信息处理算法和机器人控制软件。

触觉传感器在机器人与外界环境或操作对象(例如多指手的被抓物体)直接接触时起作用,能感知是否与目标接触、目标物体的表面几何形状和某些物理特性。早期的触觉由微动开关和金属触须等实现,后来基于各种原理开发过机械(探针阵列)式、压阻式、压电式、电容式、磁感式和光感式等各种触觉传感器。触觉传感器除了感知接触状态及目标物体的特性外,往往还能感知接触面上的正压力。与触觉相关的还有滑觉,滑觉信息可以通过对触觉信号进行处理获得,即从触觉图像的动态变化得到目标物体的滑移方向、滑移距离及滑移速度,或对触觉信号的特性进行分析得到滑动接触才能感知的特征(如物体表面的粗糙度)。当然也可以开发专门的滑动传感器,但难以小型化和微型化,因而实用性不好。近年来,将触觉、压感、滑觉和热感等几种感觉功能集成在一起的仿生皮肤引起了关注。仿生皮肤具有类似人体皮肤的多种复合感觉功能,采用具有压电效应和热释电效应对机器人避障、机器人的安全,尤其是人的安全性具有重要意义。

接近觉传感器能探测机器人与外界环境或目标物体(障碍物)的接近程度即相隔距离,简单情况下检测在一定的距离内有无物体,二值输出。它们主要用于机器人操作臂运动和移动机器人运行时避障,对机器人的安全保护具有重大作用。基于不同的实现方式,接近觉有磁感式(包括霍尔效应)、电容式、激光、超声波和红外线等几种,其原理都是发出光波或声波信号,信号碰到目标物体后反射回来,根据光波或声波的速度和发射信号与反射信号的时间差来推知传感器与物体之间的距离。

听觉传感器在人与机器人之间的接口中越来越重要,能使人-机互动更加自然和方便。它使机器人更智能化地按照操作人员的“语言”指示执行命令,从任务级完成作业。麦克风实际上就是一种听觉传感器,但其输出的语音信息机器人不能直接理解,而需要解码转换成机器人能够理解的信号。语音感觉涉及语音合成和语音识别两个方面。目前一些高级的机器人(如仿人机器人 ASIMO 和 HRP 系列)都配备了听觉传感器,具有语音功能,能与人进行简单的对话。有些模仿动物的宠物机器人的语音功能不需要很复杂,只需对声音信号进行采集(传声器)、放大和处理,能辨别一定的声音强度、频率和方向,理解一些简单的“语言”指令即可。

5.4.3 其他传感器

嗅觉传感器对烟雾和一些能挥发气味的环境或物体进行探测,这对环境的监控和人的安全性有重要意义,但是在机器人上用得还不多。一个潜在的应用是安装在移动机器人上在室内外巡航,监测可能发生的火灾、有毒气体的泄漏。嗅觉传感器甚至可用在农业和渔业上对果蔬和鱼肉的新鲜度(是否有腐臭味)进行检测和评价,可以考虑以 TAM 氧化物半导体作为传感器敏感元件。

味觉传感器在食品业和水质检测中担负着重要角色,例如将氧化酶生物敏感材料与过氧化氢电极相结合,通过测定食物降解过程中产生的一些特殊物质的浓度来高效检测果蔬和鱼肉的新鲜度。但味觉传感器目前在机器人上还很罕见。

机器人传感器的进一步应用,要求不断提高其精度和可靠性、降低成本,要随着机器人的应用领域从工业等结构环境向深海、太空、星球和其他人类难以进入的极端的或生物、医疗等非结构化的环境，开发适应这些环境的特种传感器或生物传感器；还要随着机器人技术向微型化的发展，传感技术要与微机电系统技术(MEMS)相结合，开发相应的微纳传感器。机器人传感技术的未来研究和发展方向，除了在传感信息的高速处理、多传感器信息融合和静动态标定测试等关键技术上继续努力外，还要在多智能传感、网络化传感、虚拟传感和临场感等技术上发展。

5.5 机器人的控制

机器人的控制是以运动学和动力学为基础，以控制论为手段考虑怎样实现机器人期望的运动、执行期望的任务。常见的机器人控制方法包括经典控制、现代控制和智能控制等。

机器人的控制系统相当于人脑，其作用是按用户的指令对机械本体进行操作和控制，完成期望的作业和任务。控制系统的性能在很大程度上决定机器人的性能。机器人控制系统主要由主控制器(计算机硬件)、软件系统、输入输出设备、驱动器和传感器等组成，如图 5-36 所示。

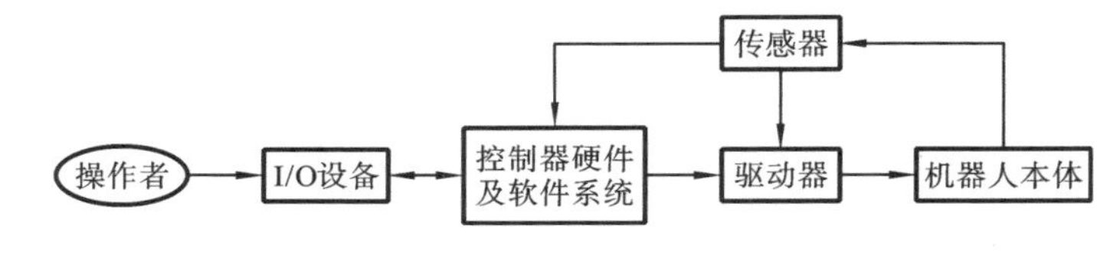

图 5-36 机器人的系统构成

和一般的伺服系统或过程控制系统相比，机器人控制系统有如下特点。

(1) 机器人的控制与机构运动学及动力学密切相关。机器人手足的状态可以在各种坐标下进行描述，应当根据需要，选择不同的参考坐标系，并做适当的坐标变换。经常要求解运动学正问题和逆问题，除此之外还要考虑惯性力，外力(包括重力)及哥氏力、向心力的影响。

(2) 一个简单的机器人也至少有 3～5 个自由度，比较复杂的机器人有十几个至几十个自由度。每个自由度一般包含一个伺服机构，它们必须协调起来，组成一个多变量控制系统。

(3) 把多个独立的伺服系统有机地协调起来，使其按照人的意志行动，甚至赋予机器人一定的“智能”，这个任务只能由计算机来完成。因此，机器人控制系统必须是一个计算机控制系统。同时，计算机软件担负着艰巨的任务。

(4) 描述机器人状态和运动的数学模型是一个非线性模型，随着状态的不同和外力的变化，其参数也在变化，各变量之间还存在着耦合。因此，仅仅利用位置闭环是不够的，还要利用速度甚至加速度闭环。系统中经常使用重力补偿、前馈、解耦或自适应控制等方法。

(5) 机器人的动作往往可以通过不同的方式和路径来完成，因此存在一个“最优”的问题。较高级的机器人可以用人工智能的方法，用计算机建立起庞大的信息库，借助信息库进行控制、决策、管理和操作，根据传感器和模式识别的方法获得对象及环境的工况，按照给定的指标要求，自动地选择最佳的控制规律。

随着电子工业、计算机和数控技术的迅猛发展，机器人控制器性能越来越强、集成度越来越高、体积越来越小、使用越来越简单、成本越来越低，还出现了专门的运动控制芯片和运动控制卡。这两种运动控制形式都以 PC 机为平台，借助 PC 机的强大功能来实现机器人的运动控制。它们内部都集成了机器人运动控制所需要的许多功能，有专用的开发指令，所有的控制参数都可以由程序设定和修改，使得机器人控制器的设计、使用和维护变得简单。专用运动控制器将原来由主机做的很多工作承接过来，与主机之间的数据通信量减少，解决了通信中的瓶颈，提高了系统效率。多轴运动控制卡的出现和发展使关节之间的协调控制得以实现，简化了控制系统的开发和使用，提高了系统的控制性能。目前还出现了运动控制和驱动放大的集成模块，图 5-37 所示为其结构框图。这种控制模块结构紧凑、功能强大，具有许多优良特性，例如，多种控制模式（点到点、PVT、电子齿轮、电子凸轮、位置、速度和电流）、两种通信方式（基于 CAN 总线的 CANopen/DeviceNet 和串口 RS-232）、多种反馈接收（数字四倍频 A/B 编码器、数字霍尔等）、数字输入输出（I/O）接口（10 输入，3 个输出）等。可以在相应的控制模式（电流、速度和位置）下用到三重嵌套控制循环（电流环、速度环和位置环，外环包括内环）。这种控制/驱动集成模块集成度高，体积小（$64\times41\times16\ mm^3$），可以嵌入机器人关节机械模块内。每个集成模块可以控制一个关节轴，基于 CAN 总线，将各个关节控制器挂接就可以很容易开发出分布式多关节机器人控制系统，如图 5-38 所示。

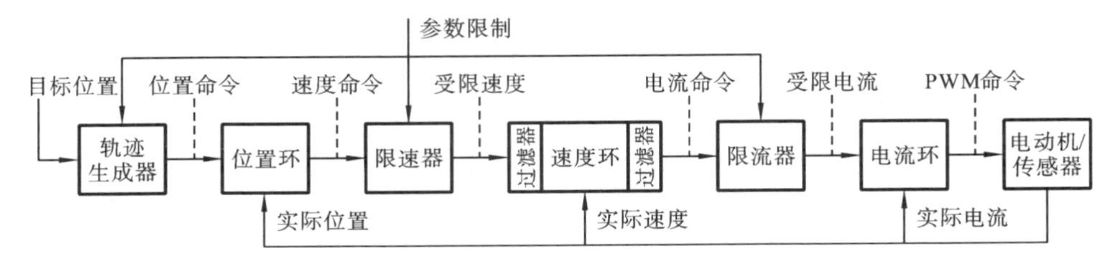

图 5-37　集成化运动控制和驱动放大器结构图

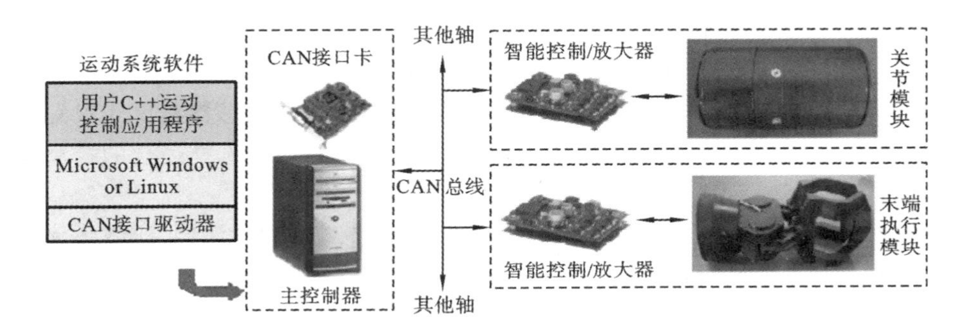

图 5-38　基于 CAN 总线的机器人分布式体系结构

5.6　软体机器人

传统机器人的研究以刚性结构为主，在工业、医疗和特种等诸多领域已经有了众多积累和广泛应用，但其结构复杂，灵活度有限，安全性和适应性较差，在一些特殊的应用中，如复杂易碎物体抓持、人-机交互和狭窄空间作业等存在极大的挑战。近期，随着 3D 打印技术和新型智能材料的发展，对机器人系统的研究有了突破性的进展并衍生出一门新的学科——软体机器人。软体机器人本体采用软材料或柔性材料加工而成，可连续变形，从原理上具有无限自由度，自身良好的安全性和柔顺性弥补了刚性机器人的不足。如软体机器人可以大幅度弯曲、扭转和伸缩，可在有限空间下作业，如微创腹腔手术和灾难救援等；自身可以连续变形，在仿生结构和仿生运动方面可以更好地模仿生物原型；可以根据周围的环境改变自身的形状和颜色等，在复杂易碎物体抓持，野外极端环境下行走和伪装逃生等方面具有极大的应用前景。与刚性仿生机器人相比，软体仿生机器人不但在功能上模仿生物体，在材料和结构上也更贴近生物体。从类生物材料和结构上对仿生机器人进行研究是刚性机器人很难完成的，这比功能上的仿生更能揭示生物体的运动学和力能学特性。并且类生物材料和结构上的仿生可以使机器人像生物体一样思考和决策，衍生新的仿生机器人算法，使仿生机器人更加智能化。

自然界中的生物利用自身软体结构能够有效地适应复杂多变的环境。这些软质部分同它们的身体结构与中枢神经系统形成一个完全集成的控制系统。这些柔性组织具有众多的优势，帮助生物克服和适应不断变化的外界环境：一方面，柔性组织可以形成柔软表面，在较大的面积上分布应力、增加接触时间，从而最大程度地降低冲击力；另一方面，具有高度灵活和可变形的结构为生物提供额外的功能优势，如使身体进入狭小的空间中寻求庇护或进行狩猎。研究人员通过模仿自然界中软体生物的生物力学特性，设计制造了由新型软体材料构成的软体机器人。软体机器人具备了无限自由度和连续变形能力，对于传统机器人无法到达或正常工作的特殊环境有着极强的适应能力，柔软的构型材料使机器人具备更强的人-机交互能力。随着人们在医疗、野外勘探等领域对机器人的特殊应用需求日益增长，软体机器人技术逐渐成为学界研究的热点之一。从 20 世纪开始，科学家就开始对软体机器人进行了探索研究。近年来，随着材料科学、控制科学和机构学的发展，软体机器人技术得到了飞速的发展，各种仿生软体机器人不断涌现。比如哈佛大学研制的仿海星软体机器人、意大利 BioRobotics 研究所研发的仿生章鱼、中国科技大学研发的气动蜂巢网络软体执行器和北京航空航天大学研发的仿生象鼻机械手等。图 5-39 所示的是几种已经研发出来的软体机器人。

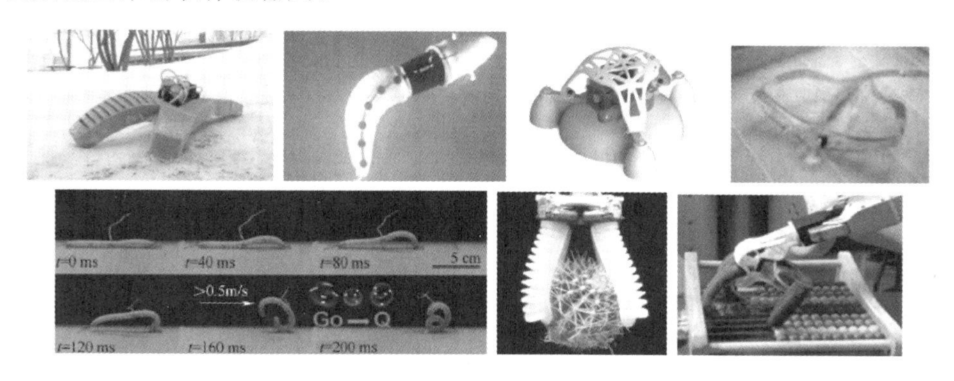

图 5-39 几种软体机器人

目前，软体机器人常采用的材料包括硅胶、形状记忆合金、离子聚合物-金属复合材料和水凝胶等。这些材料都具有较高的弹性。而驱动方式主要分为三大类:基于线缆变长度的欠驱动、基于流体的变压驱动和基于智能材料变形的驱动。基于线缆的驱动在传统柔性机器人和欠驱动机器人中被广泛应用,其基本原理是将线缆穿过机械本体上的固定点,通过在根部拉动线缆,在固定点产生一定的弯矩,从而使本体运动。基于流体的变压驱动根据选用的介质可以分为液动和气动。液体具有很好的不可压缩性,响应频率高,在没有泄漏的情况下不会损耗,因此在软体机器人驱动中有很好的应用前景。但因其质量不可忽略,其重力效应会影响软体机器人的建模和控制。气动因其介质重量轻、来源广、无污染等优点被广泛应用于软体机器人。但其体积庞大,耗气量大,极大限制了软体机器人在非结构环境下的应用。将智能材料作为机器人本体一部分,通过控制智能材料在场效应(如电场、热场或磁场)作用下的变形,可以实现软体机器人的驱动本体一体化设计。

软体机器人在生产生活中具有极其广泛的应用。根据其使用场景可分为以下三个主要领域:人-机交互康复应用、野外勘探和医疗手术。如同人体灵活的躯干与肌肉,软体机器人柔软的机体、弯曲的形态和不规格的表面使其在不同的环境下能够更为灵活的运动。这样就能够使软体机器人更安全地和人类及自然界进行交互。随着材料科学、生物工程、控制工程、机电工程等学科的不断发展,软体机器人作为机器人技术发展的新方向之一,将会更加深刻地改变人们的生产、生活方式。

5.7 知识拓展

机器人是现代高新技术的典型代表之一。机器人学涉及很多学科,包括机械学、电子学、控制工程、计算机科学和仿生学等,机器人涉及的技术非常广泛,包括机械、电子、控制、力学、信息、人工智能、传感、仿生和材料等。机器人学已成为一门综合性的学科,内容非常丰富,可谓博大精深,是当代科技发展中一个非常活跃的领域。上面介绍的机器人机构、传感和控制只是有关机器人的几个基本方面,其他没介绍的内容还非常多,这里作一简要提示。

5.7.1 机器人的运动学、动力学和轨迹规划

1. 机器人的运动学

机器人系统是一个能量转换、运动和力的传递与控制的系统。任何机器人都是一个运动系统，运动的实现和控制是其最基本的任务，相应地，运动学是机器人学中最基本的内容。

机器人运动学研究机械本体中各相对运动部件之间的一种运动关系，只对运动本身进行分析而不考虑运动的产生和实现，即不涉及力的范畴。机器人运动学的主要内容包括刚体运动的描述、机器人的正运动学和逆运动学等。

进行运动学分析最常用的方法是 Denavit 和 Hartenberg 提出的用齐次坐标描述各个连杆相对于固定参考坐标系的空间几何关系，用齐次变换矩阵刻画相邻两连杆的相对空间关系，进而推导出操作臂末端相对于参考坐标系的等价齐次变换，建立操作臂的运动方程。除了这种传统的数学工具和方法外，还可以用基于螺旋理论用旋量法、基于李群和李代数用矩阵指数积的形式，或者用四元素法来建立操作臂运动学方程。不同的数学工具和方法在推导和分析运动学方程过程中表现形式不同，处理某些问题的途经不同，以及简洁性和方便性等方面有所不同，但它们的实质是一致的。

机器人末端执行器的位姿取决于其前面所有关节的运动。已知机器人所有关节的变量计算末端端执行器的位姿即为机器人正运动学；反过来，已知机器人的末端执行器的位姿求取各关节的变量则为机器人逆运动学。在机器人的一个作业或任务中，末端执行器的运动一般是已知的和需要实现的，需要据此求得相应的关节运动，作为控制的直接目标，因此机器人逆运动学是机器人运动控制的基本和核心问题。

操作臂运动学方程是一组非线性超越方程，一般情况下很难根据该方程求得关节变量的解析解或称封闭解。但是实际上考虑机器人的结构特点，很多情况下还是可以求得解析解的。工业机器人一般关节轴之间要么互相平行，要么互相垂直，或者杆长为零(两个关节点重合)，或者关节无偏置，这时操作臂运动学会简单些。机器人逆运动学有多种求解方法，包括求得封闭解的代数法和几何法，得到数值解的数值法等。

2. 机器人的动力学

运动是由力产生的，所以机器人系统也是一个力的产生、传递与控制的系统。动力学是研究物体的运动和作用力之间的关系，机器人动力学则讨论机器人各连杆所受的力与各连杆运动之间的关系。

机器人系统是由多个关节和连杆组成的具有多个输入和多个输出的复杂的动力学系统，输入和输出之间存在高度的非线性和强耦合关系。机器人动力学分析的方法有很多，包括拉格朗日(Lagrange)方法、牛顿-欧拉(New-Euler)方法、高斯(Gauss)方法、凯恩(Kane)方法和罗伯森-维藤伯格(Roberson-Wittenburg)方法等，其中最常用的是拉格朗日方法和牛顿-欧拉方法。

采用拉格朗日方法建立机器人动力学方程按下列步骤进行。

步骤 1 根据运动学方程计算各连杆的运动和连杆上各点的速度。

步骤 2 计算连杆上各点的动能，积分求得连杆的动能，再求和得到机器人系统的总动能。

步骤 3 根据连杆质量和质心的位置求得各连杆势能，再求和得到机器人系统的总势能。

步骤 4 根据机器人系统的总动能和总势能，构造拉格朗日函数。

步骤 5 将拉格朗日函数针对各广义关节变量求偏导，得到每个关节驱动相应连杆所需的关节力或力矩。

拉格朗日方法能给出封闭形式的机器人动力学方程。牛顿-欧拉方法则以迭代的形式计算机器人的运动和作用力。该方法根据牛顿第二定律(动力平衡方程 $\boldsymbol{F}=m\boldsymbol{a}$)描述机器人各连杆的移动(各连杆质心加速度)与力的关系，根据欧拉方程(力矩平衡方程 $\boldsymbol{M}=\boldsymbol{I}\dot{\boldsymbol{\omega}}+\boldsymbol{\omega}\times\boldsymbol{I\omega}$)描述机器人各连杆和关节的转动(速度和加速度)与扭矩之间的关系，即将方程应用到每一连杆上。为此需要逐个求得各连杆的运动和受到的所有力，这通过两个迭代循环过程实现。

3. 机器人的轨迹规划

无论是对操作臂的末端，还是对移动机器人，都需要对它们的运行路径进行定义和描述，这是机器人的轨迹规划问题，也称为路径规划问题。所谓轨迹，就是指被控对象在运动过程中的在不同时刻的位置、速度和加速度。而轨迹规划就是根据作业任务要求，定义、描述和计算出期望的运动轨迹。一般轨迹规划要使机器人从一个起始转态运动到某个期望的终止状态，这种变化不仅包括位置，还往往包括姿态，可以用一个广义的“点”来指定这些运动状态。这样，轨迹规划就是考虑怎样将起始点和终止点合理地连接起来。如果只对这两点有严格要求而它们之间的中间状态不作要求，那么这种规划是简单的点到点的轨迹规划。实际上，更多的情况是起始点和终止点之间的中间状态也要定义，即指明要“路过”这些中间点，这为连续轨迹规划。在规划机器人运动路径时，还必须明确运动空间中是否有障碍，如果有障碍，那么机器人的运动路径必须避开(绕过)它们，否则机器人会碰撞障碍物导致任务失败，甚至系统损坏。机器人的避障轨迹规划，尤其是在三维复杂空间中的避障轨迹规划，是一个非常重要也颇具挑战性的课题，常用的方法包括C空间法、人工势场法和J函数法。C空间法是一种全局性的方法，人工势场法具有局部特性，而J函数法则具有局部性和全局性。

除了空间位置约束之外，往往还要考虑运动时间问题，例如，在规定路径点的同时还规定和分配相邻两个路径点之间的运动时间，这样就是机器人运动规划。显然，机器人的运动应当连续和平稳，或者说轨迹应当“光滑”，否则将导致机器人运动时的振动和冲击、降低作业执行的质量和机器人的性能。因此，描述运动轨迹的函数必须连续，而且其一阶导数（速度）甚至二阶导数（加速度）也连续。

轨迹规划可以在关节空间进行，也可在操作空间（笛卡儿直角坐标空间）中进行。在关节空间中规划轨迹时，将关节变量表示为时间的函数，并对其一阶导数和二阶导数进行定义，根据这些要求选择合适的描述函数。在关节空间中规划轨迹时，关节的运动可以规划得较平稳，但末端点的轨迹不是事先定义和约束的，可能会比较复杂，或与障碍物碰撞。因此在对末端轨迹不作要求的简单情况下，在关节空间中规划轨迹比较合适。在操作空间的规划轨迹则复杂些。操作空间中的轨迹（路径）点是广义的，实为机器人末端的位姿（既包括位置，也包括姿态），这样机器人从起始点运动到终止点既包括平动，也包括转动。而这些“点”一般用齐次矩阵表示。从一个点运动到另一个点可以分解为一个平移和两个转动，并可将平移量和两个转动方向和转动量（转角）通过齐次变换和三角计算求取出来。按某种规则（曲线）能将中间点（齐次矩阵）计算出来，再由逆运动学求得相应的关节变量。必要时，可在逆运动学求出的关节路径点之间再用多项式插值。操作空间中的规划轨迹不仅在概念上直观，而且规划的路径准确。除了采用“直线”运动来规划轨迹外，也可用其他诸如椭圆、抛物线或正弦曲线来描述。

5.7.2 机器人语言与离线编程

机器人的一个重要特征是能够通过编程完成不同的作业和任务。编程是人-机接口的一种主要形式。目前人与机器人的通信主要有示教再现、机器人语言和离线编程等几种方式。示教再现是工业机器人使用最普遍的方法，由操作者通过手把手示教或示教盒示教，让机器人记下一些关键的轨迹点，机器人能够再现这些轨迹点。示教再现不需要复杂的计算机装置，只需要一个很小的存储空间用来记录示教点，使用简单方便，容易掌握，但是难以规划复杂的运动轨

迹和接收传感器的反馈信息。离线编程则利用专门的离线编程系统进行轨迹规划。机器人语言是一种专门的编程工具,用符号来定义和描述机器人的作业任务及实现它们的动作,类似于计算机的程序设计语言,更接近数控系统的编程语言。利用机器人语言对机器人编程要求能够建立世界坐标系、描述机器人的作业、描述机器人的运动、接收传感器的信息、允许用户规定执行流程、协调多台机器人的工作、引入逻辑判断和决策规划功能等。

自从第一台机器人问世以来,人们就开始了机器人语言的开发。20 世纪 70 年代初,Stanford 人工智能实验室推出了第一种机器人语言 WAVE 和编译形式的具有 ALGOL 语言结构的 AL。70 年代中期,IBM 研制了用于机器人的装配作业的 ML 语言,然后又推出了比较高级的能对几何模型类任务进行半自动编程的 AUTOPASS 语言,再后开发出作为商品化产品用于 IBM 机器人控制的 AML 语言。70 年代末 80 年代初,Unimation 公司开发了类似于 BASIC 语言的 VAL 机器人,安装在 PUMA 系列机器人上,然后演化成 VAL Ⅱ语言。MIT 则发布过用于自动装配线的机器人语言 LAMA。Automatic 公司的 AR-IL 语言则与 PASCAL 类似。除了这些之外,还有美国的 DIAL、RPL、TECH、MCL、INDA,英国的 RAPT,法国的 LM,德国的 ROBEX,意大利的 SIGLA 和 MAL,以及日本的 SERL、PLAW 和 IML 等,总共有 20 多种机器人语言了。

尽管机器人语言有很多种,但根据作业描述水平的高低,可以分为三级:动作级、对象级和任务级。动作级语言以机器人的动作为描述对象,典型代表是 VAL。每一个命令(指令)对应一个动作,一个程序就由一系列动作命令组成。动作级语言的语句比较简单,编程容易,但其缺点是不能进行复杂的数学运算,仅能接收传感器的开关信号而不能接受复杂的传感信息,而且与其他系统的通信能力很差。对象级语言着眼于以描写操作物体之间的关系为中心,解决了动作级语言的不足,典型的语言是 AML 和 AUTOPASS 等,其功能包括运动控制、传感器信息处理、通信和数字运算等。此外,对象级语言具有良好的扩展性,用户可以根据应用的需要对功能进行扩展,如增加指令等。任务级语言更高级,面向任务,允许用户对工作任务要求达到的目标直接下命令,而不需要指定机器人所做的每个动作。只要按某种原则给出最初的环境模型和最终的工作状态,机器人即可自动进行计算、规划、推理和决策,最后自动生成机器人的动作。任务级语言的概念类似于人工智能中程序自动生成的概念。目前任务级语言还处于研究发展状态,还没有真正的任务级编程系统出现。

机器人语言实际上是个语言系统,应该能够支持机器人编程和控制,外围设备、传感器与机器人的接口,以及与其他计算机系统的通信。它首先是个操作系统,包括监控、编辑和执行三种基本操作状态。机器人语言系统的功能要素与一般的程序设计语言的要素不同，包括外部世界的建模、作业的描述、运动定义和说明、编程支持、传感器接口和人-机接口等，而其基本功能包括运算、决策、通信、运动指示、工具指示和传感信息处理等。

5.7.3　机器人的智能化

机器人可分为一般机器人和智能机器人。一般机器人是指不具有智能，只具有一般编程能力和操作功能的机器人。到目前为止，智能机器人还没有一个确切的定义，但是大多数专家认为智能机器人应该具备以下四种机能。

(1) 运动机能　用来施加于外部环境的相当于人的手、脚的动作机能。

(2) 感知机能　用来获取外部环境信息，以便进行自我行动监视的机能。

(3) 思维机能　用来求解问题，实现认识、推理、判断的机能。

(4) 人-机通信机能　用来理解指令，输出内部状态，与人进行信息交换的机能。

我们知道，视觉、触觉、听觉、嗅觉等对人类是极其重要的，因为这些感觉器官对我们适应周围的环境变化起着至关重要的作用。同样的，对于智能机器人来说，类似的传感器也是十分重要的。形形色色的内部信息传感器和外部信息传感器已经应用到智能机器人上，使其具备上述的四种机能。近年来，随着传感器技术和人工智能技术的不断发展，智能机器人也得到了长足的发展。智能机器人是工业机器人从无智能发展到有智能、从低智能水平发展到高度智能化的产物。

在智能机器人的研究中，许多是和人工智能(artificial intelligence)所研究的内容一致的。实际上智能机器人与人工智能息息相关，人工智能是智能机器人的核心。长期以来，人工智能领域的研究一直把机器人作为研究人工智能理论的载体，研究人员将智能机器人看作是一个纯软件的系统。但是，从智能机器人的基本功能可知，智能机器人并不是单纯的软件体。作为智能机器人，它必须具有思维和决策能力，而不是简单地由人以某种方式来命令它干什么就会干什么。它还必须具有自身学习问题、解决问题，并根据具体情况进行思维决策的能力。因此，智能机器人是具有可以自主完成作业的结构和驱动装置，它应该是软件、硬件和本体组成的一个统一体。

尽管机器人人工智能取得了显著的成绩，但由于人们对自身智能行为的认识还很不够，故人工智能的能力还十分有限，感知环境的能力也很有限。问题不光在于计算机的运算速度不够和感觉传感器种类太少，而且在于其他方面，如缺乏编制机器人理智行为程序的设计思想。我们的大脑是如何控制我们的

身体的呢？人类的思维过程是怎样的呢？人类的自我认知的问题成了机器人发展道路的绊脚石。如何让机器人变得更聪明是智能机器人发展的重要方向。人工智能专家指出：计算机不仅应该去做人类指定它做的事，还应该独自以最佳方式去解决许多问题。比如说，核算水费和从事银行业务的普通计算机的全部程序就是准确无误地完成指令表，而某些科研中心的计算机却会“思考”问题。前者运行迅速，但没有智能；后者存储了比较复杂的程序，计算机里塞满了信息，能模仿人类的许多能力。

人类社会和生产对智能机器人有着强烈的需求，人类需要这种智能机器人去拓宽生产和活动领域，要它们去深水、地下、太空、核电站等恶劣环境中，希望机器人能够取代人们完成一些危险的工作。同时也期待智能机器人在工业、农业和服务业中逐步把人解放出来，提高生产效率。智能机器人的广泛应用，将会使人类从“人—机器人—自然界”的生产模式过渡到“人—机器人—机器—自然界”的生产模式。

人类社会对智能机器人的要求既是切实的，也是实际的，同时也是不断发展的。早期的机器人并没有智能，如点焊机器人、弧焊机器人、喷涂机器人等，它们被广泛地应用于工业领域并取得极大的成功。但随着机器人应用领域的推广，从传统的工业应用扩展到家政服务、医疗护理、救援救灾、国防军事等领域，对机器人的智能性提出了更多的要求，比如对周围环境的感知和适应，对对象状态的感知等。为了使机器人具有更多的智能，能够适应更多的工作环境，许多科研工作者对智能机器人进行了大量的研究，并取得了大量的成果。美国国防部高级计划研究所(DARPA)举行的机器人挑战赛(Robot Challenge)，每年都吸引了世界上顶尖的智能机器人参与，促进了智能机器人的发展。

科学家们认为，智能机器人的研发方向是给机器人装上“大脑芯片”，从而使其智能性更强，在认知学习、自动组织、对模糊信息的综合处理等方面前进一大步。虽然有人表示担忧：这种装有“大脑芯片”的智能机器人将来是否会在智能上超越人类，甚至会对人类造成威胁。但不少科学家认为，这类担心是完全没有必要的。就智能而言，目前机器人的智商相当于 4 岁儿童的智商，而机器人的“常识”比起正常成年人就差得更远了。美国科学家罗伯特·斯隆教授日前说：“我们距离能够以 8 岁儿童的能力回答复杂问题的、具有常识的人工智能程序仍然很遥远。”日本科学家广濑茂男教授也认为：即使机器人将来具有常识并能进行自我复制，也不可能对人类造成威胁。值得一提的是，中国科学家周海中教授在 1990 年发表的《论机器人》一文中指出：机器人并非无所不能；它在工作强度、运算速度和记忆功能方面可以超越人类，但在意识、推理等方面不可能超越人类。另外，机器人会越来越“聪明”，但只能按照制定的原则纲领行动，服务人类，造福人类。

5.7.4 人-机交互技术

随着工业、家用领域对服务机器人应用需求的快速增长，机器人配备的本体感知和驱动控制技术愈发丰富，机器人硬件技术的进步，使得机器人与人类、非结构化环境之间的交互日趋完善。这种将具备先进交互能力的机器人集成在一起的一个重要应用领域是人-机协作。机器人与人通过在一定的空间环境中相互协作，完成特定的任务，形成一种互助共存的人-机关系。

1. 增强机器人感知的人-机接口技术

人类具有大量的成对或成组协作经验。人-机协作领域的主要目标之一是设计和建立类似人类相互协作的通信标准，使机器人能够在协作任务的各个阶段了解人类的意图和需求。尽管目前的技术水平很难实现复制人类感知系统的机器人，但通过理解和实现基本的通信原理，能有效提高人-机交互性能。

一种被大量使用的人-机交互接口利用了机器视觉或语音指令识别技术。机器人利用该技术可以实现人类与机器人之间的交流。这种交流方式从人类的立场出发，通过使用人体头部、躯干或手势等信息，使机器人了解人类协作者的意图，从而实现人-机交互和协作。尽管这类接口符合人类的自然使用习惯，但对机器人而言，在更为广泛的应用场景中，对视觉或听觉接口的信息处理需要很大程度上的机器人自主性。这远远超出了当前自主机器人的工作能力范围。

另一种常见的人-机交互接口是：机器人通过在物理接触中使用力/压力传感器，实现对人类协作者的感知。由于传感器接口的通信底层机制较为简单，这种方法已经被应用于多个领域，例如协作对象传输、物件抓取和放置、姿态辅助以及工业复杂装配工艺（见图 5-40）。

在上述大多数应用场景中，机器人的控制参数和轨迹都是通过交互力/力矩来调整的。尽管这种方法的应用范围很广，但当协作任务涉及与粗糙表面或不确定环境的同时交互（如协同操作工具的使用）时，会对传感器读数引入各种不可预测的力分量。这将会大幅降低这种接口在更复杂的交互场景中的适用性。

生物信号（如肌电图和脑电图）或其他生理指标（如皮肤电活动）可在人机协作中用于辅助机器人理解人类的意图。由于肌电图测量具有适应性和易用性，它在机器人控制中得到了广泛的应用。

生物信号在人-机接口开发中的一个重要应用是估计人类生理（如疲劳）或

图 5-40 生产场景中人-机协作完成复杂装配工艺

认知(如焦虑、注意力集中等)状态的变化,这些状态的变化可能会降低协作机器人的性能。通过从肌电图、心电图和电真皮反应中提取特征,可以在协作装置中检测人类的焦虑情绪。肌电接口为机器人控制器提供了人体运动神经行为的反馈,在协作任务的不同阶段实现合适的阻抗分布。人体疲劳评估系统为机器人提供了人体生理耐久力的状态(见图 5-41)。

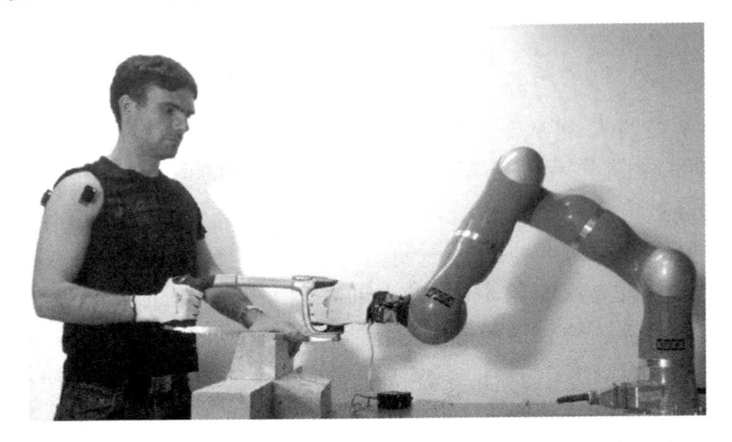

图 5-41 基于人体肌电图信号的机器人对人类疲劳适应实验

2. 增强人类感知的人-机接口技术

人类的视觉和听觉系统为自身提供了强大的感官输入,这有助于人类快速、准确地感知运动和环境,并不断更新内部模型。这种感官输入在动态环境感知中起着重要作用,例如通过视觉判断物体的重量,并估计沿着预定路径移动物体所需的力。

增强现实(AR)技术可以作为一种通过人类视觉反馈来增强对环境感知的方法。这将使人类协作者能够在工作执行前,预先评估与机器人协作的规划(见图5-42)。基于增强现实技术的潜在缺点是信息过载和产生额外费用,这可能会限制此类设备在协作环境中的预期性能。

图5-42 通过增强现实技术(AR)向人类协作者提供触觉和视觉反馈

人类肢体的感受器(如指尖、手臂皮肤等)提供的触觉信息,是人类探索外部环境和完成日常任务的一种非常重要的信息来源。由于在大多数协作场景中,人类会在一个封闭的动态链中与目标物和机器人进行物理接触,因而人类可以感知到大量有意义的信息。然而,在特殊的交互场景中,人类对环境的感知会受到任务或环境条件的影响,而利用人工传感系统这种新的技术手段可向人类提供触觉反馈。

尽管通过人工系统复制人类丰富的感官体验仍然是一项艰巨的任务,但当前已发展出几种非侵入性的技术,用以观测当向人类肢体施加不同类型的刺激时,受试者产生的触觉刺激反应。这不仅提供了更便宜和易于使用的反馈系统,以不降低或小幅降低系统性能为代价,来完全取代力反馈,而且同时解决了诸如闭环稳定性等基本问题。此外,这种感官替代技术(如深度传感器)也可用于向人类提供关于机器人对环境的感知反馈,例如通过振动触觉、电皮肤或机械压力,传递关于力、本体感知或纹理的信息。这些信息是人类感官系统本身

所不能提供的。合理利用感官替代技术，可以作为人类感官的延拓，丰富人类的感官体验。

本章重难点

- 分别从机械系统和机电系统的角度掌握机器人的基本结构。
- 重点了解机器人的机构与坐标形式。
- 重点了解机器人的内部传感器。
- 着重了解机器人控制器的基本组成和结构。

思考与练习

1. 机器人的定义、内涵、分类和范畴。
2. 了解与机器人相关的学科，围绕机器人技术，各学科是怎样相关的。
3. 分析机器人的诞生和发展对人类工作和生活的作用，对社会发展的影响。
4. 总结机器人的发展历程，思考机器人的发展趋势，从科学技术发展的角度看机器人在主要功能和智能上能否象人一样(达到3岁小孩的水平)。
5. 什么是串联机构，什么是并联机构？它们各有什么优缺点？
6. 软体机器人相比传统刚性机器人有什么优缺点？
7. 机器人的内部传感器和外部传感器主要有哪些？
8. 什么是机器人的离线编程系统？其基本组成部分有哪些？

参考文献

[1] Craig J J. Introduction to Robotics-Mechanics and Control[M]. Third Edition. Pearson Education, Inc. 2005.

[2] 张宪民. 机器人技术及其应用[M]. 2版. 北京：机械工业出版社，2017.

[3] 张宪民，等. 工业机器人应用基础[M]. 北京：机械工业出版社，2015.

[4] 陈恳，等. 机器人技术与应用[M]. 北京：清华大学出版社，2006.

[5] 熊有伦，等. 机器人学[M]. 北京：机械工业出版社，1994.

[6] 丁学恭. 机器人控制研究[M]. 杭州：浙江大学出版社，2006.

[7] 蔡自兴. 机器人学[M]. 北京:清华大学出版社,2000.
[8] 罗均,等. 特种机器人 [M]. 北京:化学工业出版社,2006.
[9] 高国富,等. 机器人传感器及其应用[M]. 北京:化学工业出版社,2005.
[10] Siciliano B,Khatib O. Handbook of Robotics[M]. 2nd Edition. Berlin:Springer,2016.
[11] Peternel L, Tsagarakis N, Ajoudani A. A Human-Robot Co-Manipulation Approach Based on Human Sensorimotor Information[J]. IEEE Transactions on Neural Systems and Rehabilitation Engineering,25(7):811-822.
[12] 王田苗,郝雨飞,杨兴帮,等. 软体机器人:结构、驱动、传感与控制[J]. 机械工程学报,2017,53(13):1-13.
[13] 侯涛刚,王田苗,苏浩鸿,等. 软体机器人前沿技术及应用热点[J]. 科技导报,2017,35(18):20-28.
[14] 张进华,王韬,洪军,等. 软体机械手研究综述[J]. 机械工程学报,2017,53(13):19-28.

第6章 机械制造中的毛坯成形技术

传统意义上的机械制造中的毛坯成形技术是为后续粗精加工提供毛坯，但随着技术的发展，一些先进的成形技术已经摆脱了毛坯制造环节，由于其制造精度的提高，已经成为零部件的最终成形方式。本章将以机械制造中的毛坯成形技术的视角，阐述传统的钢铁冶金与型材准备、传统的毛坯成形技术和先进的毛坯成形技术，同时简明地描述毛坯成形技术与机械类大学本科课程的关联关系。

6.1 相关本科课程体系与关联关系

为了更好地使读者，特别是大学机械类本科生了解后续课程与机械制造中的毛坯成形技术的关联关系，本节将简要勾勒与毛坯成形技术相关的机械类大学本科课程的关联关系。

图6-1列出了支撑毛坯成形技术的主要大学本科课程，包括主要公共基础课程、主要学科基础课程和主要专业领域课程三大类。与毛坯成形技术密切相关的学科基础课是成形技术基础和机械制造技术基础部分内容。因此，要更好地掌握机械制造中的毛坯成形技术，需要有在列出的主要公共基础课及主要学科基础课有关的深厚理论基础。这样，才能把握传统与先进毛坯成形技术的发展进程，更好地发挥其不可替代的作用。

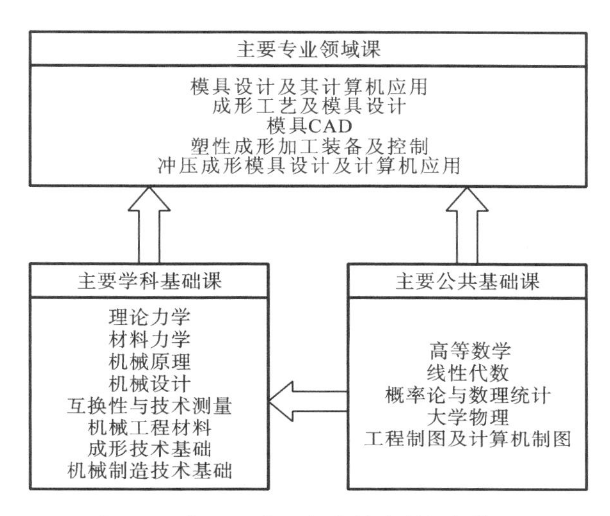

图 6-1 与毛坯成形相关的本科课程体系

6.2 钢铁冶金与型材准备

不管是机械设计与机械制造的专业领域的学习，了解钢铁生产的基本过程，以及其提供给机械工程领域的原始产品或机械制造领域原始毛坯的相关知识，是进一步学好机械工程相关专业知识的基础。

6.2.1 机械工业重要的材料——钢铁

钢铁等金属材料在 20 世纪得到了蓬勃的发展，成为推动全球经济不断发展和社会文明进步的重要物质基础。自 1856 年发明贝塞麦转炉以来，钢铁生产才逐步真正地走向工业化生产。在历经了经济蓬勃发展期、经济危机、世界大战和石油危机等重大事件，以及通过发明氧气转炉、连续铸钢、大型高炉、连续轧制及信息技术的应用与开发之后，全球粗钢产量在起伏波动中不断发展。

图 6-2 所示为各种材料在不同温度下的强度值，可见钢及其合金在较宽温度范围下可获得很高的强度性能。

汽车是机械工业的典型产品。图 6-3 为轿车的车身总成图。汽车的零件

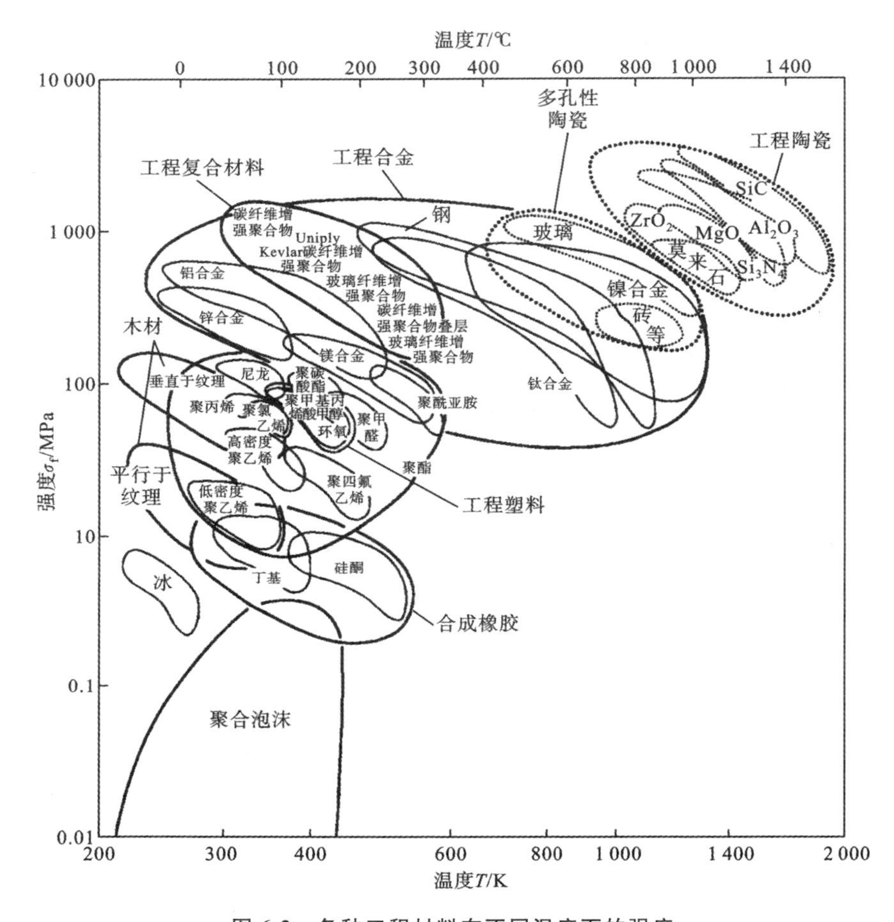

图 6-2　各种工程材料在不同温度下的强度

是用多种材料制成的,采用的加工方法有铸造、锻造、冲压、注射成形等。

图 6-3　轿车的车身总成

由于钢铁材料的优异性能及其较高的性价比，汽车零件大部分采用钢铁材料。从现阶段汽车零件的质量构成比来看，黑色金属占75%，有色金属占5%，非金属材料占10%～20%。汽车使用的材料大多为金属材料。

黑色金属材料是指钢铁类材料，包括钢板、钢材和铸铁。钢板大多采用冲压成形，用于制造汽车的车身和大梁；钢材的种类有圆钢和各种型钢，用圆钢作坯料，采用锻造、热处理、切削加工等方法来制造曲轴、齿轮、弹簧等零件；铸铁用于铸造汽缸体、排气管、变速器箱体等。

6.2.2 钢铁生产的基本原理与流程介绍

人类使用铁器和用铁矿石冶炼、制作铁器已有数千年历史，经历了从用铁矿石冶炼出熟铁，进而发展为冶炼出液体生铁，再将铁水冶炼成钢的漫长过程。近代钢铁冶金始于19世纪中叶，至于钢铁冶金从技艺走向科学，并变成现代技术特别是发展为工程科学则主要是在20世纪。

现代钢铁冶金流程包括了由铁矿石还原成铁水的过程（铁矿石处理→焦化→炼铁）；铁水经过预处理再经氧化冶炼成钢水的过程（炼钢过程）；被氧化了的钢水（或者经过初步脱氧的钢水）经过二次冶金（二次精炼过程）及时地成为洁净的、含有特定成分、保持特定温度的钢水；这种定时、定温、定品质的钢水经过凝固过程，连续地（主要采用连续铸钢的方式，极少量采用模铸方式除外）转变为预定尺寸的、表面无缺陷的、内在组织和温度受控的连铸坯；最后，各类不同的连铸坯再加热后，经过连续热轧过程中的形变-相变，被加工成性能、形状、尺寸、表面符合用户使用要求而且成本及价格有市场竞争力的各类钢材。图6-4是其制造流程。

现代钢铁冶金流程的另一种流程形式是主要以废钢（包括社会返回废钢、下游制造业形成的加工废钢及钢厂自产废钢）为铁素源，经过电炉冶炼过程，获得与转炉过程相似的被氧化的钢水，再经过与高炉-转炉流程相似的二次冶金，凝固→成形→再加热→连续热轧（或锻造），获得有市场竞争力的钢材。

6.2.3 钢铁型材的生产

钢铁厂的产品包括容器类板材、建筑用钢材、汽车用钢材等。由于钢铁材料的良好的性价比，所以在很多行业得到了大量应用。如汽车产品的钢材用量占绝对地位，这是因为尽管钢材用量占整个汽车质量的55%～75%，但其费用还不及汽车装潢部分的费用。

自20世纪80年代中期以来，钢材在汽车生产所占的比重一直稳定在

55%～75%。由于钢材具有较高的比强度，因此在安全和性能被视为是关键因素的应用领域一直保持着主导地位，尤其是用于汽车底盘和车体的耐冲撞扁平材及用于传动系统和底盘零部件的长材。

汽车制造所需的扁平材与长材的生产方法如图 6-4 所示。

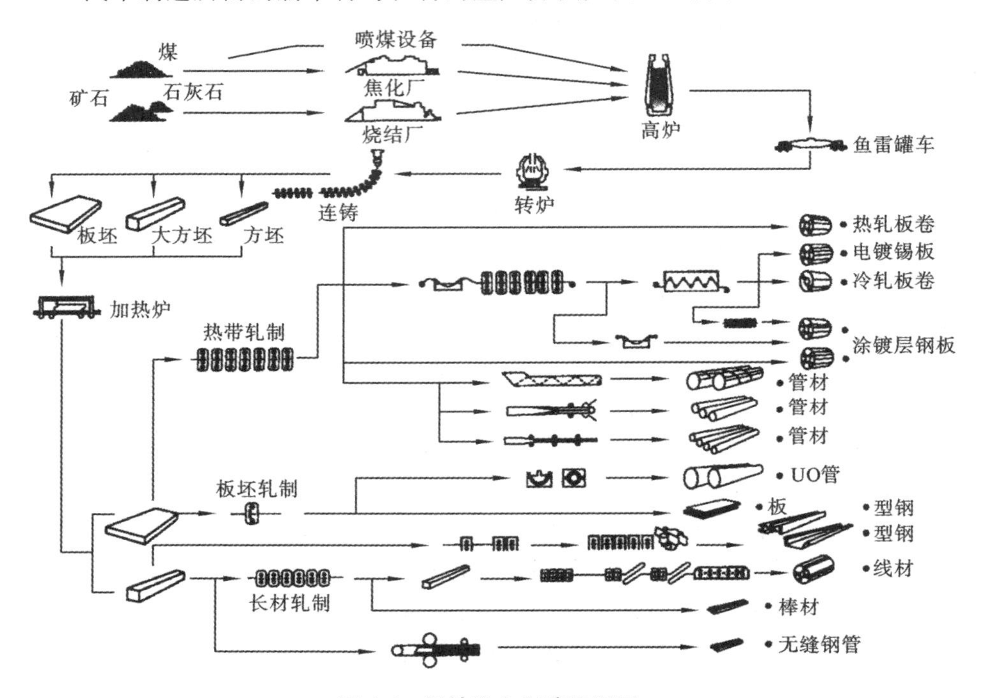

图 6-4　钢铁冶金制造流程图

长材轧制和板坯轧制的基本生产单元是轧制单元(见图 6-5)，其方法是把钢区来的铸坯(板坯、大方坯、方坯)通过由电动机带动的上下轧辊，使通过的钢坯变形，成为所需形状的钢材；对于钢板则是调整上下轧辊的距离(辊缝或称轧辊开口度)而得到所需厚度的钢板；对于长材，则用带孔形的轧辊轧成所需的形状。轧制有热轧(轧制温度约为1 050 ℃)和冷轧(常温轧制)。

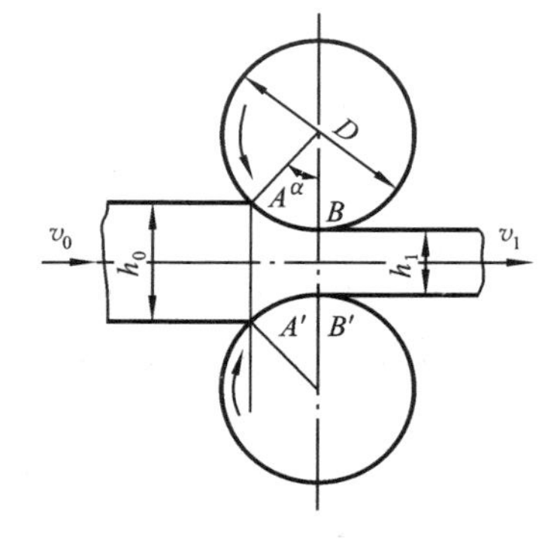

图 6-5　轧辊轧制示意图

汽车用扁平材面临的技术挑战是降低成本和降低质量。减少汽车用扁平材的方法包括液压成形、拼焊板、降低模具材料成本和造价、装配连接技术、层压薄板、新钢种和优化零部件设计。目前正在研究将液压成形应用于零件的整体生产，如发动机架，过去这类零件要由很多零件组装而成。

对于汽车的长材产品，不仅仅是减重的问题，还要考虑零件传输功率大小的问题，即功率密度。有很多措施来改善汽车用长材产品，如改进模具和轧辊材料，改进模具和轧辊用涂层和润滑剂等。

6.2.4　常见钢与铸铁的性能

金属材料中使用最多的是钢铁，钢铁是世界上的头号金属材料。通常所说的钢铁实际上是钢与铁的总称。一般钢中碳含量为0.025%～1.5%，生铁碳含量较高，为2%～4%。

碳素钢是指碳的质量分数小于2.11%和含有少量硅、锰、硫、磷等杂质元素所组成的铁碳合金，简称碳钢。为了改善和提高钢的性能，在碳钢的基础上加入其他合金元素的钢称为合金钢。常用的合金元素有硅、锰、铬、镍、钨、钼、钒、稀土元素等。合金钢还具有如耐低温、耐腐蚀、高磁性、高耐磨性等良好的特殊性能，它在工具或力学性能、工艺性能要求高的、形状复杂的大截面零件或有特殊性能要求的零件上得到了广泛应用。

碳的质量分数大于2.11%的铁碳合金称为铸铁。由于铸铁含有的碳和杂质较多，其力学性能比钢差，不能锻造。但铸铁具有优良的铸造性、减振性、耐磨性等特点，加之价格低廉、生产设备和工艺简单，是机械制造中应用最多的金属材料。

6.3　传统的毛坯成形技术

在源远流长的制造活动中，工艺仍然是制造的核心。所谓“工艺”是指将原材料转变成产品的方法和技术。一定的工艺方法总是和一定的设备相关联的。工艺方法及相关设备的发展和更新引起制造技术的进步，甚至带来整个制造工业的飞跃。

如今，制造业的产品种类繁多，其制造工艺也五花八门。本节将简要介绍机械零件的传统毛坯成形工艺与设备，主要包括铸造、塑性成形（压力加工）、焊接、粉末冶金和注塑成形等。

6.3.1 铸造工艺

我国是世界上较早掌握铸造技术的文明古国。2 500 多年前就铸出 270 kg 的铸铁刑鼎。铸造是将金属熔炼至熔融状态,然后浇入预先造好的铸型,凝固后获得一定形状与性能铸件的成形方法。在现代工业生产中,铸造是生产机器金属零件毛坯的主要工艺方法之一。与其他成形工艺相比,铸造成形具有生产成本低、工艺灵活性大、几乎不受零件尺寸大小及形状结构复杂程度的限制等特点。铸造是现代机械工业的基础,铸件在机械产品中占有很大的比例,其质量好坏直接影响到机械产品的质量。铸件的生产工艺方法大体分为砂型铸造和特种铸造两大类。

1. 砂型铸造

利用石英砂制造铸型的方法称为砂型铸造。至今,砂型铸造仍占据着铸造生产 80%以上的比例。预计在 21 世纪前期,砂型铸造仍是铸造生产的主流。砂型铸造采用型砂来制造砂型和砂芯,砂型中的空腔在浇注后即获得铸件的实体,砂型中放置的砂芯在浇注后经过清除即获得铸件的空腔,清除浇注后砂芯和砂型的工艺称为清砂。砂型铸造应用了较多的铸造工艺。砂型铸造分为手工造型和机器造型,具体又可分为两箱造型、三箱造型及多箱造型。根据铸造型腔制作的工艺方法,又可分为整模造型、分模造型、挖砂造型、活块造型、多箱造型、刮板造型等。套筒零件的分模砂型铸造工艺过程如图 6-6 所示,通过将模样沿最大截面处分开,一半模样在下箱,一半模样在上箱,完成铸造用型腔的构建。

如果在造型过程中,型砂的紧实和起模使用机器取代人工,这就称为机器造型。普通机器造型的紧砂方式包括振击式、压实式、镇压式、微振压实式、抛砂式和射压式,图 6-7 所示为振压式造型的过程。

2. 特种铸造

特种铸造是指与砂型铸造不同的其他铸造方法。主要有压力铸造、低压铸造、差压铸造、金属型铸造、熔模铸造、实型铸造、陶瓷铸造和连续铸造等。特种铸造方法优点很多,绝大多数方法获得的铸件尺寸精度高、表面光洁,易实现少、无切屑加工;铸件内部组织致密,力学性能好;金属浇注消耗液少,工艺出品率高;多数工艺方法简单,易于实现机械化和自动化;可以改善劳动条件,提高劳动生产率。特种铸造工艺种类繁多,而且还在不断地发展。本章将在 6.4 节简要介绍熔模精密铸造工艺、压力铸造工艺等。

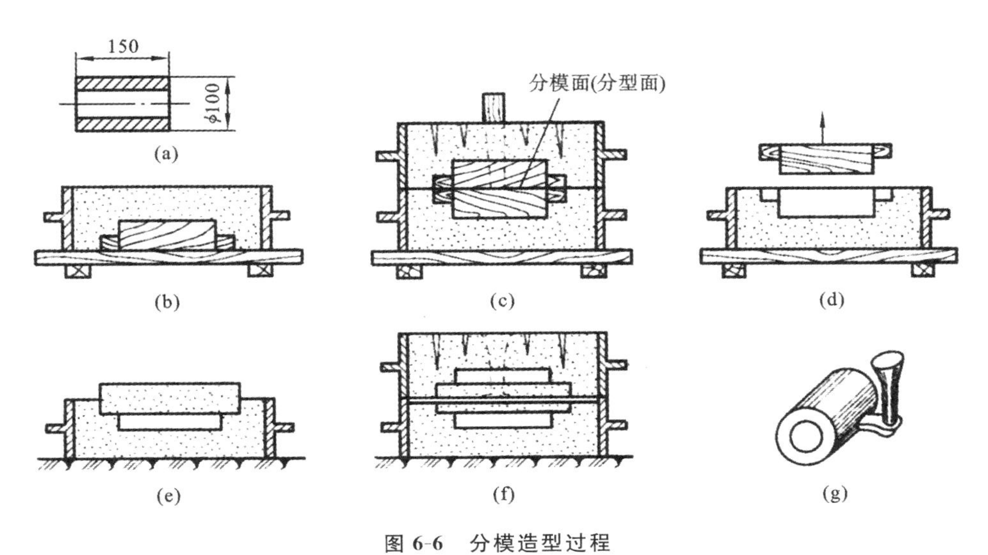

图 6-6　分模造型过程

(a) 铸件剖面图　(b) 造下型　(c) 造上型　(d) 敞箱，起模，开浇口
(e) 下芯　(f) 合箱　(g) 带浇口铸件

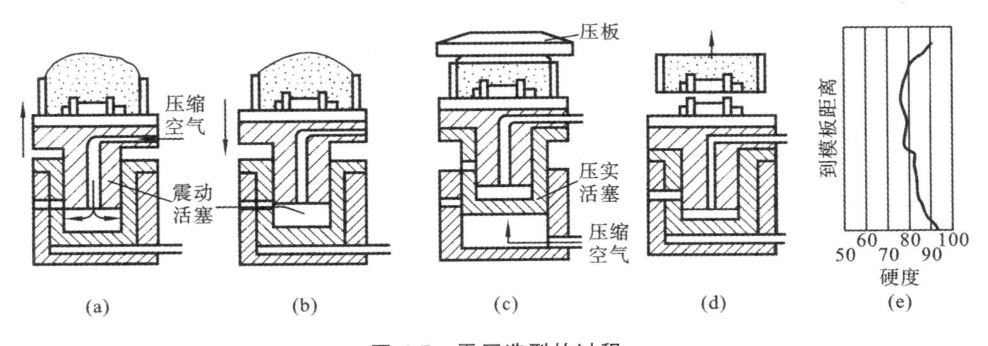

图 6-7　震压造型的过程

(a) 震动(上升)　(b) 震动(下落)　(c) 压实　(d) 起模　(e) 硬度分布

6.3.2　塑性成形工艺

塑性成形工艺是利用金属的塑性变形来得到一定形状的制件，同时提高或改善制件力学或物理性能的基础工艺之一。负载大、工作条件恶劣的关键零件，如汽轮机的转子、主轴、叶轮和护环，大量生产的汽车、拖拉机中的曲轴、连杆、齿轮和转向节，大型水压机的立柱、高压缸，以及冷、热轧辊，等等，都是以此种工艺加工而成的。

1. 金属成形方法

从金属成形方法来分,有轧制、拉拔和挤压三大方面,每个方面又包括多种加工方法,形成各自的工艺领域。轧制是使金属锭料或坯料穿越两个旋转轧辊的特定空间来获得一定截面形状的材料的方法。我们通常看到的型材、板材和管材就是轧制而成的。拉拔是将大截面的坯料拉过有一定形状的模孔,从而获得小截面材料的方法,这种方法通常用来拉制棒材、管材和线材。挤压是对大截面坯料或锭料一端加压,使金属从模孔中挤出,从而获得符合模孔截面形状的小截面材料的方法,它适用于生产无法拉拔成形的高塑性材料的型材和管材。以上的塑性成形方法一般在加热状态下进行,称为热塑性成形,加热的目的就是提高材料的塑性。但有时对高塑性的材料也可在室温下进行,称为冷塑性成形。

2. 锻造和冲压

锻造是使金属材料在不分离条件下的大量塑性变形来获得毛坯的方法,为了使金属材料在高塑性下成形,通常锻造是在热态下进行的,因此锻造也称为热锻。

锻造通常又分自由锻和模锻两大类。自由锻一般是在手工锤、空气锤或水压机上,利用简单的工具将金属锭料或坯料锻成特定形状和尺寸的塑性成形方法,铁匠打铁加工就是手工的自由锻。进行自由锻时不使用专用模具,因而锻件的尺寸精度低,生产率也不高,所以自由锻主要用于单件、小批生产或大锻件的生产。

模锻是使金属在模具中锻压成形,因此模锻的锻件就有较精确的外形和尺寸,同时生产率也相当高,它适合于大批量生产。图 6-8 所示为弯曲连杆的模锻过程示意图。

随着生产技术的发展,在锻造中也引入了挤、轧等变形方式来生产锻件,这样就扩充了锻造工艺的领域,也使生产率得到进一步提高。由于锻压设备刚度的提高和新模具材料的应用,对于某些中、小型锻件采用了不加温或少加温的锻造方法,即所谓冷锻、冷轧、冷挤或温锻、温挤等工艺。这样,既节约了能源,又可减少或免除因加热所带来的不良后果,如氧化、脱碳等缺陷,这就为提高锻件的精度创造了条件,是实现少、无切削的重要途径。

冲压和上述各种体积成形方法不同,它属于板料成形,是利用专门的模具对板料进行塑性加工的方法,故也称板料冲压。人们常见的如汽车的外壳等板壳件,都是冲压成形的。同时,由于冲压一般都是在室温下进行的,故也常称为冷冲压,其基本成形方式有冲裁、拉深、弯曲成形等多种工序。

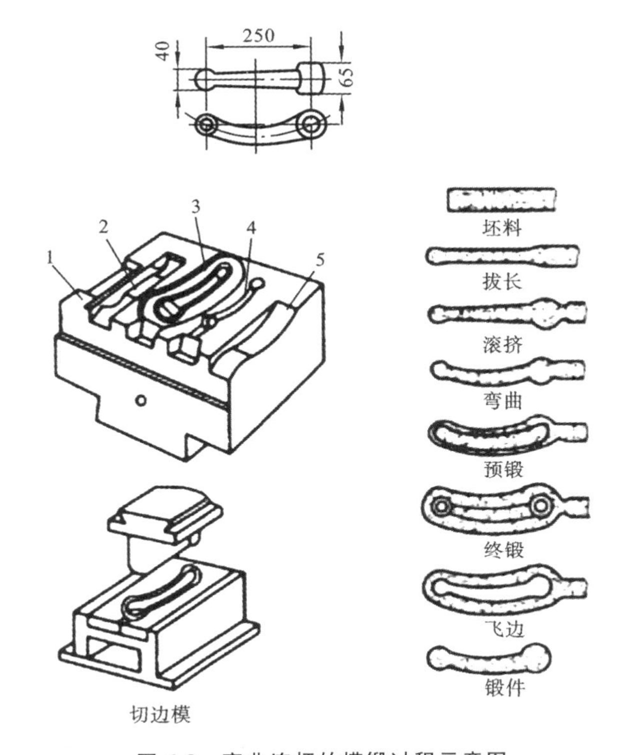

图 6-8 弯曲连杆的模锻过程示意图

1—拔长模膛；2—滚挤模膛；3—终锻模膛；4—预设模膛；5—弯曲模膛

冲压所采用的设备一般为带惯性飞轮的冲床。随着对冲压过程速度与力的控制要求，已经出现了一种可控冲床；如图 6-9 所示为香港中文大学研制的可控冲床；图 6-10 所示为数控冲床，在圆盘上布置了 32 个冲头。

6.3.3 焊接工艺

在我们的日常生活和工作中，到处都可以看到焊接加工的踪迹。矗立在上海市中心一座高达 209 m 的电视塔，是用无数根大小不同的钢管连接起来的，它就是焊接技术的结晶。制造一艘 30 万吨的油轮就要焊接 1 000 km 长的焊缝，相当于北京到上海的距离。就是一辆小汽车上也有 5 000～12 000 个焊点。一架飞机的焊点多达二三十万个。随着电子工业的迅猛发展，焊接技术在电子工业中也占有举足轻重的地位，它能用微型焊接技术焊接比纸还薄的金属箔、比头发还细的金属丝。

通过焊接这种连接方法，可以得到后续机械外形加工用的毛坯，如通过焊

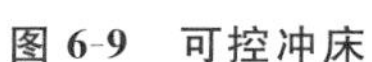

图 6-9　可控冲床

图 6-10　数控冲床

接方法得到机床的焊接床身。根据焊接过程的特点,焊接方法基本上可以分为熔化焊、压力焊、钎焊这三大类。

1. 熔化焊

熔化焊是一种使用最为广泛、最为普遍的焊接方法。它采用一种高温热源将需要连接处的金属局部加热到熔化状态,使它们的原子充分扩散、冷却凝固后形成整体。图 6-11(a)所示为普通电弧焊,图 6-11(b)所示为埋弧焊。

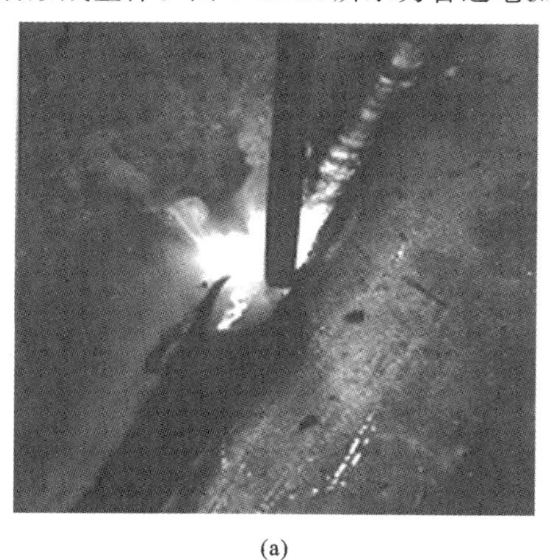

(a)

(b)

图 6-11　熔化焊方法

(a) 普通电弧焊　(b) 埋弧焊

2. 压力焊

在焊接时,连接处的金属不论是否加热都需要施加一定的压力,金属受压后产生一定的塑性变形,而使两个金属件紧密接触,使分子扩散并结合成牢固的接头。为了使被焊金属接触部分的原子或分子之间容易进行扩散和结合,常常在加压焊接的同时把金属加热到塑性状态。如利用可燃气体火焰加热的压力焊称为气压焊;利用电流通过焊接材料时产生的电阻热把金属加热的压力焊称为电阻焊(见图 6-12);利用摩擦将金属加热到塑性状态然后加压的焊接称为摩擦焊;利用高频感应电流来加热金属的压力焊称为高频感应焊;还有利用炸药在爆炸过程中产生的巨大的冲击压力来实现金属连接的称为爆炸焊;等等。只需加上足够大的压力,而不需加热的焊接称为冷压焊,这种方法只适用于某些金属,如铜、铜合金等。

图 6-12 电阻焊设备

3. 钎焊

钎焊是指利用熔点比被连接金属低的物质——钎料(或称焊料),经过加热,母材不熔化而使钎料熔化并填满两块金属连接处的缝隙,由钎料与被焊金属中的原子相互产生不同程度的扩散,冷却后结合成整体的焊接方法,包括硬钎焊和软钎焊。采用硬钎料进行的钎焊称为硬钎焊,如钣金制品的缝隙采用的钎焊焊接,在航空工业中采用的钎焊来制造蜂窝结构、滤网、喷汽发动机叶轮及喷射器等,美国的 B-52 轰炸机机身上更是大量采用这种焊接方法。采用软钎料进行的钎焊称为软钎焊,如在制造各类电子产品时,就是用这种方法将各种元件焊接在线路板上的。

激光软钎焊在微电子封装和组装中已经用于高密度引线表面贴装器件的再流焊、热敏感和静电敏感器件的再流焊、选择性再流焊、BGA 外引线的凸点制作、Flip Chip 的芯片上凸点制作、BGA 凸点的返修、TAB 器件封装引线的连接等。图 6-13 所示为采用激光软钎焊进行电子贴片元件焊接的示意图。

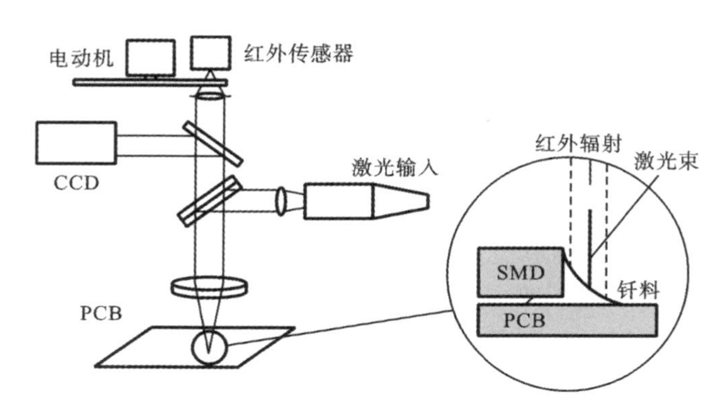

图 6-13　激光软钎焊进行电子贴片元件的焊接

6.3.4　粉末冶金

采用压力将金属粉末材料(或金属粉末和非金属粉末的混合物)固结,然后烧结成形而制造各种类型的零件的方法称为粉末冶金。现代汽车、飞机、工程机械、仪器、仪表、航空航天、军工、核能、计算机等工业中,需要许多具有特殊性能的材料,形状复杂或在特殊条件下工作的零部件,其中有相当部分采用粉末冶金而制成。如汽车的发动机、变速箱、转向器、启动马达、雨刮器、减振器、车门锁等部件中都使用有粉末冶金件。粉末冶金的工艺过程如图 6-14 所示。

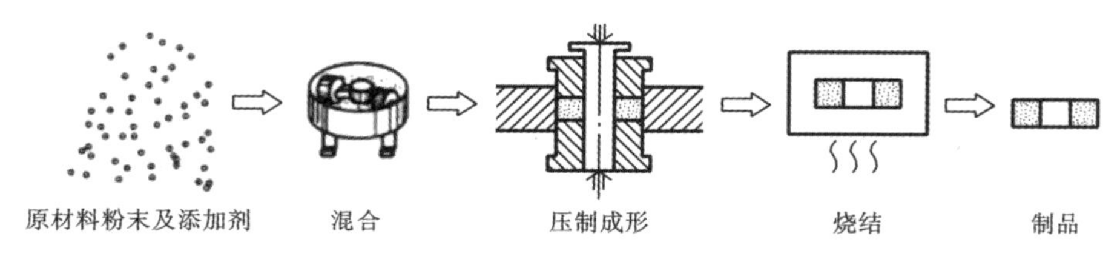

图 6-14　粉末冶金的工艺过程

6.3.5　注塑成形

塑料制品的成形方法很多,但从原理上来看,这些成形加工都要经过三个基本阶段:熔化(可塑化阶段),流动(成形阶段),固化(冷却阶段)。塑料的成形方法通常有以下几种:压塑、注塑、挤塑、吹塑、压延、层压等。在生产中应用较为广泛的是注塑成形。

注塑成形是利用压力在金属模里压入热熔塑料冷却固结成形的方法,又称注射成形或注射模塑。注塑成形生产周期短,几乎不进行后处理,能一次成形外形复杂、尺寸精确的塑料制品。它生产效率高，易于实现自动化操作，适用于家用电器和办公自动化设备等的外部件的成形生产，但成形设备及模具较贵。

从原理上看，这种成形法的过程是在料筒中将材料加热到流动(可塑化)状态，再利用高压注射到模具内，使之冷却、固化或硬化，接着打开模具取出成形品。这种方法的具体操作步骤是合模→材料注入→保压→冷却(这段时间在料筒内进行下次注射材料的加热、塑化和计量)→开模→取出成形品→进行下次注塑操作。图 6-15 所示为注塑成形原理示意图。

注射成形所采用的设备是注塑机，图 6-16 所示为一种注塑机。

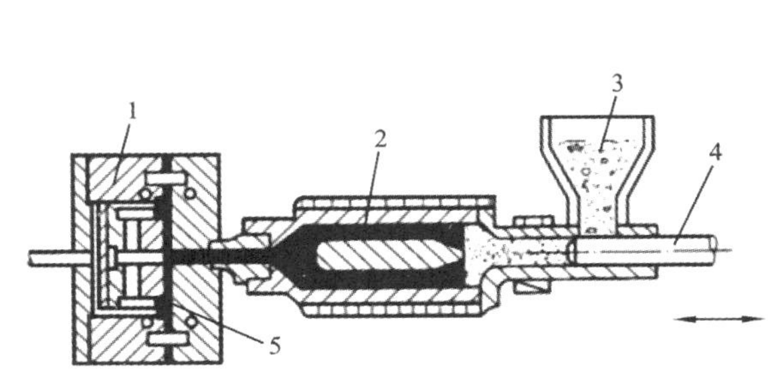

图 6-15　注塑成形原理示意图

1—模具；2—电阻丝加热；3—粒状原料；4—柱塞；5—成品

图 6-16　注塑机

6.4　先进的毛坯成形或近净成形技术

毛坯成形技术本意是为后续机械半精、精加工提供零件加工用的毛坯技术。但随着工艺的进步，其成形产品甚至已经可以成为最终精加工的成形产品。

近净成形技术是指零件成形后，仅需少量加工或不再加工，就可用做机械构件的成形技术。它是将新材料、新能源、机电一体化、精密模具技术、计算机技术、自动化技术、数值分析和模拟技术等多学科高新技术融入传统的毛坯成形技术，使之由粗糙成形变为优质、高效、高精度、轻量化、低成本的成形技术。该项技术涵盖近净形铸造成形、精确塑性成形、精确连接、精密热处理改性、表面改性、高精度模具等专业领域，并且是新工艺、新装备、新材料及各项新技术成果的综合集成技术。

6.4.1 精密铸造

为获得高质量的铸件，实现少、无切削加工，近年来发展了很多新的铸造方法，包括压力铸造(高压、低压、差压)、熔模铸造、实型铸造、陶瓷型铸造和离心铸造等。下面就典型的精密铸造方法作一简要介绍(见表 6-1)。

表 6-1　部分精密铸造方法的特征及应用范围

铸造方法	工作原理	铸件特征			应用范围	
		材质	尺寸	尺寸精度(IT)	生产率	适用批量
高压铸造	金属液在高压下充型，并在压力下凝固成形	各种非铁合金	中小件	4	很高	大量
低压铸造	金属液在低压作用下由下而上充型，并在压力下凝固成形	各种铸造合金	中小件	6	较高	大量
差压铸造	利用 A、B 室压力差进行升液、充型和结晶	非铁合金	中小件	6	一般较低	成批
熔模铸造	用蜡模代替木模，造型后不取出，浇注后蜡模气化消失	各种铸造合金	小件为主	4		成批大量
实型铸造	用泡沫塑料模代替木模，造型后不取出，浇注后模型气化消失	各种铸造合金	大中小件	8	一般	各种批量
陶瓷型铸造	用陶瓷浆做造型材料，灌浆成形，高温焙烧后合箱浇注	各种合金钢	大中小件	6	低	单件小批
离心铸造	将金属液浇入旋转的铸型中，金属液在离心力作用下充型和结晶	各种铸造合金	大中小件	6	较高	成批大量

1. 熔模铸造

熔模铸造的历史可以追溯到 4 000 年前，埃及、中国和印度都有熔模铸造的历史，后用于制假牙及珠宝首饰业中。20 世纪 30 年代末，人们发现 Austenal 实验室为外科手术研制的钴基合金可用于航空涡轮增压器。这类合金在高温下有着优异的性能，但很难加工，熔模铸造就成为该类合金成形的工艺方法，迅速地发展为工业技术，进入航空和国防工业部门，并很快应用到其他工业部门。

熔模铸造的主要工艺步骤如下。

步骤1　制作浇口棒。根据零件图要求设计压型，用钢或其他材料加工压型，再将调成糊状的模料压注到压型里制成熔模。

步骤2　把若干熔模组焊接到预先由蜡料制成的蜡棒(即浇注系统)上。

步骤3　在模组表面涂上耐火涂料。

步骤4　往模组上撒上一层耐火材料(通常为石英砂或铝矾土)，再放入硬化剂，使涂层硬化，这样重复数次，使模组表面结成8～10 mm厚的硬壳。

步骤5　把完成制壳的模组放入热水池或其他热容器中，将模料(包括蜡棒)全部熔化，形成中空的型壳，把型壳放入加热炉中进行焙烧。

步骤6　将熔融的金属浇注到型壳中。

步骤7　用振壳机械脱壳，清砂后获得铸件组。

步骤8　切除浇冒口，再经其他清理工作后即得到所需的铸件。

这种工艺方法采用只能使用一次的易熔模型，故又称为失蜡铸造。熔模铸造的工艺过程如图6-17所示。

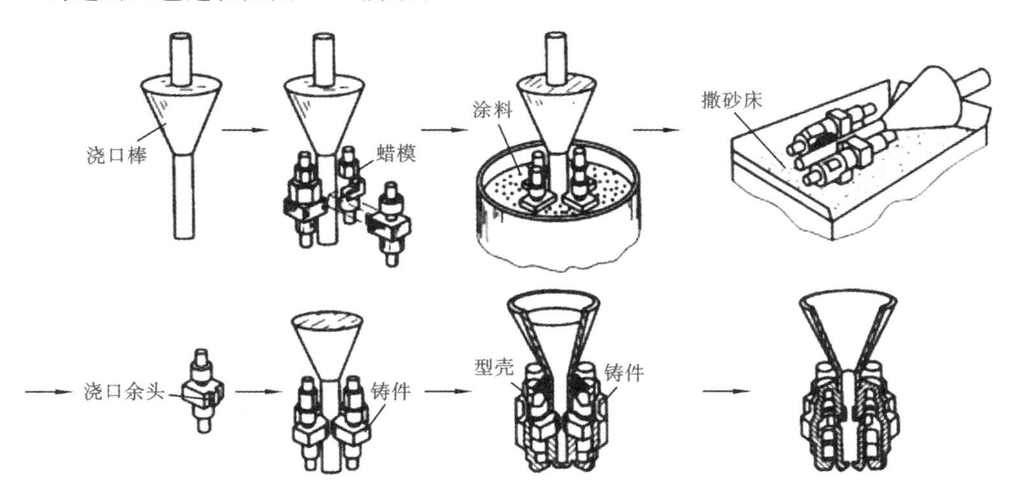

图6-17　熔模铸造的工艺过程

熔模铸造的特点是设备简单，生产占地面积小，不需大量投资，小型工厂和乡镇企业能很快上马。熔模铸件与砂型铸件相比，熔模铸件具有较高的尺寸精度和较低的表面粗糙度，可减少机械加工余量或直接得到零件，实现少、无切削加工，从而大大提高生产率。因此，熔模铸造又称为熔模精密铸造。

熔模铸造适用于机床、汽车、拖拉机、动力机械、矿山机械、电力机械、汽轮机、燃气轮机、仪表、风动工具等民用工业产品的生产。对航空航天用的涡轮、叶片及军械零件,用精密铸造的实用价值更大。实际上,有相当多的精密件采用熔模精密铸造已成为唯一的、最经济的生产方法。此外,随着旅游事业的蓬勃发展,用熔模铸造生产各种民间工艺美术品及仿制出土文物、复制历史人物纪念像也显出它独具的优越性。

2. 压力铸造

压力铸造是将熔融合金在高压,高速条件下充型,并在高压下冷却凝固成形的一种精密铸造方法,简称压铸,其最终产品是压铸件。

压力铸造特性如下。

(1) 高速充填　通常浇口速度达 30～60 m/s。

(2) 充填时间很短　中小型件通常为 0.02～0.2 s。

(3) 高压充填　热室机压力通常为 680～3 400 Pa/cm^2。

(4) 熔液的冷却速度快。

压铸所用的金属材料一般为铝、锡、锌、镁等,其中铝合金用量很大,其产品涵盖面很广,包括汽车轮毂、车模构件等,如图 6-18 所示。其中,图 6-18(a)为汽车轮毂,图 6-18(b)为汽车车模,图 6-18(c)为 168 发动机箱体,图 6-18(d)为 TB50 摩托车箱体。所采用的设备为压铸机,如图 6-19 所示。

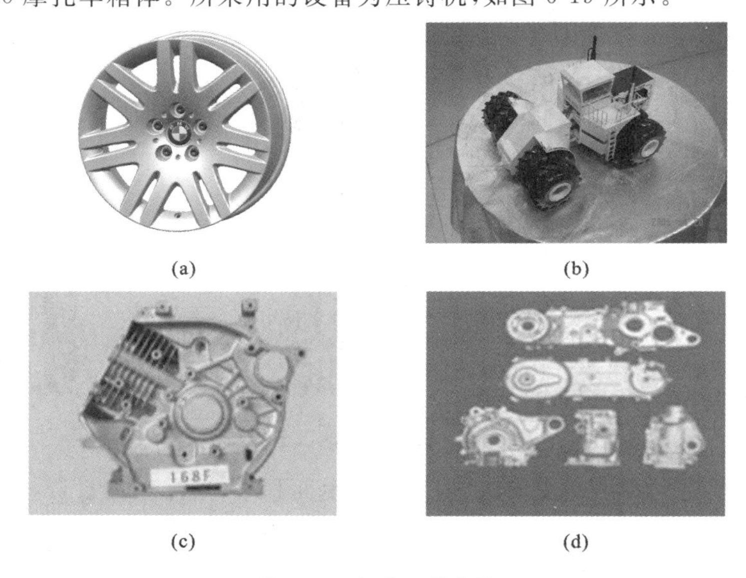

(a)　(b)　(c)　(d)

图 6-18　部分压铸产品

(a) 汽车轮毂　(b) 汽车车模　(c) 发动机箱体　(d) 摩托车箱体

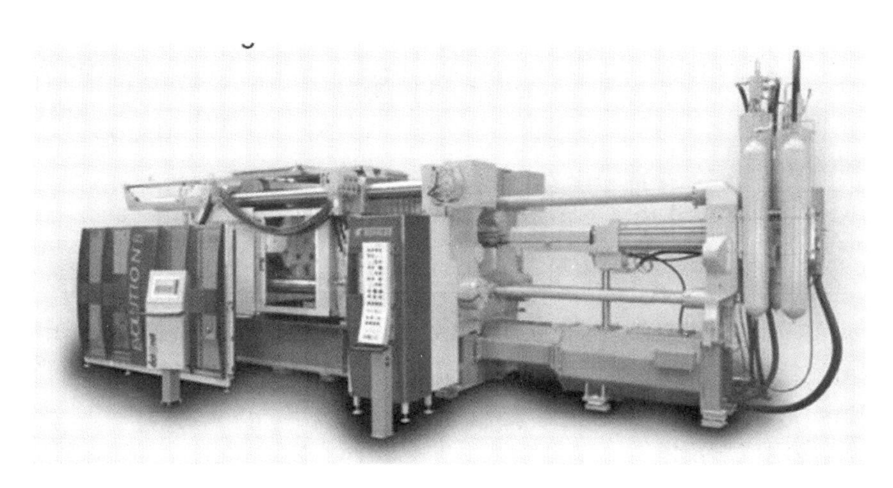

图 6-19　压铸机

6.4.2 精密塑性成形技术

精密塑性成形技术是通过塑性变形方法来实现精密成形的一种先进制造技术。精密塑性成形件不仅具有良好的内部组织与性能，还因其成形精度高而大大减少了切削加工量，使成形件表面的细化晶粒得以保存，金属纤维的连续性不受破坏，从而提高了零件的性能，成为当代动力机械提高生产效率的重要工艺方法之一。

1. 精密模锻

精密模锻是从普通模锻逐步发展起来的一种少、无切削工艺，是获得高精度、高质量锻件的锻造工艺，包括压力机精锻、高速锤精锻和多向精密模锻等。与一般模锻相比，在材料利用率、锻件精度等方面有优势，具体比较见表 6-2。

与一般模锻相比，精密模锻具有如下优点：提高材料利用率；部分取消或减少切削加工；提高锻件的尺寸精度和表面质量；可以获得合理的金属流线分布，从而提高零件的承载能力。因此，对于量大面广的中小型锻件，如果采用精密模锻方法生产，则可显著提高生产率，降低产品成本、提高产品质量，特别是对于一些难以切削的贵重金属如钛、钴、钼、铌等合金零件，采用精密模锻生产更有重要的意义。

表 6-2 模锻的参数比较

模锻方式	需加工面比例/(%)	余量	斜度/(°)	圆角半径	粗糙度 Ra		肋板高宽比	
					钢	铝	钢	铝
普通模锻	60～80	一般	5～7	大	20	10	5	8
精密模锻	<20	少、无余量	<3	小	1	1.6	8	23
多向模锻	<20	少、无余量	<1	小	1	1.6	10	23

目前，精密锻造在汽车、拖拉机、航空航天、医疗器械、仪器仪表、电子等行业都有广泛应用。在工业发达国家的航空发动机和汽车动力部件中，精密模锻件所占的比例已达40%。

2. 冷温成形技术

冷温成形技术是指金属材料在室温材料或再结晶温度下的一种塑性成形方法，塑性变形的主要方式是挤压和墩粗。目前，冷温成形已广泛应用于标准件、液压件及汽车、电子、兵器和日用品的生产。典型的产品有冷挤压活塞销，冷挤压变速箱输入、输出轴，冷挤压磁鼓，冷墩伞齿轮，冷温挤压三销轴及星形套等。

3. 回转成形技术

回转成形是指工件成形时，或工具回转，或工件回转，或工具和工件同时回转的一种成形方法。其方法包括辊锻和楔横轧成形技术，其共同特点是成形过程是连续的和局部的。辊锻是材料在一对反向旋转模具作用下产生塑性变形得到所需锻件或锻坯的塑性成形工艺，其变形原理如图6-20所示。楔横轧的工作过程如图6-21所示，两个带楔形凸起的模具以相反方向运动并带动工件旋转，使工件成形为阶梯轴类锻件。

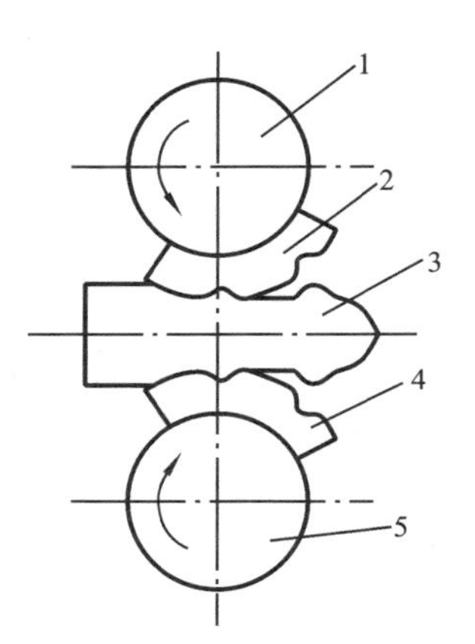

图 6-20 辊锻变形原理

1—上锻辊；2—锻辊上模；3—毛坯；4—锻辊下模；5—下锻辊

4. 精密冲裁工艺

精密冲裁简称精冲，它与普通冲裁的主要区别是凸、凹模之间的间隙小，一般为料厚的0.5%，相当于普通冲裁的1/10；带齿形的V形压边圈和反压板。精冲过程是在压边力、反压力和冲裁力三力同时作用下进行的。精密冲裁过程如图6-22所示。

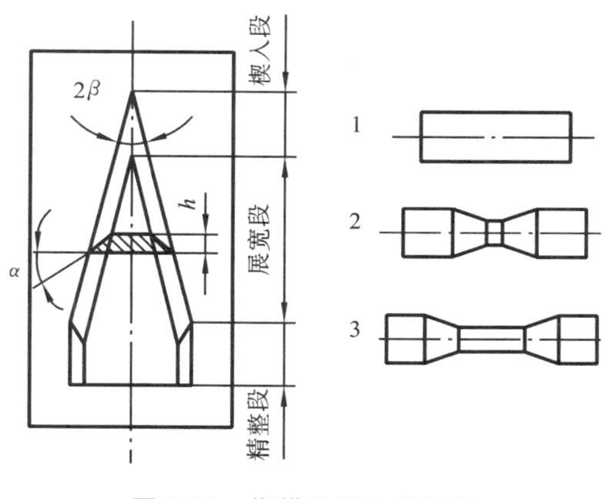

图 6-21 楔横轧的工作过程

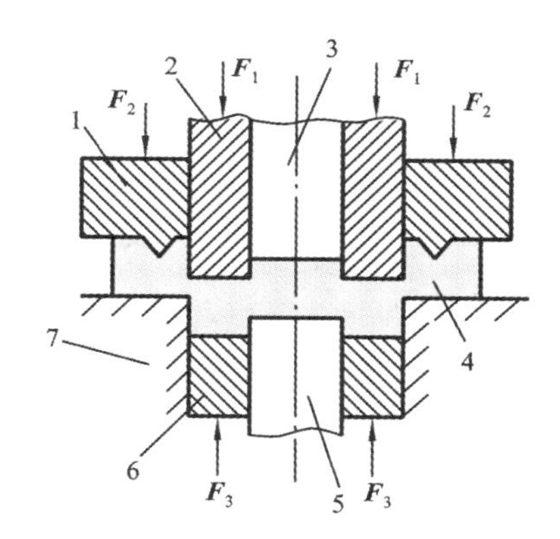

图 6-22 精冲过程示意图

1—压边圈;2—凸模;3—顶杆;
4—工件;5—冲孔凸模;6—反压板;7—凹模

6.5 知识拓展

近净成形与集成铸件工艺(*Near-Net-Shape Manufacturing and Integral Castings*).

The main advantage of shaping by casting is the realization of near-net-shape production of castings, thereby minimizing cutting processing and drastically shortening the process chains due to fewer process stages. The process chain is dominated up to the finished part by chip-arm shaping.

Development in shaping by casting is focused on two directions. First, the components become increasingly closer to the finished parts. Second, many single parts are aggregated to one casting(integral casting, one-piece-casting). Both directions of development are realized in all variants of casting technology.

For evaluation, the manufacturing examples in Figs. 6-23 and 6-24 were considered from melting up to a commensurable part.

Figure 6-23 shows a technical drawing of a flat part that had previously

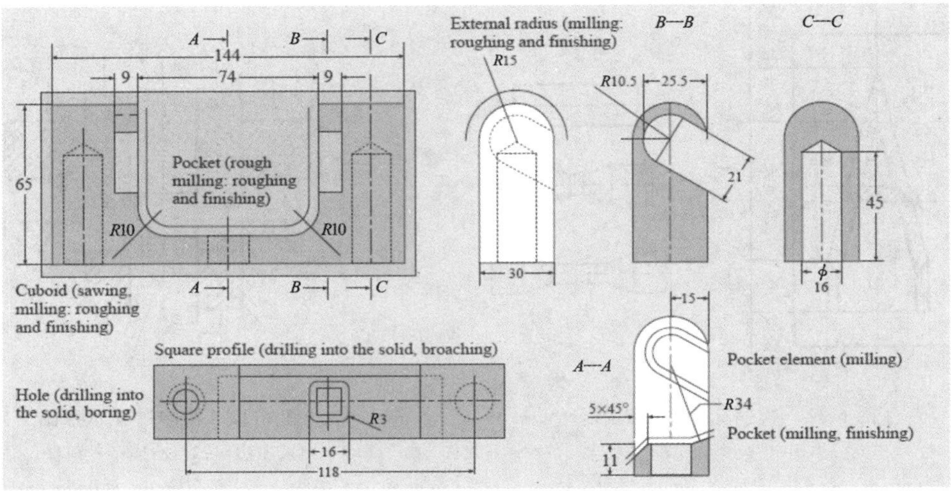

Fig. 6-23 Example: Flat part

been produced by cutting stating from a bar, that is now made as a casting (malleable cast iron) using the sand-molding principle. In cutting from a semifinished material, material is utilized at only 25.5%. As a result of shaping by casting, utilization of material was increased to 40%. The effects of shaping by casting become evident in the energy balance (primary energy, cumulative energy demand). For cutting the flat part from a semifinished product, 49 362 GJ/t parts are required. For shaping by casting, 17 462 GJ/t parts are required. Consequently, 64.6% of the energy can be saved. Compared to cutting of semifinished steel material, for part manufacturing about a third as much primary energy is required.

The doorway structure of an Airbus passenger door (PAX door: height about 2 100 mm; width about 1 200 mm) is illustrated in Fig. 6-24. The conventional manufacturing of the doorway structure as practiced until now, apart from the standard parts such as rivets, rings, and pegs, 64 milling parts were cut from semifinished aluminum materials with very low material utilization. Afterwards, those parts were joined by about 500 rivets.

As an alternative technological variant, it is proposed that the doorway structure be made of three cast segments. Assuming almost the same mass, in production from semifinished materials, the ratio of chips amounted to about 63 kg, whereas in casting, this can be reduced to about 0.7 kg. Thus, in casting, the chip ratio amounts to only 1% in comparison to the present manufacturing strategy. In the method starting from the semifinished material, about 175 kg of material have to be molten; however, in shaping by casting, this value is about 78 kg——that is 44.6%. As a result of the energy balance (primary energy, cumulative energy demand), about 34 483 MJ are required for manufacturing the doorway from the semifinished material. However, in shaping by casting, 15 002 MJ are needed——that is about 46%. The result of having drastically diminished the cutting volume due to near-net shaping can be clearly proven in the energy balance: in the variant starting from the semifinished material, 173 MJ were consumed for cutting, in casting, less than 2MJ.

In contrast to the studies mentioned above, today, the Airbus door constructions that have been cast as one part only are used. 64 parts are aggregated to one casting (integral casting).

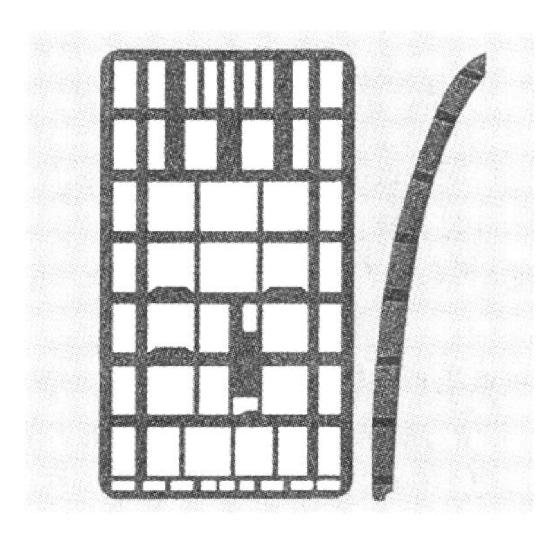

Fig. 6-24 Example: Airbus doorway

本章重难点

重点

- 砂型铸造的基本知识。
- 锻压、冲压等塑性变形的基本知识与设备。

- 焊接的方法分类及其基本特征。
- 熔模铸造与压力铸造的基本知识与设备。

难点

- 近净成形的有关成形方法及其基本原理。

思考与练习

1. 砂型铸造的原理与常用工艺方法。
2. 焊接成形的方法及其原理。
3. 熔模铸造的基本原理及其优点。
4. 压力铸造的原理及其优点。
5. 精密塑性成形技术的工艺方法与特点。
6. 近净成形技术的特点与工艺方法分类。
7. 未来铸造技术等毛坯成形技术的发展趋势。

参考文献

[1] 殷瑞钰. 冶金流程工程学[M]. 北京:冶金工业出版社,2005.

[2] 卡瓦纳 L. 钢铁工业技术开发指南[M]. 韩静涛,王福明,译. 北京:科学出版社,2000.

[3] 焊接知识[EB/OL]. 维基百科,http://zh.wikipedia.org/zh/%E7%84%8A%E6%8E%A5.

[4] 蔡兰,冠子明,刘会霞. 机械工程概论[M]. 武汉:武汉理工大学出版社,2004.

[5] 李魁盛,侯福生. 铸造工艺学[M]. 北京:中国水利水电出版社,2006.

[6] 张世昌. 先进制造技术[M]. 天津:天津大学出版社,2004.

[7] Grote K H,Antosson E K. Handbook of mechanical engineering[M]. Berlin:Springer,2008.

第7章 机械零件外形加工与装配连接技术

在完成了机械零件的毛坯成形后，即为后续的零件外形加工提供了原料。通过各种零件外形加工方法，就可以获得达到技术要求的最终零件。同时，一个完整的机器设备需要装配与连接技术把它们恰当地组装在一起，达到最后产品的技术要求。本章将介绍机械零件外形加工原理及各种传统和非传统的外形加工方法与设备，以及装配连接技术。

外形加工即将原材（或毛坯）变成零件所需形状、尺寸的加工，大致可将其分为切削加工、磨削加工、特种加工三大类。近年来，精密铸造、精密锻造和各种少、无切削加工技术的发展仅代替了部分切削和磨削加工，但到21世纪，专家们预见切削和磨削仍将是获得精密机械零件的最主要的加工方法。

7.1 相关本科课程体系与关联关系

在了解了与毛坯成形相关的大学机械类本科相关课程关系后，为更好地学习本章内容及未来规划机械类本科基础课、专业基础课及专业课的学习计划，读者应初步了解与零件外形加工技术及装配连接技术相关的课程体系间的关联关系。本节将对这一问题，以图表方式作一简要论述。

图7-1列出了支撑零件外形加工及装配连接技术的主要大学本科课程，包括主要公共基础课程、主要学科基础课程和主要专业领域课程三大类。与零件外形加工技术密切相关的学科基础课是机械制造技术基础。因此，要更好地掌握机械制造中的外形加工技术，需要具有与列出主要公共基础课及主要学科基础课有关的理论基础。这样，才能把握传统与先进零件外形加工技术与先进装配技术的发展趋势。

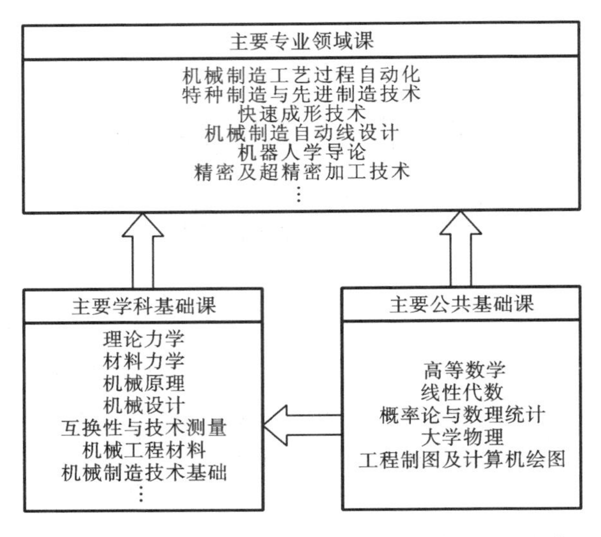

图 7-1　与外形加工及装配连接技术相关的本科课程体系

7.2　机械零件外形加工的运动学原理

本书在绪论中简要介绍了机械零件外形加工机床的演变。作为机械零件外形加工的设备——机床,这是我们理解机械零件外形加工方法的基础。一般来说,机床使用了四种不同运动学原理来产生不同机械零件的几何形状。它们分别是:展成法(generation);复制法(copying);成形法(forming);插补法(interpolation)。

7.2.1　展成法

展成法是指通过机床刀具与工件之间的复合运动形成工件所需的形状的方法,这些复合运动由绕一轴心的旋转运动和沿一坐标轴的直线运动构成。比如,圆柱形零件的外表面可以通过圆和一条直线的展成获得。

1. 产生圆柱形表面的展成方法

一般来说,有四种展成方法获得圆柱面。

1）刀具旋转并作轴向直线运动

当机床刀具相对于工件小时，可采用这种技术。比如，钻和立式镗孔是这种技术的应用例子。如图 7-2 所示为这种技术的示意图。

2）工件旋转并作轴向直线运动

当工件相对于机床刀具小时，可采用这种技术。比如，圆柱磨削是这种技术的应用例子；单轴纵切自动车床也是这种技术的应用例子，这种机床可按凸轮自动加工小直径的圆柱形工件。

3）工件旋转、刀具作轴向直线运动

车床上进行车削就是采用这种技术。

4）刀具旋转、工件作轴向直线运动

卧式镗床就是采用这种技术。

以上四种方法可以很容易地获得圆柱面，而且只需分别控制圆的产生和直线的产生。其中，圆的获得只需控制主轴的旋转运动，而主轴支承在轴承上，可以获得高精度的旋转运动；直线的获得只需用机床导轨对机床拖板导向即可获得纵向直线运动。为了保证零件圆柱素线的平行度或圆柱形零件的圆柱度，需保证机床导轨与主轴旋转轴向的平行度要求。如果要获得其他展成表面，需协调控制拖板纵向和横向的直线运动。如果展成表面是锥面，机床拖板的纵向和横向运动关系比是常数。如果展成表面是其他的复杂表面，就需要适时改变机床拖板的纵向和横向运动关系比。

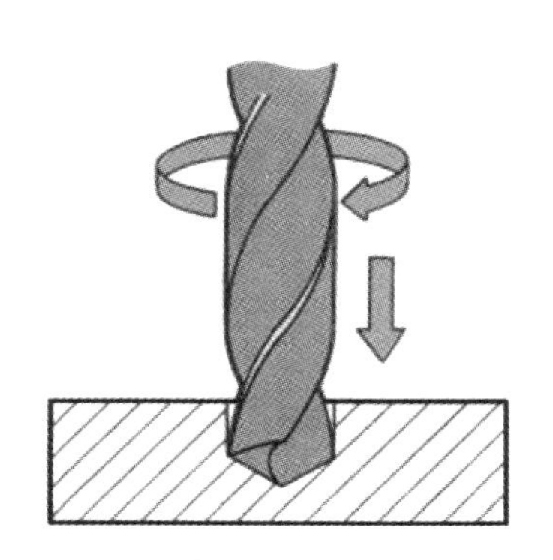

图 7-2 刀具旋转并作轴向直线运动展成法

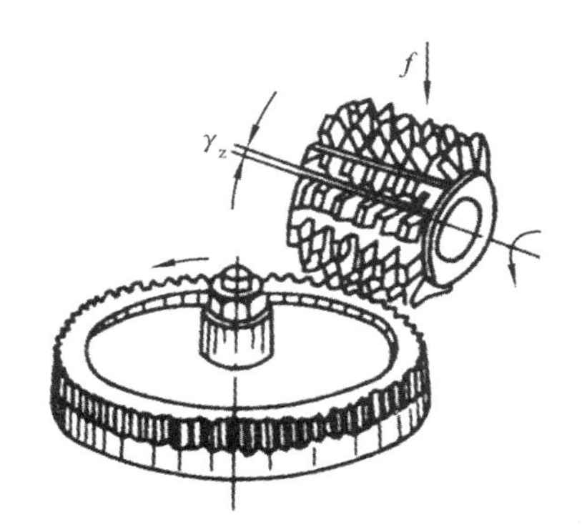

图 7-3 滚齿机的渐开线表面展成运动

2. 其他复杂表面的展成

对于其他复杂表面展成的一个典型例子就是齿轮渐开线表面的展成运动。如图 7-3 所示为滚齿机床的齿轮渐开线表面的展成运动，它包括滚刀的旋转运动和垂直直线运动及工件的旋转运动。这三个运动按照一定的运动关系，由机械传动链保证了渐开线表面的展成。

7.2.2 插补法

插补法是通过机床各运动轴的协调步进运动实现各种表面的展成。目前,一般通过数控机床的数控系统完成各插补轴的联动运动控制来实现插补展成。插补展成一般包括2轴联动、3轴联动、多轴联动等。图7-4所示为两轴联动插补展成的示意图,图7-5所示为多轴联动的数控机床示意图。

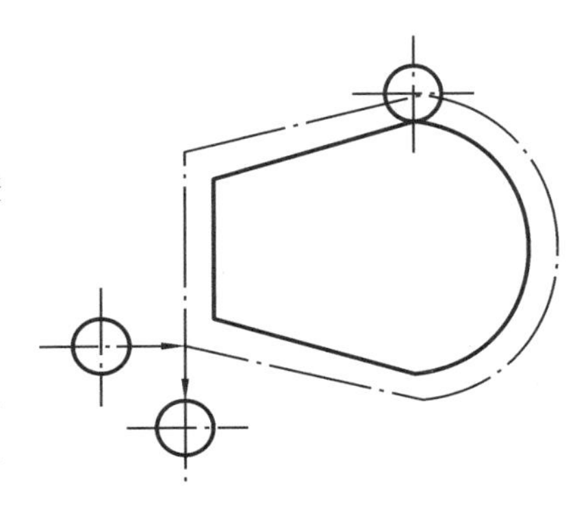

图7-4 两轴联动插补展成

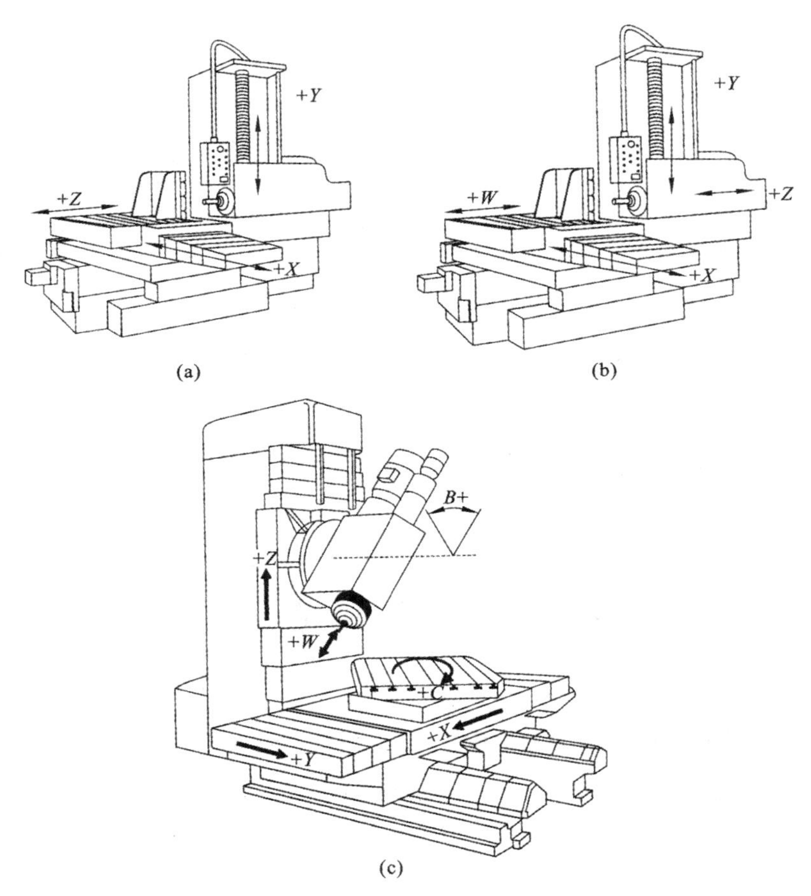

图7-5 多轴联动数控机床

(a) 三轴联动数控机床 (b) 四轴联动数控机床 (c) 五轴联动数控机床

7.2.3 复制法

对复制法来说，工件所要求的形状同样是因刀具或工件的运动得到的。但是，刀具或工件的运动是依赖于靠模针跟踪与工件形状一致的模板得到的。复制法适用于非圆曲线轮廓或多台阶圆柱零件或铸模、冲模的型腔等复杂表面。但是这些复杂表面采用数控插补展成效率更高。

7.2.4 成形法

成形法是将机床成形刀具的形状复制到了工件上，这样可得到所要求的工件形状。采用成形刀具加工机械零件要求机床有较高的刚度，而且成形的最大长度为 50 mm。采用成形法的优点是机械零件的加工时间较短，原因是其所要求的运动只需刀具的深度方向的直线运动。

7.3 传统的外形加工方法

机械零件的外形加工方法可按材料去除方法分为传统外形加工方法和非传统外形加工方法。

7.3.1 传统的材料去除方法

传统的材料去除方法包括采用单刃刀具切削方法、采用多刃刀具切削方法和采用磨粒切削方法三种，如图 7-6 所示。

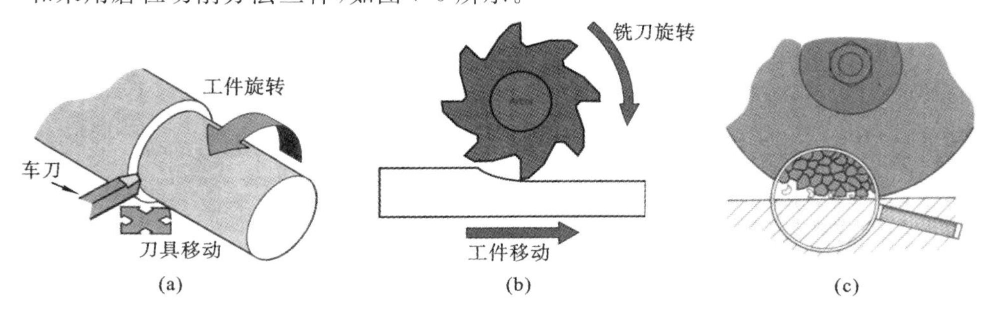

图 7-6 传统材料去除方法

(a) 单刃刀具切削 (b) 多刃刀具切削 (c) 磨粒切削

7.3.2 切削加工

切削加工方法是指使用切削刀具(包括磨料和磨具)与工件之间的相对运动,把工件上多余的材料层切除,使得工件获得规定的几何形状、尺寸和表面质量的加工方法。普通机床切削加工是由工人操作机床完成切削加工任务的,是传统的、经典的,也是最基本的切削加工。切削加工可分为车削加工、铣削加工、刨削加工、钻削加工、磨削加工和齿轮加工等多种形式,如图7-7所示。

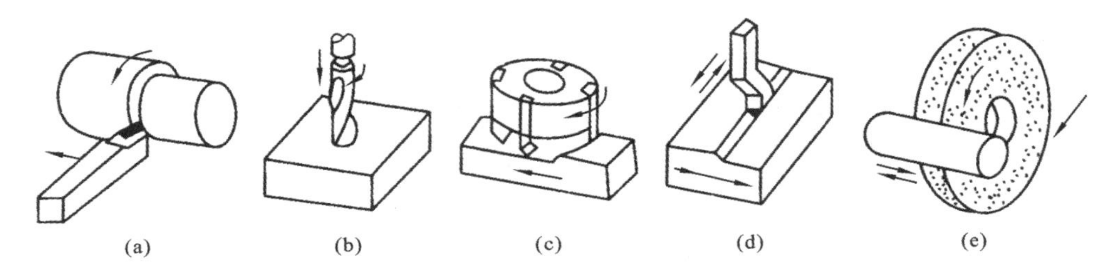

图 7-7　切削加工的主要形式

(a) 车削　(b) 钻削　(c) 铣削　(d) 刨削　(e) 磨削

1. 车削加工

在车床上利用车刀切除工件上多余的材料,以获得所要求的形状、尺寸精度和表面质量的加工方法称为车削。车削加工时,工件被夹持在车床主轴的端部做旋转运动,刀具被夹持在刀架上沿纵向或横向做进给运动。

车削加工的主要设备是车床。车床的种类很多,如卧式车床、立式车床、转塔车床、专用车床、数控车床及车削加工中心等。图 7-8 所示为一种普通卧式车床的外形,图 7-9 所示为常用车刀的形状和应用,图 7-10 所示为普通卧式车床可以加工的典型表面。

2. 铣削加工

在铣床上用旋转的铣刀加工工件的方法称为铣削。铣削时,铣刀的旋转为主运动,工件做缓慢的直线进给运动。通过选择恰当的铣刀,可完成特定表面的加工。各种铣刀类型如图 7-11 所示。铣削主要加工平面和各种沟槽,还可以加工螺旋槽和齿轮等,如图 7-12 所示。

铣刀是一种多刃刀具,它在铣削时,有几个刀齿同时参加铣削,每个刀齿可间歇地参加切削和轮流进行冷却。因此铣削的切削速度较高,生产效率高,在大批量生产中,铣削几乎取代了刨削。采用组合铣刀在一次进给中能

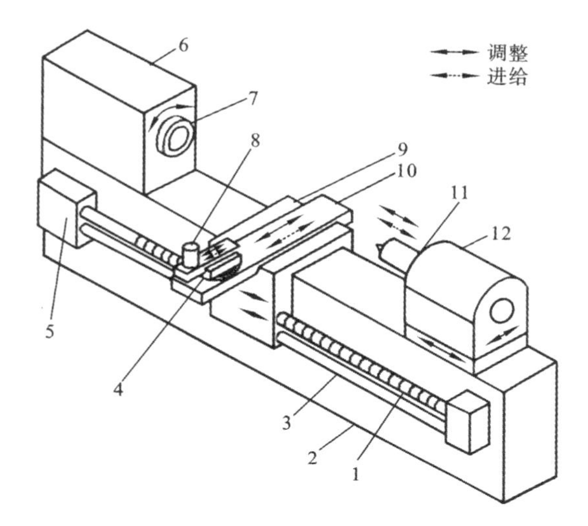

图 7-8 普通卧式车床的外形

1—滚珠丝杠;2—床身;3—进给杆;4—溜板箱;5—进给齿轮变速箱;6—床头箱;7—回转主轴;8—刀架;9—床鞍;10—横向滑台;11—顶尖;12—尾座

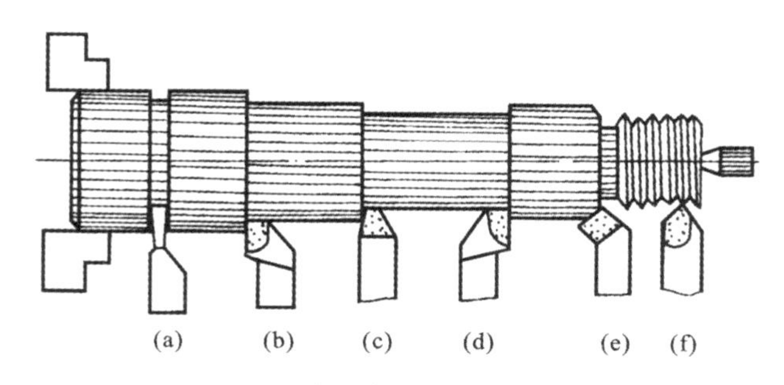

图 7-9 常用车刀的形状和应用

(a) 切槽车刀 (b) 右偏车刀 (c) 圆角车刀 (d) 左偏车刀 (e) 45°偏刀 (f) 螺纹车刀

完成几个表面的加工,这样不仅大大提高了生产率,还能保证被加工零件的尺寸精度。

铣削的主要设备是铣床,常用的有卧式升降台铣床、立式升降台铣床、龙门铣床、工具铣床等。图 7-13 所示为万能卧式升降台铣床。

3. 刨削加工

在刨床上用刨刀加工工件的工艺方法称为刨削。在刨削时,其刀架带动刨刀作直线往复运动(v_c),回程时刨刀不进行切削。工件毛坯固定在刨床工作台上,工作台在加工中作间歇的横向进给运动(f),以便从毛坯上切除多余的材

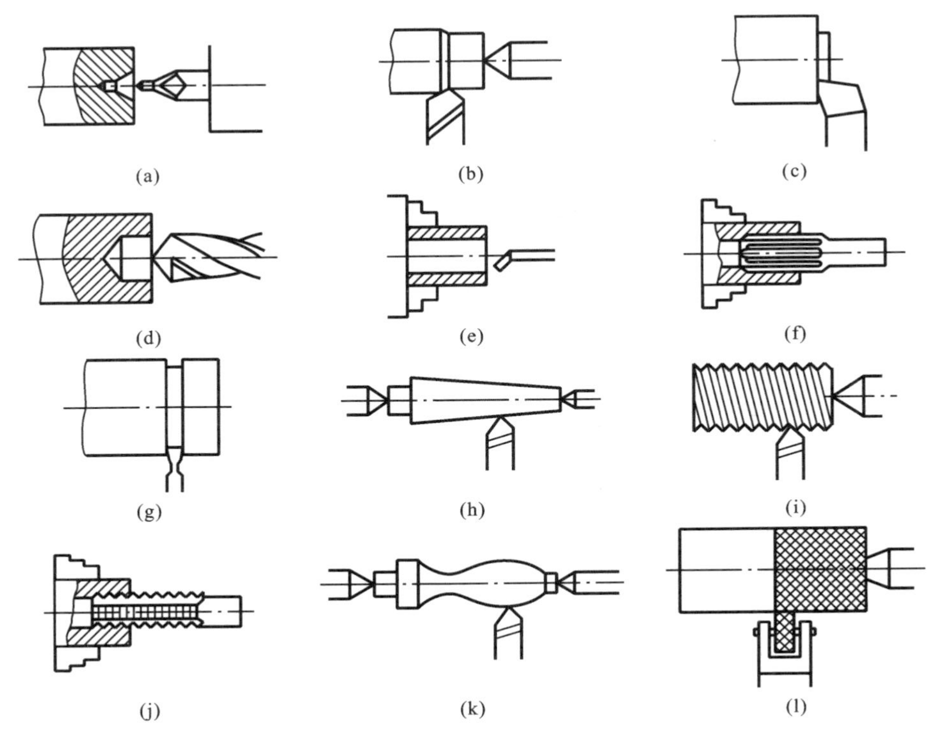

图 7-10　卧式车床可以加工的典型表面

(a) 钻中心孔　(b) 车外圆　(c) 车端面　(d) 钻孔　(e) 镗孔　(f) 铰孔
(g) 切槽　(h) 车锥面　(i) 车螺纹　(j) 攻螺纹　(k) 车成形面　(l) 滚花

料。刨削主要适应于加工平面、各种沟槽和成形面等,其加工如图 7-14 所示。刨削速度不高,生产率低,在大批量生产中已逐渐被铣削和拉削代替。

刨削的设备是刨床。最常用的刨床有牛头刨床和龙门刨床两类。图 7-15 所示为牛头刨床加工示意图。

4. 钻削加工

钻削是指用钻削刀具(如麻花钻等)在钻床上对工件进行孔加工的操作,是孔加工最常用的方法。通常以钻头的回转为主运动,钻头的轴向移动为进给运动。

钻削所用的主要设备是钻床,常用的钻床有三种:台式钻床、立式钻床和摇臂钻床。图 7-16 所示为钻床示意图。

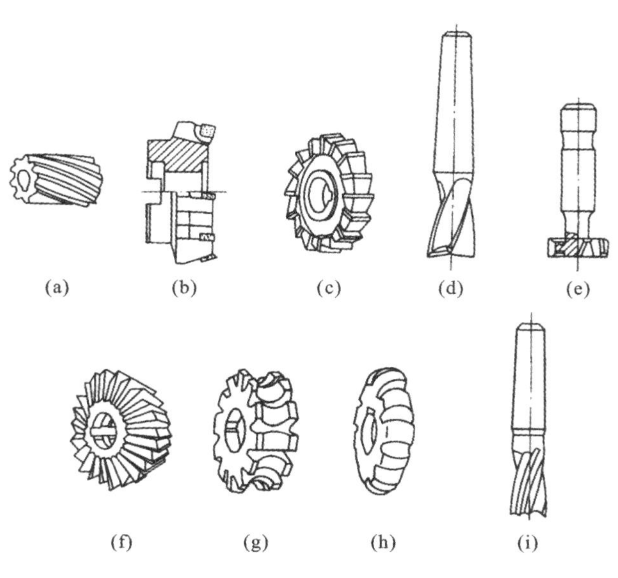

图 7-11　常用铣刀

(a) 圆柱铣刀　(b) 面铣刀　(c) 三面刃盘铣刀　(d) 键槽铣刀
(e) T 形槽铣刀　(f) 角度铣刀　(g)、(h) 成形铣刀　(i) 立铣刀

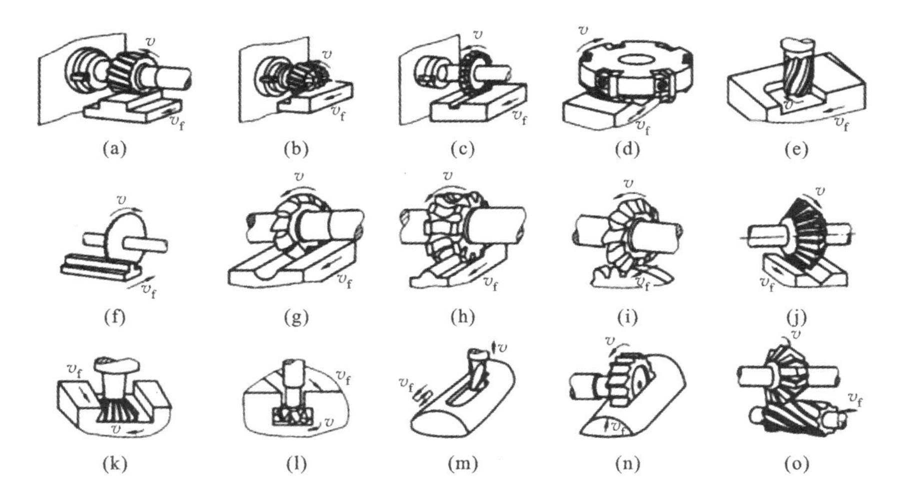

图 7-12　铣削加工的应用范围

(a) 圆柱形铣刀铣平面　(b) 套式面铣刀铣台阶面　(c) 三面刃铣刀铣直角槽　(d) 端铣刀铣平面
(e) 立铣刀铣凹平面　(f) 锯片铣刀切断　(g) 凸半圆铣刀铣凹圆弧面　(h) 凹半圆铣刀铣凸圆弧面
(i) 齿轮铣刀铣齿轮　(j) 角度铣刀铣 V 形槽　(k) 燕尾槽铣刀铣燕尾槽　(l) T 形槽铣刀铣 T 形槽
(m) 键槽铣刀铣键槽　(n) 半圆键槽铣刀铣半圆键槽　(o) 角度铣刀铣螺旋槽

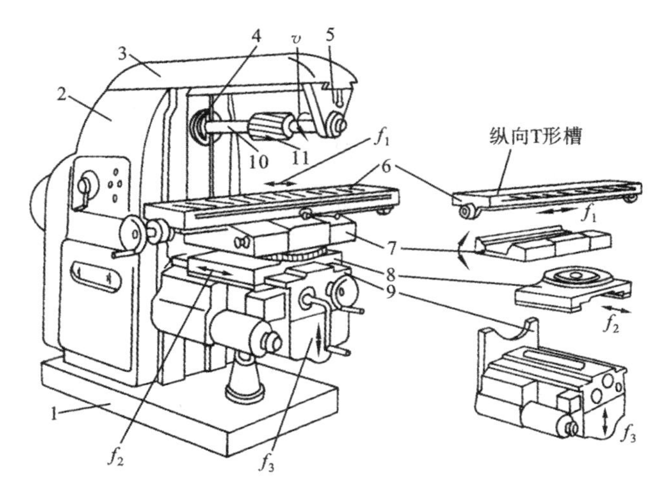

图 7-13　万能卧式升降台铣床

1—底座；2—床身；3—横梁；4—主轴；5—支架；6—工作台；
7—转盘；8—床鞍；9—升降座；10—刀杆；11—铣刀

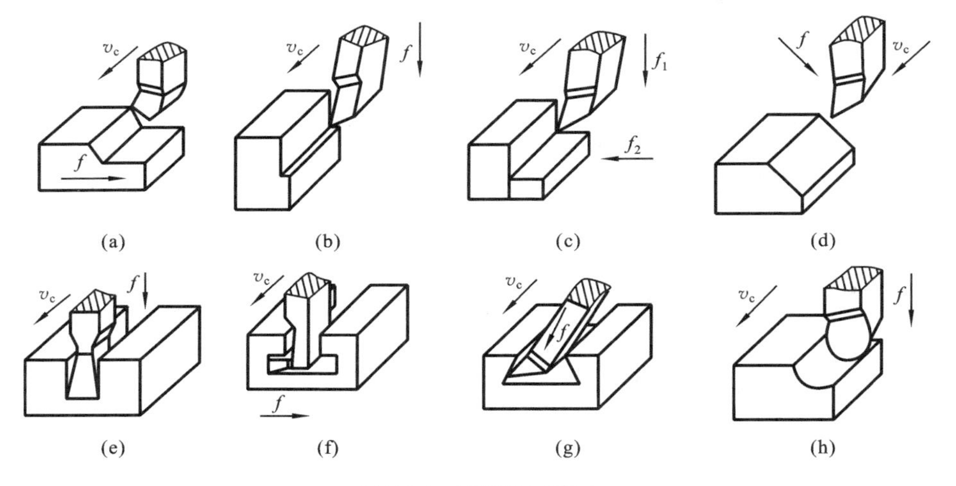

图 7-14　刨削加工范围

（a）刨水平面　（b）刨垂直面　（c）刨台阶面　（d）刨斜面　（e）刨直槽
（f）刨 T 形槽　（g）刨燕尾槽　（h）刨成形面

5. 磨削加工

磨削是指用高速旋转的砂轮作为刀具对工件表面进行微刃切削的方法，是零件精加工的主要方法之一。砂轮上的磨粒的硬度很高，它不仅能加工一般的金属材料，如碳钢、铸铁，还可以加工一般刀具难以加工的硬材料，如淬火钢、硬

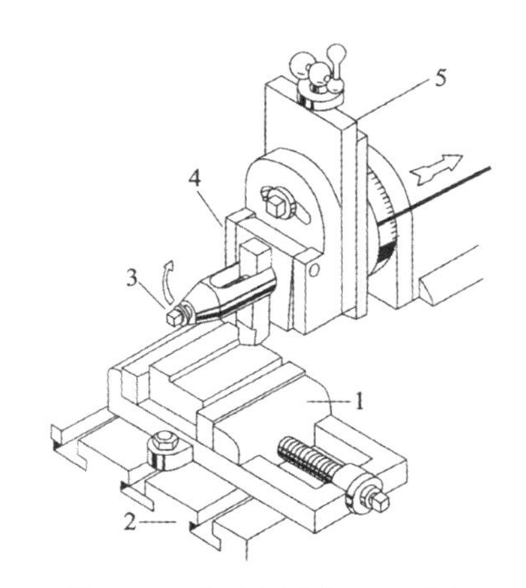

图 7-15 牛头刨床加工示意图

1—台钳；2—工作台；3—刀具回程提升机构；4—摆架；5—牛头推杆

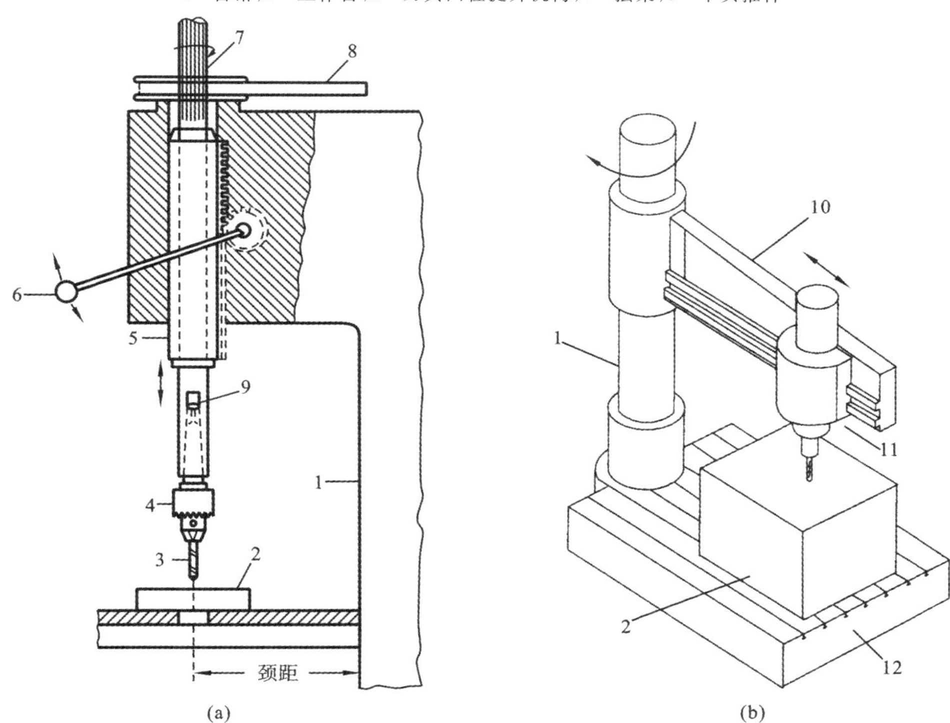

图 7-16 钻床示意图

(a) 立式钻床示意图 (b) 摇臂钻床示意图

1—立柱；2—工件；3—钻头；4—钻夹头；5—齿条；6—操作手柄；7—主轴；8—传动皮带；9—尾孔；10—悬臂；11—主轴箱；12—工作台

质合金等。

磨削主要用于零件的内、外圆柱面，内、外圆锥面，平面及成形表面(花键、螺纹、齿轮等)的精加工，以获得较高的尺寸精度和较低的表面粗糙度。几种常见的磨削加工形式如图 7-17 所示。

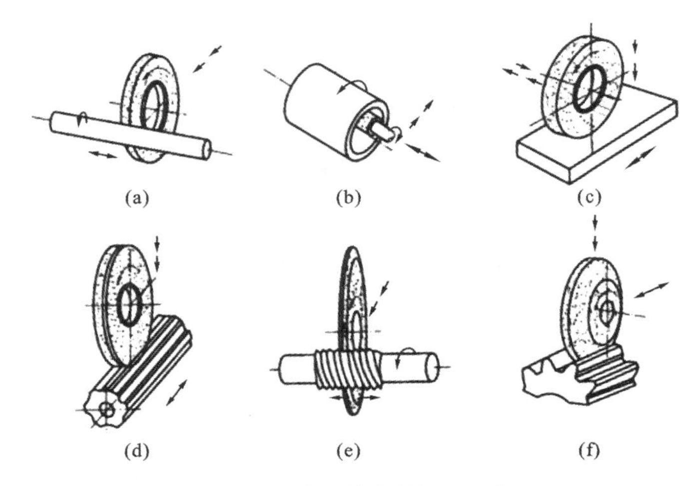

图 7-17　常见的磨削加工形式

(a) 磨削外圆　(b) 磨削内圆　(c) 磨削平面　(d) 磨削花键　(e) 磨削螺纹　(f) 磨削齿轮齿形

磨削加工的主要设备是磨床。常用的磨床有外圆磨床、内圆磨床、平面磨床等。图 7-18 所示为平面磨床示意图。

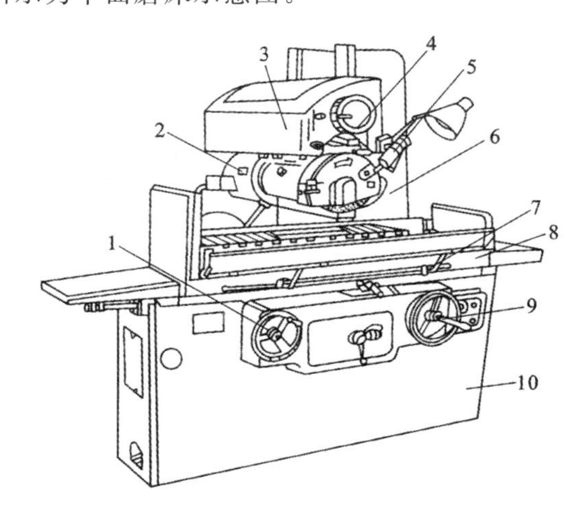

图 7-18　平面磨床示意图

1、4、9—手轮；2—磨头；3—滑板；5—砂轮修整器；6—立柱；7—撞块；8—工作台；10—床身

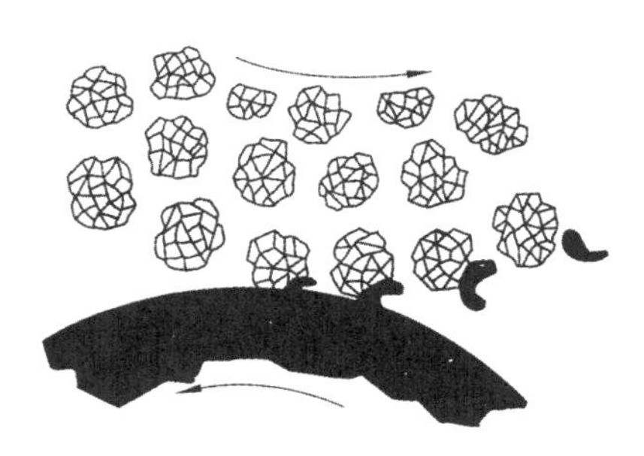
图 7-19 磨削示意图

砂轮是磨削的主要切削工具。它是由磨粒加结合剂用烧结的方法制成的多孔物体。磨粒、结合剂和空隙是构成砂轮的三要素。如图 7-19 所示，磨粒间的空隙结构有助于磨削。砂轮表面尖棱多角的磨粒如同千万把微型铣刀，在砂轮高速旋转下切入工件表面，从而实现磨削加工。

磨料是制造砂轮的主要原料，直接担负切削工作，必须锋利和坚韧。常用的磨料有刚玉类和碳化硅类两种：刚玉类（Al_2O_3）适用于磨削钢料及一般刀具材料；碳化硅（SiC）类适用于磨削铸铁、青铜等脆性材料及硬质合金刀具。

6. 精整和光整加工

精整加工是指在精加工后从工件上切除极薄的材料层，以提高工件的精度和降低表面粗糙度的方法，如珩磨、研磨、超精加工等。光整加工是指不切除或切除极薄金属层，用以降低表面粗糙度或强化其表面的加工过程，如抛光轮抛光、辊光、砂光等。

精整和光整加工的特点见表 7-1。

表 7-1 精整和光整加工的特点

名 称	特 点	精度和表面粗糙度
研磨	利用研具和研磨剂从工件上研去一层极薄金属层的精加工方法。能提高加工表面的耐蚀性和耐磨性，提高疲劳强度。生产率极低，不能提高工件各表面间的位置精度	表面粗糙度 Ra 一般能达 0.3～0.2 μm，研磨块规精度可达 0.02～0.01 μm
珩磨	是一种固结磨粒压力进给切削的方法。能切除较大的加工余量，能有效提高零件尺寸精度、形状精度和降低零件表面粗糙度，但对零件位置精度改善不大。主要用于加工内孔，如飞机、汽车、拖拉机发动机的汽缸、缸套、连杆及液压油缸、炮筒等	加工小圆孔，圆度可达 0.5 μm，圆柱度在 0.5 μm 以下，Ra 为 0.4～0.04 μm
超精加工	是一种固结磨粒压力进给切削的方法。通过介于工件和工具间的磨料及加工液，工件与研具相互机械摩擦，一般在几秒到几十秒内即可达镜面	Ra 为 0.08～0.01 μm

续表

名　称	特　　点	精度和表面粗糙度
抛光	用涂有抛光膏的软轮高速旋转加工工件，一般不能提高工件的形状精度、位置精度和尺寸精度。通常用于电镀或油染的衬底面、上光面的光整加工，是一种简便、迅速、廉价的零件表面最终光饰方法。普通抛光工件 Ra 为 0.4 μm，精密抛光工件 Ra 为 0.01 μm，精度可达 1 μm	高精密抛光 $Ra<0.01$ μm，精度<1 μm；超精密抛光 $Ra<0.01$ μm，精度<0.1 μm
水合抛光	利用在工件表面上产生的水合反应的新型高效、超精密抛光方法。在普通抛光机上，给抛光工件的部位加上耐热材料罩，使工件在过热水蒸气介质中进行抛光。主要适用于集成电路中蓝宝石表面加工	表面粗糙度 Ra 为 0.002～0.001 μm
双盘研抛	超大规模集成电路硅片精密研抛的主要方法。硅片要求厚度误差极严，用 0.01 μm 级胶质硅微粉游离磨粒来研抛硅片表面，能达到要求	全体厚度误差<2 μm 局部厚度误差<1 μm

7.4　非传统的外形加工方法

非传统外形加工又称为特种加工，是指那些不属于塑性成形及切削、磨削等传统工艺范畴的加工工艺方法。它是将电、磁、声、光等物理能量，以及化学能量或其组合直接加在被加工的部位上，从而使材料被去除、发生变形或改变性能等。特种加工可以完成以传统方法难以实现的加工，如高强度、高韧度、高硬度、高脆性材料，耐高温材料，工业陶瓷、磁性材料的加工，以及精密、微细、复杂零件的加工。特种加工是对传统加工工艺方法的重要补充与发展，已成为航空、航天、汽车、拖拉机、电子、仪表、家用电器、纺织机械等制造工业中不可缺少的加工方法。在生产中应用较多的主要有电火花加工、电化学加工、电解磨削和激光加工，还有超声加工、化学加工、电子束加工等。

7.4.1　电火花加工

1. 电火花加工的原理及特点

电火花加工是利用浸在工作液中的两极间脉冲放电时产生的电蚀作用来蚀除导电材料的特种加工方法，又称放电加工或电蚀加工，英文简称 EDM。电火花加工的原理如图 7-20 所示。加工时，工具电极（常用铜、石墨制作等）和工件分别接脉冲电源的两极，并浸入绝缘工作液（常用煤油或矿物油）中。工具电极由自动进给调节装置控制，以保证工具与工件在正常加工时维持一很小的放电间隙（0.01～0.05 mm）。当脉冲电压加到两极之间，便将当时条件下极间最近点的液体介质击穿，形成放电通道。由于通道的截面积很小，放电时间极短，致使能量高度集中，放电区域产生的瞬时高温足以使材料熔化甚至蒸发，以致形成一个小凹坑。第一次脉冲放电结束之后，经过很短的间隔时间，第二个脉冲又在另一极间最近点击穿放电。如此周而复始高频率地循环下去，工具电极不断地向工件进给，它的形状最终就复制在工件上，形成所需要的加工表面。

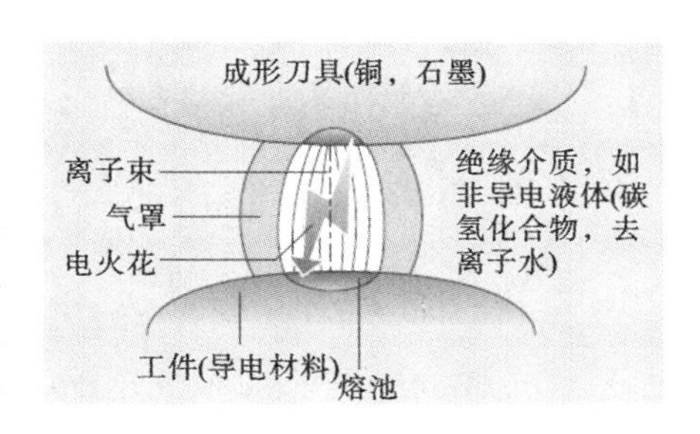

图 7-20　电火花加工原理

电火花通孔加工精度可达到 0.005～0.02 mm，表面粗糙度 *Ra* 0.4～1 μm；加工型腔的精度可达到 0.01～0.1 mm，表面粗糙度 *Ra* 1～2.5 μm。电火花加工的主要特点：适合于加工普通机械加工方法难以加工的形状复杂的工件；可以加工极硬的材料；加工时无宏观的切削力，有利于薄壳零件的加工与微细加工；电火花加工后的表面呈现均匀的凹坑，有利于贮油与润滑；精加工时去除率低；粗加工时表面质量差；存在电极损耗，影响加工精度。

2. 电火花加工的应用

电火花加工主要用于模具中的型孔和型腔的加工，已成为模具制造业的主导加工方法。

1）电火花成形加工

电火花成形加工是通过工具电极相对手工件做进给运动，将工件电极的形状和尺寸复制在工件上，从而加工出所需要的零件。它包括电火花型腔加工和穿孔加工两种。电火花型腔加工主要用于加工各类热锻模、压铸模、挤压模、塑料模和胶木模的型腔。电火花穿孔加工主要用于型孔（圆孔、方孔、多边形孔、异形孔)、曲线孔(弯孔、螺旋孔)、小孔和微孔的加工,可以实现电火花钻孔、电火花外圆/表面磨削、切断等工艺,如图 7-21 所示。

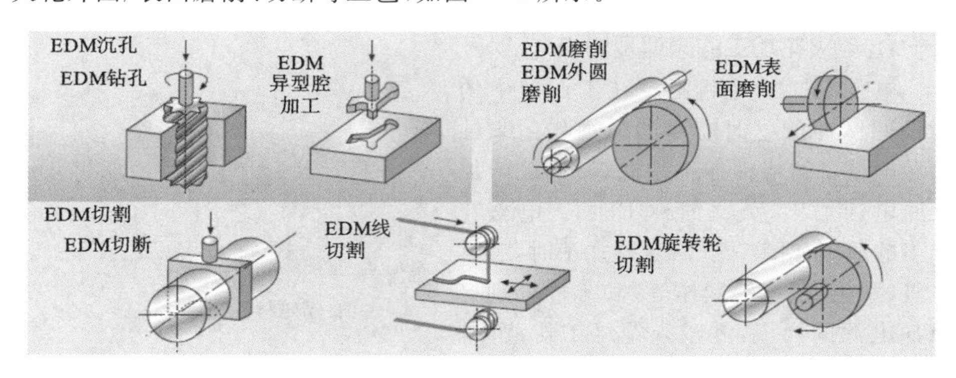

图 7-21 电火花加工的应用案例

2) 电火花线切割加工

电火花线切割加工是利用移动的细金属丝(如钼丝)作工具电极,按预定的轨迹进行脉冲放电切割。电火花线切割的原理如图 7-22 所示。工作时,脉冲电源的一极接工件,另一极接缠绕金属丝的贮丝筒。如切割图 7-22 中的内封闭结构,钼丝先穿过工件上预加工的工艺小孔,再经导轮由贮丝筒带动作正、反向的往复移动。工作台在水平面两个坐标方向按各自预定的控制程序,根据放电间隙状态作伺服进给移动,合成各种曲线轨迹,把工件切割成形。与此同时,工作液不断喷注在工件与钼丝之间,起绝缘、冷却和冲走屑末的作用。电火花线切割广泛用于加工各种冲裁模、样板及各种形状复杂的型孔、型面和窄缝等,如图 7-21 所示。电火花线切割加工的典型尺寸精度为 0.005～0.03 mm,表面粗糙

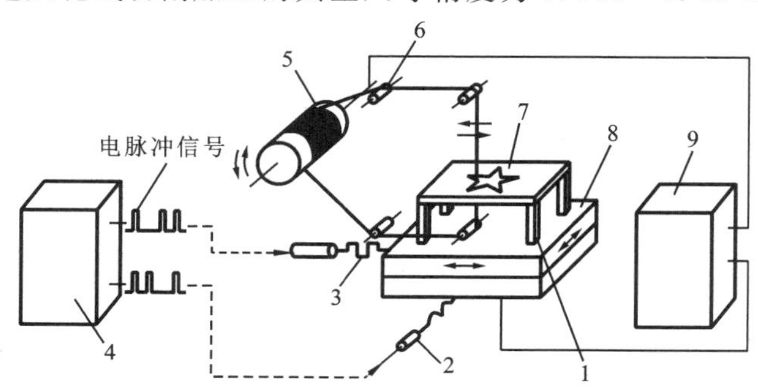

图 7-22 电火花线切割原理

1—垫铁;2—步进电动机;3—丝杠;4—微机控制柜;5—贮丝筒;
6—导轮;7—工件;8—切割工作台;9—脉冲电源

度 $Ra0.4 \sim 2\ \mu m$。

7.4.2 电化学加工

电化学加工是指利用电化学反应(或称电化学腐蚀)对金属工件表面产生腐蚀、溶解而改变工件尺寸和形状的加工方法。与机械加工相比,电化学加工方法不受材料硬度、韧度的限制,已广泛用于工业生产中。常用的电化学加工有电解加工、电磨削、电化学抛光、电镀、电刻蚀和电解冶炼等。图 7-23 是其工作示意图。

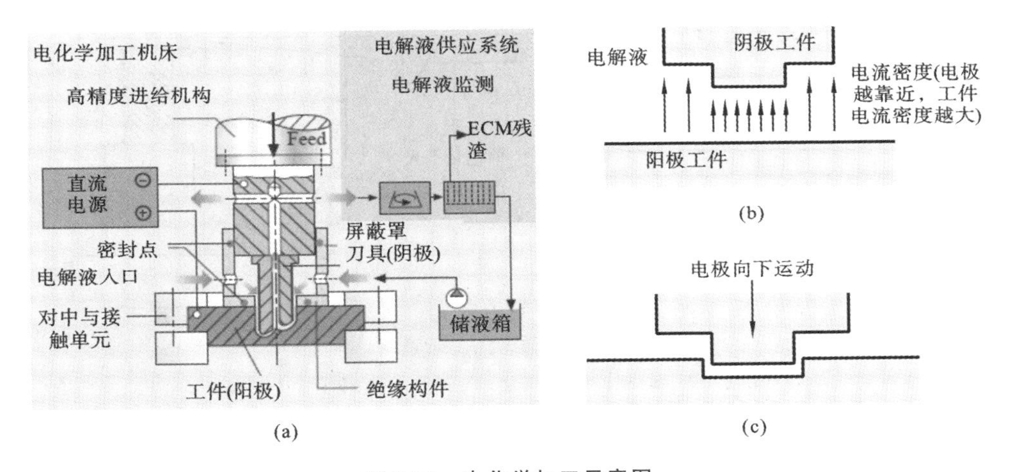

图 7-23　电化学加工示意图

电化学加工要求加工物必须可导电。加工时,刀具是阴极,加工物是阳极。电流经电解液流过电极和加工物,刀具沿着欲加工的路径加工,没有和加工物接触,没有电火花产生。加工物被溶解,是电镀的反向操作。电化学加工有着很高的金属移除率,没有热应力,也没有机械应力残留,加工表面可以达到镜面的水平。

7.4.3 激光加工

激光加工是利用材料在激光照射下瞬时熔化和气化,并产生强烈的冲击波,使熔化物质爆炸式地喷溅和去除来实现加工的。激光加工特点:不使用切削工具,不存在工具磨损和更换问题;属于非接触加工,工件不受机械切削力,无机械加工变形,能加工易变形的薄板和橡胶等弹性工件;几乎能加工所有的金属和非金属材料,如钢材、耐热合金、高熔点材料、陶瓷及复合材料等;作用时间短,热影响小,几乎不产生热变形;加工效率高,可实现高速打孔和高速切割;可进行精密、微细加工;容易实现自动化加工和柔性加工;可通过空气、惰性气体或光学透明介质进行加工。如图 7-24 所示为激光加工的示意图。

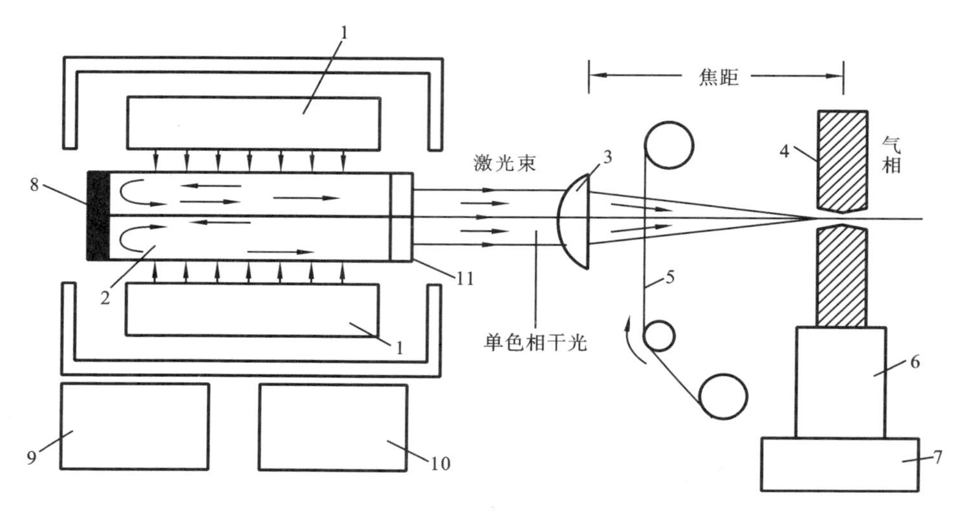

图 7-24　激光加工示意图

1—闪光灯;2—激光材料;3—透镜;4—工件;5—防护带;6—夹具;
7—工作台;8—全反射镜;9—冷却系统;10—电源;11—偏光镜

激光加工在材料去除加工方面主要应用于打孔和切割,此外还将激光用于画线、修边、动平衡校正与打标志等用途。

7.4.4　超声加工

超声加工是指利用超声频作小振幅振动的工具,并通过它与工件之间游离于液体中的磨料对被加工表面的锤击作用,使工件材料表面逐步破碎的特种加工方法,英文简称为 USM。其加工原理如图 7-25 所示。超声加工常用于穿孔、切割、焊接、套料和抛光,主要用于加工各种不导电的硬脆材料,例如玻璃、石英、陶瓷、宝石、金刚石等;可加工出各种形状复杂的型孔、型腔、成形表面等。超声与机械、电火花、电解等加工方法配合进行复合加工,可取得较好效果,例如,电火花加工与超声加工复合使用,可使精加工时的去除率提高 4 倍以上。超声复合加工是超声加工的重要发展方向。在超声加工机床中,以超声波抛光机、超声波电火花复合抛光机、超声清洗机应用最为广泛。

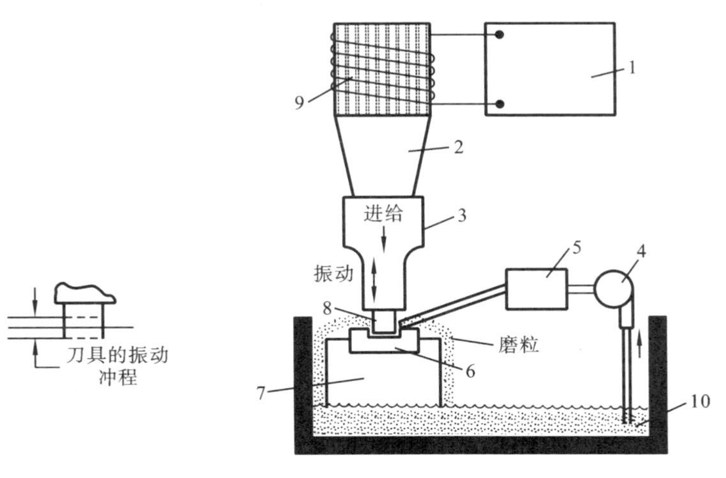

图 7-25　超声加工原理

1—高频电源；2—支承；3—刀具夹持器；4—泵；5—冷却器；
6—工件；7—夹具；8—刀具；9—变换器；10—液槽

7.4.5　液体喷射加工

喷射加工是指通过调整液流束或混有磨料的气流束喷射工件而去除材料的工艺方法。主要有磨料喷射加工、液动力加工和喷水加工三种。图7-26所示为液体喷射加工的示意图。

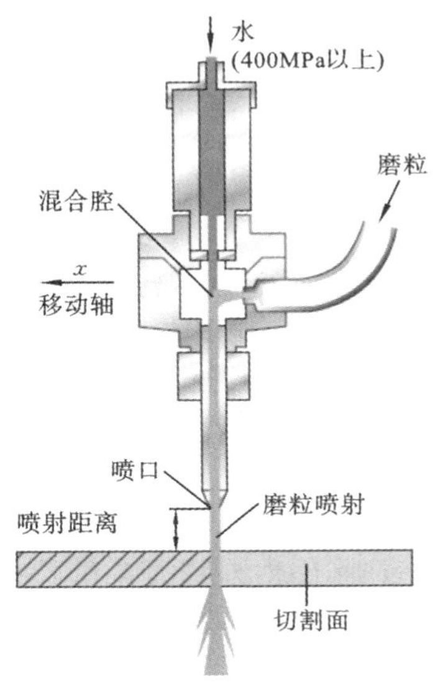

图 7-26　液体喷射加工示意图

液动力加工是通过调整液流束冲击工件而去除材料的工艺方法，常用的液体是水，或为改善加工性能而在其中添加甘油、长链聚合物或聚乙烯。可用以切割薄的和软的金属及非金属材料，切缝非常窄(0.075～0.38 mm)，切边质量比较好；加工过程中不会产生大量尘埃或招致火灾；也可用于去毛刺。在切割某些材料的过程中，可能会由于液流束混入空气而产生相当大的噪声，但若在水中加适当的添加剂或采用合适的操作角度则可使噪声降低。

7.4.6 电子束加工

电子束加工是指利用高功率密度的电子束冲击工件时所产生的热能使材料熔化、气化的特种加工方法,简称为 EBM。电子束加工是由德国的科学家 K. H. 施泰格瓦尔特于 1948 年发明的。

电子束加工的基本原理:在真空中从灼热的灯丝阴极发射出的电子,在高电压(30～200 kV)作用下被加速到很高的速度,通过电磁透镜会聚成一束功率密度约 10^7 W/cm^2 的电子束。当电子束冲击到工件时,电子束的动能立即转变成为热能,产生出极高的温度,足以使任何材料瞬时熔化、气化,从而可进行焊接、穿孔、刻槽和切割等加工。由于电子束和气体分子碰撞时会产生能量损失和散射,因此电子束加工一般在真空中进行。图 7-27 所示为电子束加工原理图。

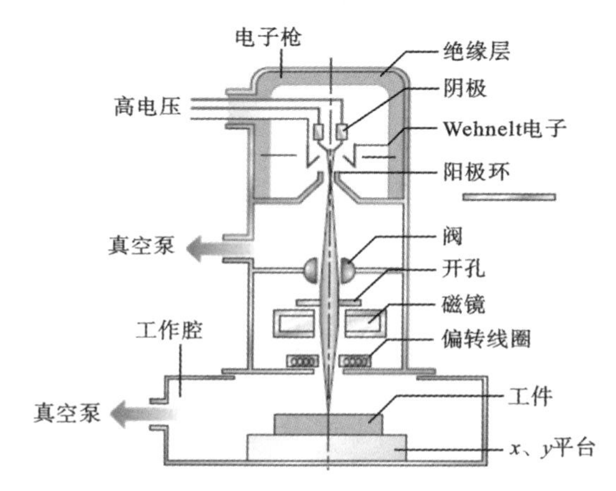

图 7-27　电子束加工原理图

电子束加工的主要特点如下。

(1) 电子束能聚焦成很小的斑点(直径一般为 0.01～0.05 mm),适合于加工微小的圆孔、异形孔或槽。

(2) 功率密度高,能加工高熔点和难加工材料如钨、钼、不锈钢、金刚石、蓝宝石、水晶、玻璃、陶瓷和半导体材料等。

(3) 无机械接触作用,无工具损耗问题。

(4) 加工速度快,如在 0.1 mm 厚的不锈钢板上穿微小孔可达 3 000 个/s,切割 1 mm 厚的钢板速度可达 240 mm/min。电子束加工广泛用于焊接,其次是薄材料的穿孔和切割。穿孔直径一般为 0.03～1.0 mm,最小孔径可达 0.002 mm。切割 0.2 mm 厚的硅片,切缝仅为 0.04 mm,因而可节省材料。

7.5 装配与连接技术

任何机械产品或设备都是由若个零件和部件组成的。根据规定的技术要求,将零件组合成组件、部件,并进一步将零件、部件组合成机械产品或设备的过程称为装配。装配是整个机械制造过程的后期工作。机器的各种零件只有经过正确的装配,才能成为符合要求的产品。怎样将零件装配成机器、零件精度与产品精度的关系及保证装配精度的方法,这是装配工艺要解决的问题。

随着产品多样性的增加及批量的减小,装配自动化技术成为机器装配过程的必然选择。为此目的而发展起来的装配机器人取得了重要的进展。在机器人大国日本,在 20 世纪 90 年代中期,装配机器人已占到机器人总数的 40%以上。装配机器人成为“未来工厂”的重要组成部分。

机器零件装配中的连接技术是确保装配合理、有效的重要技术。目前,已有 80 多种不同的机械零件连接方法,考虑到经济性、新材料的使用,一些新的连接技术受到厂家与研究单位的重视,如汽车仪表盘塑料件之间的焊接采用振动摩擦焊;为减小热应力的影响,在飞机结构件的连接中大量采用塑性变形的铆接和包边连接技术;在汽车车身连接中采用具有较小热影响区的激光焊接连接技术,以及在半导体装配中的微连接技术。本节主要介绍典型紧固件连接案例、塑料件的摩擦焊连接和包边连接。

7.5.1 螺纹连接的装配

螺纹连接是最常用的一种可拆卸连接形式,常用的连接零件有螺栓、螺钉、螺母及各种专用螺纹件。装配时应注意以下几个方面。

(1) 零件与螺纹连接件的贴合面要平整光滑,否则螺纹容易松动。为了提高贴合面的质量,可加垫圈。

(2) 螺母端面应与螺栓轴线垂直,松紧适度。

(3) 采用多个螺母连接时,应按一定的顺序拧紧,见图 7-28,且不要一次完全旋紧,应按顺序分两次或多次旋紧,以保证零件贴合面受力均匀。

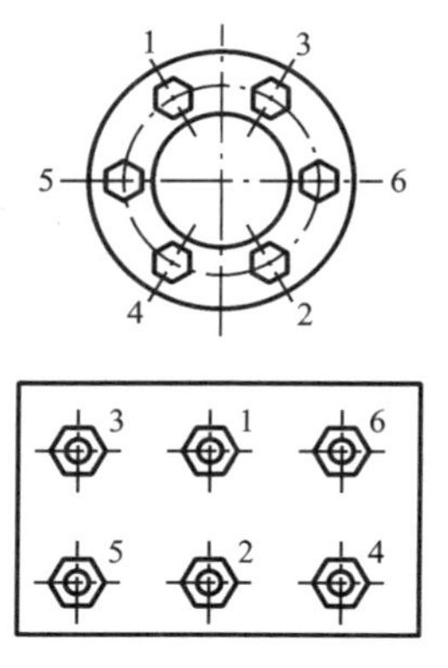

图 7-28 螺母拧紧连接顺序

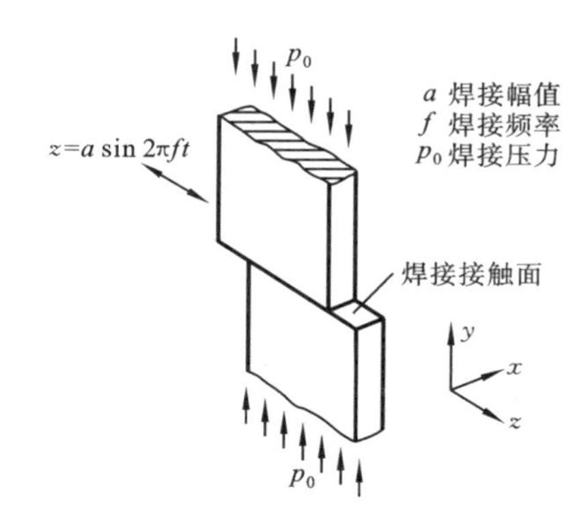

图 7-29 线性振动摩擦焊连接原理示意图

7.5.2 塑料件的振动摩擦焊连接

对于热塑性塑料,可以使两被焊接塑料件在一定的压力下产生相对运动,摩擦力产生的热使塑料件焊合在一起。按振动摩擦力产生的运动方式不同,塑料振动摩擦焊连接分为线性振动和旋转振动摩擦焊连接两种。图 7-29 所示为线性振动摩擦焊连接的原理示意图。塑料振动摩擦焊一般 8～15 s 一个周期完成一次塑料焊接,可以采用自动化的塑料振动摩擦焊连接设备。

7.5.3 包边与铆接连接

由于没有像焊接因受热融合产生的残余热应力,通过结构件的塑性变形完成结构之间的连接成为对残余应力及成本控制产品的首选连接技术。

通过结构件塑性变形的连接方法包括包边、铆接等工艺方法。包边是通过两结构件的卷曲变形而相互包合在一起的结构连接方法。铆接是通过铆钉连接两结构件,同时铆钉或结构件的塑性变形完成两结构件的连接的。也可以通过结构件之间实现自铆接,实现铆接连接。其应用如图 7-30 所示。

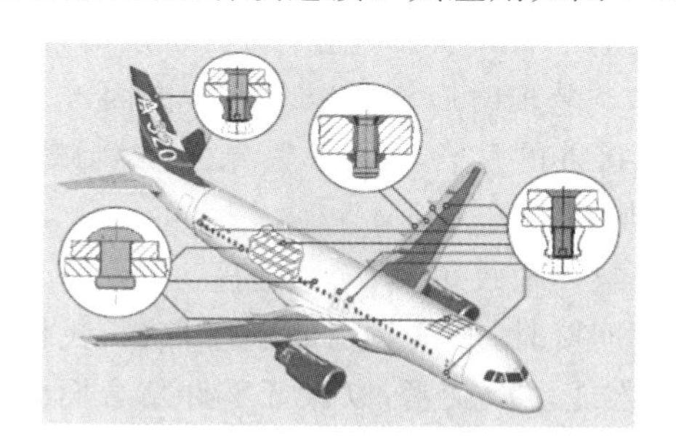

图 7-30 应用塑性变形完成结构连接的典型例子

7.6 知识拓展

7.6.1 精密与超精密加工技术

1. 概述

精密加工是指在一定的发展时期，加工精度和表面质量达到较高程度的加工工艺。超精密加工则指在一定的发展时期，加工精度和表面质量达到最高程度的加工工艺。

在瓦特改进蒸汽机时代，镗孔的最高精度为 1 mm。到了 20 世纪 40 年代，最高加工精度已经达到 1 μm。到 20 世纪末，精密加工的误差范围达到 0.1～1 μm，表面粗糙度 Ra＜0.1，通常称为亚微米加工；超精密加工的误差可以控制在小于 0.1 μm 的范围，表面粗糙度 Ra＜0.01，已发展到纳米加工的水平。几种典型零件的加工精度如表 7-2 所示。

表 7-2　部分典型零件的加工精度

零　　件	加工精度/μm	表面粗糙度 Ra/μm
激光光学零件	形状误差 0.1	0.01～0.05
多面镜	平面度误差 0.04	＜0.02
磁头	平面度误差 0.04	＜0.02
磁盘	波纹度 0.01～0.02	＜0.02
雷达导波管	平面度、垂直度误差＜0.1	＜0.02
卫星仪表轴承	圆柱度误差＜0.01	＜0.002
天体望远镜	形状误差＜0.03	＜0.01

1983 年，日本的田口教授在考察了许多精密与超精密加工实例的基础上，对精密与超精密加工的现状进行了总结，并预测了其发展趋势，如图 7-31 所示。

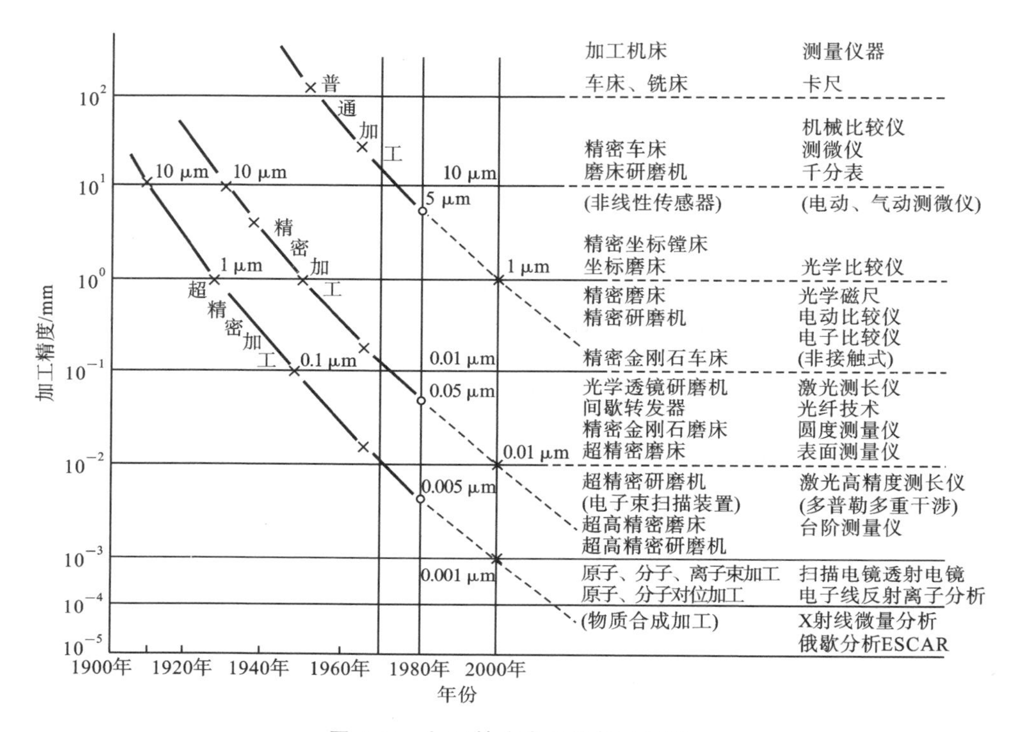

图 7-31　加工精度发展趋势示意图

2. 几种精密与超精密加工方法

根据加工过程材料质量的增减，精密与超精密加工方法可分为：去除加工（加工过程中材料质量减少）、结合加工（加工过程中材料质量增加）和变形加工（加工过程中材料中材料质量基本不变）三种类型。精密与超精密加工方法根据其机理和能量性质可分为：力学加工（利用机械能去除材料）、物理加工（利用热能去除材料或使材料结合或变形）、化学与电化学加工（利用化学与电化学能去除材料或使材料结合或变形）和复合加工四类。精密与超精密加工方法中有些是传统加工方法的精化，有些是特种加工方法的精化，有些则是传统加工方法及特种加工方法的复合。

1）金刚石超精密切削

金刚石超精密切削属微量切削，切削在晶粒内进行，切应力高达 13 000 MPa。由于切削力大，应力大，刀尖处会产生很高的温度，使一般刀具难以承受。而金刚石刀具因为具有很高的高温强度和高温硬度，加之材料本身质地细密，刀刃可以磨得很锋利，因而可加工出粗糙度值很小的表面。并可获得高的加工精度。表 7-3 所示为金刚石车床的主要技术指标。

表 7-3 金刚石车床的主要技术指标

项目		指标
最大车削直径、长度/mm		400、200
最高转速/(r/min)		3 000、5 000 或 7 000
最大进给速度/(mm/min)		5 000
数控系统分辨率/mm		0.000 1 或 0.000 05
重复精度($\pm 2\sigma$)/mm		≤0.000 2/100
主轴径向圆跳动/mm		≤0.000 1
主轴轴向圆跳动/mm		≤0.000 1
滑台运动的直线度/mm		≤0.002/150
横滑台对主轴的垂直度/mm		≤0.002/100
主轴前静压轴承(ϕ100 mm)的刚度/(N/μm)	径向	1 140
	轴向	1 020
主轴后静压轴承(ϕ80 mm)的刚度/(N/μm)		640
纵横滑台的静压支承刚度/(N/μm)		720

2）精密与超精密磨削

精密与超精密磨削工艺方法主要包括超硬砂轮精密与超精密磨削、塑性（延性）磨削、精密与超精密砂带磨削和游离磨料加工。

超硬砂轮精密与超精密磨削采用的超硬砂轮一般指以金刚石和立方氮化硼(CBN)为磨粒的砂轮。超硬砂轮的修整与一般砂轮的修整有所不同，分整形与修锐两步进行。目前多采用电解修锐的方法，并可实现在线修整（称为ELID磨削）。ELID(electrolytic in-process dressing)磨削是利用非线性电解修整作用和金属结合剂超硬砂轮表层氧化物绝缘层对电解抑制作用的动态平衡，对砂轮进行连续修锐修整，使砂轮磨粒获得恒定的突出量，从而实现稳定、可控、最佳的磨削过程，适合于对硬脆材料进行超精密镜面加工。ELID磨削技术是日本理化研究所大森整教授1987提出，并于1989年将该项技术应用于实际磨削加工。图7-32所示为ELID磨削原理，图7-33所示为ELID修锐原理。

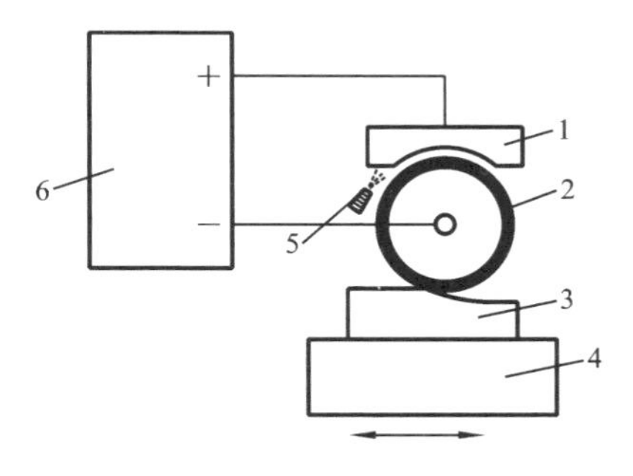

图 7-32 ELID磨削原理

1—电极；2—CIFB砂轮；3—工件；4—工作台；5—磨削液；6—电源

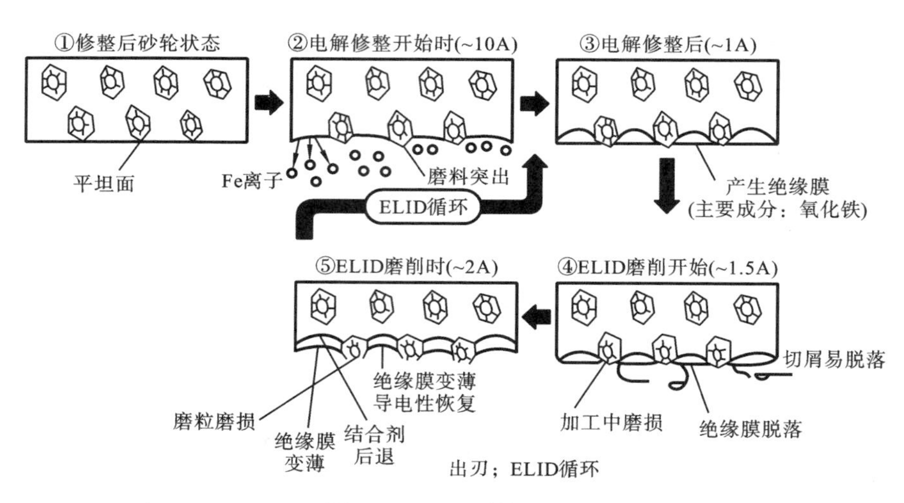

图 7-33　ELID 修锐原理

7.6.2　快速原型技术

快速原型技术(rapid prototyping,RP,也称快速成形技术)在20世纪80年代诞生于美国后,迅速扩展到欧洲和日本,并于20世纪90年代初期引进我国。快速原型技术与虚拟制造技术被称为未来制造业的两大支柱技术。快速原型技术是一种快速产品开发和制造的技术,利用光、电、热等手段,通过固化、烧结、粘结、熔结等方式,将材料或逐点堆积,形成所需的制件。快速原型技术与其他成形技术相比,它借助计算机、激光、精密传动、数控技术等现代手段,将CAD和CAM集成于一体,根据在计算机上构造的三维模型,能在很短的时间内直接制造出产品样品,无须传统的刀具、夹具、模具。RP创立了产品开发的新模式,使设计人员以前所未有的直观方式体会设计的感觉,感性地、迅速地验证和检查所设计产品的结构和外形,从而使设计工作进入一种全新的境界,改善了设计过程中的人机交流,缩短了产品开发周期,加快了产品更新换代的速度,降低了企业投资新产品的风险。

1. 快速原型技术的基本原理

快速原型技术彻底摆脱了传统的“去除”加工法,而基于“材料逐层堆积”的制造理念,将复杂的三维加工分解为简单的材料二维添加的组合,它能在CAD模型的直接驱动下,快速制造任意复杂形状的三维实体,是一种全新的制造技术。其基本步骤如下。

步骤1　由CAD软件设计出零件的曲面或实体模型，按照一定的厚度在z向对生成的CAD模型进行切面分层，生成每个截面的二维平面信息。

步骤2　对二维层面信息进行工艺处理，选择合适的加工参数，系统自动生成刀具移动轨迹和数控加工代码。

步骤3　对加工过程进行仿真，确保数控加工代码正确无误。

步骤4　利用数控装置控制激光束或其他工具的运动，在当前层上进行轮廓扫描，加工出适当的界面形状。

步骤5　铺上一层新的成形材料，为进行下一层面的加工做好准备。

步骤6　如此重复，直到整个零件加工完毕为止。

快速原型技术工艺方法(见图7-34)较之传统的许多加工方法具有以下优越性。

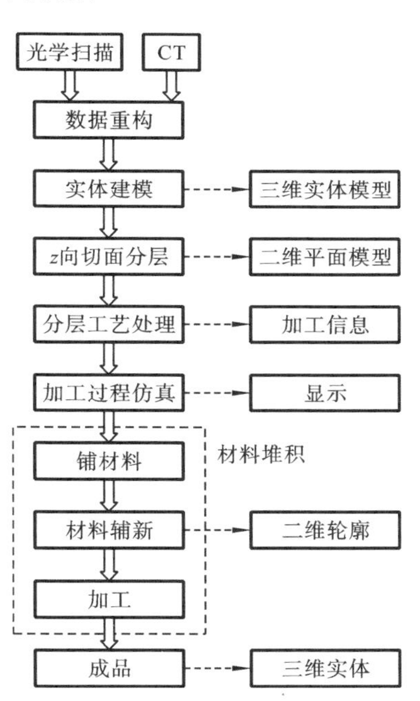

图7-34　快速原型技术工艺方法流程

(1) 可以制成几何形状任意复杂的零件　不受传统机械加工方法中刀具无法达到某些形面的限制。

(2) 大幅度缩短新产品的开发成本和周期　一般采用快速成形技术可减少产品开发成本30%～70%，减少开发时间50%，甚至更少。开发光学照相机体，如采用快速成形技术仅需3～5天(从CAD建模到原形制作)，花费6 000美元；而用传统的方法则至少需要1个月，花费约36 000美元。

(3) 在曲面制造过程中，CAD数据的转化(分层)可百分之百的全自动完成，而不像在切削加工中那样，需要高级工程人员数天复杂的人工辅助劳动才能转化为完全的工艺数控代码。

(4) 不需要传统的刀具或工装等生产准备工作　任意复杂零件的加工只需在一台设备上完成，其加工效率亦远胜于数控加工。

(5) 非接触加工　没有刀具、夹具的磨损和切削力所产生的影响。

(6) 加工过程中无振动、噪声和切削废料。

(7) 设备购置投资低于数控机床。

2. 快速原型技术的主要工艺方法

目前快速原型方法有几十种,其中以 SLA、LOM、SLS、FDM 工艺使用最为广泛和成熟。主要 RP 方法制件的机械特性如图 7-35 所示。

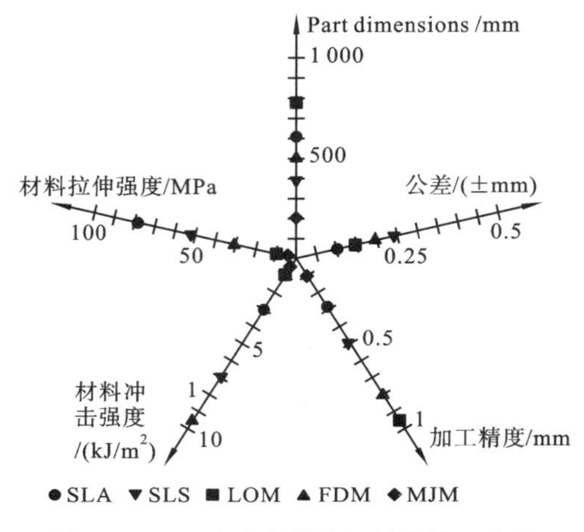

图 7-35　RP 方法制件的机械特性示意图

1) 光固化成形(SLA)工艺

光固化成形工艺也称立体光刻(stereolithography apparatus,SLA)。该工艺是基于液态光敏树脂的光聚合原理工作的。这种液态材料在一定波长和功率的紫外光照射下能迅速发生光聚合反应,分子量急剧增大,材料就从液态转变成固态。其工艺原理图如图 7-36 所示。

2) 叠层实体制造(LOM)工艺

叠层实体制造工艺也称分层实体制造(laminated object manufacturing,LOM)。该工艺采用薄片材料,如纸、塑料薄膜等,片材表面事先涂覆一层热熔胶。加工时,热黏压机构热压片材,使之与下面已成形的工件部分黏接,然后用 CO_2 激光器按照分层数据,在刚黏接的新层上切割出零件当前层截面的内外轮廓和工件外框,并在截面轮廓与外框之间多余的区域切割出上下对齐的网格,以便在成形之后方便剔除废料;激光切割完成后,工作台带动已成形的工件下降一层纸厚的高度,与带状片材(料带)分离;原材料存储及送进机构转动收料轴和供料轴,带动料带移动,使新层移到加工区域,工件的层数增加一层;再在新层上切割截面轮廓。如此反复,直至零件的所有截面黏接、切割完,得到分层制造的实体零件为止。其工艺原理图如图 7-37 所示。

3) 选择性激光烧结(SLS)工艺

选择性激光烧结工艺(selective laser sintering,SLS)是利用粉末状材料在

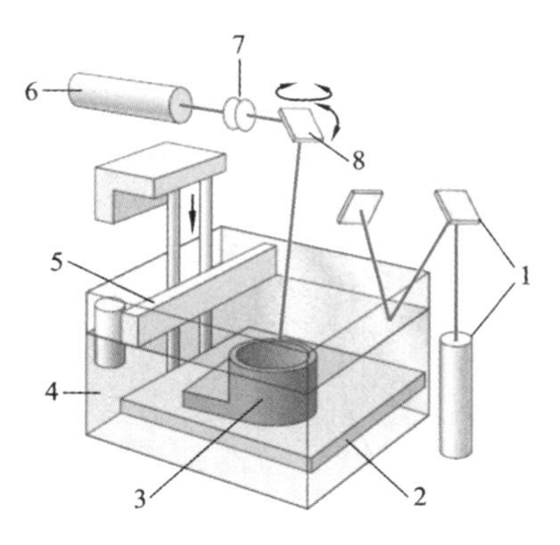

图 7-36 SLA 工艺原理

1—液体树脂水平测量单元；2—工件平台；
3—固化的模型；4—液体树脂；5—涂覆器；6—激光器；
7—激光聚焦镜单元；8—激光束控制单元

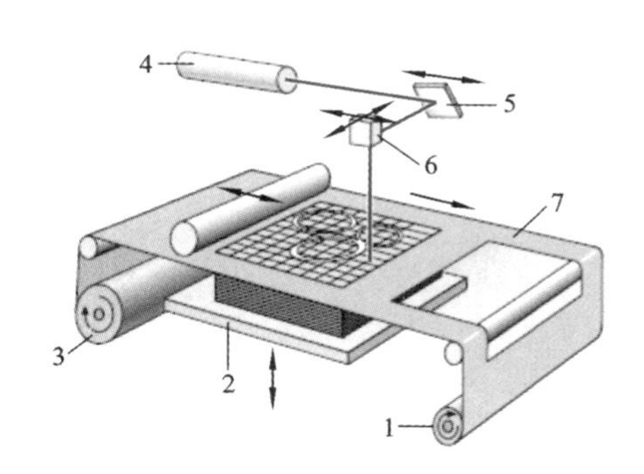

图 7-37 LOM 工艺原理

1、3—薄膜滚筒；2—工件平台；4—激光器；
5—反射镜；6—切割头；7—薄膜

激光照射下烧结的原理，在计算机控制下层层堆积成形的。其工艺原理图如图 7-38 所示。

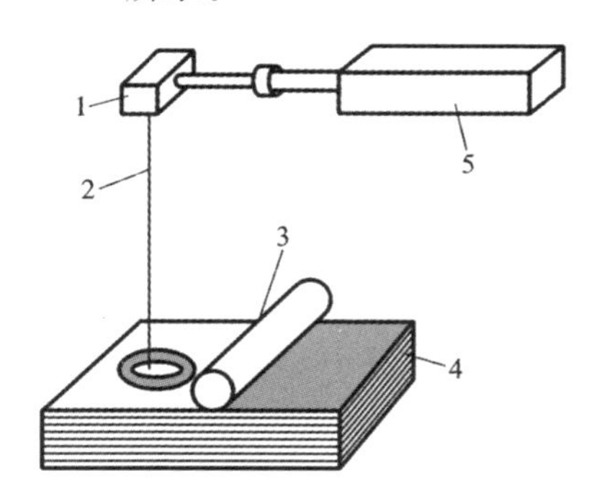

图 7-38 SLS 工艺原理

1—扫描镜；2—激光器；3—平整辊；
4—粉末；5—激光器

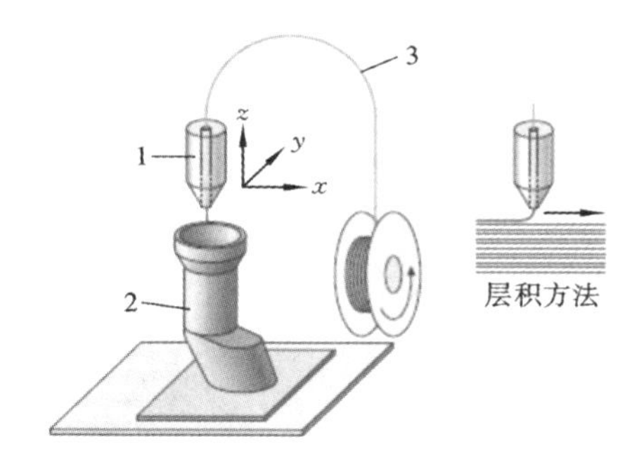

图 7-39 FDM 工艺原理

1—喷头；2—成形工件；3—料丝

4）熔融沉积制造（FDM）工艺

熔融沉积制造工艺（fused deposition modeling，FDM）是利用热塑性材料的热熔性、黏结性，在计算机控制下层层堆积成形的。其工艺原理图如图 7-39 所示。其供料系统带有由压电晶体控制的喷嘴，每秒钟能喷射 6 000～12 000 滴直径小于 0.1 mm 的液滴，从而有较高的成形速度和精度。对于加热后呈熔融状而非全液态的原材料，采用推挤式喷嘴（见图 7-40）。

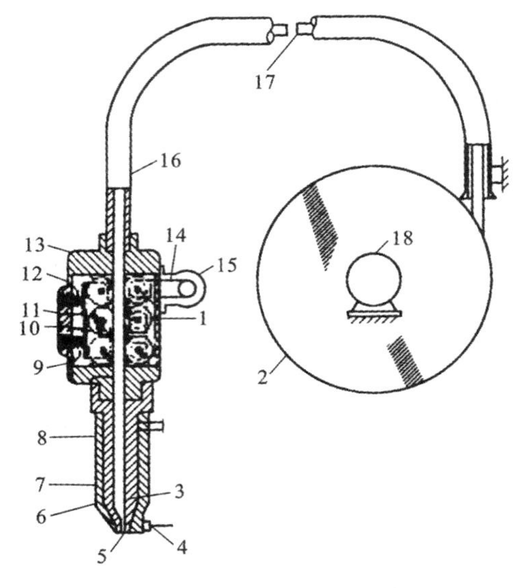

图 7-40　喷嘴和送丝系统

1—主动辊;2—供料辊;3—流道;4—热电偶;5—出口;6—喷头;7—加热器;
8—加热线圈;9、12—弹簧;10、13—从动辊;11—压板;14—皮带或链条;
15—主驱动电动机;16—导向套;17—柔性丝材;18—附加驱动电动机

5) 三维印刷(3DP)工艺

三维印刷工艺(three dimensional printing,3DP)是由美国麻省理工学院开发成功的,它的工作过程类似于喷墨打印机,其工艺原理及制品如图 7-41 所示。

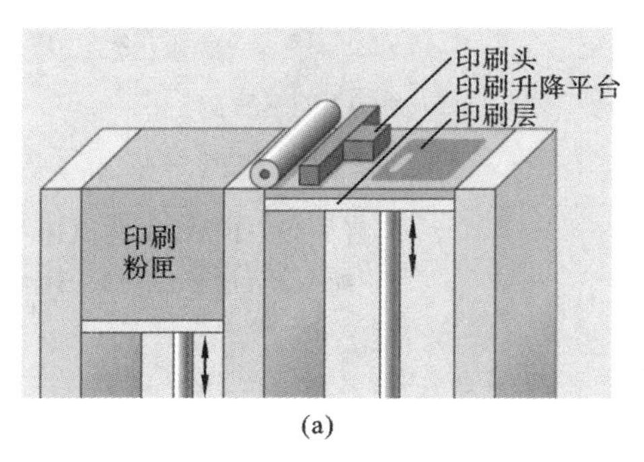

(a)

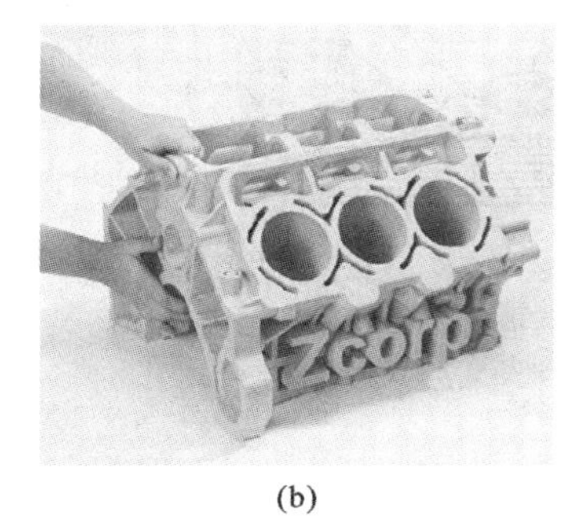

(b)

图 7-41　Z 公司的 3D 印刷机及制品实例

6) 三维焊接(TDW)工艺

三维焊接工艺(three dimension welding,TDW)采用现有各种成熟的焊接技术、焊接设备及工艺方法,用逐层堆焊的方法制造出全部由焊料金属组成的零件,也称熔化成形或全焊缝金属零件制造技术。

7.6.3 Industry 4.0

Western civilization has already witnessed three industrial revolutions, which could also be described as disruptive leaps in industrial processes resulting in significantly higher productivity. The fourth industrial revolution is already on its way. This time, the Internet is combining with intelligent machines, systems production and processes to form a sophisticated network. The real world is turning into a huge information system.

Industry 4.0 provides the relevant answers to the fourth industrial revolution. Let's take a look at the key characteristics of the new industrial landscape:

1) Cyber-physical systems and marketplace

In Industry 4.0, IT systems will be far more connected to all sub-systems, processes, internal and external objects, the supplier and customer networks. Complexity will be much higher and will require sophisticated marketplace offerings. IT systems will be built around machines, storage systems and suppliers that adhere to a defined standard and are linked up as cyber-physical systems (CPS). Using these technologies will make it possible to flexibly replace machines along the value chain. This enables highly efficient manufacturing in which production processes can be changed at short notice and downtime (e.g. at suppliers) can be offset.

2) Smart robots and machines

In the future robots will become intelligent, which means able to adapt, communicate and interact. This will enable further productivity leaps for companies, having a profound change on cost structures, skills landscape and production sites. Smart robots will not only replace humans in simply structured workflows within closed areas. In Industry 4.0, robots and humans will work hand in hand, so to speak, on interlinking tasks and using smart sensoria human-machine interfaces. The use of robots is widening to include various functions: production, logistics, office management (to distribute documents). These can be controlled remotely.

3) Big data

Data is often referred to as the raw material of the 21st century. Indeed,

the amount of data available to businesses is expected to double every 1.2 years. A plant of the future will be producing a huge amount of data that needs to be saved, processed and analyzed. The means employed to do this will significantly change. Innovative methods to handle big data and to tap the potential of cloud computing will create new ways to leverage information.

4) New Quality of connectivity

In Industry 4.0, the digital and real worlds are connected. Machines, work pieces, systems and human beings will constantly exchange digital information via Internet protocol. Production with interconnected machines becomes very smooth. Machines automatically adapt to the production steps of each part to manufacture, coordinating almost as in a ballet to automatically adjust the production unit to the series to be manufactured. Even the product may communicate when it is produced via an Internet of things and ask for a conveyor to be picked up, or send an e-mail to the ordering system to say "I am finished and ready to be delivered". Plants are also interconnected in order to smoothly adjust production schedules among them and optimize capacity in a much better way.

5) Energy efficiency and decentralization

Climate change and scarcity of resources are megatrends that will affect all Industry 4.0 players. These megatrends leverage energy decentralization for plants, triggering the need for the use of carbon-neutral technologies in manufacturing. Using renewable energies will be more financially attractive for companies. In the future, there may be many production sites that generate their own power, which will in turn have implications for infrastructure providers. In addition to renewable energy, decentralized nuclear power-e.g. small-size plants is being studied as a way to supply big electro-intensive plants, thus providing double-digit energy savings.

6) Virtual industrialization

Industry 4.0 will use virtual plants and products to prepare the physical production. Every process is first simulated and verified virtually; only once the final solution is ready is the physical mapping done——meaning all software, parameters, numerical matrixes are uploaded into the physical machines controlling the production. Some initial trials have made it possible to set up an automotive part production unit in three days——as opposed to the three months it requires today. Virtual plants can be designed and easily visualized in 3D, as well as how the workers and machines will interact.

Fig. 7-42 gives an overview of the firm as an interconnected global system on a microeconomic level. Our graph depicts the key factors: outside the factory we see a 4.0 supplier network, resources of the future, new customer demands and the means to meet them. Inside the factory, we envision new production technologies, new materials and new ways of storing, processing and sharing data. In this system, data is gathered from suppliers, customers and the company itself and evaluated before being linked up with real production. The latter is increasingly using new technologies such as sensors, 3D printing and next-generation robots. The result: production processes are fine-tuned, adjusted or set up differently in real time.

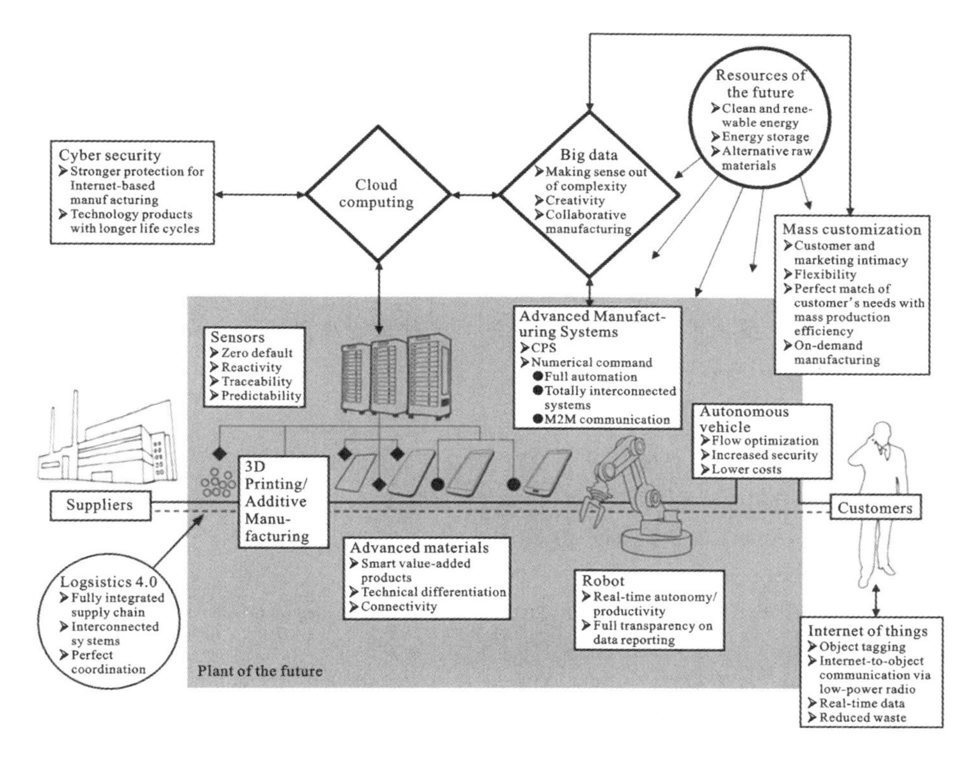

Fig. 7-42　Intelligent production system of industry 4.0

本章重难点

重点

- 外形加工的运动学原理。
- 传统外形加工的方法及特点。
- 非传统外形加工的方法及特点。
- 装配连接的发展趋势。

难点

- 传统与非传统加工各自的适用领域与未来的发展趋势。
- 精密与快速原型技术等先进加工方法的特点与应用领域。

思考与练习

1. 试论述外形加工的运动学原理分类及各自的特点。
2. 试简述车削、铣削、钻削、磨削的工艺特点及其各自能加工的零件特征。
3. 试举出三种非传统加工方法,并说明其特点。
4. 试简述塑料件连接采用的振动摩擦焊工艺的特点。
5. 试简述精密与超精密加工的技术特点。
6. 试简述快速原型技术的特点,并举例说明三种快速原型技术方法的工艺特点。

参考文献

[1] 蔡兰,冠子明. 机械工程概论[M]. 武汉:武汉理工大学出版社,2004.

[2] 张世昌. 先进制造技术[M]. 天津:天津大学出版社,2004.

[3] Grote K H,Antosson E K. Handbook of mechanical engineering[M]. Berlin:Springer,2008.

[4] 电化学加工[EB/OL]. 维基百科,http://en. wikipedia. org/wiki/Electrochemical_machining.

[5] 张鹏,孙有亮. 机械制造技术基础[M]. 北京:北京大学出版社,2009.

[6] 杨继全,徐国财. 快速成形技术[M]. 北京:化学工业出版社,2006.

[7] 快速原型技术[EB/OL]. 维基百科,http://en. wikipedia. org/wiki/Rapid_prototyping.

第8章 机械几何量的测量与检测

在机械产品的制造过程中，一个基本的要求是确保机械零部件的尺寸、性能等满足设计要求。对机械零部件来说，主要是指几何量，即尺寸、形状/位置误差和表面粗糙度达到零部件图样的技术要求。为此，在机械制造过程中，对机械零部件的在线、离线测量与检测成为确保产品质量和生产线制造能力稳定的重要手段。本章将简要论述机械制造过程中常见的传统测量手段、现代测量手段及精密测量技术。

8.1 相关本科课程体系与关联关系

为了更好地使读者，特别是大学机械类本科生了解后续课程与机械制造中的测量与检测技术的关联关系，本节将简要勾勒与测量及检测技术相关的机械类大学本科课程的关联关系。

图 8-1 列出了支撑测量与检测技术的主要大学本科课程，包括主要公共基础课程、主要学科基础课程和主要专业领域课程三大类。与测量及检测技术密切相关的学科基础课是互换性与技术测量和测试技术。其中，互换性与技术测量涉及机械几何量的精度设计、测量、检测与计量基础技术；测试技术主要是涉及工程物理量的测试分析技术。因此，要更好地掌握机械制造中的测量与检测技术，需要有在列出的主要公共基础课的基础上，在后续的相关专业课中灵活运用。这样才能把握传统与现代先进测量与检测技术的发展进程。

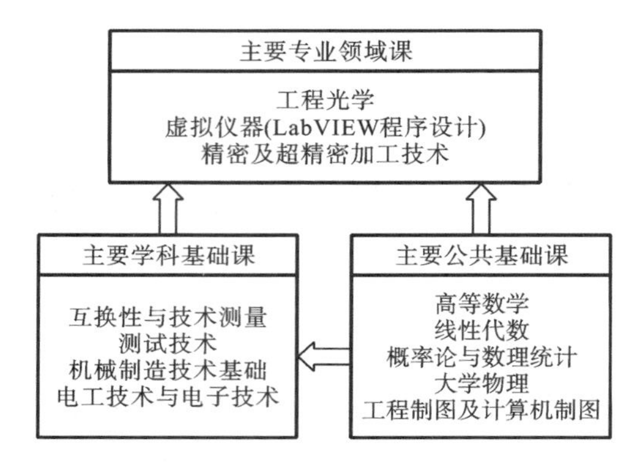

图 8-1　与测量与检测技术相关的本科课程体系

8.2　测量与检测基础

8.2.1　测量原理与测量标准

1. 测量原理

测量是指一个采用公认的量值单位系统完成被测量与标准量的比较过程。如在生产实际中，采用钢尺测量零件尺寸，那么钢尺的刻度即标准量，被测零件的实际要素即被测量。通过测量，可以得到一个带有物理单位的数字量，但这不一定是被测量的真值，真值是在一个精度极限范围内。

对于测量来说，最重要的是准确度(accuracy)与精密度(precision)的概念。准确度表示测量值与被测量真值的一致程度。精密度表示该测量过程中所得测量结果的重复程度，常用随机误差表示。随机误差 σ 可表示为

$$\sigma = \sqrt{\frac{\sum_{i=1}^{n}(x_i-\mu)^2}{n}} \tag{8-1}$$

式中：x_i 表示测量值；μ 表示测量值的均值；n 表示测量次数。

针对一个测量对象，选择一个测量仪器或确定测量系统，一般的准则是所选测量仪器的不确定度(可理解为精度)为被测对象几何量公差的 1/10。例如，如果

零件尺寸的设计公差为±0.25 mm,那么要求测量仪器的精度为±0.025 mm。

2. 测量标准系统的历史

目前,国际上存在两种长度单位系统:美国长度系统(U.S.C.S)和国际长度单位系统(SI)。世界上最早的长度单位是依照人体特征长度作为标准的。大约在公元3 000年前,古埃及就采用长度单位丘比特(cubit)。一个标准丘比特定义为一个手肘到指尖的距离,长度大约是524 mm。并进一步定义:一个标准丘比特等于28个digits(人手指宽度);一个palm等于4个digtits;一个hand等于5个digits。古希腊继承采用finger(大约19 mm)作为基本测量长度单位,1尺(foot)等于16 finger。古罗马定义1步(pace)等于5尺,1英里(mile)等于5 000英尺。中世纪欧洲大部分地区采用了基于古罗马的长度单位系统。在此时,诞生了两种长度系统:英制和米制。其中,码(yard)定义为英国国王亨利一世的鼻尖到大拇指尖的距离,等于3英尺(1英尺等于0.304 8 m)。由于之后崛起的美国采用了英制,该长度系统就演变为U.S.C.S。米制最早由法国里昂的Vicar G. Mouton于1670年提出,他建议标准米以地球1分弧度的子午线长度为其基本单位。法国大革命后米制终于建立起来,并确定米的定义为地球北极到赤道长度的1/10 000 000。1960年,国际重量与测量国际会议确定米制为国际标准长度系统。虽然,美国是世界上唯一采用U.S.C.S系统的国家,但也采纳SI系统。

8.2.2 检测原理

检测是采用测量和量规技术判断一个产品的零件、组件或材料是否符合设计要求的技术。机械零件的检测包括两类:一类是通过采用测量仪器测得几何尺寸,并以此判断该零件的几何尺寸是否处于检测极限范围内,确定零件是否合格;另一类是采用量规(一种不能得到被测零件几何尺寸的量具)直接判断被测零件是否合格,该方法不能得到被测零件的实际尺寸。

8.2.3 几何量技术要求基础

机械产品及零部件的测量检测需要明确检测对象的技术要求。这里的技术要求主要是指机械零部件的几何要求,包括尺寸、形状与位置和表面粗糙度要求。下面就这方面的知识作一简要介绍。

1. 尺寸、公差、配合

1) 公称尺寸

设计确定的尺寸。如图8-2所示的轴和孔都为$\phi15$。

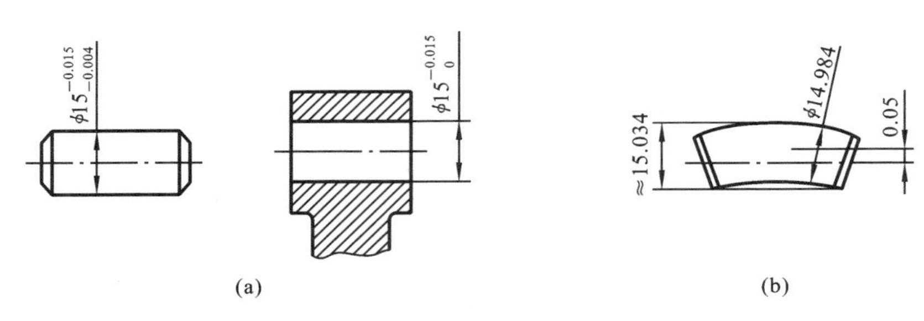

图 8-2　零件的误差

(a) 轴和孔的公差　(b) 轴的形状误差

2) 极限尺寸

极限尺寸是指允许尺寸变化的两个界限值,包含有最大极限尺寸和最小极限尺寸。如图 8-2 所示轴的最大极限尺寸为 14.984,最小极限尺寸为 14.966;孔的最大极限尺寸为 15.019,最小极限尺寸为 15.000。

3) 实际尺寸

实际尺寸是指通过测量得到的实际尺寸。由于实际零件表面存在形状误差,所以被测表面的不同部位的实际尺寸不尽相同。由于存在测量误差,所以通过测量所得的实际尺寸并非真实尺寸,而是一近似真实尺寸的尺寸。但经测量得到的尺寸应限制在极限尺寸范围内。如图 8-2 所示的轴径应在 14.984～14.966 之间,孔径应在 15.019～15.000 之间,否则就不合格。

4) 极限尺寸偏差

极限尺寸与实际尺寸之差为尺寸偏差,可以为正值或负值。极限偏差分为上偏差和下偏差。上偏差是指最大极限尺寸减其基本尺寸所得的代数差,孔与轴的上偏差分别用符号 ES 和 es 表示,如图 8-1 中轴的上偏差为 14.984－15＝－0.016。下偏差是指最小极限尺寸减其基本尺寸所得的代数差,孔和轴的下偏差分别用符号 EI 和 ei 表示,如图 8-1 中轴的下偏差为 14.966－15＝－0.034。

5) 尺寸公差(简称公差)

尺寸公差(简称公差)是指允许零件尺寸的变动量,即

公差＝最大极限尺寸－最小极限尺寸＝上偏差－下偏差

如图 8-2 中轴的公差为 14.984－14.966＝0.018,或为(－0.016)－(－0.034)＝0.018。

6) 公差带图及公差带

为了表示孔、轴的偏差和公差与尺寸的关系,国家标准规定了公差带图,如图 8-3(a)、图 8-3(b)所示。零线表示基本尺寸,零线以上的偏差为正偏差,零线

以下的偏差为负偏差，位于零线上的偏差为零。

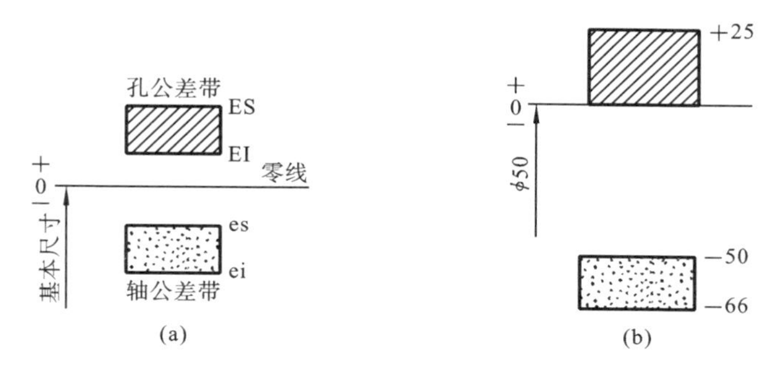

图 8-3　孔、轴公差带图

公差带是指在公差带图中，由代表上、下偏差的两条直线段所形成的区域。通常，孔的公差带用斜线表示，轴的公差带用网点表示。公差带在零线垂直方向上的宽度代表公差值，沿零线方向的长度可适当选取。

在公差带图中，基本尺寸用 mm 表示，习惯上偏差和公差用 μm 表示。

7）精度

尺寸公差的大小表明零件对这个尺寸准确程度的要求。通常把零件尺寸的准确程度称为精度。国家标准规定标准公差等级划分为 20 个精度等级，分别用 IT01，IT0，IT1，IT2，…，IT18 表示，IT01 级精度最高，公差最小，IT18 级精度最低，公差最大。其中 IT01～IT12 级用于配合尺寸，IT13～IT18 级用于非配合尺寸。图样中不标注公差大小的尺寸称为自由尺寸，一般按 IT13 级精度加工。表 8-1 中给出了部分常用精度的标准公差数值。

表 8-1　公称尺寸小于 500 mm 的标准公差(摘录 GB 1800.2—2009)

基本尺寸 /mm		公差等级									
		IT01	…	IT6	IT7	IT8	IT9	IT10	IT11	IT12	…
大于	至	μm								mm	
—	3	0.3	…	6	10	14	25	40	60	0.10	…
3	6	0.4	…	8	12	18	30	48	75	0.12	…
6	10	0.4	…	9	12	18	30	48	75	0.12	…
10	18	0.5	…	11	18	27	43	70	110	0.18	…
18	30	0.6	…	13	21	33	52	84	130	0.21	…
30	50	0.6	…	16	25	39	62	100	160	0.25	…
50	80	0.8	…	19	30	46	74	120	190	0.30	…

续表

基本尺寸/mm		公差等级									
		IT01	…	IT6	IT7	IT8	IT9	IT10	IT11	IT12	…
⋮	⋮	⋮	⋮	⋮	⋮	⋮	⋮	⋮	⋮	⋮	⋮
400	500	4	…	40	63	97	155	250	400	630	…

8) 基本偏差

基本偏差是指国家标准中规定的用以确定公差带相对于零线(表示基本尺寸的一条直线)位置的上偏差或下偏差,一般是指靠近零线的那个偏差。当公差带在零线的上方时,基本偏差为下偏差,用EI(孔)或ei(轴)表示;反之则为上偏差,用ES(孔)或es(轴)表示(见图8-4)。基本偏差共有28个,代号用英文字母表示,大写为孔,小写为轴,基本偏差的系列见图8-5。图中只表示公差带的位置,而不表示公差带的大小。注有公差的尺寸用基本尺寸和公差代号(基本偏差代号和精度

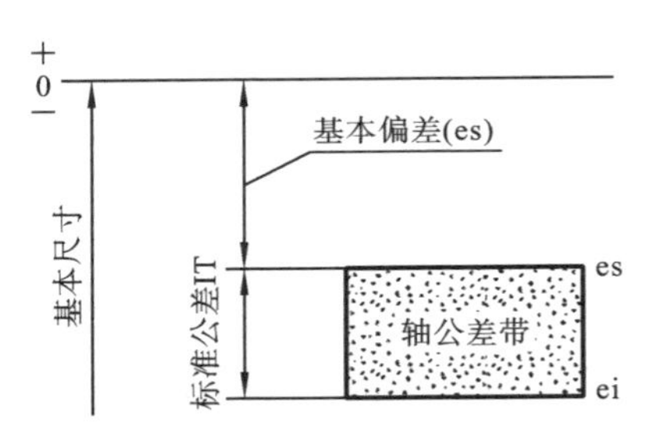

图8-4 轴公差带大小及位置

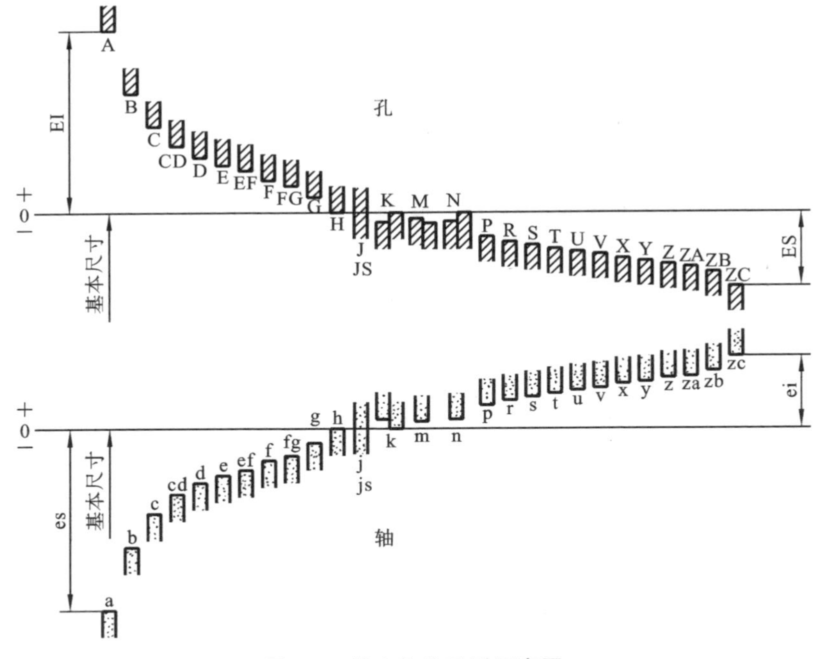

图8-5 基本偏差系列示意图

等级)表示。如 H8f7 中,f 表示轴的基本偏差,7 表示精度等级。

9）配合

相同基本尺寸的包容面和被包容面装配在一起称为配合,如轴与孔的配合,键与槽的配合等。相配合的基本尺寸称为配合尺寸。

由于配合的轴和孔的公差、精度不同,配合后的松紧程度也就不同。根据配合的松紧程度,国家标准分为间隙配合、过盈配合和过渡配合。具体的配合面采用哪种配合性质,由设计决定并在装配图中标明。

（1）间隙配合　两配合面间存在间隙的配合(包括间隙量为零的极限情况),主要用于配合面间有相对运动的表面,如图 8-6(a)所示。

最大间隙＝孔的最大极限尺寸－轴的最小极限尺寸

最小间隙＝孔的最小极限尺寸－轴的最大极限尺寸

（2）过盈配合　两配合面间具有过盈的配合(包括过盈为零的极限情况),主要用于配合面要求紧固无相对运动的表面。应使孔径的实际尺寸小于轴的实际尺寸,如图 8-6(b)所示。

最大过盈＝轴的最大极限尺寸－孔的最小极限尺寸

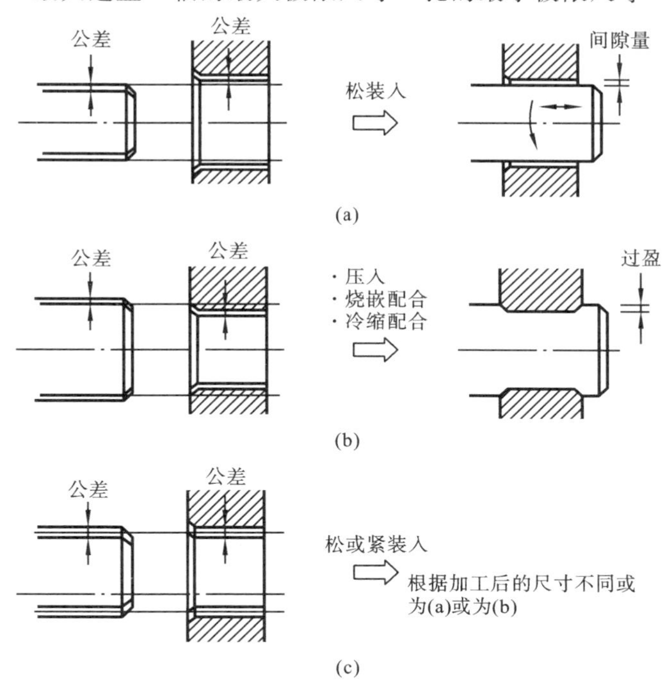

图 8-6　配合种类

(a) 间隙配合　(b) 过盈配合　(c) 过渡配合

最小过盈＝轴的最小极限尺寸－孔的最大极限尺寸

(3) 过渡配合　两配合面间可能存在间隙或稍有过盈的配合，主要用于轴和孔配合有较好的对中性，且便于装拆的场合。孔径的实际尺寸可能大于或小于轴径的实际尺寸，如图 8-6(c)所示。

2. 形状和位置公差

机械零件的形状和位置精度在很大程度上影响着该零件的质量和互换性，因而它也影响着整个机械产品的质量。为了保证机械产品的零件的互换性及质量，就应该在零件图样上给出形状和位置公差(简称形位公差)，规定零件加工时产生的形状和位置误差(简称形位误差)的允许变动范围，并按零件图样上给出的形位公差来检测形位误差。

我国已发布《形状和位置公差》系列国家标准。国家标准规定的形位公差项目有 14 个。其中，形状公差项目 6 个，方向公差项目 5 个，位置公差项目有 6 个。形位公差的每个项目的名称和符号见表 8-2。

表 8-2　形位公差分类、项目及符号

分类	项目	符号
形状公差	直线度	—
	平面度	▱
	圆度	○
	圆柱度	⌭
	线轮廓度	⌒
	面轮廓度	⌓
跳动公差	圆跳动	↗
	全跳动	⌰
方向公差	平行度	//
	垂直度	⊥
	倾斜度	∠
	线轮廓度	⌒
	面轮廓度	⌓
位置公差	位置度	⌖
	同心度(用于中心点)	◎
	同轴度(用于轴线)	◎
	对称度	⌯
	线轮廓度	⌒
	面轮廓度	⌓

3. 表面粗糙度

无论是机械加工的零件表面，或者是用铸造、锻压等方法获得的零件表面，总会存在着微观几何形状误差(轮廓微观不平度)，即使是经过精细加工，看来很光亮的表面，经过放大还是可以看出表面仍具有一定的凸峰和凹谷。这种峰谷的高低和尖钝反映了零件表面的粗糙程度。表面粗糙度不仅对零件的配合性质、耐磨性、强度、抗腐蚀性、机器的工作精度、机器装配后的可靠性和寿命有着重要的影响，而且对连接的密封性和零件的美观等也有很大的影响。因此，对表面粗糙度提出合理要求是一项不可缺少的重要内容。

按 GB/T 131—2006 规定，评定表面粗糙度的指标有许多，其中轮廓幅度参数按照原始轮廓、粗糙度轮廓(用 λ_c 抑制原始轮廓长波波长所得轮廓)和波纹度轮廓(用 λ_f 抑制原始轮廓长波波长所得轮廓)分类，其中最常用是算术平均偏差、轮廓最大高度。针对粗糙度轮廓，算术平均偏差用 *Ra* 表示，轮廓最大高度用 *Rz* 表示。按照最新的国家标准，表面粗糙度代号的各种要求和数值的标注方法及其含义如图 8-7 所示。

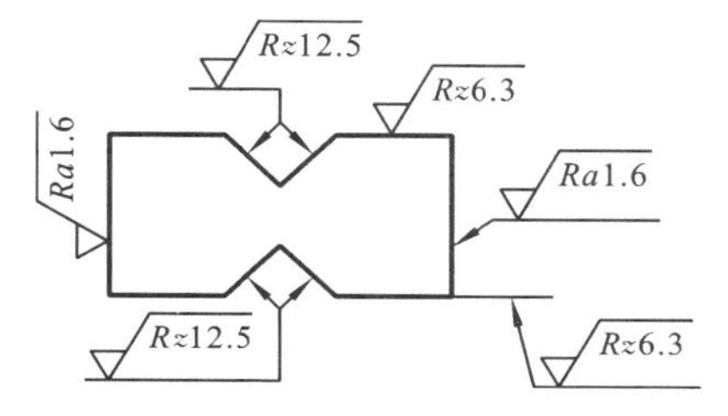

图 8-7 表面粗糙度标注示例

8.2.4 制造过程质量控制

制造系统的生产过程的质量管理包括两大类方法：一类是基于问题求解的管理方法；另一类是采用预防性的管理方法。为了定量评价制造系统生产过程的质量，需要许多现场的测量监测系统，实时获取生产系统实际的数据，比如设备的性能数据等。其中，过程质量的统计评价与控制方法(SPC)是经常采用的一个质量控制的统计方法。通过 SPC 可以不断修正生产系统的系统误差和缩小随机误差的大小，保持生产系统加工能力维持不变。如图 8-8 所示，在不同的

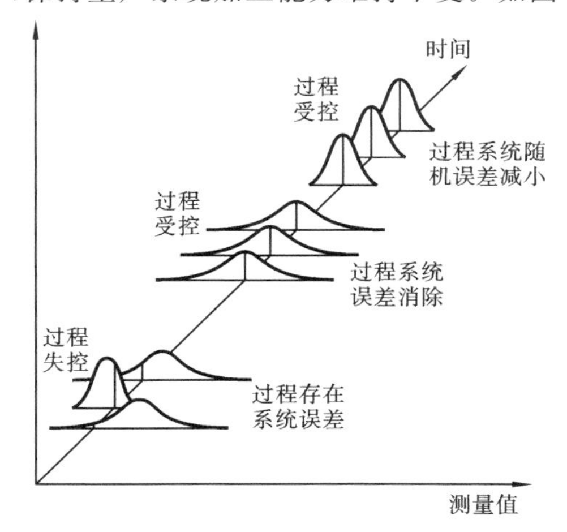

图 8-8 通过消除生产系统的系统误差与随机误差，使加工能力维持稳定

阶段,对于已有系统误差与随机误差的生产系统,通过系统修正与调整,使生产系统重新回到正常生产状态,保证产品质量。如图 8-9 所示为基于统计控制方法的质量控制概览。

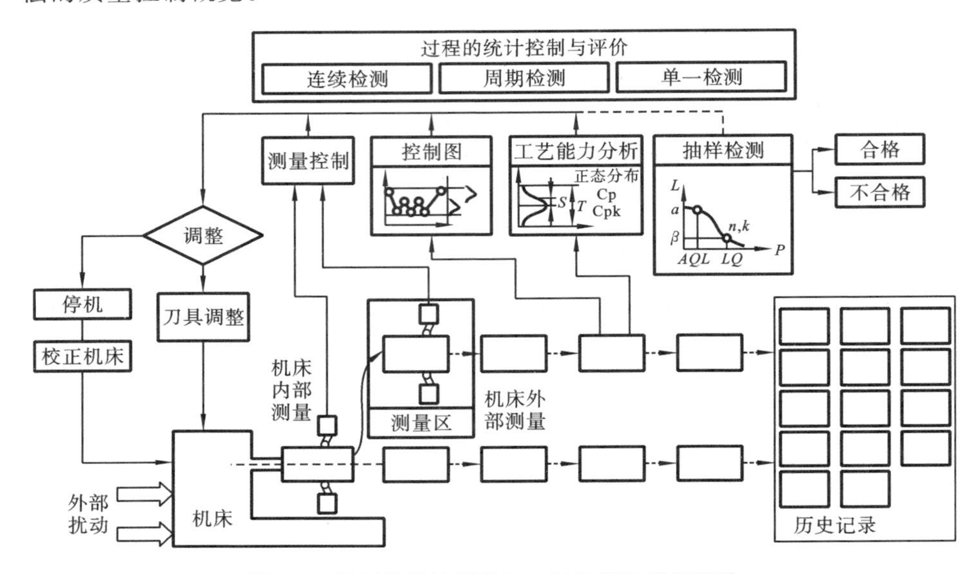

图 8-9　基于统计控制的加工过程质量控制概览

8.3　传统测量仪器与量具

本节将简要叙述手动操作的传统测量仪器与量具。这些仪器可用于测量零件的长度、深度和直径,还有一些几何特征,如角度、直线度、圆度等。

8.3.1　精密量块

按国际标准定义确定的长度基准是不能直接使用的,需要一个长度的量值传递系统,从高精度的长度量具传递到普通精度的长度量具。精密量块处于长度量值传递系统的前端,是一种重要的高精度长度量具。按我国的国家标准,一等量块是最高等级的量块。

如图 8-10 所示,量块的形状是一个长方体,它通过两个相对的测量之间的距离，确定量块的长度。量块经过严格的加工，使得量块长度达到很高的尺寸精度。量块两测量面需经过抛光，并保证很高的平行度。两个量块按测量面研合，可以使量块吸附在一起。最高等级（高等级实验室标准）的量块长度的尺寸精度可达到±0.000 03 mm。量块材料一般选用较硬的材料，如工具钢、含铬/钨合金。

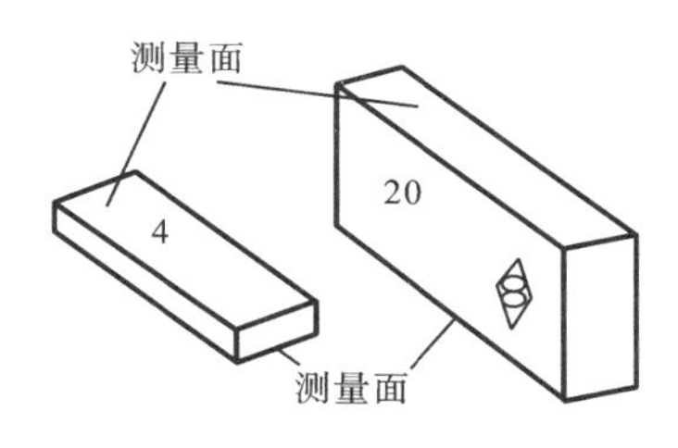

图 8-10 量块

量块使用的基本方法是选用最少的量块，并组合得到所需要的尺寸，并通过比较测量的方法实现零件尺寸测量。理论上可以由量块组合得到分辨率最小为 0.002 5 mm 的任意尺寸。计量实验室常用硬花岗岩平台作为量块的平面基准，并严格控制测量温度为 20 ℃。在车间内使用精密量块时，常常会有量块磨损与测量温度的偏差，这时需要进行相应的补偿和周期性的量块长度校准。

8.3.2 线性长度的测量量具

线性长度的测量量具包括两大类：带刻度的量仪和不带刻度的量仪。钢尺是一种最常见的带刻度线性测常量具，其最小刻度为 1 mm 或 0.5 mm，车间里使用的常用规格有 150、300、600、1 000 mm。卡规是钳工使用的常用工具，也用来测量内外几何要素的线性尺寸，它是不带刻度的量具，如图 8-11 所示。卡规可以用来确定两个点或线间的距离，并通过钢尺或其他刻度量具读出测量值。

图 8-11 卡规

游标卡尺是类带有游标和卡钳的线性测长量具。其最简单的不带游标的卡尺，如图 8-12(a)所示，其最小分辨率是 0.5 mm。带有游标的卡尺是由法国数学家 P. Vernier(1580—1637)发明的，因此其英文命名为 vernier caliper，称为游标卡尺，如图 8-12(b)所示。游标卡尺的分辨率可达 0.01 mm。游标卡尺除了测量内外要素的长度外，还可以测量深度尺寸，如槽、盲孔的深度。

千分尺(micrometer)是另外一种常用的线性测长量具，如图 8-13 所示。对于遵循美国标准的典型千分尺，其测量主轴旋转一转，轴向运动 0.025 in，旋转游标带有 25 个刻度，因此其分辨率为 0.001 in。这也是千分尺中文名称的由来。对于遵循 ISO 标准的典型千分尺，其测量主轴旋转一转，轴向运动 0.5

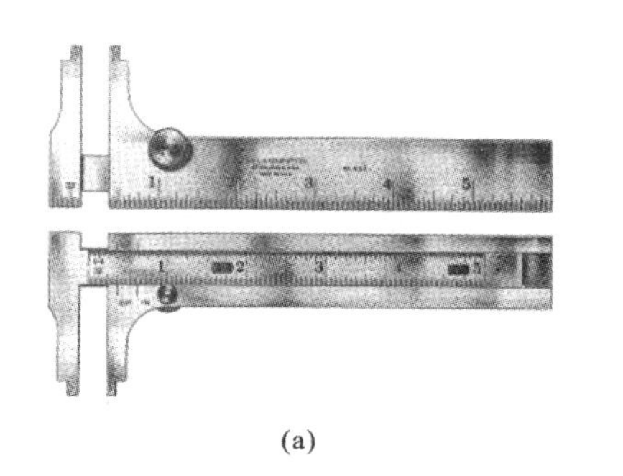

(a)

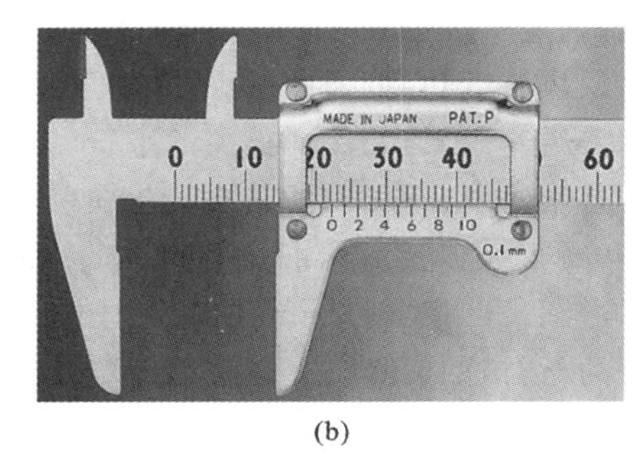

(b)

图 8-12 卡尺

(a) 无游标卡尺 (b) 游标卡尺

图 8-13 千分尺

mm,旋转游标带有 50 个刻度,因此其分辨率为 0.01 mm。现代的千分尺都带有数显装置,避免了人为读数误差。最常用的千分尺包括外径千尺、内径千尺和深度千尺。

8.3.3 比较式量具

比较式量具是通过两个物体之间的尺寸比较,完成被测量的测量。一般是被测零件与一个参考表面之间的尺寸比较。比较式量具不能提供被测量的绝对测量值,但可提供被测物体与参考表面间的相对量值与方向。该类量具分为机械式与电子式。

机械式比较量具的典型代表是机械式百分表(dial indicators),如图 8-14 所示。它通过触头的线性运动转变为指针的旋转运动,其分辨率为 0.01 mm。机械式百分表可以测量直线度(straightness)、平面度(flatness)、平行度(parallelism)、垂直度(squareness)、圆度(roundness)和圆跳动(runout)。如图 8-15 所示为采用机械式百分表进行圆跳动的测量。

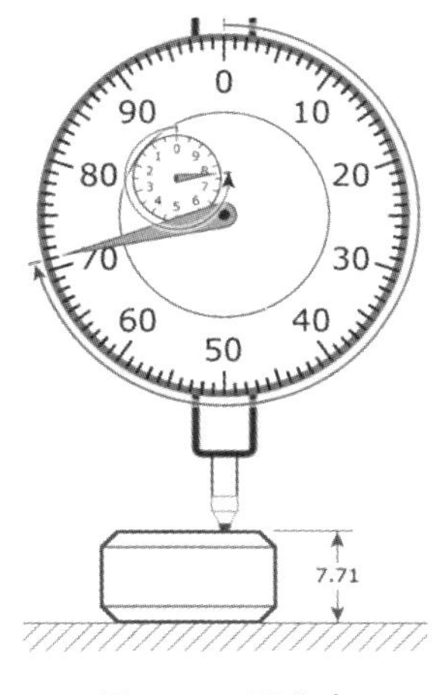

图 8-14　百分表

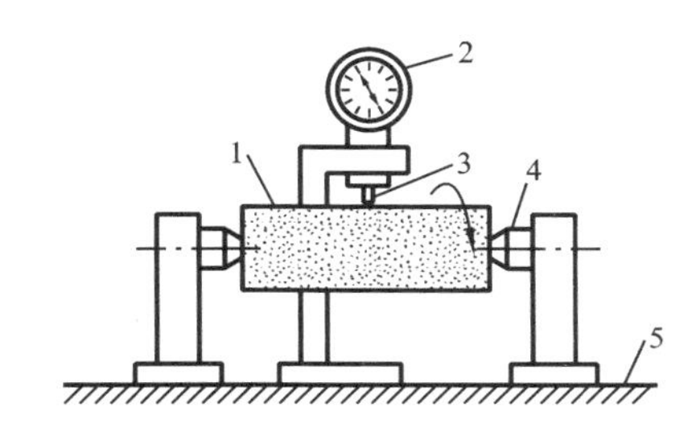

图 8-15　百分表测量圆跳动原理图

1—圆柱零件；2—百分表；3—触头；4—顶尖；5—测量平台

电子式比较量具与机械式比较量具不同的是采用传感器技术，把机械位移变化转变为电信号，经过调理、放大等处理，以数字化方式显示出来。比较典型的是数显百分表，如图 8-16 所示。电子式比较量具的优点在于：

(1) 具有较优的灵敏度、精度、测量重复性和响应速度；

(2) 测量分辨率可达 0.025 μm；

(3) 操作方便；

(4) 消除人为读数误差；

(5) 便于实现测量自动化。

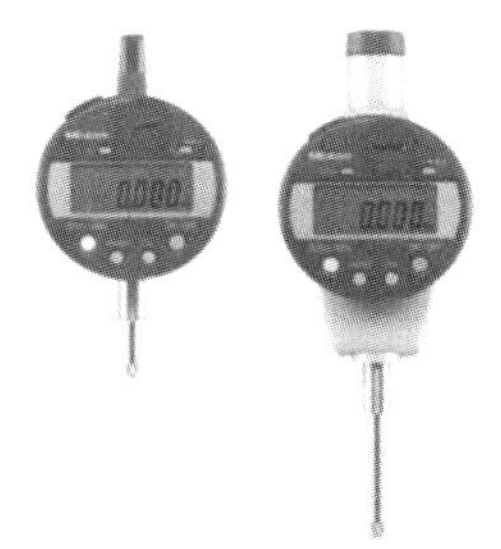

图 8-16　数显百分表

8.3.4　量规

量规是被测几何量尺寸的物理再现，检测用的量规一般包括孔用量规和轴用量规。孔用量规与轴用量规都包含通规(GO gages)和止规(NO-GO gages)两种，分别代表被检测尺寸的上下极限。如果通规能够通过工件，止规不能通过工件，表明被测工件尺寸处于上下极限范围内。通规测量面尺寸体现工件的最大实体尺寸，即最难装配的状态，检测工件实体材料是否过量超过极限。止规测量面尺寸体现工件的最小实体尺寸，检测工件实体材料是否过少超过极限。图 8-17 所示为检验轴的卡规，其上带有通规与止规检测面。图 8-18 所示为检验孔的塞规，其上带有通规与止规的检测面。

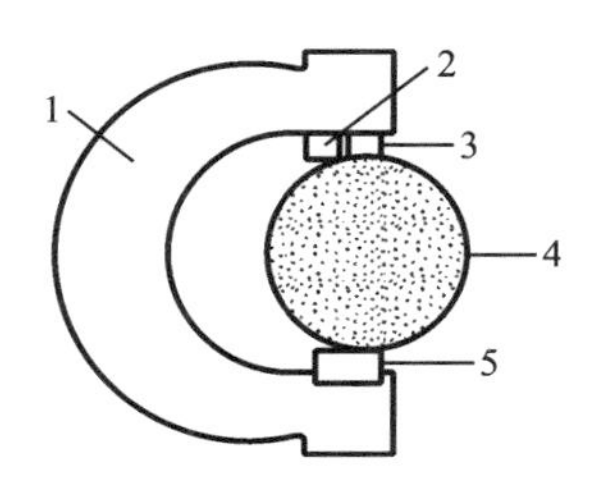

图 8-17　检验轴的卡规

1—量规框架；2—止规测量面；3—通规测量面；4—工件；5—测量砧

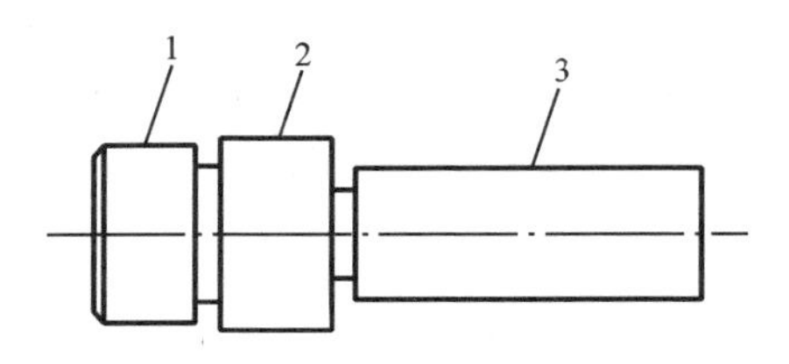

图 8-18　检验孔的塞规

1—止规测量面；2—通规测量面；3—手柄

量规是一种大量应用于互换性生产过程中的检测方法，这因为其检测快捷、使用简便。但由于其不能得到更多的被检工件的信息，越来越不适应现代生产技术发展的需要。随着现代高速测量仪器的发展，可以获得更多被测工件信息的自动检测方法得到应用，由此基于制造过程统计检测技术成为可能，制造过程就有可能长时间保持稳定。

8.3.5　角度量具

角度测量一般采用角规。有各种形式的角规，最简单的角规带有一个测量刀尺，它与带有半圆弧刻度盘的中心铰接，并以此中心旋转。图 8-19 所示为一个带有测量游标的角规，它有两个直线刀尺，由这两个直线刀尺形成角度，然后通过半圆弧刻度盘读出角度值。带有游标的角规的分辨率可达 5′，不带游标的角规的分辨率仅为 1°。

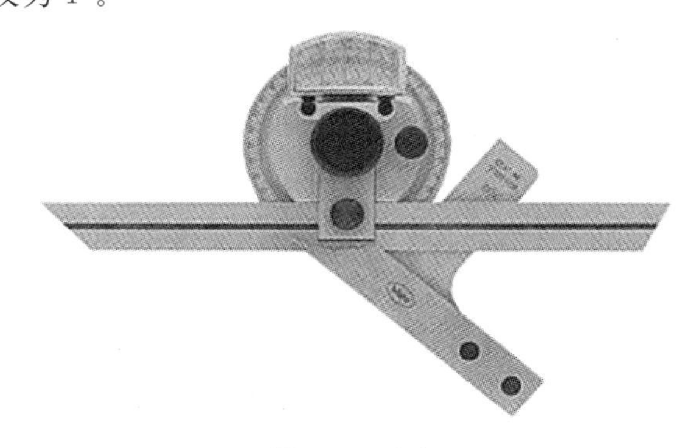

图 8-19　角规

高精度的角度测量要采用正弦规，其测量原理如图 8-20 所示。采用正弦规测量工件几何要素的角度时要使用高精度量块，其角度测量是一个间接的计算过程。通过仔细地调整量块组合，得到量块组合长度 H，而正弦规的长度 L 已知。因此，可以按

$$A = \arcsin\left(\frac{H}{L}\right) \tag{8-2}$$

来计算工件几何要素的角度 A。

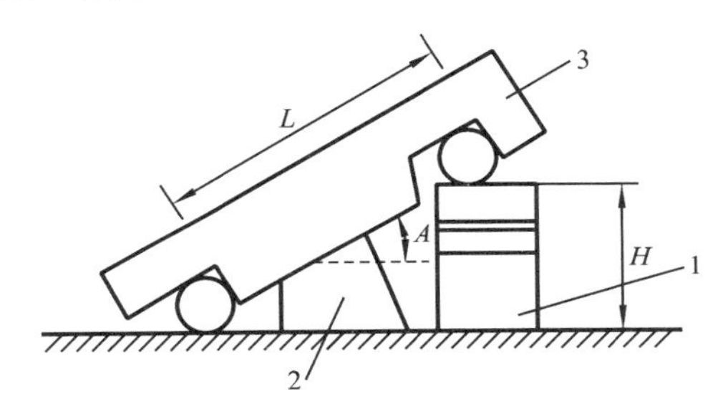

图 8-20　用正弦规测量角度

1—量块；2—被测工件；3—正弦规

8.3.6　表面测量量具

对于一个零件几何要素的表面评定有两类参数：表面纹理和表面完整性。表面纹理主要是指表面粗糙度，表面完整性则主要与材料特性特征相关的参数表征，如零件表面以下的材料特性、残余应力等。这里只是介绍常用的表面粗糙度的测量量具。表面粗糙度测量主要有三类方法：标准粗糙度表面类比法、触针式轮廓测量仪和光学式轮廓测量仪。

标准粗糙度表面类比法是一种非常简单的方法，它是通过把被测几何要素表面与标准粗糙度表面进行视觉对比，从而判断该几何要素的表面粗糙度数值。这种方法非常便于设计工程师对图样上表面粗糙度的标注数值作出恰当的判断，其缺点是粗糙度的确定带有很大的主观性。

触针式电动轮廓测量仪通过一个宝石头的触针与工件轮廓表面产生相对二维运动，实现一个截面内的轮廓测量，如图 8-21 所示。触针式轮廓仪的触针宝石头的尖角点半径一般为 0.005 mm 和 90°尖角。图 8-22 所示为触针式轮廓测量仪的基本原理，所测得的离散数据很容易按照粗糙度参数的标准定义进行数学计算，并得出表面粗糙度数值。

基于光学方法的粗糙度测量是一种非接触式的测量方法。主要是利用光

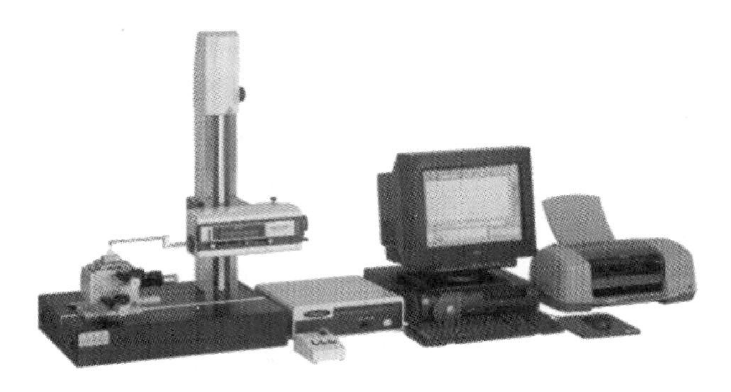

图 8-21　触针式电动轮廓测量仪

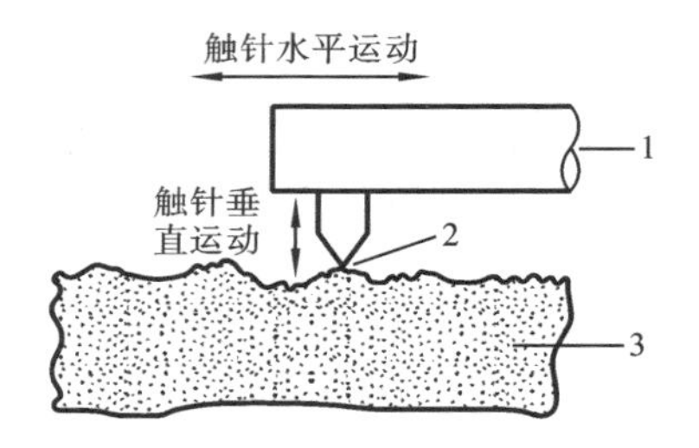

图 8-22　触针式轮廓测量仪的基本原理

1—触针头；2—触针；3—工件

反射、光散射和激光技术实现表面粗糙度测量。它适用于不能采用接触式测量和需要高速全检的应用场合。但是基于光学方法测量得到的表面粗糙度并不一定总是与采用触针法测量的结果一致。

8.4　现代测量与检测技术

现代测量技术与检测技术是指代替传统的手动测量与一般量具测量手段的最新测量手段。这里主要涉及坐标测量机，基于激光技术的测量方法和基于机器视觉的测量方法。

8.4.1　坐标测量机

坐标测量机是一个带有测量探头和运动定位机构的一个自动

化测量设备，它可以做到在三维空间把测量探头定位到相对与工件表面的任意测量位置。坐标测量机有多种结构，图 8-23 所示为一种龙门式坐标测量机。为了保证坐标测量机的精度，其框架结构的刚度较高，同时设备采用空气气浮轴承，以减小运动摩擦和设备的测量平台的隔振，以降低外界振动对测量精度的影响。对于坐标测量机来说，比较重要的是接触式探头和其测量模式。现代探头大都是采用"接触-触发"探头，即当探头接触工件表面时，探头产生微小变形并超过其中心位置，随即产生触发信号，坐标测量机马上记录脉冲和探头尺寸补偿的当前坐标位置。

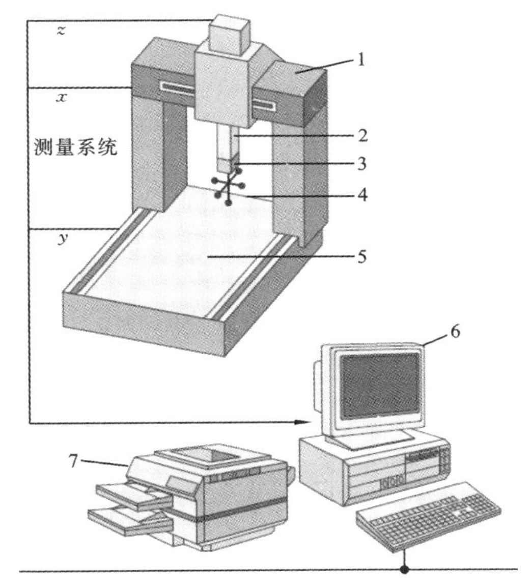

图 8-23　龙门式坐标测量机

1—龙门式框架；2—测量臂；3—探头系统；4—测头；5—工作台；6—控制计算机；7—打印机

坐标测量机探头相对于工件测量表面的定位有四种控制模式：手动控制，计算机辅助的手动控制，计算机辅助的电动控制，计算机直接控制。手动控制模式是指操作人员直接推动浮动的探头接触工件，完成坐标测量，且进一步的测量参数计算需要手工进行，如通过已知孔的圆周三点坐标来计算孔中心位置等。计算机辅助的手动控制与手动控制不同的地方是后续测量参数的计算由计算机辅助完成。计算机辅助的电动控制是指操作人员通过摇杆等控制装置通过电动机驱动探头运动，完成坐标测量与后续参数的计算机辅助自动计算。计算机直接控制是指预先由测量人员编制好测量程序，然后由计算机按照程序自动完成整个测量任务，包括后续各种测量参数的计算，如孔中心计算、直线度、圆度、平行度等。

采用坐标测量机完成测量任务可以避免人为因素造成的测量误差，测量效率高，可以达到比较高的精度，便于实现自动化测量。

8.4.2 激光测量量具

激光的产生是由于受激辐射造成的光放大现象，它具有很高的单色性、准直性。这些特性使得激光应用在很多领域。切割、焊接是两大激光应用领域，这些领域对激光的要求是大的功率，为此常采用固体激光器。而在测量领域应用的激光是采用低功率的气体激光器，如氦氖激光器。下面着重介绍两种基于激光技术的测量仪器。

1. 扫描激光测量仪

如图 8-24 所示为一个扫描激光测量仪测量物体直径的例子。通过一个旋转反射镜把激光器发出的准直激光束偏转为一个伞束光阵面，并通过准直透镜形成一个平行光束阵面，该光束阵面瞬时只有一束激光光束，这些瞬时平行光束透过聚焦透镜，聚焦在光电探测器上。当被测物体置于该平行光束阵面内时，将遮挡部分瞬时激光束。根据旋转反射镜的摆动周期，光电探测器将输出一个周期性的脉宽信号。两个脉冲之间的间隔时间与被测物体的直径成正比，这样就实现了被测物体的直径测量。

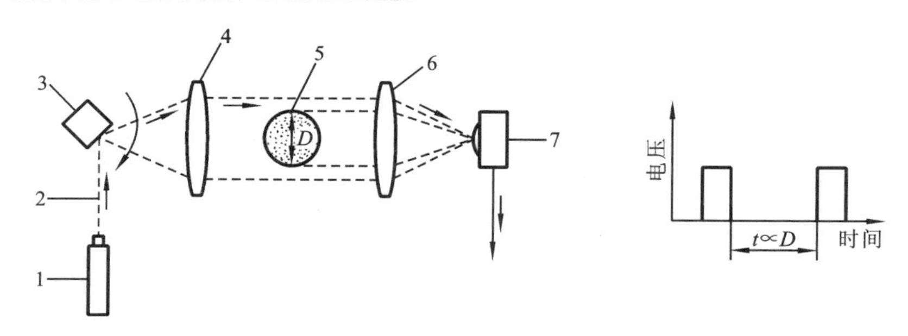

图 8-24 扫描激光测量仪测量物体直径

1—激光器；2—激光束；3—旋转反射镜；4—准直透镜；5—被测物体；6—聚焦透镜；7—光电探测器

2. 激光三角测量法

激光三角测量法是利用一个三角关系实现两个未知点间距离的测量。如图 8-25 所示为激光三角测量法的原理。位置探测器用于检测光点的位置。对于物体高度 D 的测量，可使用基于激光三角法原理的测量仪，H 是测量仪的已知初始高度。当物体置于测量仪测量平台上时，光点位置发生变化，相对应的位置探测器上的光点位置也发生变化，由此得到 L，A 是这时候入射激光束与反射激光束之间的夹角，根据

$$D = H - R = H - L\cot A \tag{8-3}$$

得到物体高度 D。

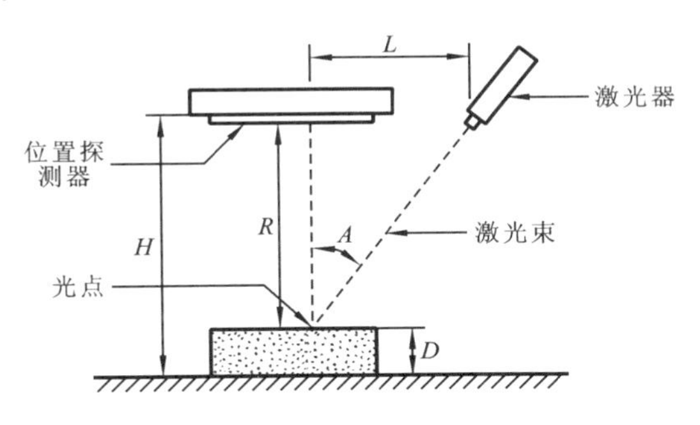

图 8-25　激光三角法测量物体高度

8.4.3　视觉测量量具

用于测量/检测的机器视觉系统涉及图像采集、处理、分析与几何解释。几何解释包括尺寸测量、缺件检测和特征检测等。用于测量与检测的机器视觉系统包括二维和三维两类。大多数机器视觉实际应用是二维系统，其典型的测量器具是影像测量仪。该类系统技术上涉及系统标定技术、底层图像处理技术、特征提取等机器视觉技术。机器视觉技术主要应用在四大领域：检测，零件辨识，视觉导航和控制，安全监控。机器视觉最重要的应用大约可以覆盖90%的工业应用，包括尺寸测量、零件缺失判定和裂纹/缺陷检测。零件辨识应用包括零件分类计数和字符识别。视觉导航和控制应用涉及机器人或类似机器的视觉接口，以完成机器的运动导航。安全监控应用涉及采用视觉影像技术检测设备或环境非正常特征，提示工作危险。图8-26所示为一个典型的机器视觉系统。

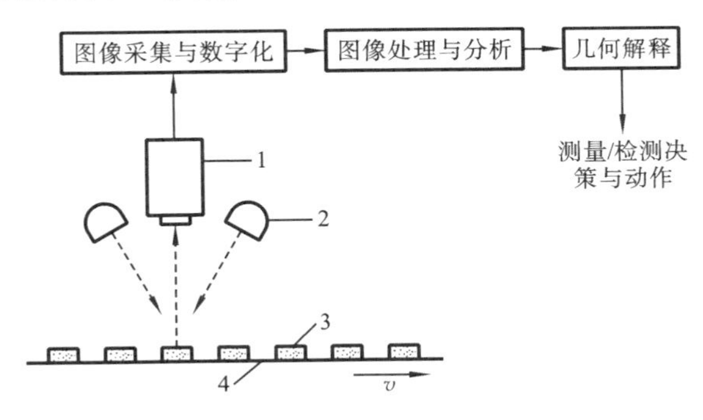

图 8-26　一个典型的机器视觉系统

1—图像传感器；2—光源；3—零件；4—传送带

8.5 知识拓展

为了研究亚微米到亚纳米尺度上的结构和功能,需要微纳米测量技术,而人眼能够分辨的两点间的最小距离约为 0.1 mm。因此,为了把人眼的观察能力提高到微纳米水平,需要借助于显微技术。

8.5.1 显微镜的基本原理

1. 显微镜的放大率

显微镜的工作原理利用了透镜的放大作用:把物体放在透镜的 2 倍焦距以内,就可以放大成像。常用的目视光学显微镜利用一个焦距很短的物镜和一个焦距较长的目镜,对物体进行了两次放大,总的放大倍数为物镜和目镜的放大倍数之积。为了减小像差,显微镜的物镜和目镜都是由透镜组构成的复杂的光学系统,其中物镜的构造尤为复杂。

图 8-27 所示为对显微镜工作原理的几何解释。设物镜的放大率为 M_1,目镜的放大率为 M_2,则

$$A''B'' = M_2A'B' = M_2M_1AB = MAB$$

式中:$M=M_1M_2$ 称为显微镜的放大率。

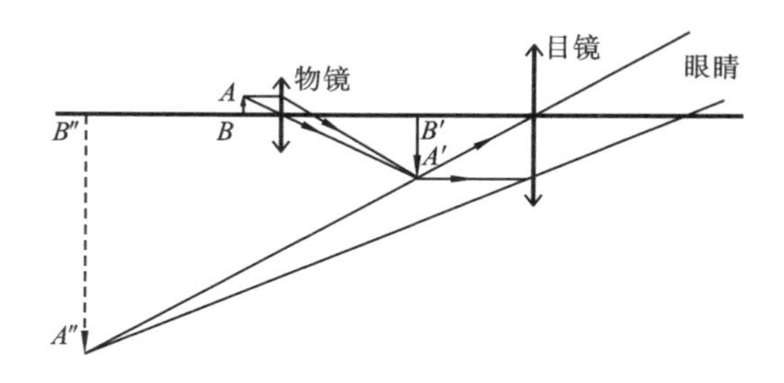

图 8-27 显微镜几何光学成像原理

2. 显微镜的分辨率

根据几何光学成像原理,显微镜的放大倍数可以不断增加物镜的放大倍数而无限放大,从而观察到无限小的目标,但事实并非如此。由于显微组织的几

何尺寸与光波的波长相当，此时就不得不考虑衍射的影响。

显微镜物镜的成像原理如图 8-28 所示。S_1、S_2是位于物镜前焦点外但很靠近焦点的两个点，S_1'和 S_2'是它们的像。由于焦距极短，且物距约等于焦距，所以像距较大，像方孔径角 u'远小于物方孔径角 u。

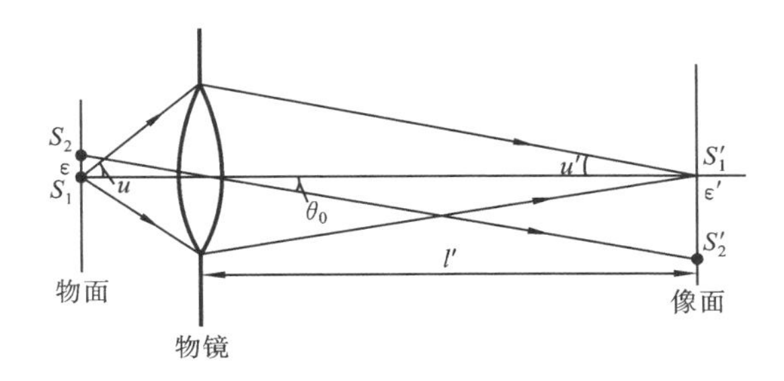

图 8-28　显微镜物镜的成像原理

根据参考文献[4]的推导，显微镜最小能分辨的物体尺寸 ε 和其像方尺寸 ε′为

$$\varepsilon=\frac{\varepsilon' \sin u'}{n\sin u}=1.22\,\frac{\lambda}{D}l'\,\frac{\frac{D}{2l'}}{n\sin u}=\frac{0.61\lambda}{n\sin u}=\frac{0.61\lambda}{\mathrm{NA}} \tag{8-4}$$

或

$$\varepsilon'=\varepsilon M=0.61\,\frac{\lambda M}{\mathrm{NA}} \tag{8-5}$$

式中：$\mathrm{NA}=n\sin u$ 称为物镜的数值孔径，表示物镜收集光线的能力；λ 为光波波长；M 为显微镜放大倍数。

假设所用光线的波长 $\lambda=0.5$ μm(黄绿光)，及已知人眼视角在 2′～4′之间，可得 M 的近似表达式为

$$500\mathrm{NA}<M<1\,000\ \mathrm{NA} \tag{8-6}$$

因此，由于衍射等因素的影响，显微镜的分辨能力和放大能力都受到一定的限制，可观察的最小尺寸约为 0.2 μm，有效放大率上限约为 1 500 倍。

3. 微镜的焦深

焦深是指物镜对高低不平的物体能够清晰成像的能力。物镜的焦深主要取决于物镜的数值孔径。在显微照相时，物镜的焦深 d_{L}与数值孔径 NA 的关系为

$$d_{\mathrm{L}}=\frac{\lambda\left[n^2-(\mathrm{NA})^2\right]^{1/2}}{(\mathrm{NA})^2} \tag{8-7}$$

8.5.2 测量显微镜

测量显微镜一般带有一个便于目视测量的分划装置,初次使用时要对分划板刻度进行标定。通常用千分线纹尺来标定。这里的千分线纹尺是一种基于石英玻璃的线纹刻度尺,典型的千分尺总刻度为 10 mm,等分为 100 格,每格 0.1 mm,如图 8-29 所示。假设一个分度为 0.1 mm 的千分线纹尺被聚焦在 100 倍的显微镜下观察,如果每个分度覆盖 10 个分划板的刻度,则一个分划板刻度代表的长度为 0.1 mm/10=10 μm。如果改用其他放大倍数,则对应分划板刻度的标定值等于 100 倍下的标定值乘以 100 与实际放大倍数的比值,如 1 000 倍时一个分划刻度表示 1 μm,400 倍时表示 2.5 μm,40 倍时表示 25 μm。

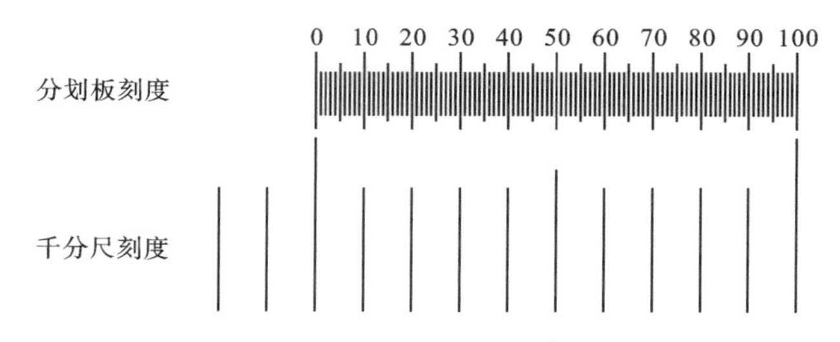

图 8-29 用千分尺标定显微镜分划板

除了直接采用人眼观察测量外,也可以配上高精度相机,实现基于计算机微视觉的显微测量系统。这时测量系统的标定是对显微图像的全场标定,以纠正各种几何畸变及图像的像素标定。标定板采用基于石英玻璃的线纹尺及二维阵列图形,其后端测量技术与前面介绍的机器视觉技术类同。

本章重难点

重点

- 测量检测的基本原理。
- 传统测量器具的种类与基本原理。
- 现代测量器具的种类与基本原理,特别是坐标测量机的工作原理。

难点

- 坐标测量机的基本原理与基于显微镜技术的精密测量技术的原理。

思考与练习

1. 测量的定义。
2. 游标卡尺与千分尺的分辨率一般为多少？
3. 坐标测量机的基本原理及其工作模式的分类及其优点。
4. 量规检测的特点是什么？
5. 激光三角法测量的基本原理。
6. 机器视觉测量及视觉检测领域有哪些？
7. 简述测量用显微镜头的放大率、分辨率与标定技术。

参考文献

[1] Groover M P. Fundamentals of modern manufacturing:materials,processes and systems [M]. NewYork:Wiely,2007.
[2] Grote K H,Antosson E K. Handbook of mechanical engineering[M]. Berlin:Springer, 2008.
[3] Metrology[EB/OL]. 维基百科,http://en. wikipedia. org/wiki/Metrology.
[4] 王伯雄,陈非凡,董瑛. 微纳米测量技术[M]. 北京:清华大学出版社,2006.
[5] GB/T 1182-2008　产品几何技术规范(GPS) 几何公差、形状、位置和跳动的公差标注(idt,ISO 1101:2004).
[6] GB/T 131-2006　产品几何技术规范(GPS) 技术产品文件中表面结构的表示法(idt,ISO 1302:2002).

第9章 电子制造技术

当今几乎每一个消费品内部都装有集成电路的电路板。每个高功能产品内部的“电子水平”相对普通产品要高很多。对于读者来说，除了学习传统机械产品的制造方法外，对于这些特殊的集成于设备内部的集成电路、电路板及其组装的制造技术的学习，是把握未来制造技术发展趋势的重要部分。

9.1 相关本科课程体系与关联关系

为了更好地使读者，特别是大学机械类本科生了解电子制造相关的本科课程及与关联课程的关系，本节将简要勾勒出电子制造的机械类大学本科课程的关联关系。

图 9-1 中的机械类本科课程没有与电子制造密切关联的专业领域课程，但机械设备数控技术、工程光学、自动化焊接技术、自动化机械设计等专业领域课程与电子制造技术有一定的关系。由于电子制造所涉及的制造对象已经不是传统意义上的机械产品，而是电路板组装产品、集成电路芯片等。而新型的制造技术常常是跨学科的，对于大学机械类本科生应该主动了解、学习与掌握。因此，对于本章的学习，学生应本着开拓视野、了解前沿及新制造方法与技术的动机进行学习。

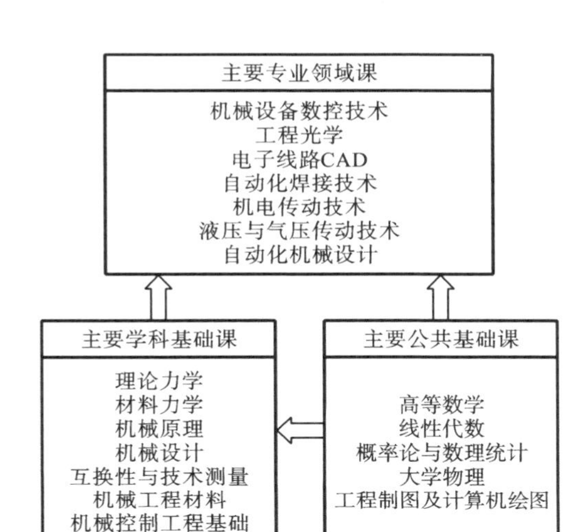

图 9-1　与电子制造技术相关的本科课程体系

9.2 概　　述

半导体制造主要是指集成电路的基本单元(也称 IC、微芯片、芯片)的制造，其年增长率达到 18%。在十年内，半导体制造业的产值将达到 1 500 亿美元，如果把半导体制造设备制造业包括进去，这个数字将达到 2 000 亿美元。现代半导体与集成电路已广泛应用于各类消费品及计算设备的“计算大脑”中，而这又涉及电路板制造及其集成电路、电路板及其他元器件的装配制造。

制造微型设备需要精确复杂的设计和微型制造技术。大型晶片可减少原材料成本并且增加芯片生产产量。半导体制造系统可在直径约 200 mm(8 in)的晶片上生产 0.25～0.35 μm 的电路线宽；300 mm(12 in)直径的晶片已进入量产；国际半导体工业协会预测 2010 至 2016 年间，450 mm(18 in)的晶片将进入量产，它采用线宽为 0.03 μm 的生产技术。这一技术的发展趋势如图 9-2 所示。

在整个电子制造产业链中，除了集成电路制造及电路板制造外，电子组装技术成为构建完整电子产品的又一关键技术。从物理意义上说，电子组装就是将一个系统中的电子元器件相互实现电连接，同时系统和外部装置通过接口联系。电子组装也包括用于支承和保护电器的必要机械结构。一个复杂的系统

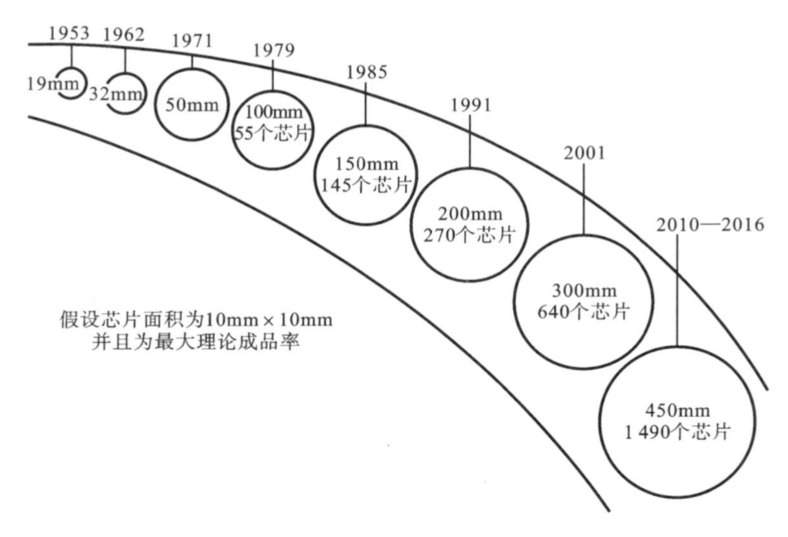

图 9-2　半导体芯片的发展趋势

往往包含大量的元器件,相互间有着复杂的联系,所以这类系统组装时通常采用分层组装。如图 9-3 所示,电子组装分为 5 层。最低层指在一块 IC 上的电气内部连接,称为 0 级封装,这一技术属于集成电路制造技术范畴。将封装在塑料或陶瓷外壳中的 IC 连接到外壳引脚上称为 1 级封装,这一技术也属于集成电路制造技术范畴。通过通孔插装技术或表面贴装技术,将 IC 和其他部件组装到印制电路板上称为 2 级封装。组装好的印制电路板安装到机架或其他框架上称为 3 级封装。在 3 级封装中,电路板间用电缆连接,在一些大型的电子设备中,如大型计算机,采用板卡封装,即小尺寸印制电路板(称为"卡")被安装在大尺寸的印制电路板(称为基板)上。基板为安装在它上面的卡提供了相互间的连线。4 级封装是指在装有电子系统的电气柜中各部件之间的电线、电缆连接。在相对简

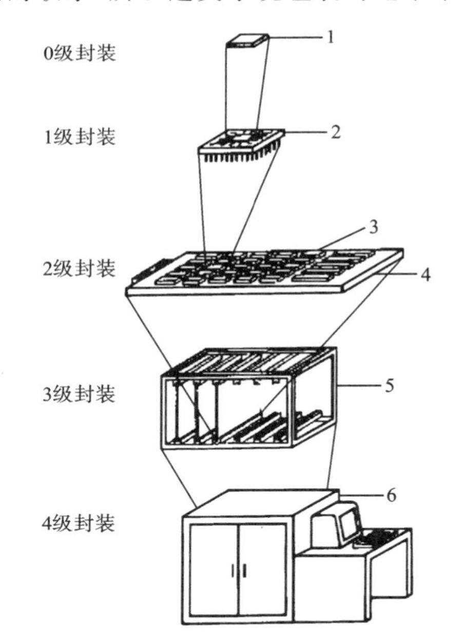

图 9-3　大型电子系统中的分层组装结构

1—IC;2—封装芯片;3—电子元器件;
4—印制电路板;5—机架;6—电气柜和系统

单的系统中,不需要具备上述所有级别的封装。

本节将针对这一电子制造产业链中的上下游制造技术对集成电路制造工艺、电路板制造技术、电子组装中的2级封装技术进行简要的论述,以使读者对这一全新的制造领域有一个全面了解。

9.3　集成电路制造技术

半导体材料是一种晶体材料(通常是硅),它的特性介于导体(如铝和铜)与绝缘体(如橡胶和玻璃)之间。硅是地球上储量最丰富的元素之一,是集成电路中应用最广泛的半导体材料,它有着良好的综合性能和较低的价格。硅还有很好的工艺特点,很容易氧化生成一种在电路中绝缘性能较好的二氧化硅。硅掺杂后可得到N型或P型半导体,把它们进行恰当的整合,可得到NPN型或PNP型晶体管。金属氧化物半导体是一种场效应晶体管(MOSFET),它们是集成电路的最基本单元。在实际应用中,大部分普通集成电路是互补金属氧化物半导体电路(CMOS),其结构如图9-4所示。

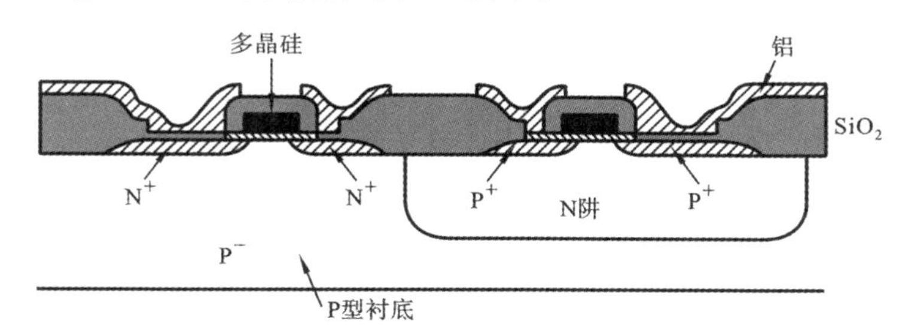

图9-4　互补金属氧化物半导体电路(CMOS)结构

图9-5所示的是双列直插式封装集成电路芯片的基本结构。集成制造的微电子器件相互以微导线连接组合形成特定功能的电子芯片,用导线和焊盘将电子芯片电路与外引脚连接。为了防止电子芯片受损,同时便于和外部引脚连接,电子芯片被放置在引线框架上,并以特定的封装形式密封。

如图9-6所示,以硅为衬底材料的集成电路芯片的生产过程分成以下三个阶段。

(1) 硅圆晶片的制作　从硅土、硅酸盐(二氧化硅)中提炼高纯度硅,熔化后

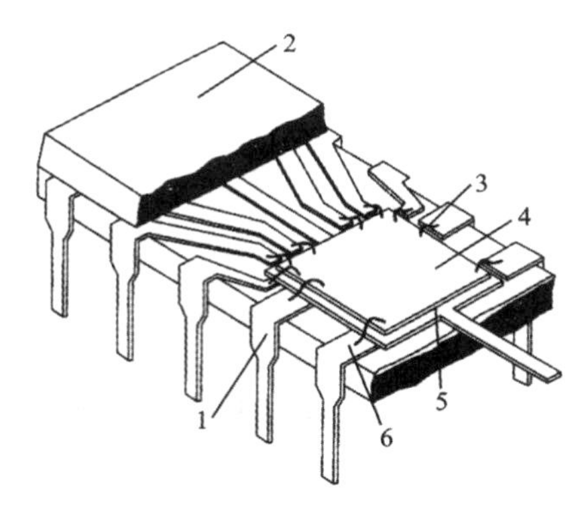

图 9-5　双列直插集成电路芯片结构

1—引线架；2—封装材料；3—连接线；4—电路芯片；5—芯片垫；6—焊点

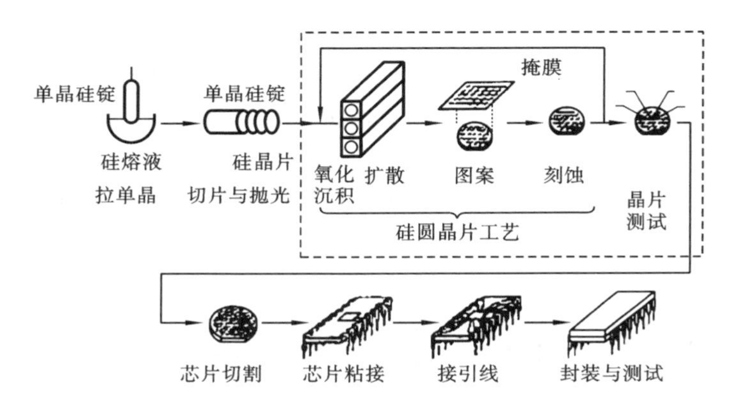

图 9-6　集成电路芯片的生产过程

生成单晶硅棒，单晶硅棒被切成硅圆晶片。

(2) 集成电路芯片的制作　该阶段由多个工序组成，完成在硅晶片(衬底材料)上的特定区域制作微电子器件及其之间的微导线连接，实现集成电路电子芯片的功能。

(3) 硅晶片上芯片的分割、封装和检测。

第一、二阶段常称为“前端”加工，第三阶段常称为“后端”加工。超大规模集成电路生产过程中主要涉及的硅加工工艺技术包括：以单晶生长、晶片加工为主体的衬底制备；以外延、氧化、蒸发、化学气相沉积等为主体的薄膜制备；以扩散、离子注入为主体的掺杂；以制版、光刻、刻蚀为主体的微图形加工；电子组装与封装。

9.3.1　集成电路前端加工工艺

作为微电子器件衬底材料的硅，不仅需要有很高的纯度，而且必须是晶格取向一致的硅单晶。在硅单晶切割成硅晶片时，还需要考虑晶向。

1. 硅单晶锭制备

首先用电炉加热低纯度的硅或硅铁。通过一系列的还原反应生成了掺有杂质的硅，用蒸馏法把它转化成液体氯化硅，使其纯度提高。在氢气中加热氯化硅，得到超纯的多晶硅。

然后采用切克劳斯基(CZ)法制备单晶硅。事实上用来制造集成电路的所有单晶硅都用这种方法制备，也称直拉法，如图 9-7 所示。这种工艺对硅来说，就是一种从液态到固态的单元素晶体生长系统。直拉法拉晶装置由单晶炉腔、机械提拉机构、气氛控制系统和电子控制及电源四个部分组成。

为了启动单晶硅的生长，常将籽晶插入硅熔液中，慢慢分离出纯硅来。单晶生长的方向一般是〈111〉或〈100〉方向。在控制装置作用下，籽晶轴小心地向上提升。开始时，为了抑制位错大量地从籽晶向颈部以下单晶延伸，提拉速度(提拉机构的垂直速度)相对快一点，使单晶硅在籽晶上固化，形成细颈，如图9-8所示。随后提拉速度减慢，细颈仍以单晶结构逐渐生长为要求的单晶硅直径。除了提拉速度，坩埚的旋转速度和其他的工艺参数也用于控制单晶硅的尺寸。

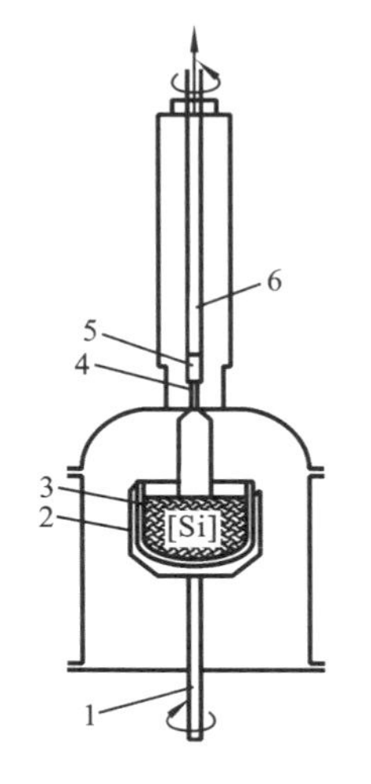

图 9-7　直拉法拉晶装置

1—坩埚轴；2—石墨坩埚；3—石英坩埚；4—籽晶；5—籽晶托架；6—籽晶轴

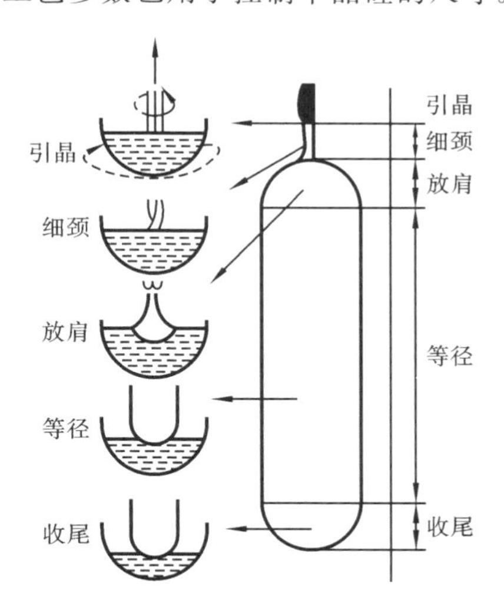

图 9-8　用直拉法生长的单晶硅

如果单晶硅被杂质污染,即使是微小量,也会引起硅特性的极大改变,所以在单晶硅生长过程中,必须防止被污染。为了减少发生不期望的硅反应及氧化,拉晶过程一般是在真空或惰性气体中进行。

2. 硅晶片的预加工

单晶硅锭需要经过一系列工艺过程,加工成薄的圆盘式的硅晶片,主要包括:晶锭整形、晶片切割和晶片精细加工。

1) 晶锭整形

硅是硬而脆的材料,对硅进行整形和切割一般采用金刚石砂轮工具。从晶片等径和电阻率均匀性要求出发,整形加工的第一步是去掉拉晶时生成的单晶硅锭的收肩、放肩和尾部。

拉制出的单晶硅存在外表面毛刺、直径偏差等现象,这时还要对单晶硅锭外圆进行滚磨整形,使单晶硅锭直径达到要求,如图 9-9(a)所示。外圆磨削后,通常沿单晶硅锭的纵向磨出一个或几个小平面(见图 9-9(b)),这些平面的作用是:分类和鉴别晶片;确定晶向;在自动化工艺设备中用于晶片定位。

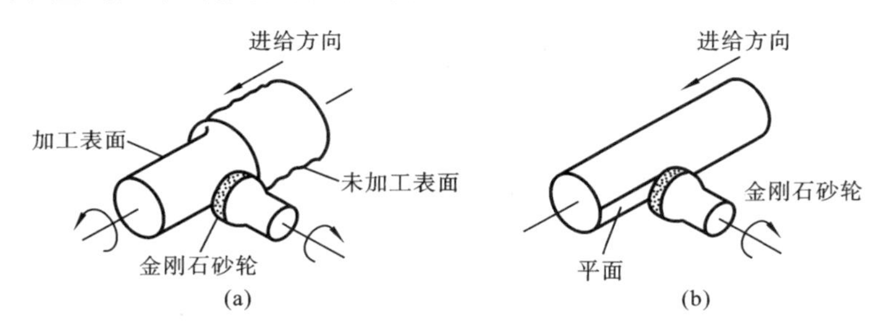

图 9-9 单晶硅锭磨削整形

(a) 滚磨整形 (b) 纵向磨平面

2) 晶锭切割

按晶向要求,将已整形、定向的单晶硅棒切割加工成符合一定规格的薄片。所得的圆形晶片厚度大约为 0.5 mm,直径为 200 mm 或 300 mm。图 9-10 所示为用内圆金刚石砂轮锯片切割晶片的示意图。晶片切割后边缘存在锋利的棱角,磨除晶片边缘棱角的工艺称为边缘倒角。图 9-11 所示为采用凹形金刚石砂轮进行边缘倒角加工的示意图。切割下来的晶片也称晶圆。

3) 晶片精细加工

切片后的晶片存在表面损伤层及形变,为了去除损伤层,并使晶片的厚度、翘曲度等得到修正,常采用研磨方法进行进一步加工,这一过程称为磨片。磨片的方法很多,如行星运动平面磨片、平面磨床磨片等。

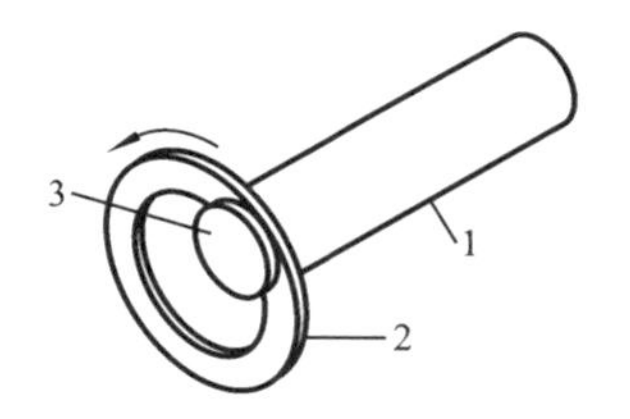

图 9-10　内圆金刚石砂轮锯片切割晶片

1—硅棒；2—内圆金刚石砂轮锯片；

3—被切掉的晶片

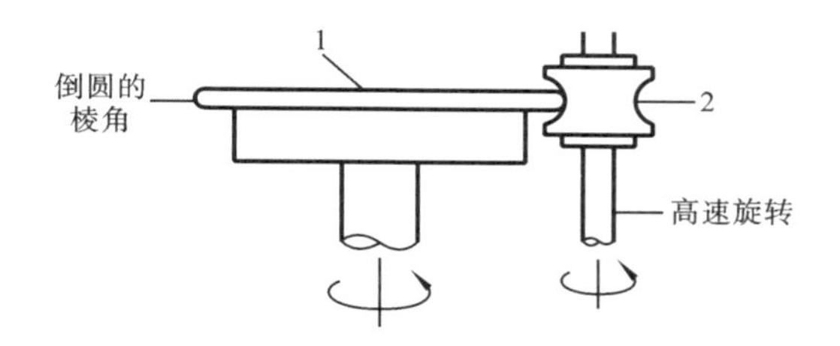

图 9-11　晶片边缘倒角

1—晶片；2—凹形金刚石砂轮

磨片后的晶片表面仍有 10～20 μm 的损伤层，因此要进一步对表面进行精细加工，去除表面损伤层。一般先用化学腐蚀，然后再用抛光的方法去除表面缺陷，降低表面粗糙度和不平度，从而获得"理想"表面。表面抛光方法如图 9-12 所示。用化学清洗的方法清除所有的尘粒、细菌和其他杂质。清洗的方法是把装在架子上的晶片浸入沸腾的化学清洗液中，并送入清洗室用去离子水冲洗以清除离子。这些加工工序有剧毒且非常危险，故需要非常可靠的安全和环境保护措施。

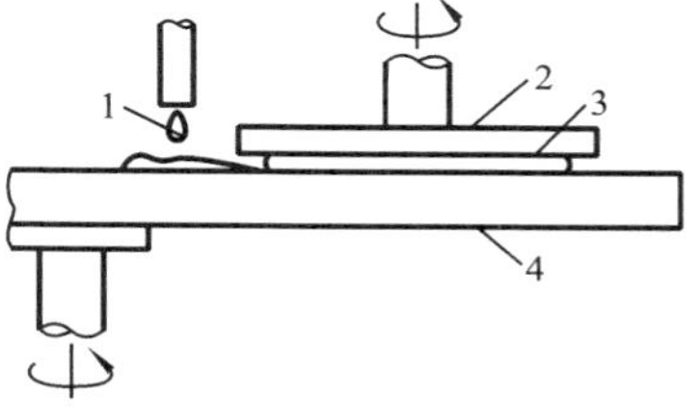

图 9-12　表面抛光

1—抛光剂浆料；2—晶片夹具；

3—晶片；4—抛光盘

3. 热氧化生成二氧化硅薄膜

对一般的 MOS 加工工艺来说，第一道工序是在晶片上生成一层二氧化硅薄膜，如图 9-13 所示。在精确的控制下，晶片表面被加热并暴露在纯氧的环境下，这种方法称为热氧化法。热氧化法是指硅与氧或水蒸气，在高温下经化学反应生成 SiO_2。

通常热氧化所需的温度在 900 ℃以上。通过控制温度和时间，可以控制氧化膜的厚度。热氧化法生长的 SiO_2 中的硅来源于硅晶片表面，要生长 1 个单位厚度的 SiO_2 需要消耗 0.44 个单位的硅层。如果要在非硅表面上生长二氧化硅薄膜，热氧化法不再适用。此时，需要采用另外的工艺，如化学气相沉积。

为了获得更厚的氧化层，在后面的工序中可以用水蒸气加热晶片表面，但还是要用干燥氧气的工艺来生成栅极氧化物 SiO_2，因为用这种方法可以使 Si 与 SiO_2 具有更好的面接触性能。

4. 加工光掩模

集成电路设计版图要转移到一组照相纸或光掩模上才能使用。首先，把集

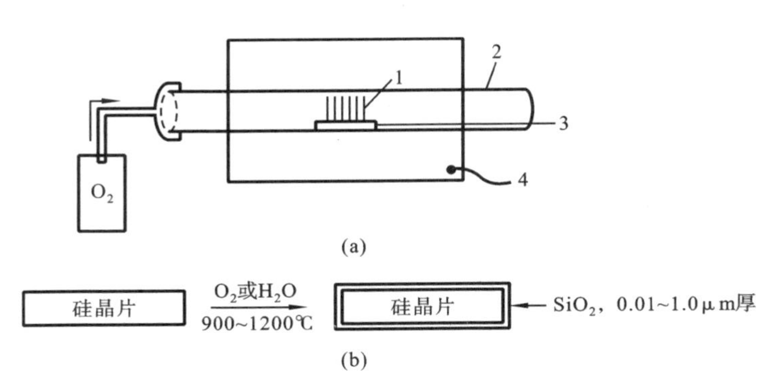

图 9-13 晶片氧化设备与过程

(a) 晶片氧化设备 (b) 晶片氧化过程

1—硅晶片;2—石英管;3—插入棒;4—电阻加热炉

成电路版图文件传送到曝光用图形发生器中。图形发生器用曝光的方法把集成电路版图转移到光掩模的感光干版上,这一步类似于摄影后胶片的显影过程。感光干版上涂有感光乳胶或感光树脂,在曝光后,受曝光的这些材料会脱落。这样,当这些感光材料脱落后,在干版上与集成电路版图相一致的图形就变成透光的部分了。

5. 光刻曝光技术

把光掩模的图像转移到晶圆上需要一种光学曝光的技术,俗称为光刻技术,光刻技术包括涂胶、曝光、显影和蚀刻四个经典步骤。每一道工序都会在晶片上特定的区域内增加新的一层区域,而每一层区域的形状则是由代表电路设计信息的几何图形决定的,这些几何图形通过光刻技术反复进行,逐次绘制在晶片上。光刻是集成电路加工的关键技术。

光学光刻是用波长为200～450 nm的紫外光(UV)通过掩模版有选择地遮挡照射到晶片表面光刻胶上的光线,从而将掩模版图形转移到晶片表面上。一个比较完整的简化光刻工艺为“加工准备→涂胶→软烤→曝光→显影→硬烤→蚀刻→去胶”。

光刻技术中的涂胶是指在晶片表面涂上一层感光树脂材料,其对特定波长的光线照射比较敏感,可导致其溶解性增加或减小。根据光刻胶的这种特性,在硅晶片上涂一层薄胶,根据掩模版的图形,令其某些部分感光。经显影后,就可在涂了感光胶的硅晶片上留下掩模版上的图形。利用这种图形,进一步对未覆盖的SiO_2、Si或Si_3N_4等材料进行蚀刻加工,即可把胶膜上的图形转换到硅衬底的薄膜上去,从而做成各种元器件和电路结构。一般步骤是:将液体感光树脂材料从中心注入圆形晶片上,在1 000～5 000 r/min的转速下形成一层均匀、薄的附着层(即薄膜)。这层薄膜的厚度可以通过改变液体的黏度和转速控制。用氮气或空气暖箱使感光树脂干燥。

曝光方式可分为两种:一种是光源发出的光线通过掩模版把图形转换到光刻胶膜上,如投影式曝光;另一种是扫描式曝光,通过把光源会聚成很细的射束,直接在光刻胶膜上扫描出图形(不需要掩模),如电子束曝光。图 9-14 至图 9-15显示了通过光掩模光学曝光的光刻原理。

接触式曝光是指曝光时,涂有光刻胶的晶片与掩模版紧密接触,见图 9-14(a)。这种方法由于光刻胶和掩模版的紧密接触,光的衍射效应较小,因而分辨率高。但是由于接触摩擦,易损坏掩模图形,同时由于尘埃和基片表面不平等原因,常常存在不同程度的曝光缝隙而影响成品率。

接近式曝光指曝光时晶片与掩模版间保持了 10～25 μm 的间距,见图 9-14(b)。但由于掩模版与晶片间留有空隙,光的衍射效应较为严重,因而分辨率只能达到 2～4 μm。

投影式曝光是指紫外光通过高质量透镜,将掩模版上的图形投影到涂有光刻胶的硅晶片上进行曝光,见图 9-14(c)。这种方式没有摩擦,所以掩模版寿命长,同时通过光学投影,能够得到较高的分辨率,因此应用逐渐广泛。其特征在于光源波长越小,物镜数值孔径(NA)越大,光刻分辨率越高。

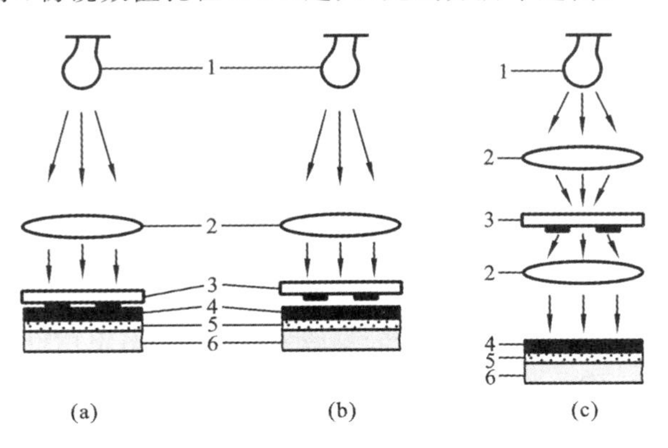

图 9-14 光学曝光

(a) 接触式 (b) 接近式 (c) 投影式

1—紫外光源;2—透镜;3—掩模;4—光刻胶;5—二氧化硅;6—硅

在早期的集成电路生产中,可用一片含有许多相同电路的掩模一次曝光许多电路元件。但是,随着集成电路元件变得越来越小,要做到把每个光掩模都准确定位非常困难。对于晶片间各层匹配来说,晶片和掩模的精确定位是非常关键的。为此,必须采用高度自动化的光刻设备,一次曝光一个管芯或一个管芯中的一个区域。如图 9-15 所示,将光掩模插入分步重复的照相机或光学晶片步进器中,使光束透过透镜系统照射到感光树脂上,通过透镜系统的图像以缩影的方式把电路图转移到晶圆上。

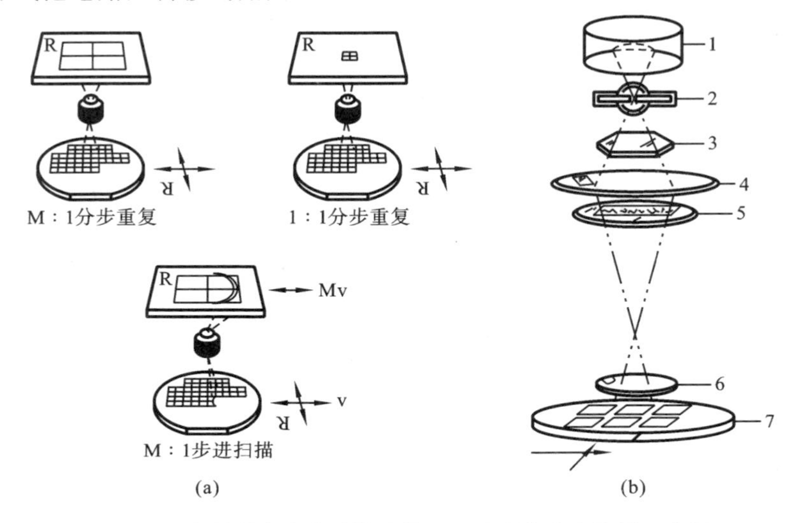

图 9-15　光刻曝光中步进器结构原理及曝光分步缩影示意图

(a) 步进器结构原理　(b) 分步缩影示意图

1—反射镜;2—汞弧灯;3—滤光器;4—聚光透镜系统;5—掩模;6—还原透镜系统;7—晶片

6. 其他光刻技术

除了光学光刻外,其他的光刻技术包括电子束光刻、X 射线光刻和离子束光刻。

电子束光刻是利用聚焦后的电子束在感光膜上准确地扫描出电路的方法。电子束曝光优于紫外线光学曝光的特点是:电子波长在 0.02～0.05 nm 的数量级上,可忽略光学曝光的衍射现象,分辨率可达 0.1 μm;不用掩模即可在硅晶片上生成特征尺寸在亚微米范围内的电路;不同电路的套准精度很高。其缺点是:电子束在光刻胶中的散射降低了分辨率;与光学曝光相比,曝光速度慢;高质量电子束装备成本高。电子束光刻技术被广泛地用来制作光学曝光中用的掩模版。

X 射线光刻是以 X 射线作为光源,透过 X 射线掩模,照射晶片表面的 X 射线光刻胶。由于 X 射线束不易被聚焦,所以只能采用接触式或接近式曝光方式。

离子束光刻有两类:一类是聚焦离子束直接扫描光刻,与电子束光刻类似,不需要掩模版;另一类是掩模离子束光刻,采用接近式曝光方法对光刻胶曝光。

7. 薄膜的化学气相沉积

化学气相沉积(CVD)是利用化学反应或气体分解,在加热的衬底材料表面生长沉积薄膜的技术，以建立屏蔽和电路层。CVD用热反应或分解气体化合物的方法把薄膜沉积到衬底材料上，这是生成屏蔽层的常用方法。CVD是用于沉积多晶硅、二氧化硅和氮化硅的常规方法。大容量、低压力CVD的加工方法是生成 SiO_2 和 Si_3N_4 及多晶硅的常规方法。为了适应低温和某些特定环境，选用等离子CVD(PECVD)来进行加工。图9-16和图9-17所示为两种CVD的工艺原理。

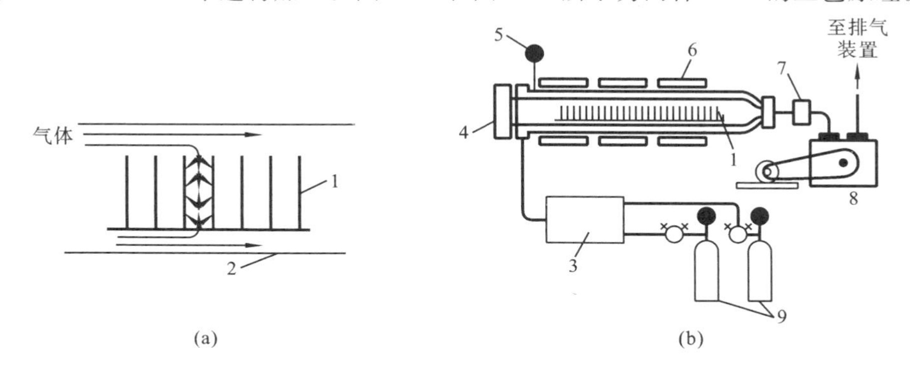

图9-16　低压化学气相沉积工艺

(a) 低压化学气相沉积示意　(b) 低压化学气相沉积工艺

1—晶片；2—反应壁；3—气体控制系统；4—晶片加载端罩；5—压力传感器；6—区域电阻加热器(炉)；7—收集器；8—泵；9—气源

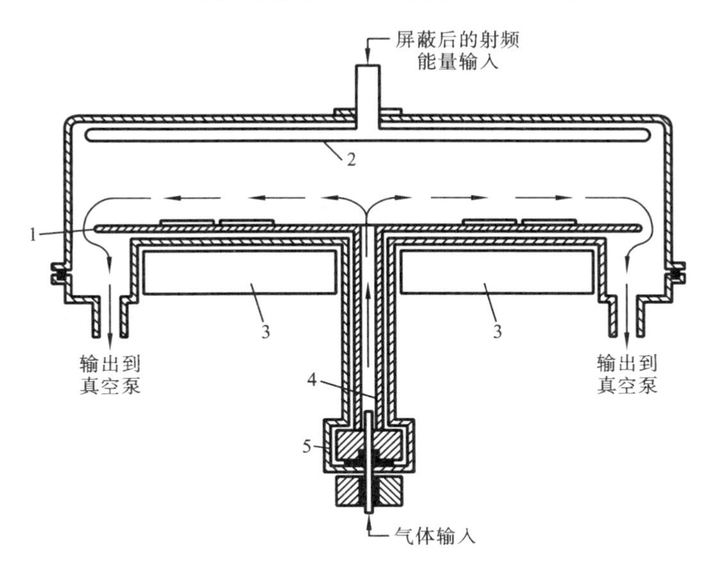

图9-17　等离子增强化学气相沉积工艺

1—旋转基座；2—电极；3—加热器；4—旋转轴；5—磁性旋转驱动

用硅烷和氧气反应可以制取二氧化硅薄膜。这个反应在425 ℃下进行，沉积的二氧化硅膜的致密性及与衬底材料的结合性都不如热氧化法制取的薄膜，所以仅在衬底材料不是硅，或者用热氧化法制备薄膜时需要过高的温度等情况下才使用化学气相沉积方法。

氮化硅(Si_3N_4)是一种在半导体工艺中常见的绝缘材料。通常在硅晶片上，由硅烷和氮气在800 ℃下反应得到氮化硅膜。

8. 蚀刻

用光刻方法制成的光刻胶的微图形结构，只能给出集成电路的形貌，并不是真正的器件结构。为获得器件的结构，必须把光刻胶的图形转移到光刻胶下面的薄膜材料上去，以加工出晶体管沟道。蚀刻的主要内容就是把光刻前所沉积的薄膜中没有被光刻胶覆盖及保护的部分，以化学反应或是物理作用的方式予以去除，以完成转移掩模图形到薄膜上的目的。蚀刻的方法有液态的湿法和气态(以等离子体为主)的干法蚀刻。湿法蚀刻在加工线条变细后，蚀刻效果变差，目前已逐渐被干法蚀刻所替代。

用氢氟酸溶液(HF)在氮化层或氧化层上进行湿法蚀刻，加工出凹形或窗口形的沟槽。如图9-18所示，湿法蚀刻会引起感光树脂保护层下部溶解(侧蚀)。由于干法蚀刻不会引起侧蚀，所以使用具有化学和物理反应的反应离子同时对表面进行蚀刻，用射频电场激励的等离子束和反应离子同时对硅表面进行蚀刻。

图9-18 湿法蚀刻和干法蚀刻

(a) 湿法蚀刻 (b) 干法蚀刻

9. 掺杂技术

掺杂是指将所需要的杂质，以一定的方式加入半导体晶片内，并使其在晶片中的数量和分布符合预定的要求，以有选择地使有源晶体管与选择区绝缘。利用掺杂技术可以制作P-N结、欧姆接触区、IC中的电阻器、硅栅和硅互连线等。它是改变晶片电学性质，实现器件和电路纵向结构的重要手段。掺杂技术中广泛使用的方法有热扩散、离子注入等。

热扩散是一个物理过程，它是利用杂质从高浓度区向低浓度区的扩散来进行硅的掺杂。热扩散按预扩散和推进两步进行,高温(800 ℃以上)将加快扩散过程。

离子注入是指将杂质以高能离子的形式,直接注入硅中的方式。掺杂剂通过离子注入机的离化、加速和质量分析,成为一束由所需杂质离子组成的高能离子流而注入晶片(俗称靶)内部,并通过逐点扫描,完成对整块晶片的注入。平均注入深度由离子的质量和加速电压决定。

离子注入要用高电压加速器诱发掺杂原子辐射(轰击)晶片表面。如图9-19所示的离子注入设备,把要掺杂的原子电离,然后在电场中加速,其能量一般达到 25～200 keV。当这离子束轰击到暴露表面时,掺杂原子渗入表层 1～2 μm 的深度。

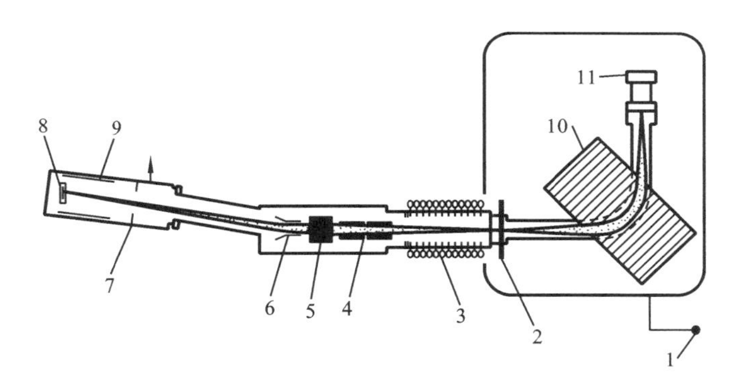

图 9-19　离子注入设备

1—高压电极;2—分解筛孔;3—加速管;4—透镜;5—y 轴扫描电极;6—x 轴扫描电极;7—离子束掩模;8—晶片(靶);9—法拉第筒;10—分析器磁铁;11—离子源

10. 互连与接头

通过不断重复"光刻→蚀刻→掺杂→沉积"加工出来的数百万个晶体管和其他元件必须互相连接起来。通常用金属制成的连接线粘在阱和衬底材料上,金属在有源晶体管区域形成互连,且可用垂直通道把不同的金属连接线连接起来,如图 9-20(a)所示。在真空状态下,可用溅射的方法在晶片表面溅射沉积形成薄膜,如图 9-20(b)所示,原子从源极喷射到晶片上形成薄膜。也可用气化技术在晶片上沉积表面薄膜,形成铝金属互连线。

在金属连线加工完毕后,为了防止 IC 电路受污染和损坏,在表面要生成最后的钝化层。最后,在保护层上蚀刻出一些开口,露出四方形的铝焊接区,并用线连接这些区域,实现 IC 与外部的连接。

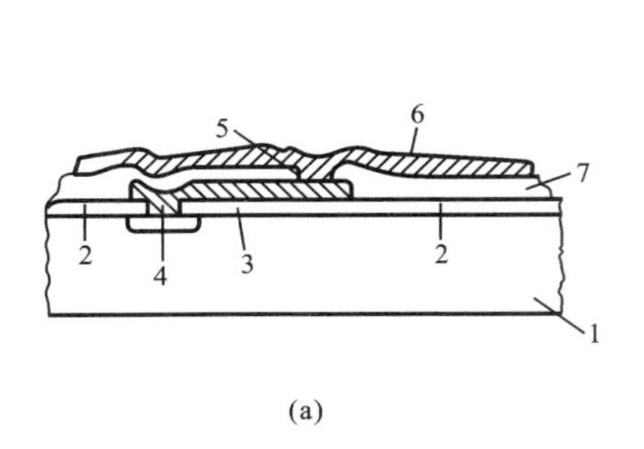

(a)

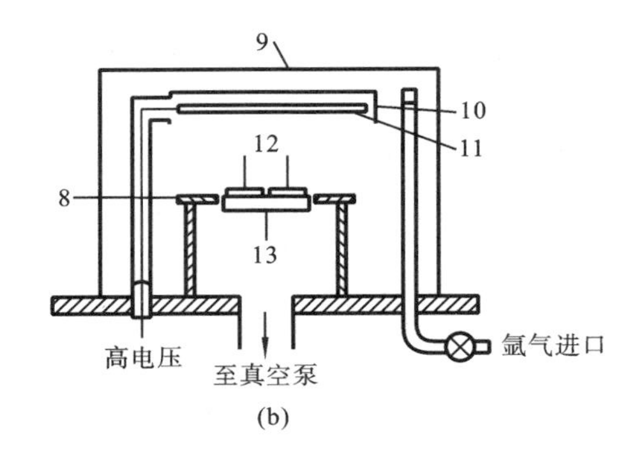

(b)

图 9-20　互连工艺

(a) 两层金属沉积　(b) 互连层溅射工艺

1—Si；2—SiO_2；3—第 1 层金属；4—接触点；5—通道；6—第 2 层金属；7—中间层绝缘体；

8—阳极；9—真空室；10—阴极罩；11—阴极(金属源)；12—晶片；13—加热器

9.3.2　集成电路后端加工方法

晶片进行电气性能测试后，就要切割成分立元件形式的芯片，每个芯片按照要求进行封装，用焊接的方式将连线从封装件中连到外部，经过测试后入库。这个阶段称为半导体集成电路生产的后端加工。如图 9-3 所示，焊接线从集成电路的焊接点连到封装外壳的引线架上，引线架与J形或鸥翼形插脚相连，最后塑封外壳，完成封装。

集成电路的封装工艺包括芯片测试、芯片分离、芯片粘贴、引线键合、封装、成品检测。其中引线键合和封装工艺在很大程度上决定了集成电路的可靠性及成本。

1. 芯片测试与分离

集成电路上一般设计有专门的测试芯片，该芯片与晶片上的其他芯片一样，经历了所有的氧化、蚀刻、涂胶和掺杂的过程。晶片生产过程中，会针对该测试芯片安排很多有针对性的测试。在测试过程中，用很细的针状探头触及测试芯片的铝焊节点，并对不合格芯片做好标记。预测试通过后，用金刚石包刃的锯片划片，使芯片分离。分离芯片有两种方法：一种方法是在晶片上用金刚石锯片直接在各芯片中间锯开，以此分离各芯片；另一种方法是在晶片上用连续的刻划方式划出切口。所有芯片被分离后，去除有标记的废芯片，剩下的芯片在显微镜下观察有无缺陷。

2. 芯片粘贴

将芯片粘贴到引线架或基座上，从而达到电耦合和改善散热条件的目的。

芯片粘贴有三种方法：聚合物粘贴、金-硅共晶焊和钎焊粘贴。

聚合物粘贴是把芯片固定在一种含有金属填充的环氧树脂上。

金-硅共晶焊是把含96%金和4%硅的共晶金属融化，冷却到390～420 ℃来实现粘结。金-硅共晶焊利用金、硅在共晶温度下发生互熔，形成金-硅合金，当硅的含量达到一定比例时，金-硅合金熔化，当硅含量逐渐增大，混合物结构变得更富硅时，就会凝固并完成粘贴。实际工艺实施方法是在芯片背面及引线框架或基座上镀金，然后在芯片及基座之间放置金-硅合金片，经400～500 ℃热处理来进行焊接粘贴的。

钎焊粘贴将钎焊料薄片置于芯片和基座之间，经加温使焊料熔化，因基座和芯片背面的金属层对焊料具有一定浸润性，经冷却、焊料凝固，从而将芯片与基座连成一体。这种方法在分立器件中用得较多，常用的钎焊料有铅-锡合金。

3. 引线键合

芯片粘贴后，将芯片I/O端上的压焊点和外引脚之间用细铝线或金线连接起来的工艺称为引线键合，如图9-21所示。通常用直径25～30 μm的铝线或金丝作引线。引线连接芯片顶部和外壳周围的引线框架，以形成电气连接。在组装中，这道工序要求的精度最高，而且对集成电路的成品率、可靠性影响很大。

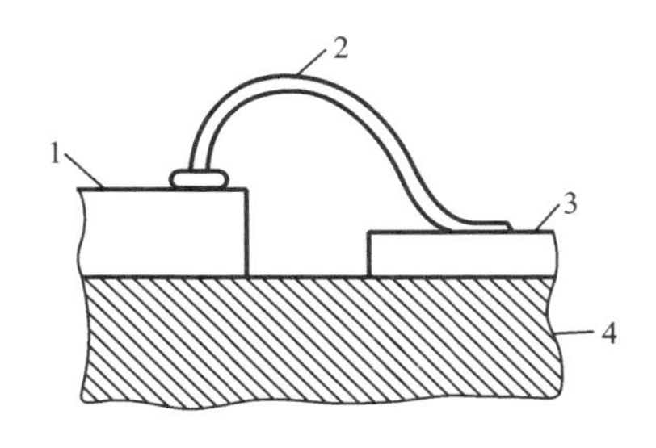

图9-21　引线键合

1—芯片；2—金属丝；3—引线框架；4—衬底

键合方法有两种：热压键合、超声键合及其复合键合。热压键合是结合压力、振动与软金属及铝的热塑性变形，形成固态焊接点，它是目前最有效的连接方法。超声键合是利用超声波的能量进行引线冷键合的方法，一般用于铝-铝引线系统的键合。热压、超声复合焊接的基本过程是：将直径25 μm的金或铝连接线用钝形压头压焊在焊点上，同时把基板加热到150 ℃，并用超声波振动节点的方法把焊点固定。

4. 封装

对集成电路芯片进行封装，其封装方法和材料取决于该集成电路尺寸、外部引脚数量、功率和散热以及使用环境要求。最通用的封装材料是陶瓷和塑料。

1）陶瓷封装

陶瓷外壳是根据器件所要求的封装形式，将陶瓷浆料经模压成薄片并切割到合适尺寸。为了便于粘贴和密封焊接，对陶瓷外壳局部区域进行了金属化处理。最后，多层陶瓷经压制、烧结成为多层陶瓷基座。陶瓷封装主要是盖板与

基座的封接，主要方法有环氧粘接、低熔点玻璃熔封等。

2）塑料封装

集成电路芯片塑料封装方法主要有模压注塑和浇注法。

模压注塑是将已键合好的芯片用有机硅胶或聚酯漆进行预保护处理后，放入包封模腔，在注塑机上注塑形成塑封后，管脚镀锡，即完成整个封装加工过程。浇注法是将塑料加热成流体，浇灌至放有芯片的外壳腔中，经若干小时的加温固化完成封装过程。

图 9-22(a)所示双列直插式封装，这种封装外形一般为长方形的塑料件，沿着周边分布间隔为 2.54 mm 左右的引脚。图 9-22(b)所示以塑料制作的四侧引线扁平封装的标准布置，通过连接线把芯片上的焊点与塑料封装件外部的引线连接起来。如果引脚间距太小，在装配中单个引脚容易弯曲，或者在后面加工时，在印制电路板上安装封装件时，会引起相邻引脚之间焊接点焊料不足。

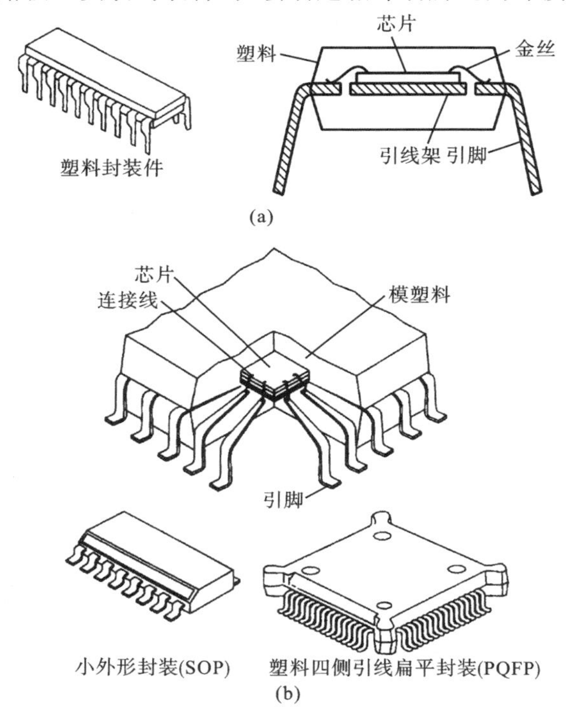

图 9-22　双列直插与四侧引线扁平封装方法

9.4 印制电路板的制造

以绝缘板为基材加工成一定尺寸的板，在其上面有铜箔导线及所有设计好的孔(如元件孔、机械安装孔及金属化孔等)，以实现元器件之间的电气互连，这种板称为印制电路板(简称 PCB)，印制电路板不包括元器件，在绝缘基板上只有铜箔导线图形，如图 9-23 所示。印制电路板上的铜箔导线实现了元器件之间的电气连接，它用铜箔导线连接集成电路和其他设备，如同城市交通中的交通道路一样。印制电路板除了实现元器件之间的电气连接外，还要求具备一定的刚度，如为硬盘等部件提供支承。最早的印制电路板的制造方法是采用丝网印刷技术，现在光刻技术成为其制造的首选方法。印制电路板包括以下三类(如图 9-24 所示)。

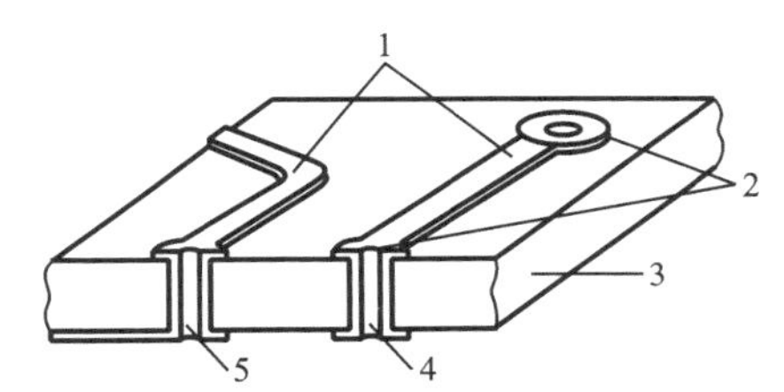

图 9-23　双面印制电路板示意图

1—导线；2—焊盘；3—绝缘基板；4—插入孔；5—通孔

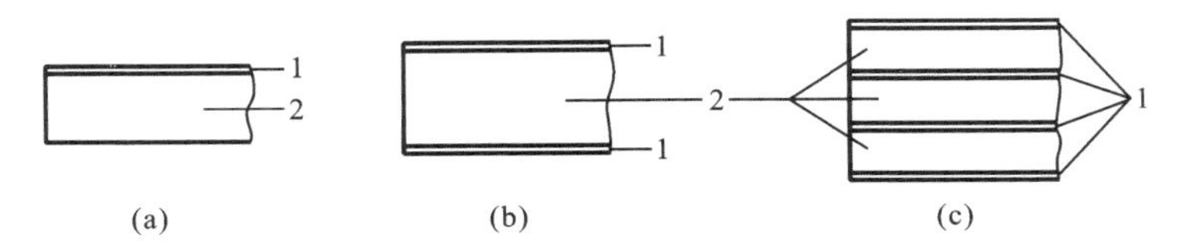

图 9-24　三类印制电路板

1—铜箔；2—绝缘基板

(1) 单面板　仅在绝缘基板的一面有铜箔。

(2) 双面板　绝缘板的两面都有铜箔。

(3) 多层板　由铜箔与绝缘基层交替结合而成。

多层板主要用于复杂的、部件密度高、存在大量电气连接的场合。

随着微电子技术的飞速发展,对印制电路板的制造工艺、质量和精度也不断提出新的要求。印制线条越来越细,间距也越来越小;在高频和超高频领域还要求具有特定阻抗的印制电路板,而且要能在恶劣的环境条件下长期可靠地工作。为此,必须采用先进的加工工艺和防护涂覆、检测、装配等技术。印制电路板的主要制造工艺过程包括基板制造、机械加工、电路图形印制(图形转移和蚀刻)、金属化孔、可焊性涂覆等。

9.4.1 基板制造与电路板准备

印制电路板基板是指其上还没有电路图案的层压夹芯覆铜箔层压板。覆铜箔层压板由铜箔、增强材料和黏合剂三种主要原料组成。一般该类绝缘基板(0.25～0.3 mm)的两面带有铜箔(0.02～0.04 mm)。铜箔是制造覆铜板的关键材料,必须有较高的电导率和良好的焊接性。铜箔越薄,越容易蚀刻和钻孔,我国目前正在逐步推广使用35 μm厚度的铜箔。印制电路板绝缘基板采用环氧树脂、酚醛树脂或三氯氰胺树脂等黏合剂作为其黏结材料,通过在玻璃纤维中注入环氧树脂,采用热镀或辊压的方法压制成印制电路基板。

印制电路板后续加工之前,需完成两项准备工作:按印制电路板尺寸要求进行裁切;钻出直径为3 mm的工艺定位孔。

9.4.2 电路板钻孔、冲孔与金属化孔

印制电路板上的过孔或导通孔(via)要采用自动冲孔机或CNC钻孔机完成加工。由于印制电路板过孔或导通孔的孔径越来越小,对CNC钻孔的钻头、机床都提出了更高的要求。目前国外在通孔孔径尺寸选择上,采用的直径为0.25～0.30 mm。从孔的尺寸看,小孔加工是最大的问题,孔径一般小于1.27 mm,高密度板甚至需要孔径在0.15 mm以下的孔,近年来国外已开发和使用能钻直径为0.10 mm孔的CNC钻床和专用工具。为适应微孔径,还采用了激光打孔技术。对于双面板的导通孔,为了使其实现导电连接,必须在其孔内壁层积导电层。这些导电层是采用非电解电镀形成的。非电解电镀是在含有铜离子的水溶液中进行化学镀,而不发生任何阳极或阴极反应。

9.4.3 电路图形转移——丝网印刷、电路板光刻与检测

制造印制电路板的一道基本工序是将设计的铜导线电路图形转移到覆铜箔板上,这称为图形转移。丝网漏印法和光刻法可完成图形转移。丝网漏印法

是最早应用于印制电路板制造中的方法。如图9-25所示，将包含电路图形的镂空模板附着到已绷好的丝网上。漏印时，将覆铜板在底座上定位，使丝网和覆铜板直接接触，将印料倒入固定丝网的框内，用橡皮刮板刮压印料，即可在覆铜板上形成由印料组成的图形。这种工艺的优点是设备简单，操作方便，缺点是精度不高，仅能印制线宽在0.25 mm以上的印刷导线。

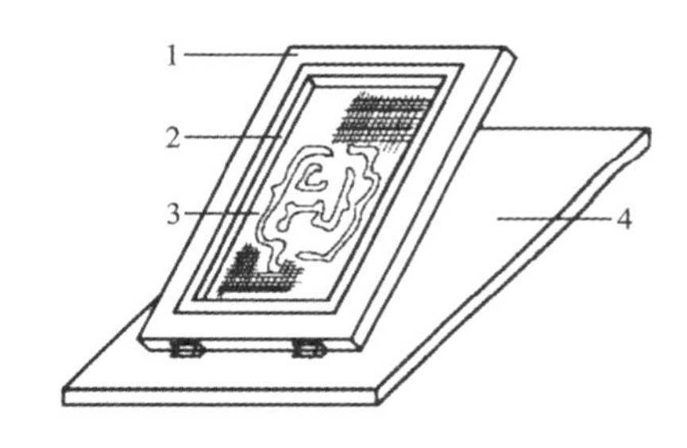

图9-25　丝网印刷

1—外框架；2—内框架；3—丝网模板；4—底板

电路板加工的关键工艺是采用选择性光刻和蚀刻技术。电路板光刻分为消除法和增加法两类。消除法如图9-26所示，首先在电路板基板铜箔表面上以液体形式喷涂或用干膜卷滚压方式，形成一层抗蚀膜。然后用紫外光线使不需要的抗蚀膜曝光，并将其冲洗剥离掉，露出铜箔表面。最后，用一种化学液体（过硫酸钠、氢氧化钠、氯化铜或氯化铁）把露出的铜箔腐蚀掉。剩下的铜箔就构成了电路板的电路和焊盘。增加法与消除法相反，它是在无铜箔的裸板上进行的，通过一定的工艺方法把铜镀在基板表面。

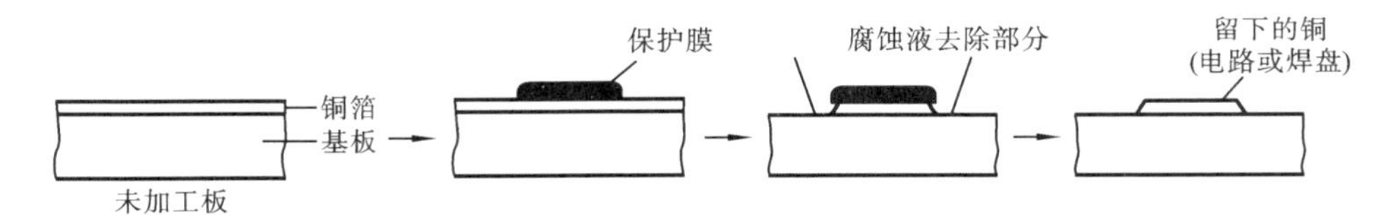

图9-26　电路板消除法光刻过程

为了保证印制电路板的质量，需要采用恰当的检测方法对其各种缺陷进行在线或离线的检测，包括非接触式检测方法和接触式检测。非接触式检测方法包括基于外观检测技术的光学测试仪（AOI）和基于透视检测技术的X光内层透视检测技术。目前，印制电路板X光内层透视检测设备的焦距已达到μm级，已能进行精度为10 μm的测量。接触式检测方法主要采用在线测试仪，又称静态功能测试。

9.4.4　可焊性涂覆

为提高印制电路的导电、可焊、耐磨和装饰性能，可以在印制电路板图形铜箔上涂覆一层金、银、锡或铅-锡合金金属。涂覆方法可用电镀或化学镀两种。

目前较多采用浸锡或镀铅锡合金的方法。印制电路板涂覆铅锡合金的方法有滚涂、电镀铅锡合金并随后进行热熔、热浸焊并热风整平等。滚涂铅锡合金适用于单面印制电路板和没有金属化孔的双面印制电路板,在滚锡机上进行滚涂。热熔是指把镀覆铅锡合金的印制电路板,加热到铅锡合金的熔点温度以上,使铅锡和基体金属铜形成金属间化合物,同时铅锡镀层变得致密、光亮、无针孔,并提高了镀层的抗腐蚀性和可焊性。焊料涂覆整平是把浸和热风整平结合起来,在印制电路板金属化孔内和印刷导线上涂覆共晶焊料的工艺。

9.5 印制电路板装配

印制电路板装配包括电子元器件和机械配件(如紧固件和散热片)等在印刷板上的安装,也就是电子组装中的第 2 级,如图 9-3 所示。电子元器件在印制电路板上的装配方式主要有通孔插装和表面组装技术等,如图 9-27 所示。随着集成电路封装形式的变化,其装配方法也有新的变化。

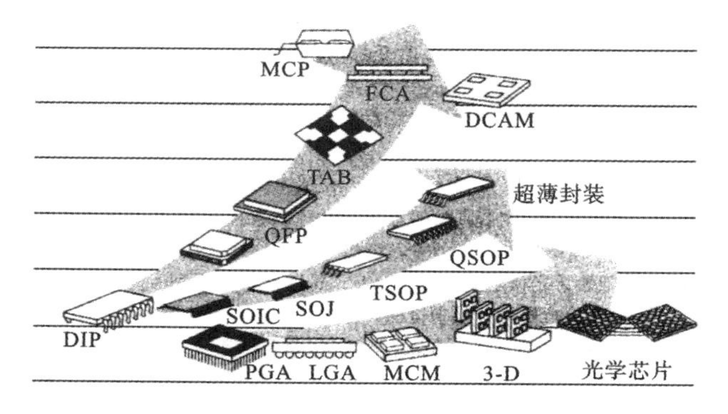

图 9-27 集成电路封装发展趋势

9.5.1 印制电路板装配方法

1. 通孔插装

通孔插装(PIH)是指通过把元器件引线插入印制电路板上预先钻好的安装孔中,暂时固定后在基板的另一面采用波峰焊等软钎焊技术进行焊接,形成可靠的焊点,建立长期的机械和电气连接。元器件主体和焊点分别分布在基板两侧。

2. 表面贴装

和传统的通孔插装技术相比,表面贴装(SMT)技术形成的电子产品具有元器件种类繁多、元器件在印制电路板上高密度分布、引脚间距小、焊点微型化等特征，而且在印制电路板中应用的比例日益提高。SMT 极大地减少了装配元件所需的表面积(比 PIH 法减少 40%～80%)，使做出体积更小、更高性能的电路板成为可能。

3. 多芯片集成模块(MCM)

多芯片集成模块(MCM)是由并排安装在一个大外壳封装中的许多 SMT 芯片组成。其优点是：更大的封装密度，减少了印制电路板的布线需要，从而减少多层板的层数要求；减少了能耗；由于有较小的噪声容限、较小的输出驱动器及较小的管芯，使性能更高；较低的总封装成本。

4. 球栅阵列

球栅阵列(BGA)芯片是单个 SMT 元件的发展。这种方法是在芯片底面而不是在四周进行焊接。

5. 芯片倒装

芯片倒装(FCT)使得 SMT 和 BGA 以更大密度进行联装。在这种方式下，芯片翻转并面朝下紧放在主板上。

以上电路板联装方法都有相似的步骤，但由于插装与表面贴装常常混合进行。因此，实际联装自动线的配置有所差别。一般来说，插件印制电路板装配主要包括以下步骤：元器件插装或粘接、焊接、清洗、检测、返修。表面贴装(SMT)印制电路板装配主要包括以下步骤：锡膏印刷、锡膏检测、贴片、焊接、光学检测、返修。随着贴装高密度化、元器件微型化及由于焊料无铅化引起的组装缺陷的增加，电路板组装工厂一般采用图 9-28 所示的 SMT 电路板组装自动线。该自动线在锡膏印刷、贴片和焊后均增加了光学检测设备，以更好地控制

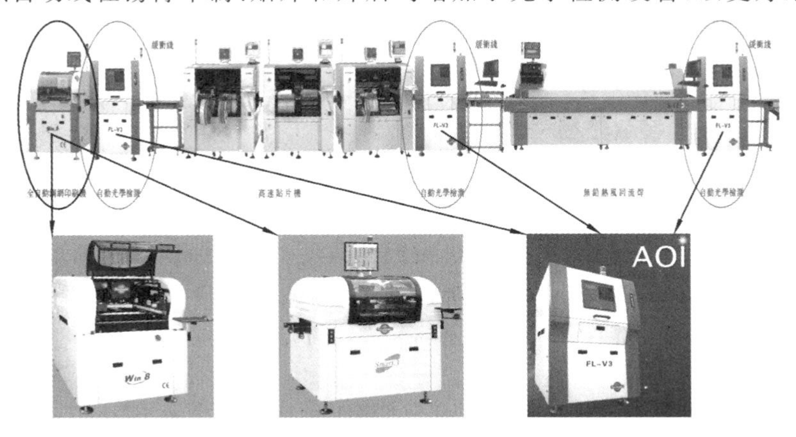

图 9-28　SMT 电路板组装自动线

贴装出现的不良概率。

9.5.2 电路板联装自动线上的关键工艺与设备

1. 锡膏印刷

在准备好电路基板后，表面贴装电路板装配的首道工序就是在电路板上进行锡膏印刷。一般在电子厂广泛采用全自动在线钢网锡膏印刷机完成锡膏印刷，其原理为：电路基板送进后，通过视觉系统测出钢网模板定位标记点与电路基板定位标记点的位置差，印刷机通过解算位置差，驱动伺服电动机完成电路基板与钢网模板的对准，然后印刷机通过一系列的多轴协调运动完成锡膏印刷，其印刷精度一般能保证 0201 元件的准确装配。图 9-29 所示为华南理工大学与东莞科隆威公司联合研制的全自动钢网印刷机。为了应对多品种小批生产、柔性制造和产品研发的需求，一种全新的采用喷印技术的锡膏印刷技术成为未来锡膏印刷的尖端技术，图 9-30 所示为该类喷印机的喷头结构原理图。

图 9-29 锡膏印刷机

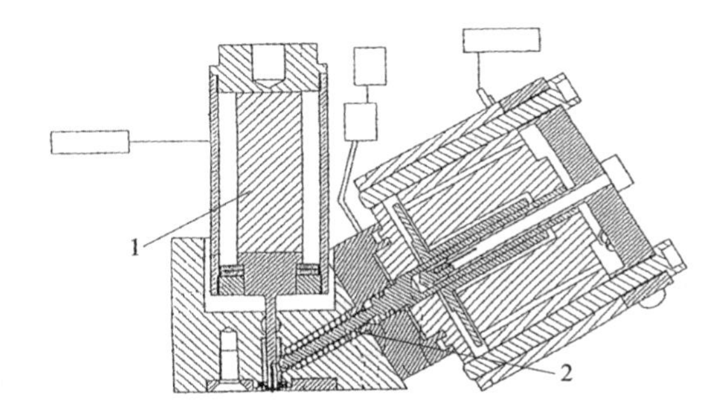

图 9-30 锡膏喷印机的喷头结构

1—压电致动器；2—丝杠

2. 元器件插装或粘接

1）元器件插装

采用通孔插装时，为使元器件在印制电路板上的装配排列整齐并便于焊接，在安装前通常采用手工或专用机械把元器件引线弯曲成一定的形状。其过程如图 9-31 所示。元器件插入后，可通过手工或机器自动剪切引线并进行弯曲，以保证焊接时元器件在电路板上的准确定位。

2）黏接

用于表面组装的元器件没有引线，常采用黏接剂将器件暂时固定在印制电路板上，以便随后的焊接工艺得以顺利进行，图 9-32 所示为元器件

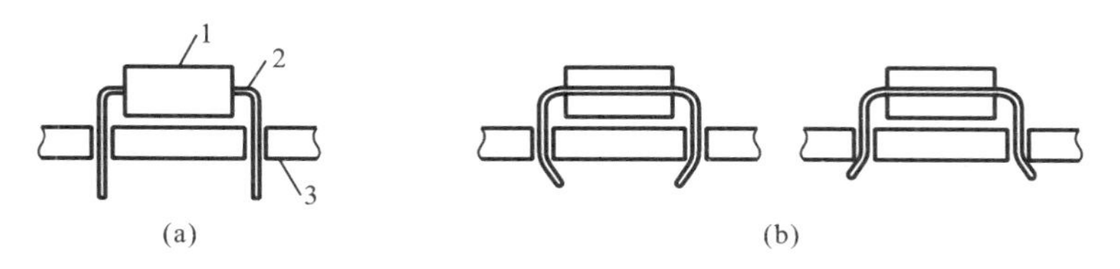

图 9-31　PIH 元件插装过程

(a) 插入一个元件　(b) 向内或向外引脚弯曲并修剪

1—元件;2—引脚;3—电路板

黏接后再进行焊接的工艺过程。黏接剂的涂敷可采用分配器点涂(也称注射器点涂),针式转印和丝网(或模板)印刷等方法。

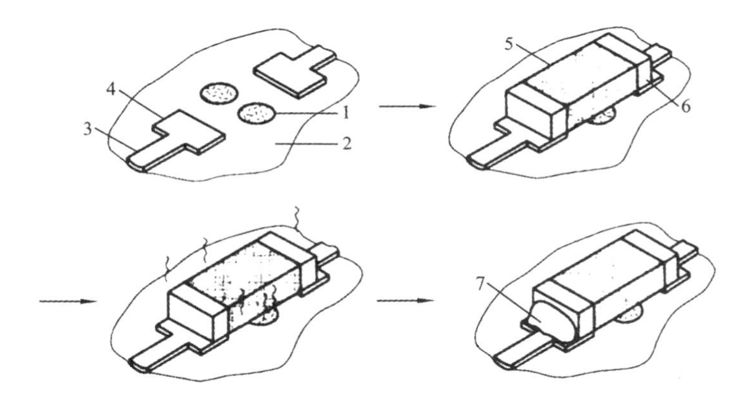

图 9-32　表面组装元器件粘接和焊接的工艺过程

1—黏接剂;2—电路板表面;3—印刷线;4—焊盘;5—元器件;6—金属;7—焊料

分配器点涂采用了计算机控制的自动点胶机,控制一个或多个带有管状针头的点胶器在印制电路板的表面快速移动、精确定位,并进行点胶作业。

针式转印技术是在单一品种的大批量生产中可采用的黏接剂涂敷技术,采用自动针式机进行,一般是同时成组地将黏接剂转印到印制电路板的贴装部位上,按照涂胶图形,组成矩阵分布的钢针组件,同时进行多点涂敷。操作时,先将钢针组件在装有黏接剂的容器里浸蘸黏接剂,然后将涂有黏接剂的钢针组件在印制电路板上方对准涂胶图形定位,使钢针向下移动直至黏接剂接触涂胶点,将黏接剂涂敷在印制电路板的粘接点位置上。

丝网印刷即通过印制电路图形的丝网模板将黏接剂印刷到印制电路板相应位置上。黏接剂涂敷后,一般采用贴装机自动进行元器件的贴装。

元器件贴装后要对黏接剂固化。

3. 焊接

印制电路板元器件组装中主要采用软钎焊工艺。常用的软钎焊工艺为波峰焊和再流焊。波峰焊和再流焊的主要区别在于热源和钎料。在波峰焊中,焊料波峰起提供热量和钎料的双重作用。在再流焊中,预置钎料膏在外加热量作用下熔化,与母材发生相互作用而实现连接。

1）波峰焊

波峰焊是借助于钎料泵使熔融态钎料不断垂直向上地朝狭长出口涌出,形成20～40 mm高的波峰。钎料波以一定的速度和压力作用于印制电路板上,充分渗入到待钎焊的器件引线和电路板之间,使之完全润湿并进行钎焊。如图9-33(a)所示,在传送带的前端,助焊剂被敷在主板下面。在预热后,主板和元件伸出的引脚就会遇到搅动波,这种波能“润湿”和清洁表面。最后,层流波在如图9-33(b)所示的温度下进行焊接。这个过程中通过迫使液态焊料压入引脚和孔间的空隙,形成焊接接头。如图9-33(c)所示,为避免焊接盲区(shadowing),必须按照波峰焊接工艺的设计准则,确定正确的流量和填充方法。

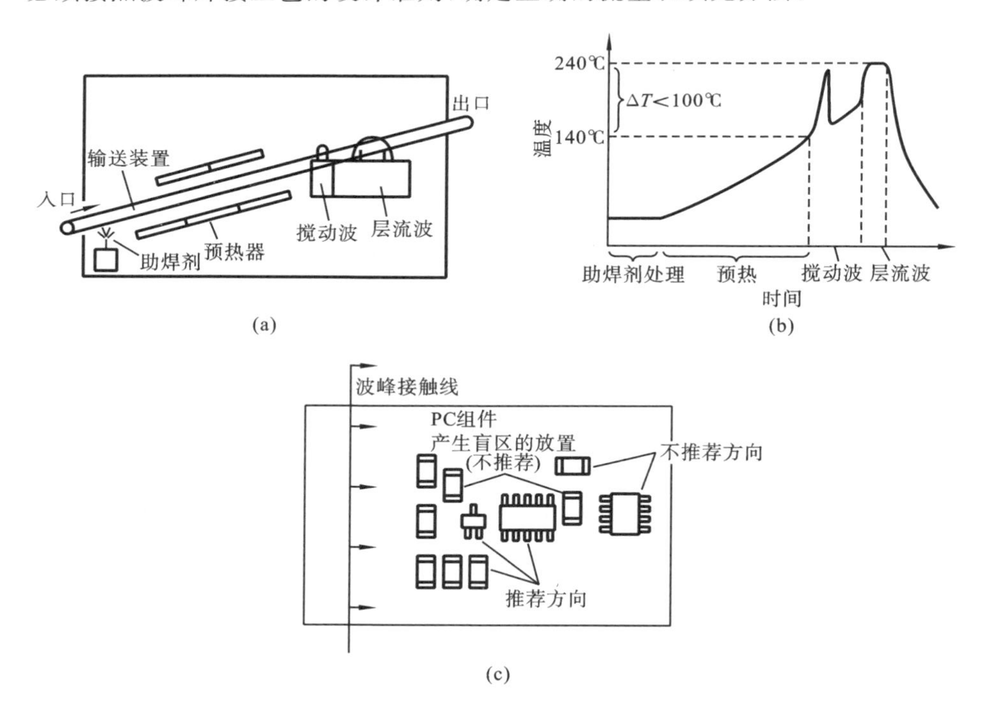

图9-33　波峰焊原理、温度分布及设计准则

(a) 波峰焊设备　(b) 温度分布　(c) 设计准则

2）再流焊

再流焊是指预先在印制电路板焊接部位（焊盘）施放适量和适当形式的焊料，然后贴放表面组装元器件，经固化后，再利用外部热源使焊料再次流动，从而达到焊接目的的一种成组或逐点焊接工艺。焊膏是用合金焊料粉末和焊剂均匀混合的乳浊液。合金焊料粉是焊膏的主要成分，也是焊接后的留存物。焊膏与传统焊料相比具有一些显著的特点，例如：可以采用丝网印刷和点涂等技术对焊膏进行精确的定量分配，可满足各种电路组件焊接的可靠性要求和高密度组装要求，并便于实现自动化涂敷和再流焊工艺。涂敷在电路板焊盘上的焊膏在再流加热前具有一定黏性，能起到使元器件在焊盘位置上暂时固定的作用，使其不会因传送和焊接操作而偏移；在焊接加热时，由于熔融焊膏的表面张力作用，可以校正元器件相对于印制电路板焊盘位置的微小偏离等。焊膏涂敷及再流焊过程如图 9-34 所示。

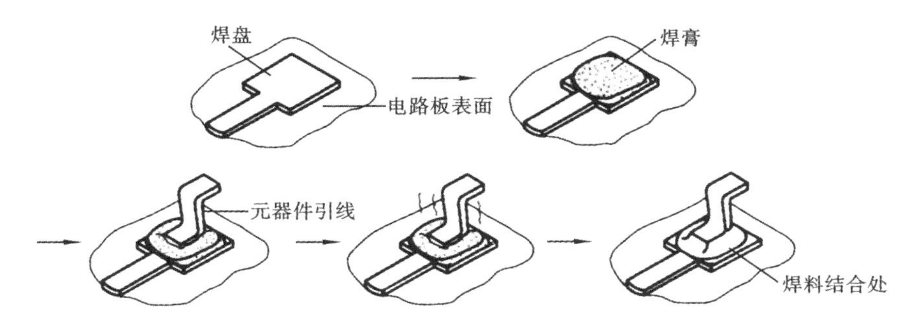

图 9-34　再流焊焊接表面组装元器件工艺过程

4. 电路板组装焊前与焊后光学检测

如图 9-28(b)所示，为了更好地控制 SMT 电路板组装，需要在电路板锡膏印刷后进行锡膏检测，辨别锡膏的印刷偏位、桥接、锡膏量过少等；在贴片后需要检测缺件、错件、偏位等；在经过回流炉后综合检测焊点的浸润性、短路、立碑等。光学检测的方法主要是采用恰当的结构光照明，以突出检测对象的缺陷特征，通过模式匹配或智能分类器的检测方法，在精密运动平台、高分辨摄像系统的支持下完成检测。为了更好地改善流程，光学检测系统需内建本地检测数据库系统，并全线中央控制器协调下，与中央数据库交换数据，中央控制器系统据此改善全线流程，这是光学检测的最终目的。如图 9-35 所示为日本 OMRON 公司的自动光学检查设备的结构光示意图。图9-36 所示为华南理工大学与东莞科隆威公司联合研制的自动光学检测系统。

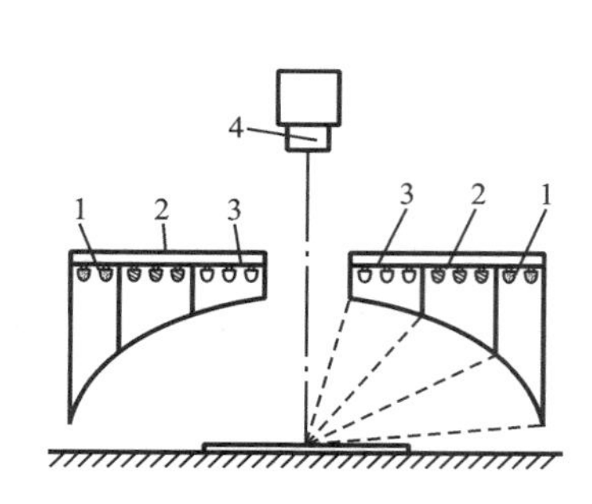

图 9-35 光学检查的一种结构光

1—蓝色 LED;2—绿色 LED;3—红色 LED;4—CCD 摄像头

图 9-36 自动光学检测系统

5. 电路板组装的 X 光检测

随着器件封装小型化和新型封装形式的出现,特别是电子产品 ROHS 无铅化指令的实施和球栅阵列封装(BGA)芯片的大量应用,促进了面向 SMT 的 X 射线检测技术的实际应用。原因在于已有的检测技术不能覆盖或只能部分覆盖目前高密度电子组装的缺陷检测,如人工目检在检测 0603、0402 和细间距芯片组装缺陷时已非常困难;而飞针测试主要针对插装 PCB 和 0805 以上器件的组装检测;ICT 针床及自动光学检测不能实现 BGA 等隐藏焊点的结构性检测;功能测试侧重于评价整个系统是否实现设计目标。因此,X 射线检测技术是未来高密度电路板检测与新型封装器件大量采用时,确保电子组装质量的必备技术。

面向 SMT 的微焦点 X 射线 2.5D 检测设备的核心结构原理如图 9-37 所示。通过载物台的直线与旋转运动实现被检测物的全面检测;通过调整 X 射线探测器与 X 射线管与载物台的距离,调整 X 射线成像的放大倍数、初始对比度和被检测物被 X 射线穿透的程度;通过探测器的倾斜旋转运动实现 2.5D 的检测;通过图像分析系统完成被检测样品的缺陷检测与分析;也可以分层聚焦的方式实现 3D 检测。如图 9-38 所示,根

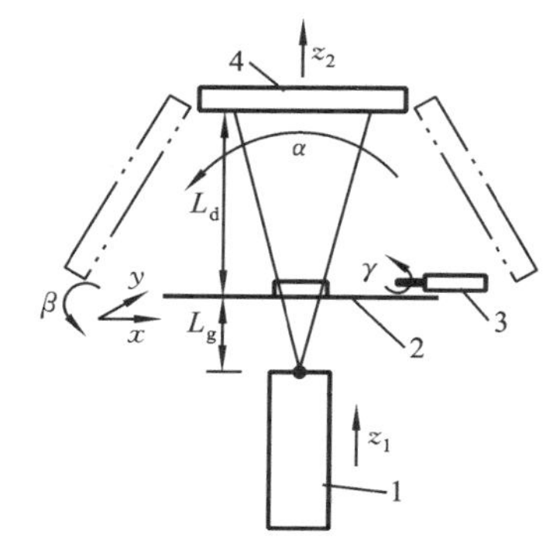

图 9-37 微焦点 X 射线 2.5D 的主要结构

1—X 射线管;2—载物台;3—电动机;4—X 射线探测器

据 BGA 焊点的 X 射线透视图可以发现该 BGA 焊点存在焊点桥接短路缺陷。图 9-39 所示为华南理工大学与东莞科隆威公司联合研制的面向 SMT 的 X 射线检测设备。

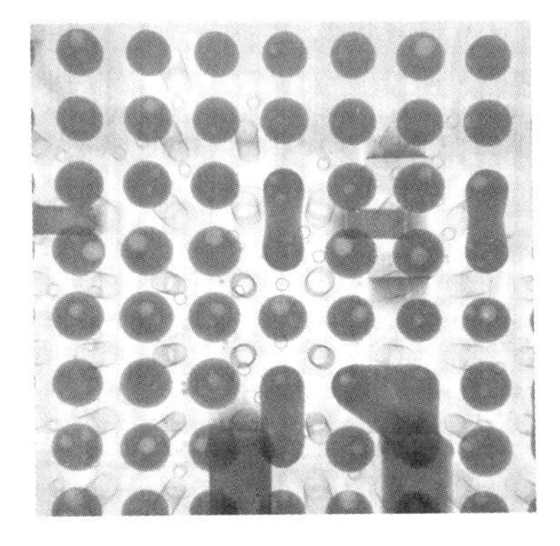

图 9-38 BGA 焊点的 X 射线透视图

图 9-39 X 射线检测设备

9.6 知识拓展

9.6.1 先进光刻技术的发展趋势

光刻是半导体加工中耗资最多的一部分。除去封装测试和设计成本外，光刻在半导体集成电路制造中所占的加工成本是整个工艺成本的 35%。因此，掌握先进光刻技术的发展趋势尤为重要。

1. 紫外线和短紫外线光刻技术

20 世纪 90 年代后期使用波长为 365 nm 的紫外线生产 0.35 μm 线宽的集成电路。今天，已开始使用波长为 248 nm 的短紫外线(deep-UV)来生产 0.25 μm 线宽的集成电路。虽然最近的商业报告指出，可能可以用交替光圈移相掩膜来生产 0.08 μm 线宽的集成电路，但一般来说，商用高纯度玻璃镜头短紫外线使用的极限波长是 193 nm，在这种波长下可以生产线宽为 0.13 μm 的集成电路。

2. 极紫外线光刻技术

由英特尔公司、摩托罗拉公司、AMD 公司、三个美国国家实验室及一些半导体

设备制造商组成了未来微型化技术联盟。这个合作项目的目标是利用更短波长的极紫外线(EUV)光刻技术来取代一般的紫外线光刻技术,用它来生产线宽为0.03~0.1 μm的元件。

在EUV技术中,激光激发等离子体产生波长为13 nm的波束,该波束不是用光学镜头,而是采用高度反射的钼/硅镜聚焦,通过掩膜到晶片。对试验用的制造设备来说,其目标是每小时生产40片晶片,晶片直径为300 mm,芯片面积为26 mm×52 mm,元件线宽为0.1 μm。

3. X射线光刻技术

X射线光刻技术使用0.01~1 nm波长的光源,已成功地生产了线宽为0.02~0.1 μm的元件。加工过程需要用同步加速器来加速高能量电子束。此制造方法由IBM和Sanders公司开发。虽然此技术的可行性已在专门领域得到证明,但其他公司则还是使用常用的商业化DUV光刻技术,没有去采用这种需要安装和维护加速器的新技术。

4. 角度限制散射投影电子束光刻技术

在这个方法中,电子束以高能量形式,高度聚焦后直接射在衬底材料上。此电子束可以直接由CAD文件中的数据引导,因此不使用光掩膜。朗讯的贝尔实验室已经开发了一种采用这种加工方法的技术,称为角度限制散射投影电子束光刻技术。

表9-1所示为以上各种光刻方法的总结。

表9-1 光刻方法的总结

方　式	波长/nm	加工元件线宽/nm
紫外线	365	350(0.35 μm)
短紫外线	248	250(0.25 μm)
高纯度短紫外线	193	130~180(0.13~0.18 μm)
极紫外线	10~20	30~100(0.03~0.1 μm)
X射线	0.01~1	20~100(0.02~0.1 μm)
角度限制散射投影电子束光刻技术(电子束)	—	80(0.08 μm)

9.6.2 Starved solder joint of BGA assembly

Due to the robust package body design, the defect rate of BGA/CSP processing is much lower than that of QFP. However, if the process is not properly handled, problems still can occur to a significant extent, as will be discussed below.

A starved solder joint is a solder joint where the solder volume is insufficient to form a reliable joint. The most common cause is insufficient solder paste printed, as shown by Fig. 9. 40 which illustrates the solder joints of a CBGA. The picture on the left shows a starved, concaved bottom fillet shape. This is in contrast to the picture on the right where the high-Pb ball is well wrapped by the eutectic Sn-Pb fillet hence displaying a straight contour line.

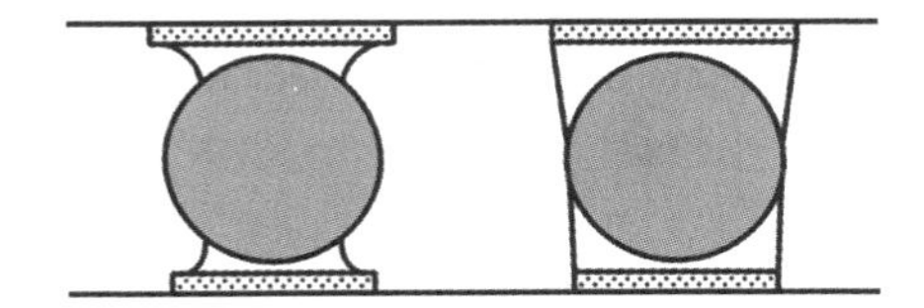

Fig. 9-40 Starved solder joint (left) versus normal solder joint (right) for CBGA

Starved joints may also be caused by solder wicking. Fig. 9. 41(a) shows PBGA normal solder joints, while Fig. 9. 41(b) shows some starved solder joints plus some plugged via holes. The solder of BGA bumps wicked into the via holes, presumably caused by misregistration or a poor solder paste print coverage. It should be noted that improper rework procedures or improper handling of BGA components during rework may also promote wicking and consequently starved joints. Fig. 9. 42 shows starved solder joints caused by wicking along the trace line into the via holes. Here the solder mask on top of the trace line was damaged during an earlier rework process.

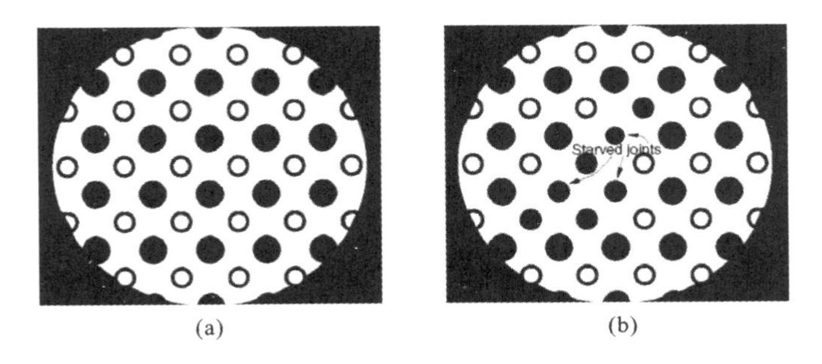

Fig. 9-41 X-ray of PBGA solder joints

(a) normal BGA solder joints (b) a starved solder joint caused by wicking into the via

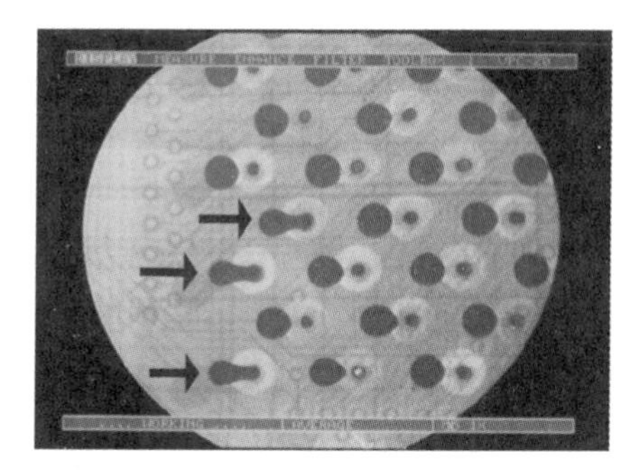

Fig. 9-42 X-ray picture of starved solder joints, as marked by arrows, of a PBGA. The solder wicked along the trace into the via through damaged solder mask coverage

Starved joints may also be caused by poor design. Apparently, a significant part of the solder from the solder ball drained into the via and resulted in a short standoff. One way to compensate for this is to deposit extra amounts of solder paste at the via in the pad area through the use of a thick stencil and an enlarged aperture. Another solution to reduce solder drainage is using microvia technology instead of a via in pad design.

Another factor that also contributes to starved solder joint is poor coplanarity. Even if the solder paste volume deposited is accurate, the solder joint may appear starved if the clearance between the BGA and the PCB is too large. This is especially true in the case of CBGA.

In summary, the starved solder joint can be eliminated by the following solutions.

(1) Deposit a sufficient amount of solder paste.

(2) Tent the via with a solder mask.

(3) Avoid damaging the solder mask during rework.

(4) Register properly during paste printing.

(5) Register properly during BGA placement.

(6) Handle component properly during rework.

(7) Maintain high coplanarity of PCB, such as by employing proper preheat during rework.

(8) Use a microvia instead of a via in pad design to reduce solder drainage.

本章重难点

重点

- 电子制造的产业链构成关系。
- 集成电路制造的工艺步骤。
- 电子组装技术的体系结构。
- 集成电路的封装关键技术的特点。
- 电路板制造的主要工艺及其特点。
- 电路板组装自动线的构成与关键设备。

难点

- 集成电路光刻工艺及其发展趋势。
- 集成电路光刻技术的种类及其技术特点。
- 印制电路板高密度组装技术的发展趋势。

思考与练习

1. 简述电子制造的内涵及其内在关系。
2. 集成电路制造的主要工艺步骤是什么,试举两个关键工艺说明其特点。
3. 集成电路光刻的运动模式有哪几种?
4. 获得电路板电路图形有哪几种方法,各有什么特点?
5. 插孔件电路板组装自动线与表面贴装自动线的设备构成分别是什么?
6. BGA 等隐藏焊点可用什么方法进行无损检测。

参考文献

[1] Paul Keneth Wright. 21 世纪制造[M]. 冯常学,钟骏杰,范世东,等译. 北京:清华大学出版社,2004.

[2] 半导体制造[EB/OL]. 维基百科,http://en.wikipedia.org/wiki/Semiconductor_device_fabrication.

[3] 印制电路板及其联装[EB/OL]. 维基百科,http://en.wikipedia.org/wiki/Printed_circuit_board.

[4] Clyde F Coombs. Printed circuits handbook(sixth edition)[M]. New York:McGraw-Hill Companies,2008.

[5] Mikell P Groove. Fundamentals of modern manufacturing (third edition)[M]. New York:Johns Wiley & Sons Inc,2007:758-854.

[6] Ning-Cheng Lee. Reflow Soldering Processes and Troubleshooting:SMT,BGA,CSP and Flip Chip Technologies[M]. Boston:Newnes,2002.

[7] 冯之敬. 制造工程技术与原理[M]. 北京:清华大学出版社,2004.

[8] 张宪民,邝泳聪,卢盛林,吴辉辉,李华会. 用于锡膏印刷的L型双镜头图像采集装置[P]. 中国发明专利,CN100421453C,2008-09-24.

[9] 唐岳泉,张宪民,邝泳聪,苏金财. 一种全自动锡膏印刷机[P]. 中国发明专利,CN1020921798,2012-07-04.

[10] Wu F,Zhang X. Feature-extraction-based inspection algorithm for IC solder joints[J]. IEEE Transactions on Componerts Packaging & Manufaauring Fechnology,2011,1(5):689-694.

[11] 陈忠,张宪民. 一种X射线分层摄影检测方法与系统[P]. 中国发明专利,CN1018398718,2011-12-28.

第10章　机电控制基础

10.1　相关本科课程体系与关联关系

为了更好地使读者，特别是大学机械类本科生了解机电控制基础相关的本科课程及与关联课程的关系，本节将简要勾勒机电控制基础的机械类大学本科课程的关联关系。

图 10-1 表明了机械控制工程基础、自动控制理论及实验、机械设备数控技术、机电传动技术等专业领域课程与本章内容密切相关，因此，本章内容包含了与机电控制相关的学科基础课程与专业领域课程的内容。它是开展后续专业领域控制类相关课程学习的基础。

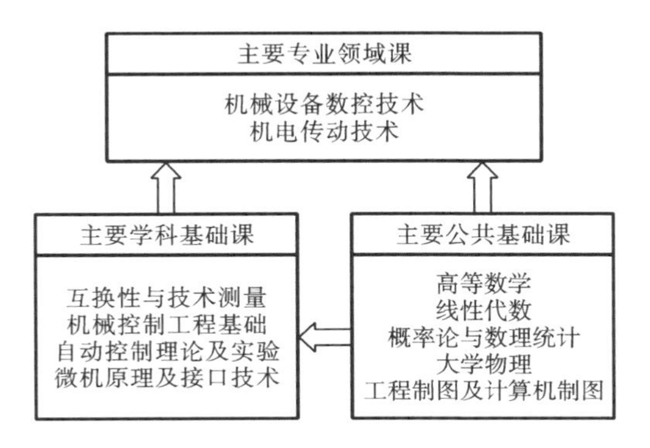

图 10-1　与机电控制基础相关的本科课程体系

10.2 工业控制系统概述

控制是指有目的的操纵或操作。所谓自动控制是指在没有人的直接干预下,利用物理装置对生产设备和工艺过程进行合理的控制,使被控制的物理量保持恒定,或者按照一定的规律变化。自动控制系统则是为实现某一控制目标所需要的所有物理部件的有机组合体。

10.2.1 运动控制和过程控制

根据控制对象的不同,工业控制系统可以划分为两大类:运动控制和过程控制。

1. 运动控制

运动控制有很多应用,如用于贴装电子元件的贴片机、光学检查机、执行焊接操作和装配过程的工业机器人手臂、数控(CNC)机床设备、印刷机、复印机、包装机等。运动控制系统是一种控制对象的物理运动或位置的自动控制系统。运动控制系统常被称为伺服系统或伺服机构。运动控制系统都具有以下三个共同的性质。

(1) 被控对象是机械的位置、速度、加速或减速。

(2) 被控对象的运动和位置都是可检测的。

(3) 典型运动装置对于输入命令的响应都是很快的,一般都要求在几十毫秒之内。

2. 过程控制

过程控制是控制工程的一个分支,它通过在生产过程中对变量进行调节来影响输出产品。这些变量被称为过程变量,具体来说包括压力、温度、流量、物位,以及气体、液体和固体的产品成分等。“过程”一词的含义是指通过生产设备对变量进行操作,使原料发生变化,直至达到所要求的状态为止。工业过程生产的产品包括化工制品、精炼石油、加工食品、纸张、塑料及金属等。过程控制还涉及公共服务领域,例如饮用水净化、污水处理及电力生产等。

在过程控制里,关键在于使被控变量保持恒定,比如温度和压力等,其给定点(设定点)很少改变,可能在数天内都保持不变。过程控制系统的目标是在被控变量受到扰动而波动时进行调节和矫正，被控变量的变化及系统为矫正这一变化而作出的反应通常都是比较慢的。而在伺服系统，给定信号会经常地发生变化，而且一般变化非常迅速，控制的目标是要尽可能快而准确地跟随给定信号的变化。

10.2.2 自动控制的基本形式

自动控制有开环控制和闭环控制两种基本的控制方式，对应的系统分别称为开环控制系统和闭环控制系统。

1. 开环控制系统

开环控制系统的输出端和输入端之间不存在反馈关系，也就是系统的输出量对控制作用不发生影响。这种系统既不需要对输出量进行测量，也不需要将输出量与输入量进行比较，控制装置与被控对象之间只有顺向作用，没有反向联系。以图 10-2 所示的蓄水池液位控制为例，水从进水管流入水池，然后从出水管流出，需要维持的过程变量是蓄水池中的水位。这是一个开环控制系统，操作人员通过人眼观察水池水位的高低，通过大脑判断实际液位是否偏离希望的值，一边用手调整进水阀门的开度，反复进行上述过程，将水位保持在希望的高度上。

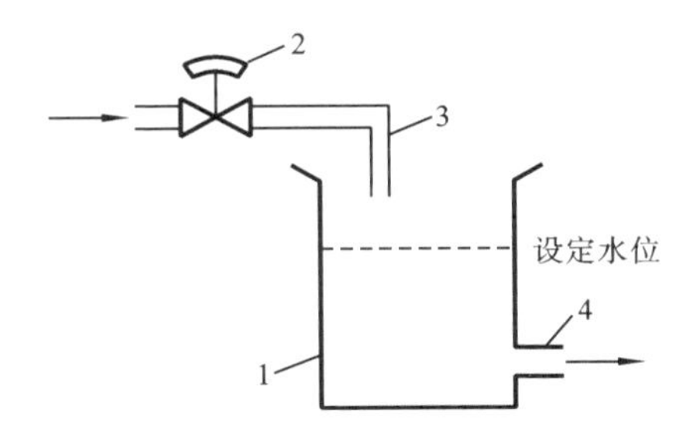

图 10-2 开环控制的蓄水池系统

1—蓄水池；2—手动阀门；3—进水管；4—出水管

开环控制系统的优点是结构简单，稳定性好，调试方便，成本低；缺点是抗干扰能力差，当受到干扰的影响而使输出量发生变化时，系统没有自动调节能力，因此控制精度较低。开环控制系统一般用于对控制性能要求不高，系统输入输出之间的关系固定，干扰较小或可以预测并能进行补偿的场合。

2. 闭环控制系统

闭环控制系统在开环控制系统基础上，增加反馈回路，通过反馈来实时评估输出的情况，并进行自动校正操作。在图 10-2 所示蓄水池系统基础上进行改动，得到图 10-3 所示的闭环控制的蓄水池系统，图中的阀门、浮子及连接机构组成了反馈回路。如果池中水位上升，则浮子随之向上浮动；如果池中水位下降，则浮子随之向下。浮子通过一个机械连接与进水阀相连，所以当水位上升时，浮子向上浮动，推动杠杆，进而使阀门关小，减少了水池的进水量。当水位下降时，浮子向下浮动，推动杠杆，进而把阀门开大，让更多的水进入蓄水池中。在整个过程中，浮子随水位上下移动，同时调整进水阀的开度，以保证池中的水位控制在设定水位。

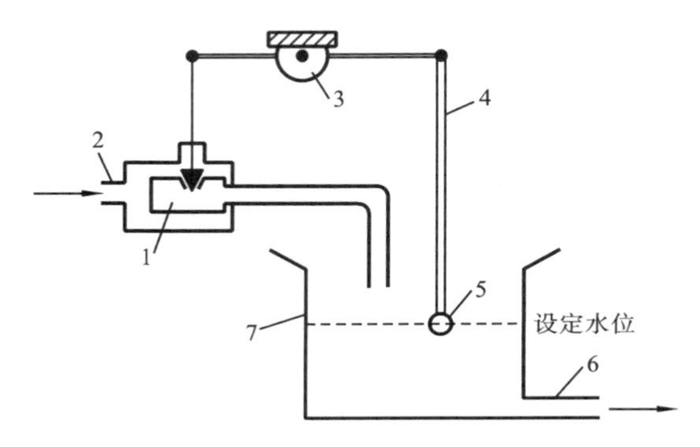

图 10-3　闭环控制的蓄水池系统

1—控制阀；2—进水管；3—支点；4—浮杆；5—浮子；6—出水管；7—蓄水池

闭环控制系统的优点是控制精度高，抗干扰能力强，适用范围广。当干扰或负载波动等因素使被控量的实际值偏离给定值时，闭环控制系统就会通过反馈产生控制作用来使偏差减小。这样就可使系统的输出响应对外部干扰和内部参数变化不敏感，因而有可能采用不太精密且成本较低的元件来构成比较精确的控制系统。闭环控制系统也有其缺点：一是结构复杂，元件较多，成本较高；二是稳定性要求较高。由于闭环控制系统中存在反馈环节和元件惯性，而且靠偏差进行控制，因此偏差总会存在，时正时负，很可能引起振荡，导致系统不稳定。

10.2.3　闭环控制系统的基本组成

如图 10-4 所示，典型的闭环控制系统由不同功能的部件组成，图中方框代表构成系统的一类部件，方框之间的连线表示部件的输入输出信号，箭头代表信号流动的方向。

(1) 被控对象　控制系统所要控制的设备或过程，它的输出就是被控量，而被控量总是与闭环控制系统的任务和目标紧密联系。在液位控制系统中，蓄水

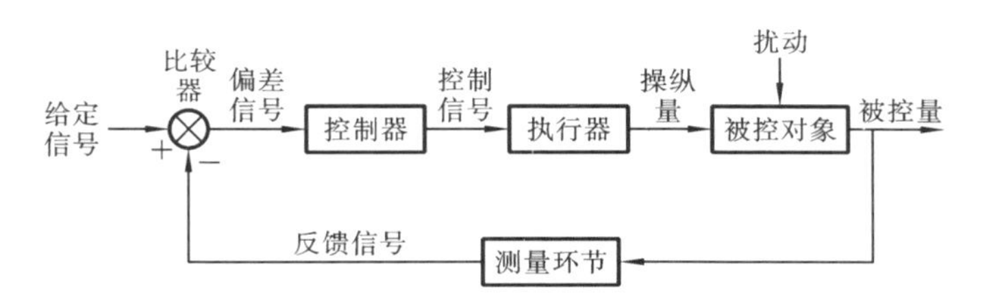

图 10-4 闭环控制系统框图

池的液位是被控量，蓄水池就是被控对象。

(2) 给定信号　给定信号是控制回路中预先设定的输入值，它决定被控量的期望状态。给定信号值可以由操作人员手动设置，也可以由电子装置自动设置。如果给定信号是定值，则对应的控制系统就是恒值控制系统，控制的目标是使被控量稳定在一个固定值上；如果给定信号是一变值，则对应的控制系统是随动系统，控制的目标是令被控量跟随给定信号的变化。

(3) 测量环节　即随时将被控量检测出来的装置。如浮子是液位控制系统的测量环节。

(4)反馈信号　反馈信号是测量环节的输出。反馈信号又称为被测值、测量信号，在位置回路中被称为位置反馈，在速度回路中被称为速度反馈。反馈又称回馈，是指将系统的输出返回到输入端并以某种方式改变输入，进而影响系统功能的过程，即将输出量通过恰当的检测装置返回到输入端并与输入量进行比较的过程。反馈可分为负反馈和正反馈。前者使输出起到与输入相反的作用，使系统输出与系统目标的误差减小，系统趋于稳定；后者使输出起到与输入相似的作用，使系统偏差不断增大，使系统振荡，可以放大控制作用。

(5) 比较器　比较器将反馈信号与给定信号进行比较，并产生与两者之差成比例的输出信号。在闭环控制的蓄水池系统中，比较器就是整个连接机构。

(6) 偏差信号　偏差信号就是比较器的输出。如果给定信号和反馈信号不相等，则产生一个与它们之间的差成比例的偏差信号。如果给定信号与反馈信号恰好相等，则偏差信号值为零。

(7) 控制器　控制器是整个系统的“大脑”。它的功能是根据偏差信号和预先设置的控制策略作出决策，决定下一时刻如何去操作被控对象，使被控量达到所希望的目标。

(8) 执行器　执行器是系统的“肌肉”。它是一种将某种类型的能量或燃料的供应进行物理改变的装置，它驱动被控变量向所期望的给定值靠近，能量或燃料的例子包括蒸汽、水、空气、燃气及电流。在蓄水池系统中，执行器就是连在进水管上的流量控制阀。执行器也称终端控制元件或最终校正装置。

(9) 操纵量　被执行器进行物理改变的燃料或能量称为操纵量。被执行器改变操纵量的大小影响着被控变量的状态。在蓄水池系统中,水流量是操纵量,控制阀(执行器)改变了水的流量,进而影响了被控变量(水位)的状态。

(10) 扰动　又称为干扰,妨碍控制器对被控量进行正常控制的所有因素称为扰动。扰动按其来源可分为内部扰动和外部扰动。扰动信号是系统所不希望而又不可避免的外部作用信号,它可以作用于系统的任何部位,而且可能不止一个,它会影响输入信号对系统被控量的有效控制,严重时必须加以抑制或补偿。在蓄水池系统中,降雨和蒸发都会引起水位变化,两者都属于扰动。

闭环系统运行的目标就是要让被控量与给定信号保持相等。测量环节实时地对被控量进行监视,并通过反馈回路把反映了被控量状况的测量信号发送到控制器。比较器将反馈信号与给定信号进行比较,产生一个与两者之差成比例的偏差信号。偏差信号反馈给控制器,经过分析处理之后,控制器决定采取什么样的措施进行校正,以使被控量等于给定信号。控制器的输出使得执行器对操纵量作出相应的物理调节。操纵量的改变促使被控量向期望值靠近。

10.3　经典控制方法

在工程实际中,最简单的控制方式是开关控制,常用的控制方式有比例(P)控制、积分(I)控制、微分(D)控制,简称 PID 控制,又称 PID 调节。PID 控制器具有结构简单、稳定性好、工作可靠、调整方便的优点,是工业领域应用的主要控制技术之一。

10.3.1　开关控制

开关控制的输出只有两个状态,即全开或全关。一个状态用于被控量高于期望值(给定信号,设定点)时的情况,另一个状态用于被控量低于期望值时的情况,开关控制又称为二值控制。

采用开关控制的室温调节系统如图 10-5 所示,当室内温度(被控变量)降到设定点以下时,控制加热炉燃料阀门的温控开关闭合,燃料控制阀通电全打开,燃料进入加热炉并燃烧,为房间提供热量。当室内温度回升到设定点之上时,温控开关打开,燃料控制阀断电关闭,加热炉中的燃烧停止,室内温度又开始下降。直到温度下降到足够低的时候，加热炉会被再次点燃。室内温度的曲线如图10-6所示，它一会儿高于设定点，一会儿低于设定点，这种情况会一直交替下去。

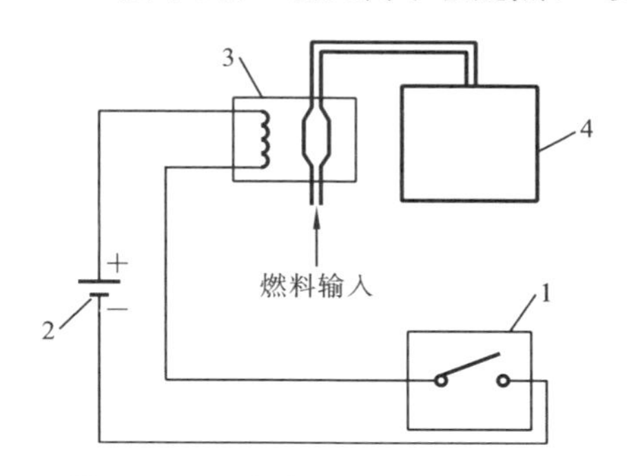

图 10-5　开关控制的室温调节系统

1—温控开关；2—电源；3—燃料控制阀；4—加热炉

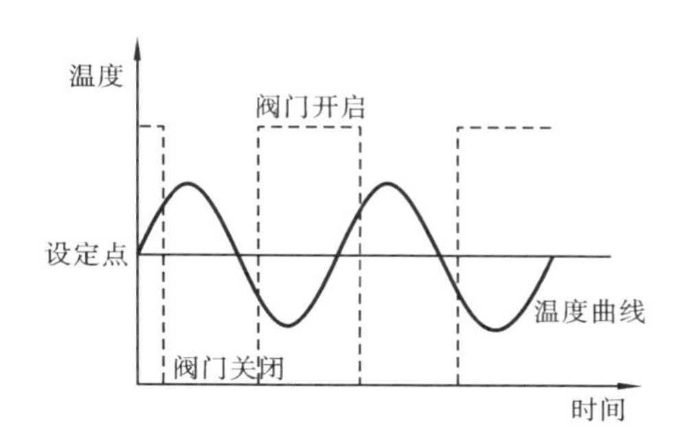

图 10-6　室温波动曲线

开关控制模式简单、廉价且可靠，开关式控制器被广泛应用于那些容许周期振荡与设定点偏离的系统中，如自动调温炉、家用空调器、电冰箱等。

开关控制工作在全打开或是全关闭状态，无论哪种状态执行器的响应都过大，很难将输出调节到恰好符合过程的要求，因此开关控制的误差一般比较大，要获得较好的控制精度，需要引入新的控制方法。

10.3.2　比例控制

比例控制的输出与输入误差信号成比例关系，系统一旦出现了偏差，比例调节环节立即产生调节作用，以减少偏差，调整作用的强弱与输出的偏差成比例，误差越大，输出响应越大，而误差变小时，输出响应也变小，这样被控变量将逐步被调整到设定点附近，不会像开关控制那样波动较大。

要实现比例控制，对上述的加热炉系统做两处改动：第一，用热电偶（温度传感器）代替温控开关测量室温，热电偶的输出信号与室温成正比；第二，燃料阀换成比例阀门，比例阀的开启度正比于输入控制电压信号，输入控制电压越大，阀门开度越大，允许通过的燃料就越多，进而产生更多热量使室内温度更高。图10-7(a)所示的就是比例控制加热炉系统，图10-7(b)所示的是比例阀的开启度与温差之间的关系曲线，实际温度与给定温度相差越大，阀门开启度越大，升温越快。需要注意的是，本例加热系统没有制冷功能，所以当实际室温超过给定温度时，燃料阀门关闭，加热炉不工作，降温是通过室内热量自然散失来实现的。

因为比例控制系统利用设定信号与反馈信号之差产生控制信号，因此系统

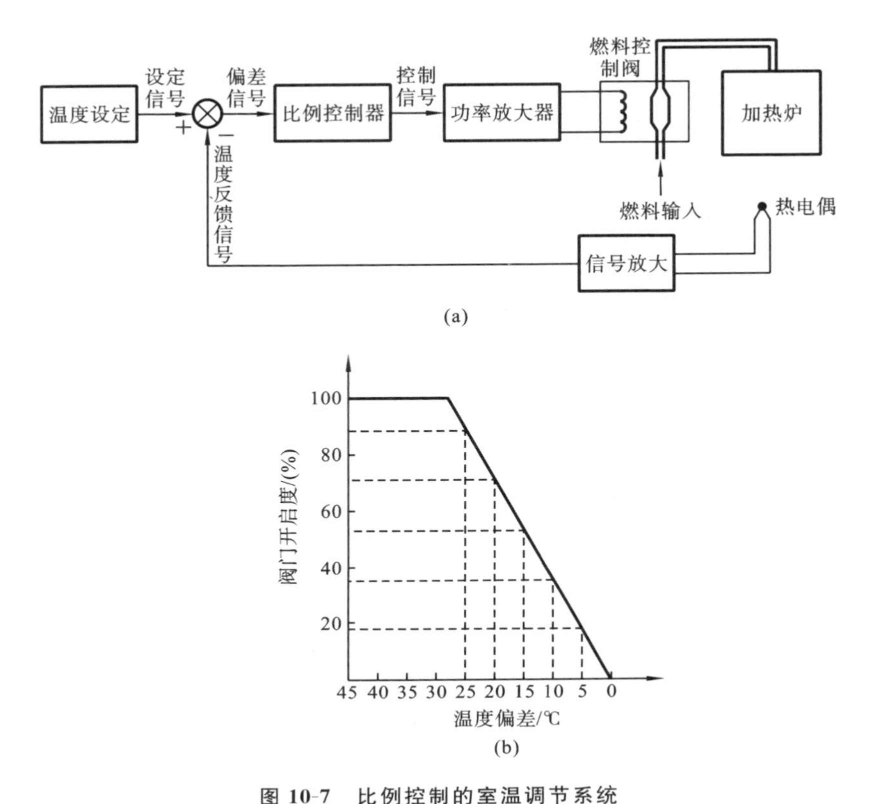

图 10-7 比例控制的室温调节系统

(a) 比例控制室温调节系统框图 (b) 阀门开启度与温差的关系

输出和期望值之间总是存在误差(又称为残差),比例作用大,可以加快调节,减少误差,但是过大的比例系数会使系统的稳定性下降,甚至造成系统的不稳定。如果想完全消除这个误差,需要加入积分控制。

10.3.3 积分控制

对一个自动控制系统,如果在进入稳态后存在误差,则称这个控制系统是有稳态误差的,或简称有差系统。在控制器中引入"积分项"可以消除稳态误差。积分控制器是专为消除比例控制中的稳态误差而设计的,积分控制器的输出与输入(误差)信号对时间的积分成正比关系,它根据稳态误差的绝对值而逐渐增大控制信号。积分环节通常与比例控制环节一起在闭环系统的控制器部件中协同使用。

当误差信号首次出现时,控制器进行调节,比例控制信号随之使过程回到期望的控制点。比例控制在检测到误差后马上产生调整信号，在比例控制的动作完成之后，如果在设定点与当前被控量之间依然存在着偏差，则需要一个额外的校正信号，而这恰恰是积分控制功能能够做到的。积分控制的作用在于：只要还存在着静态误差，就会有一个虽然很小却逐渐增强的校正作用，直到将这个偏差减到零为止。

10.3.4　微分控制

比例控制利用设定信号与反馈信号之差产生控制信号，比例作用大（增益高，放大倍数大），可以加快调节过程，减少误差，但是如果比例放大器的增益过高，则会增加系统的不稳定，会有超调甚至振荡发生。通过引入微分控制模式，可以在减少超调量的同时让被控量快速返回设定点。

“微分”即为导数，代表变化率。微分控制环节的输出与其输入（误差）信号的变化率成正比。误差信号的变化越快，微分输出越大；误差信号稳定不变，则微分输出为零。可见微分调节作用具有预见性，能预见偏差变化的趋势，因此能产生超前的控制作用，在偏差还没有形成之前，已被微分调节作用消除，因此可以改善系统的动态性能。在微分时间选择合适的情况下，可以减少系统超调，从而减少调节时间。

对有较大惯性或滞后的被控对象，微分控制器能改善系统在调节过程中的动态特性，但微分作用对噪声干扰有放大作用，过强的微分调节对系统抗干扰不利。此外，微分作用是对误差的变化率作出反应，而当输入没有变化时，微分作用输出为零；因此微分作用不能单独使用，需要与另外两种调节环节相结合，组成比例微分（PD）控制器或比例积分微分（PID）控制器。

10.3.5　比例积分微分控制

图 10-8 所示的是一个同时含有比例、积分和微分控制器的机械手位置随动控制系统。机械手的实际位置由位置传感器实时检测，给定信号和位置反馈信号经过比较器后产生位置误差信号，误差信号被同时送到比例控制器、积分控制器和微分控制器的输入端，三个控制器的输出在加法器相加后被送到功率放大器输入端，经功率放大后驱动电动机转动，经过机械传动后驱动机械手朝着给定位置移动。

图 10-9 所示为该系统跟随输入信号的响应曲线，叙述如下。

(1) 在 A 时刻之前，给定信号不变，机械手完全跟随位置给定指令，也就是给定信号和输出信号完全一致，位置偏差为零。

图 10-8　使用 PID 控制器的机械手位置随动控制系统

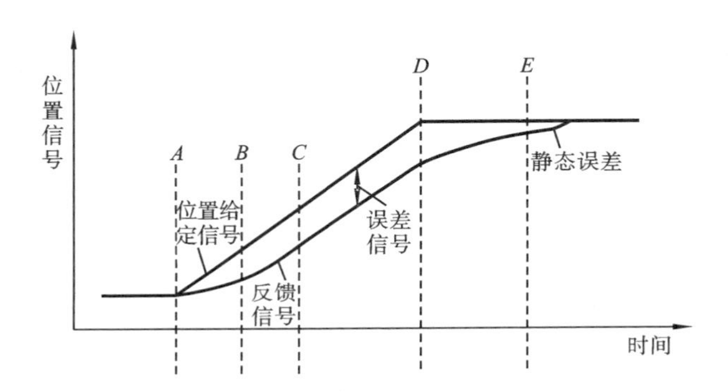

图 10-9　使用 PID 控制器的机械手系统响应曲线

(2) A 时刻与 D 时刻之间,位置给定信号以稳定的速率迅速爬升。由于惯性作用,开始时机械手移动速度比较慢,所以位置反馈信号比位置给定信号变化慢一些,位置误差信号的幅度逐步增大,误差信号被输入到三个控制器:比例控制器的输出与误差信号的大小成正比(负信号);由于位置偏差信号在增大,所以微分控制器输出负信号;积分控制器的作用是对误差信号积分,由于这时误差较大,所以积分控制器的输出很快就饱和(负信号,幅度很小);三个控制器的输出在加法器相加后输入功率放大器,导致功率放大器的输出增大,这使得机械手的移动加快,阻止了误差信号进一步增大。

(3) 从 B 到 C 时刻,位置误差逐步趋向稳定,也就是误差变化越来越小,因此微分作用逐步减弱,比例控制器和积分控制器继续作用。

(4) 从 C 时刻开始,机械手移动的速度跟上了位置给定信号的变化速度,从 C 时刻到 D 时刻的这一段中,误差信号没有发生变化,所以微分控制器的输出变为零,比例控制器和积分控制器继续作用。

(5) 在 D 时刻位置给定信号停止变化,此时机械手尚没有到达目标位置,位置误差信号不为零,比例控制器和积分控制器继续输出信号,驱动机械手继续移动。

(6) 从 D 时刻到 E 时刻，由于给定信号已经停止变化，所以位置误差信号的幅度开始减小，微分控制器输出正信号，此时比例控制器和积分控制器输出仍为负信号，由于极性不同，微分控制器的输出部分抵消了比例控制器和积分控制器的输出作用，使得功率放大器的输出下降，结果导致电动机驱动机械手的速度慢下来。

(7) 到 E 时刻，随着机械手接近给定位置，位置误差信号接近零值，此时的比例控制与微分控制器的输出都变为零，此时积分控制器继续作用，驱使机械手将剩余的距离走完，最终机械手完全跟随位置给定指令，位置误差为零。

PID 控制器结合了比例作用、积分作用与微分作用三者的优点，适用于那些负载变化频繁、扰动大，而系统在稳定性、响应迅速和精度等方面要求高的应用场合。PID 控制器结构简单、稳定性好、工作可靠、调整方便，是工业控制应用的主要技术之一。

10.3.6　多闭环控制

在反馈控制系统中，不管是外部扰动还是系统内部变化导致受控量偏离给定值，都会产生相应的控制作用去消除偏差。一般应用中，采用单一回路反馈控制就可以及时响应被控量的变化。但有一些应用，例如化工设备的温度控制中，被控对象的时间常数较大，对扰动不能及时响应，这时可以采用多闭环控制提供更快且更紧密的响应。以图 10-10 所示的反应过程温度控制为例，A、B 两种液体经过搅拌螺旋后被混合，然后缓慢通过热交换器，热交换器控制的目标是保持恒定温度，保证混合反应的效果。采用单一反馈回路控制系统时，控制器根据出口处温度传感器检测到的混合液体温度，调整蒸汽阀门的开度，通过控制流进交换器的蒸汽的流量来调整混合液体的温度。

当由于某种原因导致蒸汽管内压力下降时，由于阀门开度不变，所以送进热交换器内的蒸汽量减少，导致交换器内温度下降。由于热交换器热量传递的时滞效应，同时液体从交换器内部到出口有一定距离，出口处的温度传感器不能及时反映交换器内部温度的变化，因而控制系统无法及时消除蒸汽压力波动带来的影响，导致整个调整过程交换器中的液体温度时而超过设定温度，时而低于设定温度，难以保证温度稳定到设置值。

在本例中，蒸汽压力波动是主要的扰动因素，多闭环控制系统通过引入一个副回路，对操纵量(蒸汽压力)进行反馈控制。图 10-11 所示为采用双闭环的反应过程控制温度系统的结构框图，主控回路对被控量(液体温度)进行反馈控制，由蒸汽压力传感器和调节器 2 组成一个副反馈回路，传感器监控操纵量(蒸

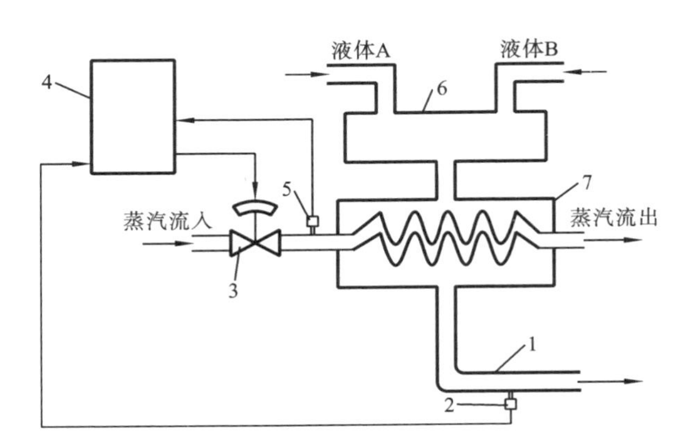

图 10-10　双闭环控制的反应过程温度控制系统

1—排出管道;2—温度传感器;3—蒸汽阀门;4—控制器;5—压力传感器;6—搅拌混合器;7—热交换器

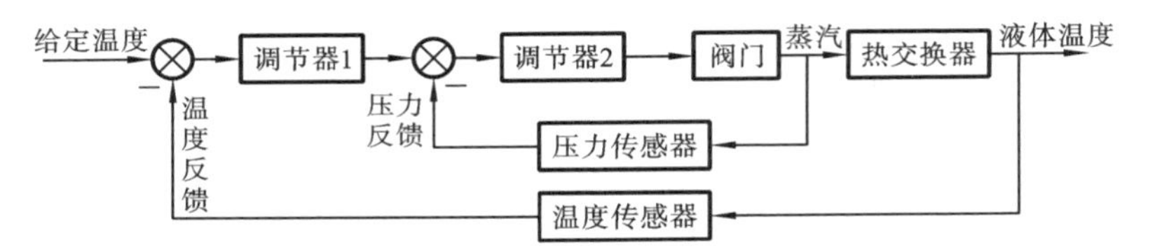

图 10-11　双闭环控制的反应过程温度控制系统结构框图

汽压力)变化,蒸汽压力一旦发生变化(扰动),调节器 2 就调整蒸汽阀门的开度,对蒸汽压力的变化作出反应,及时克服蒸汽压力波动的影响,因此令系统的整体响应速度更快,控制精度更高。

在双闭环控制系统中,由于引入了一个副回路,不仅能及时克服进入副回路的扰动,而且又能改善过程特性。副调节器具有“粗调”的作用,主调节器具有“细调”的作用,从而使其控制品质得到进一步提高。

10.3.7　前馈控制

除了多闭环控制外,前馈控制也可以起到及时抵消干扰的作用。同样以如图 10-10 所示系统为例,将蒸汽压力传感器的安装位置移到蒸汽阀门前,如图 10-12所示,图 10-12 所示为该前馈控制系统的原理框图。与图 10-10 所示系统的压力反馈不同,这里通过蒸汽压力前馈控制来加快对压力波动的响应,闭环反馈回路仍是温度反馈。

假设蒸汽阀门开度保持不变,(进气管)蒸汽压力波动时必然影响进气的流量,从而引起蒸汽所带进来的热量波动。从图 10-13 可见,压力前馈就是通过检

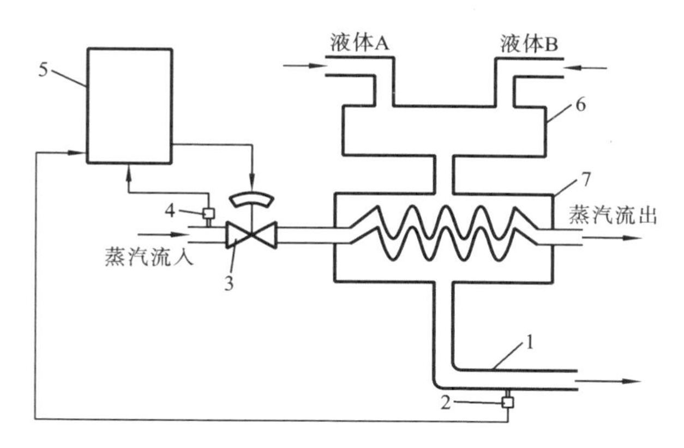

图 10-12 压力前馈控制的反应过程温度控制系统

1—排出管道;2—温度传感器;3—蒸汽阀门;4—压力传感器;5—控制器;6—搅拌混合器;7—热交换器

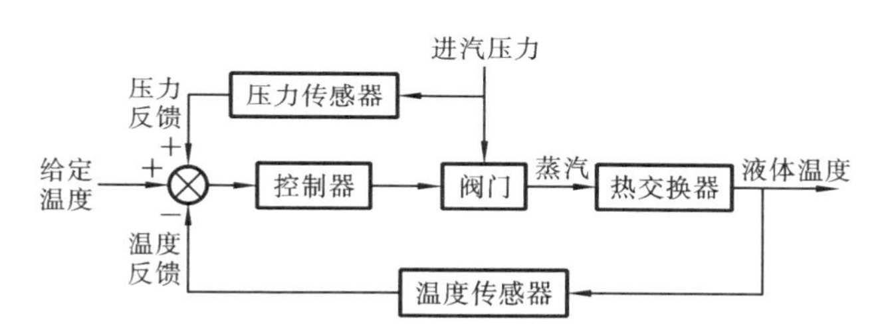

图 10-13 压力前馈控制的原理框图

测进气管道的压力,根据波动量大小相应调整阀门的开度,来补偿蒸汽压力波动引起的蒸汽流量的波动,也就是通过稳定蒸汽流量来保证交换器内温度的稳定,这样就可以在蒸汽压力变化引起最终的流出液体温度变化前把这种影响提前消除或降低。这种按外扰信号实施控制的方式称为前馈控制,按不变性原理,理论上可做到完全消除主扰动对系统输出的影响。

前馈控制属于开环控制,一种前馈作用只针对特定的干扰,因此对于其他的干扰需要反馈控制进行消除。通过前馈和反馈控制构成复合控制能迅速有效地补偿外扰对整个系统的影响,并有利于提高控制精度。前馈控制系统的主要特点如下。

(1) 前馈控制是属于"开环"控制系统,反馈是"闭环"控制系统。

(2) 前馈系统中检测量干扰量,反馈系统中检测量被控量。

(3) 前馈控制使用的是视对象特性而定的"专用"控制器,又称前馈补偿装置;反馈一般只要用通用调节器。

(4) 一种前馈作用只能克服一种干扰,前馈控制比反馈控制及时、有效;反馈则可克服所有干扰。

(5) 前馈控制是基于不变性原理工作的,前馈理论上可以无差;反馈必定有差。

前馈控制主要用于下列场合。

- 干扰幅值大而频繁,对被控量影响剧烈,单纯反馈控制达不到要求。
- 主要干扰是可测不可控的变量。
- 对象的控制通道滞后大,反馈控制不及时,控制质量差时,可采用前馈-反馈控制系统,以提高控制质量。

10.4 先进控制方法

对于大多数工程应用,经典的 PID 控制已经能够满足要求。但一些复杂的制造过程或对象,如炼油过程控制或飞行控制系统,往往需要更先进的方法来实现精确的控制。先进控制方法的目标就是为了解决那些采用常规控制效果不佳,甚至无法对付的复杂工业过程控制问题。先进控制方法的实现通常需要足够的计算能力作为支持,经过几十年的研究与发展,在先进控制领域中,目前已有如模糊控制、最优化控制、自适应控制、鲁棒控制、神经网络控制等多种控制策略。

10.4.1 模糊控制

PID 控制利用数学方程或逻辑表达式来实现控制过程。但在某些类型的应用中,其数学模型非常复杂,常常无法写出它们的数学函数,或者能够写出来,但巨大的计算量使人望而却步。

模糊逻辑是人工智能(AI)的一种形式,能够使计算机模仿人的思维。当人在做决断的时候,常常通过自己的生理感知器官来接受当前的状况信息。人的反应基于由各自的知识和经验形成的规则,但最后用到的并非是一成不变的规则,每一个规则都根据其重要性被赋予不同的权重。人的思维将信息按重要程度区分开来,并据此做出相应的行为。模糊逻辑就是按照相似的方式进行决策运作的。模糊理论主要包括模糊集合理论、模糊逻辑、模糊推理和模糊控制等方面的内容。它允许领域中存在“非完全属于”和“非完全不属于”等集合的情况,即为相对属于的概念;并将“属于”观念数量化,承认领域中不同的元素对于同一集合有不同的隶属度，借以描述元素和集合的关系，并进行量度。

使用模糊控制时，只需将专家对特定的被控对象或过程的控制策略总结成一系列以“IF(条件)THEN(作用)”形式表示的控制规则，而不必去建立复杂的数学公式，然后由模糊推理将控制规则根据其隶属度转换为精确的数学形式，从而可以实现计算机控制。模糊控制将估计方法应用于程序结构中，因此它的控制程序所使用的规则数量只是常规控制系统的1/10，这就缩短了程序的编写时间，而程序执行速度也变得更快。

目前，模糊控制在工业控制领域、家用电器自动化领域和其他很多行业中已经被普遍接受并产生了积极的效益。比如洗衣机、吸尘器、化工过程中温度控制和物料配比控制，在现代汽车中，防锁定制动(ABS)系统、变速控制、车身弹性缓冲系统及巡航控制系统等中，已经广泛地使用模糊控制。

虽然模糊控制在解决复杂控制问题方面有很大的潜力，但是其设计过程复杂，而且要求具备相当的专业知识；另外，信息简单的模糊处理将导致系统的控制精度降低和动态品质变差，若要提高精度则必然增加量化级数，从而导致规则搜索范围扩大，降低决策速度，甚至不能实时控制。模糊控制的设计尚缺乏系统性，无法定义控制目标；控制规则的选择，域的选择，模糊集的定义，量化因子的选取多采用试凑法，这对复杂系统的控制是难以奏效的。所以，寻找合适的数学工具是模糊控制需要克服的根本问题。

10.4.2　最优化控制

控制系统的最优控制问题一般定义为：对于某个由动态方程描述的系统，在某初始和终端状态条件下，从系统所允许的某控制系统集合中寻找一个控制，使得给定的系统的性能目标函数达到最优。

经典控制理论在已知被控对象传递函数的基础上分析系统的稳定性、快速性(过渡过程的快慢)及稳态误差等；现代控制理论在状态方程和输出方程的基础上分析系统的稳定性、能控性、能观性等。综合(或设计)的任务是设计系统控制器，使闭环反馈系统达到要求的各种性能指标。经典控制里采用的是常规综合，设计指标要满足系统的某些笼统的要求(基于传递函数的频域指标)，如稳定性、快速性及稳态误差，而现代控制采用的是最优综合(控制)，设计指标是要确保系统某种指标最优，如最短时间、最低能耗等。现代控制中主要采用内部状态反馈，而经典控制理论中主要采用输出反馈，状态反馈可以为系统控制提供更多的信息反馈，从而实现更优的控制。

最优控制理论是现代控制理论中的重要内容，近几十年的研究与应用，使最优控制理论成为现代控制论中的一大分支。计算机的发展已使过去认为不能实现的复杂计算成为很容易的事,所以最优控制的思想和方法已在工程技术实践中得到越来越广泛的应用。应用最优控制理论和方法可以在严密的数学基础上找出满足一定性能优化要求的系统最优控制律,这种控制律可以是时间的显式函数,也可以是系统状态反馈或系统输出反馈的反馈律。常用的最优化求解方法有变分法、最大值原理及动态规划法等。最优控制理论的应用领域十分广泛,如时间最短、能耗最小、线性二次型指标最优、跟踪问题、调节问题和伺服机构问题等。但它在理论上还有不完善的地方,其中两个重要的问题就是优化算法中的鲁棒性问题和最优化算法的简化及实用性问题。

10.4.3 自适应控制

在日常生活中,所谓自适应是指生物能改变自己的习性来适应新的环境的一种特征。因此,直观地讲,自适应控制器应当是这样一种控制器,它能修正自己的特性,以适应对象和扰动的动态特性的变化。

自适应控制的研究对象是具有一定程度不确定性的系统,这里所谓的"不确定性"是指描述被控对象及其环境的数学模型不是完全确定的,其中包含一些未知因素和随机因素。任何一个实际系统都具有不同程度的不确定性,这些不确定性有时表现在系统内部,有时表现在系统外部。从系统内部来讲,设计者事先并不一定能准确知道被控对象的数学模型的结构和参数。作为外部环境对系统的影响,可以等效地用许多扰动来表示。这些扰动通常是不可预测的。此外,还有一些测量时产生的不确定因素进入系统。面对这些客观存在的各种各样的不确定性,如何设计适当的控制系统,使得某一指定的性能指标达到并保持最优或近似最优,这就是自适应控制所要解决的问题。

自适应控制与常规的反馈控制、最优控制一样,也是一种基于数学模型的控制方法,所不同的只是自适应控制所依据的关于模型和扰动的先验知识比较少,需要在系统的运行过程中去不断提取有关模型的信息,使模型逐步完善。具体地说,可以依据对象的输入/输出数据,不断辨识模型参数,这个过程称为系统的在线辨识。随着生产过程的不断进行,通过在线辨识,模型会变得越来越准确,越来越接近于实际。既然模型在不断的改进,显然,基于这种模型综合出来的控制作用也将随之不断的改进。在这个意义下,控制系统具有一定的适应能力。比如说,当系统在设计阶段,由于对象特性的初始信息比较缺乏,系统在刚开始投入运行时可能性能不理想,但是只要经过一段时间的运行,通过在线辨识和控制以后,控制系统逐渐适应,最终将自身调整到一个满意的工作状态。再比如某些控制对象，其特性可能在运行过程中要发生较大的变化，但通过在线辨识和改变控制器参数，系统也能逐渐适应。

常规的反馈控制系统对于系统内部特性的变化和外部扰动的影响都具有一定的抑制能力，但是由于控制器参数是固定的，所以当系统内部特性变化或外部扰动的变化幅度很大时，系统的性能常常会大幅度下降，甚至不稳定。所以对那些对象特性或扰动特性变化范围很大，同时又要求经常保持高性能指标的一类系统，采取自适应控制是合适的。但是同时也应当指出，自适应控制比常规反馈控制要复杂得多，成本也高得多。因此，只是在用常规反馈达不到所期望的性能时，才会考虑采用自适应控制。

自适应控制课题是控制科学与工程界最活跃的前沿领域之一，也是现代控制理论的重要组成部分和研究热点，其理论和技术日趋成熟，应用范围不断扩大。典型的自适应控制方法包括模型参考自适应控制、自校正控制、变结构控制、混合自适应控制、模糊自适应控制、鲁棒自适应控制等。自适应控制理论已经在航空航天、机器人、冶金、造纸、啤酒酿造、航海、水电站、机车控制、化工、窑炉控制、水下勘探等众多的工程领域中得到了成功的应用，取得了显著的社会效益与经济效益。

10.4.4 鲁棒控制

鲁棒性(robustness)是指系统的健壮性，它是在异常和危险情况下系统生存的关键。比如说计算机软件在输入错误、磁盘故障、网络过载或有意攻击情况下，能否不死机、不崩溃，这就是该软件的鲁棒性。控制系统的所谓“鲁棒性”是指控制系统在一定范围(结构或大小等)的参数摄动下，维持某些性能的特性。根据对性能的不同定义，可分为稳定鲁棒性和性能鲁棒性。以闭环系统的鲁棒性作为目标设计得到的固定控制器称为鲁棒控制器。

由于工作状况变动、外部干扰及建模误差的缘故，所以实际过程的精确模型很难得到，而系统的各种故障也将导致模型的不确定性，因此可以说模型的不确定性在控制系统中广泛存在。鲁棒控制的早期研究主要针对单变量系统在微小摄动下的不确定性，具有代表性的是Zames提出的微分灵敏度分析。然而，实际工业过程中的故障将导致系统中参数的变化，这种变化是有界摄动而不是无穷小摄动。因此产生了以讨论参数在有界摄动下系统性能保持和控制为内容的现代鲁棒控制。

现代鲁棒控制是一个着重控制算法可靠性研究的控制器设计方法，其设计目标是找到在实际环境中为保证安全，要求控制系统最少必须满足的要求。一

旦设计好这个控制器,它的参数不能改变,而且控制性能能够保证。对时间域或频率域来说,鲁棒控制方法一般要假设过程动态特性的信息和它的变化范围。一些算法不需要精确的过程模型,但需要一些离线辨识。一般鲁棒控制系统的设计是以一些最差的情况为基础,因此一般系统并不工作在最优状态。

鲁棒控制方法适用于稳定性和可靠性作为首要目标的应用,同时过程的动态特性已知且不确定因素的变化范围可以预估。飞机和空间飞行器的控制是这类系统的例子。在过程控制应用中,某些控制系统也可以用鲁棒控制方法设计,特别是对那些比较关键且不确定因素变化范围大和稳定裕度小的对象。

鲁棒控制系统的设计一般要由高级专家完成。一旦设计成功,就不需太多的人工干预。另外,如果控制系统要升级或进行重大调整,就要重新设计。

10.5 伺服控制基础

伺服控制又称运动控制,是指对物体运动的有效控制,即对物体运动的速度、位置、加速度等参数进行控制。

伺服控制系统是一种能够跟踪输入指令信号进行动作,从而获得精确的位置、速度及动力输出的自动控制系统。伺服控制系统具有以下三个共同的性质。

(1) 伺服控制系统控制的是机械对象的位置、速度、加速或减速。

(2) 被控对象的运动和位置都是可测的。

(3) 伺服装置的输入信号通常变化很快,系统的任务就是尽可能迅速、准确地跟踪输入信号的变化。

10.5.1 伺服控制系统的类型

按被控变量分类,可分为位置、速度和转矩控制系统。

1. 位置控制系统

位置控制是将物体移至某一指定位置。以步进电动机伺服控制为例,位置控制一般是通过外部输入脉冲的个数来确定步进电动机转动的角度/位移,转动/移动速度的大小则通过脉冲的频率来确定。也有些伺服控制通过通信方式直接对速度/位移进行赋值。位置控制系统除了要保证定位精度外,对定位速度、加/减速也有一定的要求。

2. 速度控制系统

速度是指物体在某个时间段内的位移量。不同的生产过程对速度的要求也不同,实际生产中要求高速运动的例子有自动贴片机,它的功能是将电子元件贴装到印制电路板上。某些生产过程对速度调节的要求非常高,速度调节可以使系统在不同的负载下保持速度不变,如机床主轴就需要进行速度调节,对不同的工件进行加工时,主轴需要保持一个恒定的速度。

3. 加速/减速控制

加速/减速控制是指在一定时间段内控制速度的变化量,而变化量的大小受惯性、摩擦力及重力的影响。

4. 转矩控制系统

转矩是一种使物体转动的旋转力。转矩控制用于控制电动机输出转矩,保证提供足够的力矩,驱动负载按规定的规律运动。主要应用在对材质的受力有严格要求的缠绕和放卷的装置中,例如绕线装置或拉光纤设备,电动机的输出转矩要根据缠绕的半径的变化而变化,以确保材质的受力不会随着缠绕半径的变化而波动。

10.5.2　伺服控制系统的构成单元

机电一体化的伺服控制系统的结构、类型繁多,但从自动控制理论的角度来分析,控制系统一般由操作员界面、控制器、执行器、反馈检测等几部分组成,图10-14所示为控制系统的结构框图。

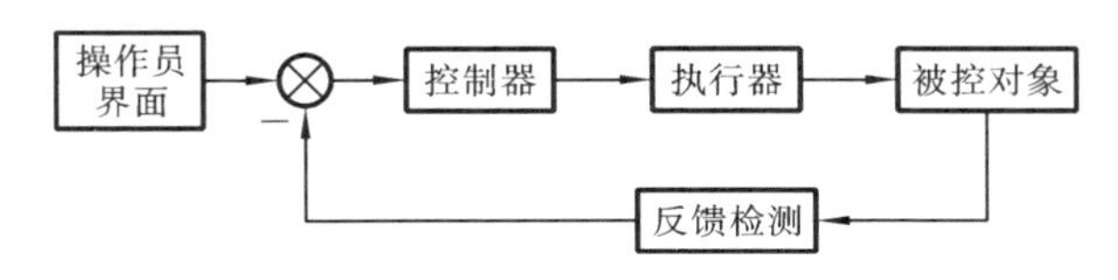

图10-14　控制系统的结构框图

1. 操作员界面

操作员界面是操作员与控制系统之间进行联系的工具,包括输入设备和显示终端,输入设备包括键盘、拨动开关和通信接口等。显示终端包括指示灯、监视屏幕等。用户通过操作员界面设置或查看伺服控制系统的各种工作参数或状态信息。

2. 控制器

控制器是控制系统的大脑,控制器收集命令信号、反馈信号、参数调整信号

(比如增益设置),以及其他的一些数据。这些信息经过控制器处理后,变成合适的控制信号送入放大器。伺服控制器有许多种,有一些是针对特定应用而设计的专用控制器,如针对数控机床、自动焊接、激光切割等特殊操作或应用设计的专用控制器,更多的是为实现通用功能的控制器,它们可以同时协调几个控制操作,实现高速的数学运算,并与其他的控制器进行通信。

常见的通用控制器有运动控制芯片、可编程控制器、嵌入式微控制器、嵌入式 DSP 处理器和工业控制计算机等。

1) 运动控制芯片

运动控制芯片是专门为精密控制步进电动机和伺服电动机而设计的处理器。用户使用运动控制芯片后,原本复杂的运动控制问题就可以变得相对简单。所有实时运动控制可交由运动控制芯片来处理,其中包括匀速和变速脉冲的发生、升降速规划、直线和圆弧插补、原点及限位开关管理、编码器计数、丢步检测等。主控器(单片机或计算机)只需向芯片发出简单指令,即可完成各种复杂运动,可将主控器自身资源主要用于人机接口(键盘、显示等)及输入/输出(I/O)监控,大大简化了运动控制系统的软硬件结构和开发工作。

运动控制芯片在数控机床、电脑雕刻机、工业机器人、医用设备、自动仓库、绕线机、绘图仪、点胶机、IC 电路制造设备、芯片装片机、IC 电路板等领域有广泛的实际运用,取得非常好的效果。

2) 可编程控制器

可编程控制器(programmable logic controller,PLC)是一种数字运算操作的电子系统,专为在工业环境下的应用而设计。它采用可编程序的存储器,用来在其内部存储执行逻辑运算、顺序控制、定时、计数和算术运算等操作的指令,并通过数字信号、模拟信号的输入和输出,控制各种类型的机械或生产过程。可编程序控制器及其有关设备,都应按易于与工业控制系统形成一个整体,易于扩充其功能的原则设计。

在工业生产过程中,存在大量的开关量顺序控制,它按照逻辑条件进行顺序动作,并按照逻辑关系进行连锁控制及大量离散数据的采集。传统上这些功能是通过气动或电气控制系统来实现的。1968 年,美国通用汽车公司提出取代继电器控制装置的要求;次年,美国数字公司研制出了基于集成电路和电子技术的控制装置,并应用于电气控制。这是第一代可编程控制器。

随着微处理器技术及软件编程技术的不断创新及发展,PLC 的功能越来越强大,使得 PLC 能够应用在更加复杂的运动及过程控制中,而且速度也不断提高。某些特定模块的功能也得到了扩展,比如,它能结合 PID 控制、条形码识别、可视系统、射频通信、声音识别和语音合成装置等进行某些工作。PLC 具有使用方便、编程简单、通用性强、适应面广、可靠性高、抗干扰能力强等特点。在可预见的未来,PLC 在工业自动化控制中的地位是难以取代的。

3) 嵌入式微控制器

嵌入式微控制器又称单片机,顾名思义,就是将整个计算机系统集成到一块芯片中。嵌入式微控制器一般以某一种微处理器内核为核心,芯片内部集成ROM/EPROM、RAM、总线、总线逻辑、定时/计数器、Watchdog、I/O、串行口、脉宽调制输出、A/D、D/A、Flash RAM、EEPROM 等各种必要硬件,虽其性能无法与通用计算机相比,但其体积小、成本和功耗低等优点,使得其应用非常广泛。比如,常见的电子秤、智能电饭煲、变频空调器、电视机等,内部都有单片机;工业上的应用更是无处不在。为适应不同的应用需求,一般一个系列的单片机具有多种衍生产品,每种衍生产品的处理器内核都是一样的,不同的是存储器和外设的配置及封装。这样可以使单片机最大限度地与应用需求相匹配,功能不多不少,从而减少功耗和成本。微控制器是目前嵌入式工业系统的主流。

4) 嵌入式 DSP 处理器

DSP 处理器对系统结构和指令进行了特殊设计,使其适合于执行数字信号处理算法,编译效率较高,指令执行速度也较高。在数字滤波、FFT、谱分析等方面,DSP 算法正在大量进入嵌入式领域。DSP 应用正在从通用单片机中以普通指令实现 DSP 功能,过渡到采用嵌入式 DSP 处理器。嵌入式 DSP 处理器有两个发展来源:一是 DSP 处理器经过单片化、EMC 改造,增加片上外设,成为嵌入式 DSP 处理器,如美国 TI 公司的 TMS320C2000/C5000 等;二是在通用单片机或 SOC 中增加 DSP 协处理器,例如 Intel 的 MCS-296 和 Siemens 的 TriCore。微电子制造工艺的日臻完善,使得 DSP 运算速度呈几何级数上升,达到了伺服环路高速实时控制的要求,一些运动控制芯片制造商还将电动机控制所必需的外围电路(如 A/D 转换器、位置/速度检测、倍频计数器、PWM 发生器等)与 DSP 内核集成于一体,使得伺服控制回路的采样时间达到 100 μs 以内,如 TMS320C2000,由单一芯片实现自动加、减速控制,电子齿轮同步控制,位置、速度、电流三环的数字化补偿控制。一些新的控制算法如速度前馈、加速度前馈、低通滤波、凹陷滤波等得以实现。嵌入式 DSP 处理器比较有代表性的产品有 Texas Instruments 的 TMS320 系列和 Motorola 的 DSP56000 系列。

5) 工业控制计算机

将个人电脑(personal computer,PC)用于控制系统,它具有传统的 PLC 所无法比拟的特性:个人电脑高速的 CPU 和大容量的内存、硬盘,使得基于 PC 的(PC-Based)控制方案在大规模的、具有大量过程控制和需要复杂数学运算的应用中具有先天的优势;个人电脑能很方便地与各种通用的通信网络和现场总线

相连，这样在I/O硬件的选择上就非常灵活；运行在个人电脑上的PC-Based控制软件能很方便地与其他程序交换数据，这样用户可以根据控制的要求构造自己的应用环境。个人电脑拥有巨大的开发队伍和应用群体，新的硬件和软件层出不穷，性能越来越高，价格越来越低，维护和支持非常方便，使那些专用的控制系统无法望其项背。所有的这一切，使得PC-Based控制进入了高速发展、广泛应用的新时代，对传统的工业控制方案形成了强大的冲击，给工业控制领域带来了革命性的变化。先进、灵活、通用、开放、简便是PC-Based控制方案最吸引人的地方。当然，用于工业现场的PC不是普通的家用PC，而是在机箱、电源、风扇、主板等硬件上进行特别设计的工业计算机(IPC)，操作系统一般采用Windows 2000、Windows XP、Linux和Unix等的工作站或服务器，以获得更强的稳定性。在IPC上插入数据采集、I/O图像采集、运动控制和通信等插卡，再针对工艺要求编制或组态控制软件，便构成了PC-Based控制系统。

随着集成电路技术、微电子技术、计算机技术和网络技术的不断发展，运动控制器已经从以单片机或微处理器作为核心的运动控制器和以专用芯片(ASIC)作为核心处理器的运动控制器，发展到了基于PC总线的以DSP和FPGA作为核心处理器的开放式运动控制器。这类开放式运动控制器以DSP芯片作为运动控制器的核心处理器，以PC机作为信息处理平台，运动控制器以插卡形式嵌入PC机，即"PC+运动控制器"的模式。这样将PC机的信息处理能力和开放式的特点与运动控制器的运动轨迹控制能力有机地结合在一起，具有信息处理能力强、开放程度高、运动轨迹控制准确、通用性好的特点。这类运动控制器充分利用了DSP的高速数据处理功能和FPGA的超强逻辑处理能力，便于设计出功能完善、性能优越的运动控制器。这类运动控制器通常都能提供板上的多轴协调运动控制与复杂的运动轨迹规划、实时的插补运算、误差补偿、伺服滤波算法，能够实现闭环控制。由于采用FPGA技术来进行硬件设计，方便了运动控制器供应商根据客户的特殊工艺要求和技术要求进行个性化的定制，形成独特的产品。

3. 执行器

执行器模块可以进行线性或旋转运动。伺服控制执行器通常是电动机和液压马达等。在伺服控制中，用以驱动负载的电动机的种类很多，其中最常用的电动机是直流有刷电动机、直流无刷电动机、交流伺服电动机、交流感应电动机和步进电动机。

1) 直流有刷电动机

直流有刷电动机控制简单，响应快速，启动转矩高，输出转矩稳定，而且造价便宜。但是由于使用电刷的缘故，对维护的要求比较高。

2）直流无刷电动机

直流有刷电动机的转子由换向器、铁芯和线圈组成。由于这些部件都是金属元件，因此整个转子比较重，转子的惯性也就比较大。在定位操作中，通常不希望转子的启动惯性和停车惯性过大。直流无刷电动机用电子换向器取代了机械换向器，并将线圈换成了永磁体，减少了转子的质量，从而使其惯性变小。它的定子由多相绕组组成，当绕组被半导体开关电路激活后，产生一个旋转的磁场。定子磁场和永磁体磁场之间的相互作用使得转子开始旋转。当要求比较小的转子惯性和较大的转矩及速度调节范围时，可以使用直流无刷电动机。

3）交流伺服电动机

交流伺服电动机的工作原理和分相感应电动机的工作原理类似。加在两个定子线圈上的电压的相位差为 90°，定子中可以产生旋转的磁场。主绕组中的一相电压是由交流电源提供的，辅助绕组中的另一相电压则由伺服驱动放大器提供。磁力线的运动使得转子开始转动，电动机的转速也就是磁场的转速。由于转子有磁极，所以在极低频率下也能旋转运行，所以它比异步电动机的调速范围更宽。伺服放大器可以改变辅助绕组的磁场强度，当场强变化时，电动机的速度也会发生变化；如果磁场变弱，那么电动机的转速变低；当场强减小为零时，电动机停止转动。交流伺服电动机的转矩和速度呈线性关系。而与直流伺服电动机相比，它没有机械换向器，没有碳刷，没有换向时产生的火花和对机械造成的磨损。另外，交流伺服电动机自带编码器，随时将电动机运行的情况反馈给驱动器，驱动器根据反馈信号，精确控制电动机的转动。

4）感应电动机

感应电动机是指定子和转子之间靠电磁感应作用，在转子内感应电流，以实现机电能量转换的电动机。感应电动机的优点是结构简单，制造方便，价格便宜，运行方便；缺点是功率因素滞后，轻载时功率因数低，调速性能稍差。矢量逆变器被开发出来之前，在伺服系统中一般都不使用感应电动机。这是因为这种电动机转子电路的感应延迟使得它的响应比较慢。矢量逆变器通过改变定子电压的大小和同步频率来控制感应电动机的速度和位置。定子的旋转磁场使转子线圈内产生一个感应电流，将转子转动。当转子线圈的旋转速度小于同步速度时，就会产生磁感应现象。当同步频率比较低时，感应现象并不明显。因此在伺服控制中，感应电动机通常只用于高速运行或高速定位。

5）步进电动机

步进电动机是将电脉冲信号转变为角位移或直线位移的机电执行元件。

如数控装置输出的进给脉冲经驱动控制电路到达步进电动机后，转换为工作台的位移；进给脉冲的数量、频率和方向对应了工作台的进给位移量、进给速度和进给方向。在额定负载的情况下，步进电动机的转速和停止的位置取决于脉冲信号的频率和脉冲数，而不受负载变化的影响，即给电动机加一个脉冲信号，电动机则转过一个步距角；此外，步进电动机只有周期性的误差而无累积误差。在速度、位置等控制领域采用步进电动机可以构成简单可靠的开环运动控制系统。但开环控制容易发生失步或过冲，导致定位不准，特别是启动或停止的时候，如果实际需要的转矩大于步进电动机所能提供的转矩，或转速过高，就会发生失步或过冲现象。为了克服步进失步和过冲现象，应该在步进电动机启动或停止时加入适当的加或减速控制；也可以加入反馈装置(如编码器)构成闭环系统，来改善步进电动机定位的精确性。

6）液压传动器

液压系统利用液压泵将原动机的机械能转换为液体的压力能，通过液体压力能的变化来传递能量，经过各种控制阀和管路的传递，借助于液压执行元件(液压缸或马达)把液体压力能转换为机械能，从而驱动工作机构，实现直线往复运动和回转运动。其中的液体称为工作介质，一般为矿物油，它的作用和机械传动中的皮带、链条和齿轮等传动元件相类似。与机械传动、电气传动相比，液压传动有以下主要优点。

• 结构紧凑、体积小、质量小，例如同功率液压马达的质量只有电动机质量的10%～20%。因此惯性力较小，当突然过载或停车时，不会发生大的冲击。

• 液压传动装置能在运行过程中进行无级调速，调速方便且调速的范围大，最大可达1∶2 000(一般为1∶100)。

• 液压传动装置工作比较平稳，反应快，能高速启动、制动和换向。

• 液压泵和液压马达之间用油管连接，在空间布置上彼此不受严格限制。

• 由于采用油液为工作介质，元件相对运动表面间能自行润滑，磨损小，使用寿命长。

• 液压传动装置易于实现自动化及过载保护。便于控制、调节，操纵省力。

• 液压元件实现了标准化、系列化、通用化，便于设计、制造和使用。

液压传动的缺点如下。

• 液压传动装置中液体的泄漏和液体的可压缩性，使液压传动无法保证严格的传动比。

• 对液压元件制造精度要求高，工艺复杂，成本较高。

• 液压传动装置由于在能量转换及传递过程中存在着机械摩擦损失、压力损失和泄漏损失，导致总效率降低，不宜做远距离传动。

• 液压传动装置对油温的变化比较敏感，不宜在很低温度及很高温度环境下工作。

• 液压传动装置对油液的污染比较敏感，要求有良好的过滤设施。

• 液压传动在能量转化的过程中，特别是在节流调速系统中，其压力大，流量损失大，故系统效率较低。

液压传动的应用非常广泛，如一般工业用的塑料加工机械、压力机械、机床等；钢铁工业用的冶金机械、提升装置、轧辊调整装置等；土木水利工程用的防洪闸门及堤坝装置、桥梁操纵机构等；船舶用的甲板起重机械、舱壁阀、船尾推进器等；特殊装备用的巨型天线控制装置、升降旋转舞台等；军事装备中的火炮操纵装置，船舶减摇装置，飞行器仿真，飞机起落架的收放装置和方向舵控制装置等。

4. 反馈检测

反馈检测模块将运动部件的实际位置、方向、速度、基准位置和极限位置等参数进行检测，转换为电信号反馈给控制器模块。闭环控制系统依靠反馈模块的输出来了解系统的实际输出状态，因此反馈检测模块在闭环控制系统中作用非常重要。具体选用何种装置作为反馈模块，取决于工作环境、精确度和成本等因素。测量反馈模块按所实现的功能的不同，分为存在指示和位置检测两种。

1）存在指示

存在指示的功能是通知控制器，被测物是否处于某个特定位置。如在位置控制中，采用行程开关或光电开关来检测各个运动轴的极限位置，以防止运动超出安全行程。又如机器运转时，出于安全的考虑，通常采用安全光幕或安全开关防止人及物体进入部件高速运动的空间，当检测到异物侵入时，高速运动会被停止或降低速度，以防止损害的发生。存在指示器包括原点开关、限位开关、弹簧继电器、接近检测器和光电开关。

2）位置检测

存在指示器只能检测被测物是否处于某个特定位置，准确的位置控制还需要使用能在整个行程内提供位置信息的检测装置。常见的位置反馈装置包括编码器、旋转变压器、感应同步器、光栅和磁栅等。

（1）编码器　编码器又称码盘，它是一种旋转式测量元件，通常装在被测轴上，随被测轴一起转动，可将被测轴的角位移转换为脉冲形式或编码形式。根据内部结构和检测方式，编码器可分为接触式、光电式和电磁式三种。编码器的信号可以表示位置、方向和速度。光电编码器是一种光学式位置检测装置，通过光电转换,将被测轴上的机械几何位移量转换为脉冲或数字量。光电编码器是非接触检测,响应速度快。

光电编码器由光栅盘和光电检测装置组成。光栅盘是在一定直径的圆板上等分地开通若干个长方形孔。由于光电码盘与被测轴同轴,被测轴旋转时,光栅盘与被测轴同速旋转,经发光二极管等电子元件组成的检测装置检测输出若干脉冲信号,通过计算每秒光电编码器输出脉冲的个数就能反映当前被测轴的转速。此外,为判断旋转方向,码盘还可提供相位相差90°的两路脉冲信号。光电编码器具有体积小,精度高,工作可靠,接口数字化等优点。它广泛应用于数控机床、回转台、伺服传动、机器人、雷达、目标测定等需要检测角度的装置和设备中。

(2) 旋转变压器　旋转变压器又称同步分解器,它是一种绝对位置感应转置,它将机械转角转换成与该转角呈某一函数关系的电信号。通常应用的旋转变压器为二极旋转变压器,其定子和转子绕组中各有互相垂直的两个绕组。另外,还有一种多极旋转变压器。也可以把一个极对数少的和一个极对数多的两种旋转变压器做在一个磁路上,装在一个机壳内,构成"粗测"和"精测"电气变速双通道检测装置,用于高精度检测系统和同步系统。作为位置检测装置,旋转变压器有两种应用方式:鉴相方式和鉴幅方式。

旋转变压器结构简单,动作灵敏,对环境无特殊要求,维护方便,输出信号幅度大,抗干扰性强,工作可靠,在数控机床上广泛应用。

(3) 感应同步器　感应同步器类似于旋转变压器,相当于一个展开的多极旋转变压器。感应同步器的种类繁多,根据用途和结构特点,可分成直线式和旋转式(圆盘式)两大类。

感应同步器与旋转变压器一样,是利用电磁耦合原理,将位移或转角转换成电信号。感应同步器由定尺和滑尺两部分组成,实质上,感应同步器是多极旋转变压器的展开形式。感应同步器按其运动形式和结构形式的不同,可分为旋转式(或称圆盘式)和直线式两种:前者用来检测转角位移,用于精密转台和各种回转伺服系统;后者用来检测直线位移,用于大型和精密机床的自动定位、位移数字显示和数控系统中。两者工作原理和工作方式相同。与旋转变压器一样,感应同步器也有鉴相式和鉴幅式两种工作方式,原理亦相同。

(4) 光栅　光栅位移传感器(简称光栅尺)是利用光栅的光学原理工作的测量反馈装置。

光栅一般作为高精度数控机床的位置检测装置,是闭环控制系统中用得较多的测量装置,可以用于位移和转角的测量。光栅输出的信号为数字脉冲,具有检测范围大,检测精度高,响应速度快的特点。常见光栅是根据物理上莫尔条纹的形成原理进行工作的。光栅尺位移传感器按照制造方法和光学原理的不同，分为透射光栅和反射光栅。光栅位移传感器由标尺光栅和光栅读数头两部分组成。标尺光栅一般固定在机床活动部件上，光栅读数头装在机床固定部件上，指示光栅装在光栅读数头中。

常见的光栅从形状上可分为圆光栅和长光栅：长光栅用于直线位移的检测，圆光栅用于角位移的检测。光栅的检测精度较高，可达 1 μm 以上。圆光栅直接安装在转台上并接近转台的工作面，确保转台设计的小巧紧凑。这种结构消除了常规角度编码器固有的反向间隙、耦合误差、扭矩误差及滞后误差，可实现最优化伺服控制。

(5) 磁栅　磁栅是一种计算磁波数目的位置检测元件。在磁性材料的表层或非导磁材料的磁性镀层上，准确地等距离磁化为具有 N、S 极的尺子、圆杆或圆盘。尺子称磁尺（有尺式和带式两种），圆杆称磁杆，两者用于直线位移测量；圆盘称磁盘，用于角位移测量。磁栅的栅距一般为 0.2 mm 或 0.1 mm。

用磁栅测量时需配以磁头，磁栅和磁头组成的部件称为磁栅式长度传感器。磁栅的测长精度可达 3 μm/1 000 mm，测角精度可达 1″/360°。磁栅可用于直线和转角的测量，其优点是精度高、复制简单及安装方便等，且具有较好的稳定性，常用在油污、粉尘较多的场合，因此在数控机床、精密机床和各种测量机上得到了广泛使用，例如机床的定位反馈系统、丝杠测量仪、电子千分尺、电子高度卡尺等。

10.6　数控技术基础

数控技术是利用数字化信息对机械运动及加工过程进行控制的一种技术，综合了自动控制理论、电子技术、计算机技术、精密测量技术和机械制造技术等多学科领域的最新成果。数控技术是现代先进制造技术的基础和核心，是实现柔性制造、计算机集成制造、工厂自动化的重要基础技术之一。

10.6.1　数控技术基本概念

数控机床是一种采用数控技术进行控制的机床，能够按照规定的数字化代码，把各种机械位移量、工艺参数、辅助功能（如刀具交换、冷却液开与关等）表示出来，经过数控装置的逻辑处理与运算，发出各种控制指令，实现要求的机械动作，自动完成零件加工任务。在被加工零件或加工工序变换时，它只需改变控制的指令程序就可以实现新的加工。

10.6.2 数控机床的主要组成

数控机床技术由机床本体、数控系统和外围技术组成，如图10-15所示。

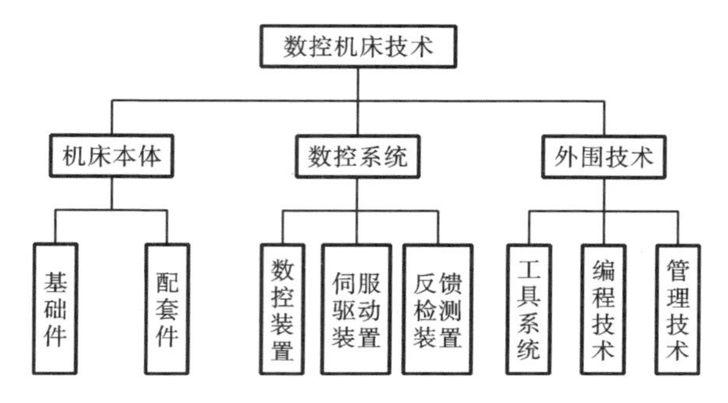

图10-15 数控机床技术的组成

1. 机床本体

机床本体主要由床身、立柱、工作台、导轨等基础件和刀库、刀架等配套件组成。

2. 数控系统

数控系统是一种程序控制系统，它按一定的逻辑和顺序编译和执行输入到系统中的数控加工程序，控制数控机床运动并加工出零件。图10-16所示为数控系统的基本组成，它由输入/输出装置、计算机数控(computer numerical control，CNC)装置、可编程控制器(PLC)、伺服驱动装置及反馈检测装置等组成。

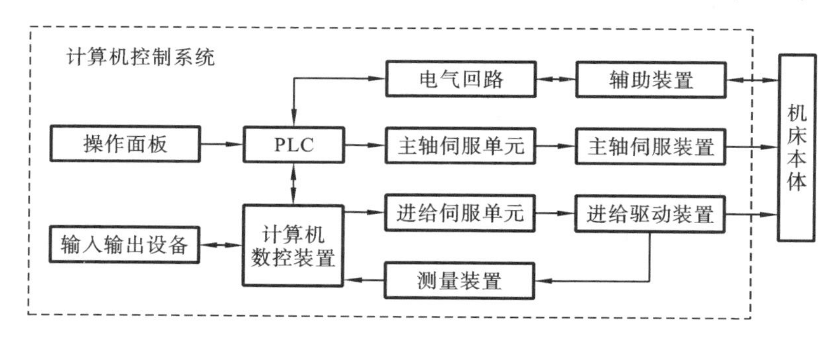

图10-16 数控系统的组成

1）计算机数控装置

CNC 装置是数控系统的核心，CNC 装置通过编译和执行内存中的数控加工程序，实现各种数控加工需要的功能。进行数控加工时，CNC 装置通过输入装置读入零件的加工程序，存放到内部存储器；执行加工时，从内存中读出数控加工程序，逐个程序段调出，先进行译码处理，将程序段的内容分成位置数据和控制指令，并存放到相应的存储区域；最后根据数据和指令的性质进行各种流程处理，完成数控加工的各项功能。

早期的数控机床是通过读取穿孔纸带上的信息获得数控加工程序的，目前可以从键盘输入和编辑数控加工程序，也可以通过软驱、USB 接口、RS-232C 接口等获得数控加工程序；部分高档数控装置本身包含自动编程系统或 CAD/CAM 系统，只需输入相应的零件几何信息和加工信息，就能生成数控加工程序。CNC 装置一般具有以下基本功能：坐标控制功能、主轴转速控制功能、准备功能、辅助功能、刀具功能、进给功能及插补功能、自诊断功能等。有些功能可以根据机床的特点和用途进行选择，如固定循环功能、刀具半径补偿功能、通信功能、特殊的准备功能、人机对话编程功能、图形显示功能等。

2）可编程控制器

在数控系统中除了进行轮廓轨迹控制和点位控制外，还应控制一些开关量，如主轴的启动与停止、冷却液的开与关、刀具的更换、工作台的夹紧与松开等，这些主要由可编程控制器来完成。

3）伺服驱动装置

伺服驱动装置又称伺服系统，它把来自 CNC 装置的指令信号通过调制、转换、放大后驱动伺服电动机，通过执行部件驱动机床运动，使工作台精确定位或使刀具与工件按规定的轨迹作相对运动。

数控机床的伺服驱动装置分为主轴驱动单元（主要是转速控制）、进给驱动单元（包括位移和速度控制）、回转工作台和刀库伺服控制装置及它们相应的伺服电动机等。

4）反馈检测装置

反馈检测装置主要用于闭环和半闭环系统。检测装置检测出实际的位移量，反馈给 CNC 装置中的比较器，与 CNC 装置发出的指令信号比较，如果差值不为零，就发出伺服控制信号，控制数控机床移动部件向消除该差值的方向移动；不断比较指令信号与反馈信号，然后进行控制，直到差值为零，运动停止。常用检测装置有旋转变压器、编码器、感应同步器、光栅、磁栅和霍尔检测元件等。

3. 外围技术

数控机床的外围技术主要包括工具系统(主要指刀具系统)、编程技术和管理技术。

10.6.3 数控机床的分类

1. 按运动轨迹的控制方式分类

根据数控机床运动轨迹的控制方式的不同,可将数控机床分成点位控制、直线控制和轮廓控制三种类型,如图 10-17 所示。

1)点位控制数控机床

如图 10-17(a)所示,一些孔加工数控机床,如数控钻床、数控冲床等,数控系统控制刀具从一个位置到另一个位置的准确定位,对移动轨迹则无严格要求。相应的运动控制器要求具有快速的定位速度,在运动的加速段/减速段采用不同的加/减速控制策略。在加速运动时,为了使系统能够尽快加速到设定速度,往往提高系统增益和提高加速度,在减速的末段采用 S 曲线减速的控制策略。为了防止系统到位后振动,到位后又会适当减小系统的增益。所以,点位运动控制器往往具有在线可变控制参数和可变加减速曲线的能力。

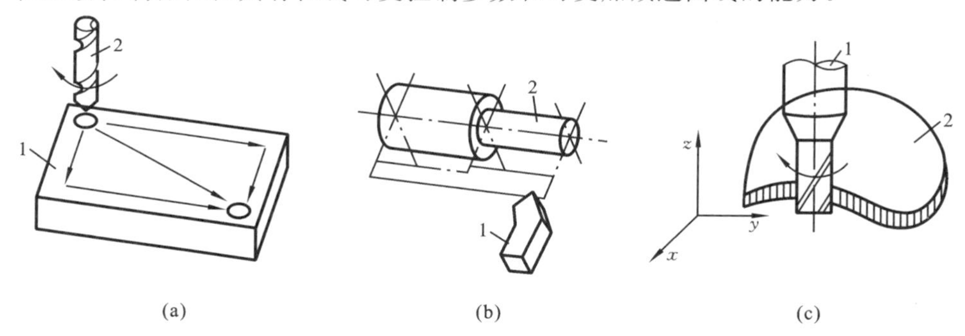

图 10-17 数控机床的运动控制方式

(a) 点位控制 (b) 直线控制 (c) 轮廓控制

1—工件;2—刀具

2) 直线控制数控机床

如图 10-17(b)所示,直线控制数控机床不仅要求实现从一个位置到另一个位置的精确移动,而且要求机床工作台或刀具(刀架)以给定的进给速度,沿平行于坐标轴的方向进行直线运动,或与坐标轴成 45°角的斜线方向进行直线运动。

3) 轮廓控制数控机床

如图 10-17(c)所示,轮廓控制数控机床能够对两个或两个以上运动轴(坐标轴)的位移和速度同时进行连续相关的控制,使刀具与工件间的相对运动符合工件加工轮廓要求,这类机床在加工过程中,每时每刻都对各运动轴的位移和速度进行不间断控制,既要保证系统加工的轮廓精度,还要保证刀具沿轮廓运动时的切向速度的恒定。对于小线段加工,有多段程序预处理功能。数控车床、数控铣床、加工中心等都具有轮廓加工控制能力。

根据同时控制坐标轴的数目,可分为两轴联动、两轴半联动、三轴联动、四轴和五轴联动轮廓控制数控机床。多个轴之间的运动协调控制一般通过电子齿轮和电子凸轮功能实现,可以是多个轴在运动全程中进行同步,也可以是在运动过程中的局部有速度同步。两轴联动可以实现二维直线、圆弧、曲线的轨迹控制。两轴半联动除了控制两个坐标轴联动外,还同时控制第三坐标轴作周期性进给运动,可以实现简单曲面的轨迹控制。三轴联动同时控制 x、y、z 三个直线坐标轴联动,实现曲面的轨迹控制。四轴或五轴联动除了控制 x、y、z 三个直线坐标轴外,还能同时控制一个或两个回转坐标轴,如工作台的旋转、刀具的摆动等,从而实现复杂曲面的轨迹控制。

2. 按伺服系统控制方式分类

根据数控机床伺服驱动控制方式的不同,可将数控机床分成开环控制、半闭环控制和闭环控制三种类型,如图 10-18 所示。

1) 开环控制数控机床

如图 10-18(a)所示,开环控制数控机床没有位移检测反馈装置,数控装置发出的控制指令直接通过驱动装置控制步进电动机的运转,然后通过机械传动系统转化成刀架或工作台的位移。开环控制数控机床结构简单,制造成本较低,价格便宜,在国内应用广泛。但是,由于这种控制系统没有反馈检测装置,无法通过反馈自动进行误差检测和校正,因此定位精度一般不高。

2) 半闭环控制数控机床

如图 10-18(b)所示,半闭环控制数控机床带有位置检测装置,它的检测装置安装在伺服电动机上或丝杠的端部,通过检测伺服电动机或丝杠的角位移,间接计算出机床工作台等执行部件的实际位置值,然后与指令位置值进行比较,进行差值控制。这里介绍的半闭环控制环内不包括丝杠螺母副及机床工作台导轨副等大惯量环节,因此可以获得稳定的控制特性,而且调试比较方便,价格也较闭环系统便宜,但精度比闭环控制机床略低。

3) 闭环控制数控机床

如图 10-18(c)所示,闭环控制数控机床带有位置检测装置,而且位置检测装置安装在机床刀架或工作台等执行部件上,直接检测这些执行部件的实际位

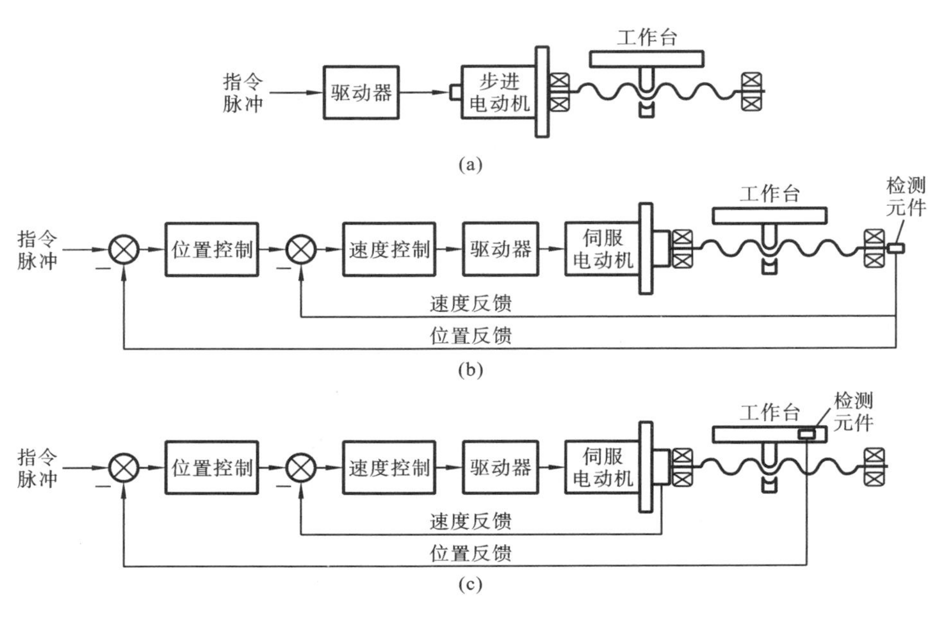

图 10-18　伺服系统控制方式

(a) 开环控制　(b) 半闭环控制　(c) 闭环控制

置。比较指令位置值与反馈的实际位置值得到位置偏差值,根据差值控制电动机进行误差修正,直到位置误差消除为止。这种闭环控制方式可以消除由于机械传动部件误差给加工精度带来的影响,因此可得到很高的加工精度,但由于它将丝杠螺母副及工作台导轨副这些大惯量环节放在闭环之内,系统稳定性会受到影响,调试困难,且结构复杂、价格昂贵。

3. 按伺服驱动系统分类

根据数控机床伺服驱动系统的不同,数控机床的伺服系统分为步进电动机伺服系统、直流伺服系统、交流伺服系统、直线伺服系统。

基于步进电动机的开环伺服系统结构简单,价格低廉,使用维修方便,位置精度由步进电动机本身保证,适用于经济型数控车床。也有采用步进电动机驱动的数控机床同时采用位置检测元件,构成反馈补偿型的驱动控制结构,这样提高了驱动系统的性能。

直流伺服系统具有相应速度快、精度和效率高、调速范围宽、过载能力强、机械特性较硬等优点,从 20 世纪 70 年代到 80 年代中期,在数控机床上应用广泛。但直流伺服系统使用机械(电刷、换向器)换向,维护工作量大。目前已经研制出无电刷的直流电动机,能较好地克服上述缺点。

在20世纪80年代后期，交流伺服电动机的材料、结构、控制理论和方法均有突破性的进展，电力电子器件的发展又为控制方法的实现创造了条件，使得交流伺服电动机驱动装置发展很快。目前在大部分工程应用中，交流伺服系统已经取代直流伺服系统。交流伺服电动机坚固耐用、经济、可靠，适合于在恶劣环境下工作，此外，还具有动态响应好、转速高和容量大等优点。当今，在交流伺服系统中，除了驱动级外，电流环、速度环和位置环可以全部采用数字化控制。伺服系统的控制模型、数控功能、静动态补偿、前馈控制、最优控制、自学习功能等均由微处理器及其控制软件高速实时地实现，使得其性能更加优越，已达到和超过直流伺服系统。

直线伺服系统是一种采用直线电动机驱动的新型高速、高精度的伺服系统。传统的数控机床传动系统主要是由"旋转伺服电动机＋滚珠丝杆"组成，在这种传动方式中，电动机输出的旋转运动要经过联轴器、滚珠丝杆、滚珠螺母等一系列中间传递和变换环节，才转换为被控对象刀具的直线运动。由于中间存在着运动形式变换环节，高速运动下滚珠丝杠的刚度、惯性、加速度等动态性能已经不能满足要求。直线伺服系统中直线电动机直接与负载连接，取消了各种中间环节（滚珠丝杆、减速机、齿形带等），克服了传统传动环节带来的缺点，精度直接反映到机械上，显著提高了机床的动态灵敏度、加工精度和可靠性。

10.6.4 数控机床的伺服驱动系统

数控机床伺服系统是以机床移动部件的位置和速度为控制量的自动控制系统，又称位置随动系统、拖动系统或伺服机构。它的作用是接收来自CNC装置（插补装置或插补软件）的进给指令，经过一定的信号变换及功率放大，再驱动各加工坐标轴按指令运动，并保证运动的快速和准确。这些轴有的带动工作台，有的带动刀架，通过几个坐标轴的综合联动，使刀具相对于工件产生各种复杂的机械运动，加工出所要求的复杂形状零件。

1. 数控机床伺服系统的控制对象

数控机床伺服控制包括伺服进给运动和主轴运动控制，进给伺服系统用来控制机床各坐标轴的进给运动，以直线运动为主；主轴伺服系统用来控制主轴的运动，以旋转运动为主。主轴驱动控制相对简单，一般只要满足主轴调速及正、反转即可，但当要求机床有螺纹加工和准停等功能时，就对主轴提出了相应的位置控制要求。进给伺服系统是数控装置和机床机械传动部件间的联系环节，是数控机床的重要组成部分，它包含机械、电子、电动机（早期产品还包含液压）等各种部件，并涉及强电与弱电控制，是一个比较复杂的控制系统。目前

CNC 装置的性能已相当优异，并正在迅速向更高水平发展，故伺服系统的动态和静态性能在很大程度上决定了数控机床的性能，如最高运动速度、跟踪及定位精度、零件加工表面质量、生产率及工作可靠性等技术指标。

2. 数控机床对进给伺服系统的要求

数控机床对进给伺服系统的基本要求是：高精度、稳定性好、快速响应和调速范围宽等。

(1) 伺服系统的精度是指机床工作的实际位置复现插补器指令信号的精确程度。在数控加工过程中，对机床的定位精度和轮廓加工精度要求都比较高，一般定位精度要达到 1～10 μm，有的要求达到 0.1 μm；而轮廓加工与速度控制和联动坐标的协调控制有关，对速度调节系统的抗负载干扰能力和动静态性能指标都有较高的要求。

(2) 伺服系统的稳定性是指系统在突变的指令信号或外界扰动的作用下，能够以最大的速度达到新的或恢复到平衡位置的能力。稳定性是直接影响数控加工精度和表面粗糙度的重要指标，较强的抗干扰能力是获得均匀进给速度的重要保证。

(3) 快速响应是伺服系统动态品质的一项重要指标，它反映了系统对插补指令的跟踪精度。在加工过程中，为了保证轮廓的加工精度，降低表面粗糙度，要求系统跟踪指令信号的速度要快，过渡时间尽可能短，而且无超调，一般应在 200 ms 以内，甚至小于几十毫秒。

(4) 调速范围是指数控机床伺服电动机的最高转速和最低转速之比。在数控加工过程中，切削速度因加工刀具、被加工材料及零件加工要求的不同而不同。为保证在任何条件下都能获得最佳的切削速度，要求进给伺服系统必须提供较大的调速范围。

(5) 机床加工的特点是低速时进行重切削，这就要求伺服系统在低速时提供较大的输出转矩。

(6) 对环境(如温度、湿度、粉尘、油污、振动和电磁干扰等)的适应性强，性能稳定，使用寿命长，平均无故障时间长。

3. 数控机床的位置控制系统

位置控制系统是伺服系统的重要组成部分，它是保证位置精度的环节。位置控制系统通常包括位置控制环、速度控制环、电流控制环。位置环和速度环(电流环)是紧密相连的，速度环的给定值来自位置环。位置环的输入是位置偏差值。位置比较器将位置指令和实际位置反馈信号比较，得到位置偏差。位置指令来自轮廓插补器的输出，实际位置反馈信号来自位置检测元件。位置控制单元根据速度指令的要求及各环节的放大倍数(称增益),对位置偏差数据进行处理,把处理后的结果送给速度环,作为速度环的给定值。其控制过程如图10-19所示。

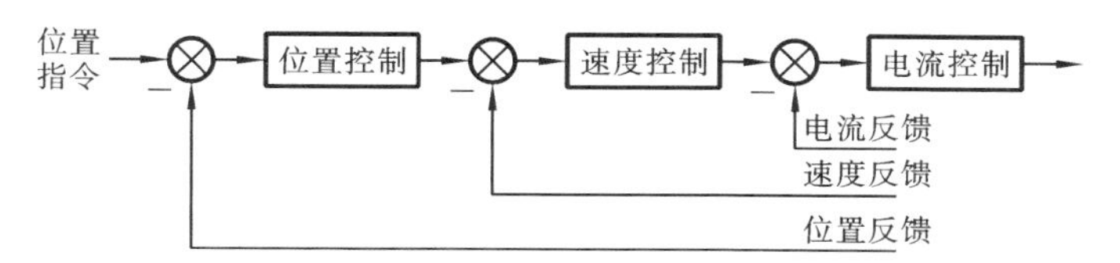

图 10-19 位置控制原理

位置环、速度环和电流环可用软件或硬件实现,据此可将伺服系统分为全数字伺服系统和混合伺服系统。全数字伺服系统是用计算机软件实现位置环、速度环和电流环的控制,即系统中的控制信息全用数字量处理。混合伺服系统是通过软件实现位置环控制,通过硬件实现速度环和电流环的控制,是一种软硬结合、数字信号和模拟信号结合的混合系统。对于混合伺服系统,根据位置比较方式的不同,分为相位比较伺服系统、幅值比较伺服系统、数字脉冲比较伺服系统和全数字伺服系统。

1)相位比较伺服系统

如图 10-20 所示,相位比较伺服系统是数控机床中常用的一种伺服系统。其特点是将指令脉冲信号和位置检测反馈信号都转换为同频率的某一载波、具有不同相位的脉冲信号,在位置控制单元进行相位的比较,它们的相位差就反映了指令位置与实际位置的偏差。

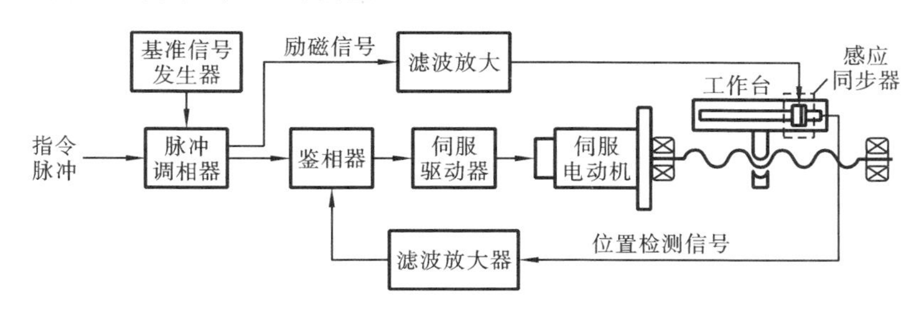

图 10-20 相位比较伺服系统的控制框图

相位比较伺服系统的位置检测元件采用旋转变压器、感应同步器或磁栅,这些装置工作在相位工作状态。由于旋转变压器、感应同步器和磁栅的检测信号为模拟信号,同时这些装置还有励磁信号,故相位比较首先要解决信号处理的问题,即怎样形成指令相位脉冲和实际相位脉冲,主要由脉冲调相器及滤波、放大、整形电路来实现。相位比较的实质是脉冲相位之间超前或滞后关系的比

较，相位比较由鉴相器实现。

2）幅值比较伺服系统

幅值比较伺服系统是以位置检测信号的幅值大小来反映机械位移的数值。图10-21所示为一种幅值比较伺服系统的控制框图，采用旋转变压器作为位置检测元件，位置测量信号处理电路由鉴幅器和电压频率变换器组成。该系统与相位比较伺服系统相比，最显著的区别是位置检测元件工作在幅值工作方式。除感应同步器外，旋转变压器和磁栅都可用于幅值比较伺服系统。另外，比较器比较的是数字脉冲量，不是相位信号，所以不需要基准信号。进入比较器的脉冲信号有两路，一路是来自数控装置的指令脉冲，另一路是来自测量信号处理电路的反馈脉冲，两路脉冲信号在比较器中直接进行脉冲数量的比较，从而得到位置偏差，经D/A转换、伺服放大后作为驱动伺服电动机的信号，伺服电动机带动工作台移动，直到比较器输出信号为零时停止；另一路反馈脉冲信号进入励磁电路，控制产生幅值工作方式的励磁信号。

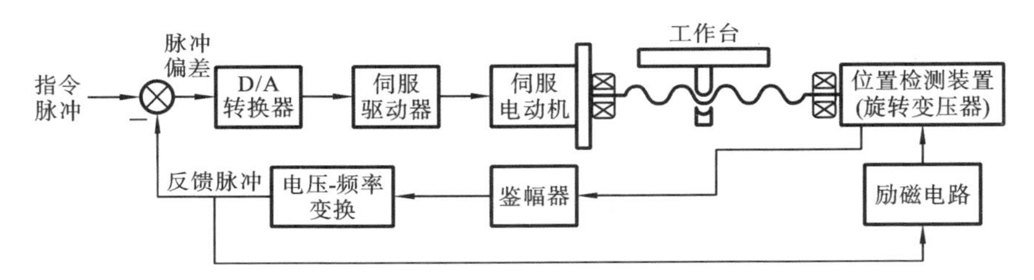

图10-21 幅值比较伺服系统的控制框图

3）数字脉冲比较伺服系统

数字脉冲比较伺服系统结构比较简单，常采用光电编码器、光栅作位置检测装置，以半闭环的控制结构形式构成的数字脉冲比较伺服系统较为普遍。图10-22所示为数字脉冲比较伺服系统的半闭环控制框图，采用光电编码器作为位置检测装置。数字脉冲比较伺服系统的特点是指令脉冲信号与位置检测装置的反馈脉冲信号在比较器中是以脉冲数字的形式进行比较的。

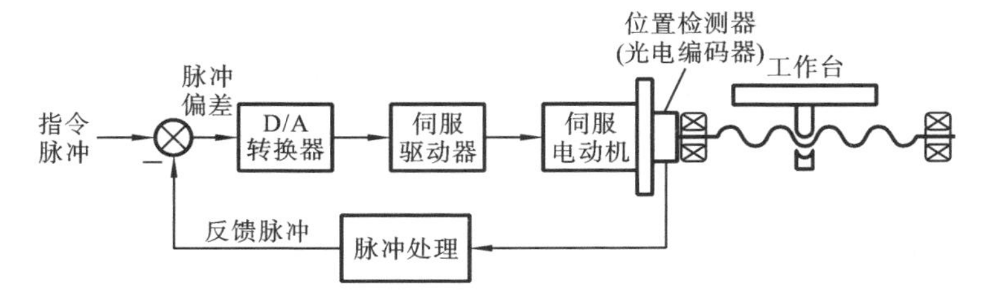

图10-22 半闭环数字脉冲比较伺服系统的控制框图

4）全数字伺服系统

全数字伺服系统是用计算机软件实现数控系统中位置环、速度环和电流环的控制，即系统中的控制信息全用数字量处理。在全数字伺服系统中，数控装置直接将插补运算得到的位置指令以数字信号的形式传送给伺服驱动器，伺服驱动器本身具有位置反馈和位置控制功能，速度环和电流环具有数字化测量元件，速度控制和电流控制由专用CPU独立完成，对伺服电动机的速度调节也是由CPU完成。CNC装置与伺服驱动器之间通过通信联系，采用专用接口芯片。

全数字伺服系统利用计算机和软件技术，可采用前馈控制、预测控制、自适应控制等先进控制算法来改善系统的性能，具有更高的动、静态控制精度。在检测灵敏度、时间及温度漂移和抗干扰性能等方面优于混合式伺服系统。全数字控制伺服系统采用总线通信方式，极大地减少了连接电缆，便于机床的安装、维护，提高了系统可靠性；同时，全数字伺服系统具有丰富的自诊断、自测量和显示功能。目前，全数字伺服系统在数控机床的伺服系统中得到了越来越多的应用。

10.7 知识拓展

直接驱动技术将直接驱动旋转电动机（DDR）或直线电动机（DDL）直接耦合或连接到从动负载上，实现了电动机与负载的刚性耦合。由于取消了传动皮带和齿轮箱等部件，直接驱动的结构设计从根本上改变了原有的“旋转电动机＋丝杠”结构，消除了机械传动带来的间隙、柔性及与之相关的系列问题，具有免维护、高刚度、无须润滑、定位精度高、速度平稳、运行安静等优点，大大提高了设备的生产率和可靠性。同时，由于装配紧凑、零部件少、安装和使用便捷，还能够帮助OEM厂商快速将产品推向市场。

本章重难点

重点

- 控制方法，控制系统构成，机床的伺服控制。

难点

- PID 控制和机床伺服控制。

思考与练习

1. 什么是运动控制和过程控制及两者的适用范围?
2. 什么是 PID 控制,相比于各独立控制有何优点,适用于哪些场合?
3. 举例并简述三种先进控制方法的原理及特点。
4. 简述开环、半闭环及闭环数控机床的控制原理及特点。

参考文献

[1] 戴先中,赵广宙. 自动化学科概论[M]. 北京:高等教育出版社,2006.
[2] 刘杰,宋伟刚,李允公. 机电一体化技术导论[M]. 北京:科学出版社,2006.
[3] Nitaigour Premchand Mahalik. 机电一体化——原理·概念·应用[M]. 北京:科学出版社,2008.
[4] 袁中凡. 机电一体化技术[M]. 北京:电子工业出版社,2006.
[5] 鲁棒控制[EB/OL]. http://www. kepu. net. cn/gb/technology/cybernetics/abc/abc204.html.
[6] 吴敏,桂卫华,何勇. 现代鲁棒控制[M]. 2 版. 长沙:中南大学出版社,2006.
[7] 梅生伟,申铁龙,刘康志. 现代鲁棒控制理论与应用[M]. 北京:清华大学出版社,2003.
[8] 何雪明,吴晓光,常兴. 数控技术[M]. 武汉:华中科技大学出版社,2006.
[9] 黄国权. 数控技术[M]. 北京:清华大学出版社,2008.
[10] 明兴祖,熊显文. 数控技术[M]. 北京:清华大学出版社,2008.
[11] 田宏宇. 数控技术[M]. 北京:科学出版社,2008.

第11章 检测技术与传感器

11.1 相关本科课程体系与关联关系

为了更好地使读者，特别是大学机械类本科生了解检测技术与传感器相关的本科课程及与关联课程的关系，本节将简要勾勒检测技术与传感器的机械类大学本科课程的关联关系。

图11-1表明了检测技术与信号处理大学本科学科基础课与本章内容密切相关。但机械设备数控技术、工程光学、电子线路CAD、机电传动技术、液压与气压传动技术、虚拟仪器（LabVIEW程序设计）等专业领域课程也是与检测技术与传感器内容有一定关系的专业领域课程。而且本章内容与微机原理及接口技术、互换性与技术测量、机械控制工程基础等学科基础课有密切关系。因

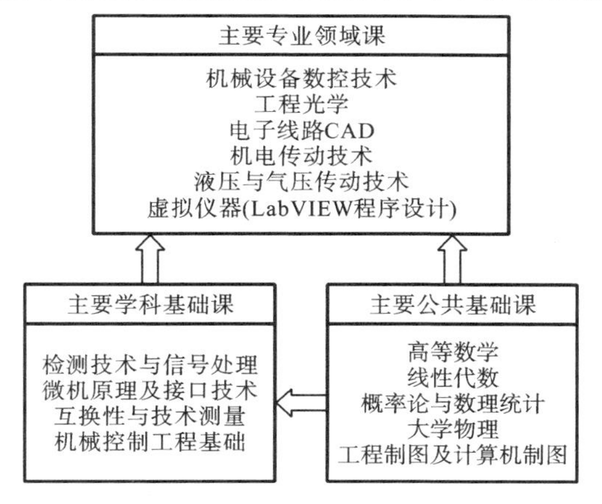

图11-1 与检测技术、传感器相关的本科课程体系

本章内容是控制类课程的学科基础内容，所以学生应学好该部分相关课程，才能为以后的控制类专业领域课程的学习打下良好的基础。

11.2 检测技术基础

闭环控制系统依靠反馈装置的输出来了解系统的输出状态。反馈信号是通过传感器测量获得的，因此可以说检测与传感器技术是自动控制系统的关键技术。传感器及信号转换电路将各种参量，如位移、位置、速度、加速度、力、温度和其他形式的信号转换为标准电信号输入到系统，控制系统根据测量结果产生相应的控制信号，以决定执行机构的运动形式和动作幅度。如图 11-2 所示为闭环工作的电炉控制系统，为使电炉内的温度按预先设定的规律变化，要通过电炉内的温度传感器采集实际的温度信息，控制器根据实际温度和预先设定的温度-时间曲线变化要求进行运算，由此产生控制信号，以控制加热器加热，从而完成控制操作。温度传感器检测结果的精度、灵敏度和可靠性直接影响控制系统的性能。机电系统的自动化程度越高，对传感器的依赖就越大。

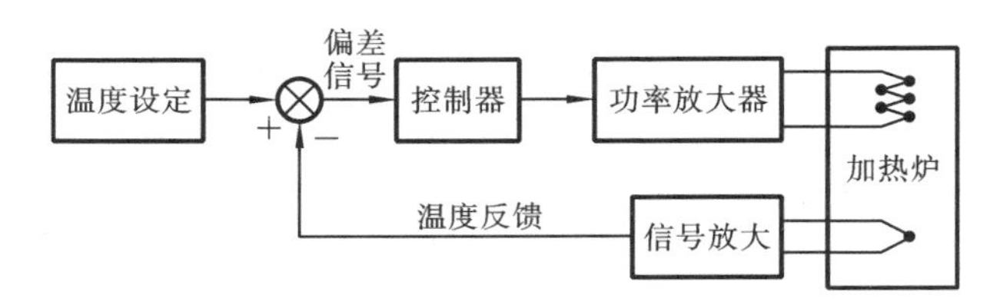

图 11-2　炉温自动控制系统

11.2.1　测量误差的基本概念

真值即真实值，是指在一定条件下被测量客观存在的值。实际的测量都要依据一定的理论或方法，使用一定的仪器，在一定的环境中，由具体的人进行。由于实验理论上存在着近似性，方法上难以完美，实验仪器灵敏度和分辨能力有局限性，周围环境不稳定等因素的影响，测量不可能无限精确，物理量的测量值与客观存在的真实值之间总会存在着一定的差异，这种差异就是测量误差，它反映了测量质量的好坏。所有测量都具有误差，误差自始至终存在于所有科学实验和检测之中，这就是误差公理。研究测量误差的目的是分析误差的来源，总结误差的规律，找出减少误差的途径与方法，以便得到尽可能接近真值的测量结果。由误差公理可知，真值只是一个理想概念。为了研究和计算方便，一般通过以下几种方式约定真值。

（1）理论真值　例如，平面三角形的内角和恒为180°。

（2）约定真值　指国际上公认的某些基准量值，或由国家设立的各种尽可能维持不变的实物标准（或基准），以法定的形式指定其所体现的量值作为计量单位的指定值。如1983年10月召开的第十七届国际计量大会上，通过了现行“米”的定义：米是“光在真空中1/299 792 458 s的时间间隔内所行进路程的长度”。这个米基准就可当做计量长度的规定真值。

（3）相对真值　计量器具按精度不同分为若干等级，上一级标准所体现的值即为下一等级的真值，此真值称为相对真值。例如，在力值的传递标准中；用二等标准测力机校准三等标准测力计，此时二等标准测力机的指示值即为三等标准测力计的相对真值。

11.2.2　测量误差的表示

1. 按表示方法分析

按表示方法分析，误差可分为绝对误差、相对误差、引用误差和容许误差等。

（1）绝对误差　绝对误差定义为测量值与被测量真值之差，即

$$\Delta = A_x - A_0 \tag{11-1}$$

式中：Δ 表示绝对误差，A_x 表示测量值，A_0 表示真值。

绝对误差反映测量值对真值偏离的绝对大小，它的单位与测量值的单位相同。

（2）相对误差　相对误差表示为被测量的绝对误差与真值之比，它是一个百分数。相对误差更能反映测量的可信程度。例如用不同的工具分别测量长度为1 cm和100 cm的物体，假设测量值的绝对误差相同，都是0.1 cm，但是用相对误差衡量时，前者比后者大了一个数量级，表明后者测量精度更高。

（3）引用误差　引用误差是指测量仪表某一刻度点读数的绝对误差与测量仪表的满量程之比，并用百分数表示。

最大引用误差是指测量仪表在整个量程范围内的最大示值的绝对误差与仪表的满量程的比值，并用百分数表示。最大引用误差能更可靠地表明仪表的测量精确度，是仪表最主要的质量指标。

（4）容许误差　容许误差是指根据技术条件的要求，规定测量仪表误差不

应超过的最大范围,有时也称为仪器误差。

2. 按误差出现的规律分析

按误差出现的规律来分,误差可分为系统误差、随机误差和粗大误差。

(1) 系统误差　在一定的测量条件下,对同一被测量进行重复多次测量时,若误差固定不变或按照一定规律变化,这种误差称为系统误差。系统误差表明了一个测量结果偏离真值的程度,系统误差越小,测量就越准确。

(2) 随机误差　在一定的测量条件下,对同一被测量进行重复多次测量时,若误差的大小不可预知地随机变化,则把这种误差称为随机误差。随机误差表现了测量结果的分散性。随机误差的大小常用精密度来表达,随机误差越小,精密度越高。

如果某一测量结果的随机误差和系统误差均很小,则表明该测量结果既精密又正确,简称精确值。

(3) 粗大误差　在一定的测量条件下,对同一被测量进行重复多次测量时,测量结果明显地偏离真值时所对应的误差,称为粗大误差或称为疏忽误差。产生粗大误差的原因有操作不当、计数或记录错误、测量方法错误、测量仪器缺陷、冲击振动或环境的突然变化等。

11.2.3　测量误差的处理

1. 系统误差的处理

(1) 系统误差的类型　系统误差的特点是测量结果向一个方向偏离,其数值固定不便或按一定规律变化,具有重复性、单向性。常见的有下面几种类型。

① 固定不变的系统误差　在重复测量中,绝对值固定不变的误差。

② 线性变化的系统误差　随着测量次数或时间的增加而增加(或减少)的误差。例如,电池的电压或电流随电池使用时间的增加而逐步降低而引起的误差。

③ 变化规律复杂的系统误差　其变化规律无法用简单的数值解析式表示。

(2) 系统误差的减小和消除方法。

① 从产生系统误差的来源考虑　通过对整个测量过程分析,找出可能产生系统误差的各种因素,然后有针对性地予以消除,这是减小系统误差的最基本的方法。系统误差的主要来源包括以下三个方面。

• 仪器误差　这是由于测量仪器本身的缺陷或没有按规定条件使用测量仪器而造成的。如测量仪器的零点不准,测量仪器未调整好,外界环境(光线、温度、湿度、电磁场等)对测量仪器的影响等所产生的误差。

• 理论误差　这是由于测量所依据的理论公式本身的近似性，或实验条件不能达到理论公式所规定的要求，或者是实验方法本身不完善所带来的误差。例如热学实验中没有考虑散热所导致的热量损失，伏安法测电阻时没有考虑电表内阻对实验结果的影响等。

• 个人误差　这是由于观测者个人感官和运动器官的反应或习惯不同而产生的误差，它因人而异，并与观测者当时的精神状态有关。

确定主要的误差来源后，要有针对性地予以消除。具体地说：选择准确度等级高的测量仪器，以消除测量仪器的基本误差；使测量仪器工作在规定条件下；正确调零、预热，以消除测量仪器的附加误差；选择合理的测量方法，设计正确的测量步骤，以消除方法误差和理论误差；提高测量人员的测量素质，改善测量条件（选用智能化、数字化测量仪器等），以消除人的误差。

② 利用修正的方法消除　系统误差总是使测量结果偏向一边，如偏大或偏小，因此通过多次测量对结果求平均值并不能消除系统误差。修正的方法就是通过与高一级精度的测量仪器比较，或根据理论分析导出修正值，而在测量的数据处理过程中将测量读数或结果与修正值相加，从而消除或减弱该类系统误差。

③ 利用特殊的测量方法消除　系统误差的特点是大小、方向相对不变，具有可预见性，所以可选用特殊的测量方法予以消除，如替代法，差值法，正、负误差补偿法，对称观测法等。

2. 随机误差的分析

随机误差就单次测量而言是无规律的，其大小、方向不可预知，但当测量次数足够多时，随机误差的总体服从统计学规律，它具有下列特性。

（1）有界性　即随机误差的绝对值不超过一定的界限。

（2）单峰性　即绝对值小的随机误差比绝对值大的随机误差出现的概率大。

（3）对称性　绝对值相等正负相反的随机误差出现的概率接近相等。

（4）抵偿性　当测量次数无穷时，随机误差的代数和趋于零。

根据随机误差的特性可知，随机误差不能用修正或采取某种技术措施的办法来消除，但经过多次测量后，对其总和可以用统计规律来描述，通过对测量数据的统计处理，能在理论上估计其对测量结果的影响。

3. 粗大误差的判别与剔除

粗大误差使测量数据受到了歪曲，因此在测量及数据处理中，如果发现某次测量结果所对应的误差特别大或特别小时，应认真判断误差是否属于粗大误差。如果属于粗大误差，该值应剔除不用。对粗大误差采取测量前预防和测量

后剔除的方法处理。测量前预防是通过对测量条件、测量仪器、测量步骤进行分析，找出可能引起粗大误差的因素，有针对地采取措施，减少粗大误差的出现；对于测量结果处理，一般用统计的方法判别可疑数据是否是粗大误差。判别粗大误差存在的准则很多，效果也不相同，其基本方式是作出某一统计量，按正常的分布，这一统计量应在某一范围内，否则即认为相应的数据不服从正常的分布，其中存在着粗大误差。

11.3 常用传感器

传感器是能感受规定的被测量，并按照一定规律转换成可用输出信号的器件或装置。传感器通常由敏感元件和转换元件组成。传感器是获取准确可靠信息的关键装置，是实现自动检测和自动控制的首要环节。

传感器的种类繁多，分类方法也很多。按传感器的用途分类，可分为位移传感器、压力传感器、温度传感器等。按传感器的工作原理分类，可分为电阻应变式、电感式、电容式、压电式等。习惯上常把两者结合起来命名传感器，比如电阻应变式压力传感器、电感式位移传感器、压电式加速度传感器等。

11.3.1 传感器的基本特性

传感器的基本特性是指传感器的输出与输入的关系。传感器的输入信号可分为静态信号和动态信号两类，静态信号是指恒定不变的信号或变化极其缓慢的信号(准静态)；动态信号通常是指周期信号、瞬变信号或随机信号。无论对静态信号还是动态信号，传感器的输出都应当不失真地复现输入信号的变化，这主要取决于传感器的静态特性和动态特性。

传感器的静态特性是指传感器的输入为静态信号时，传感器输入与输出之间呈现的关系。衡量静态特性的重要指标是灵敏度、线性度和滞后度等。传感器的动态特性是指传感器对于动态信号的响应特性，传感器的动态特性反映的是传感器的输出值真实再现变化着的输入量的能力。这里仅介绍评价传感器静态特性的性能指标。

1. 灵敏度和分辨率

灵敏度是传感器静态特性的一个基本参数，它表示传感器对输入信号变化的一种反应能力，其定义是输出量增量 Δy 与相应输入量增量 Δx 之比，用 S 表示灵敏度，即在稳态时输入/输出系统特性曲线上各点的斜率，可表示为

$$S=\frac{\Delta y}{\Delta x} \tag{11-2}$$

灵敏度的量纲取决于输入、输出的量纲。当传感器的输入和输出的量纲相同时，灵敏度无量纲，表示的是该传感器的放大倍数；当传感器的输入和输出有不同的量纲时，灵敏度的量纲用输出的量纲与输入的量纲之比。

2. 线性度

线性度是指传感器的输出量与输入量之间的实际关系曲线偏离拟合直线的程度。线性度是度量系统输出、输入线性关系的重要参数，其数值越小，说明测试系统特性越好。采用直线拟合线性化时，在全量程范围内实际特性曲线与拟合直线之间的最大偏差值与满量程输出值之比，定义为线性度或非线性误差，可表示为

$$E_{\mathrm{f}}=\frac{\Delta L_{\max}}{Y_{\mathrm{FS}}}\times 100\% \tag{11-3}$$

由于线性度（非线性误差）是以所参考的拟合直线为基准算得的，所以基准线不同，所得线性度就不同。拟合直线的选取方法很多，采用理论直线作为拟合直线，确定的检测系统线性度称为理论线性度。理论线性度曲线如图 11-3 所示。理论直线通常取连接理论曲线坐标零点和满量程输出点的直线。

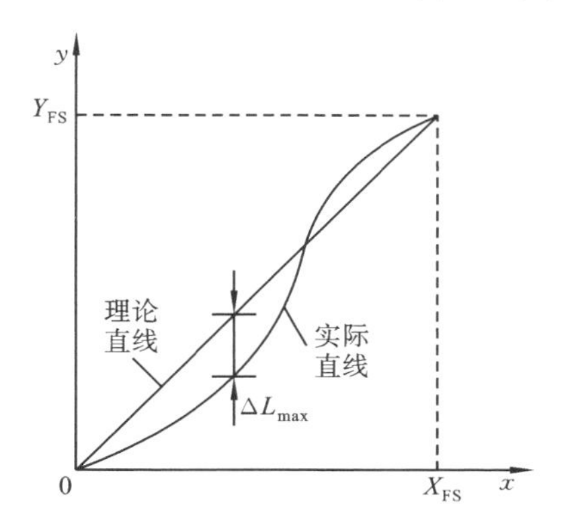

图 11-3　理论线性度曲线

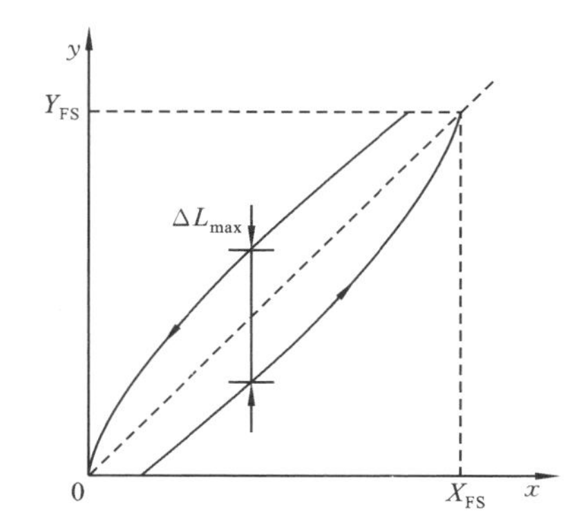

图 11-4　滞后度

3. 滞后度

如图 11-4 所示，一些传感器在输入量由小到大（正行程）及输入量由大到小（反行程）变化时，其输入-输出特性曲线不重合，这种现象称为滞后（或迟滞）。对于同一大小的输入信号，传感器的正反行程输出信号大小不相等，这个差值

称为滞后差值。在全量程范围内当输入量由小增大和由大减小时，对于同一个输入量所得到的两个数值不同的输出量之差的最大值 $\Delta L_{\max}$ 与全量程 Y_{FS} 的比值称为滞后度，可表示为

$$\gamma_{H} = \frac{\Delta L_{\max}}{Y_{FS}} \times 100\% \tag{11-4}$$

4. 精确度

计量的精确度是指精密度和正确度的综合概念。从测量误差的角度来说，精确度是测量值的随机误差和系统误差的综合反映。

(1) 精密度　是指在相同条件下，对被测量进行多次反复测量，测量值之间的一致(符合)程度。从测量误差的角度来说，精密度所反映的是测量值的随机误差。

(2) 正确度　是指被测量的测量值与其"真值"的接近程度。从测量误差的角度来说，正确度所反映的是测量值的系统误差。

(3) 精确度　是精密度与正确度两者的综合，精确度高表示精密度和正确度都高，即精确度高说明测量值的随机误差和系统误差都小。精确度常以满量程相对误差来表示。

5. 稳定性和漂移

稳定性表示传感器在规定条件下保持其输入输出特性固定不变的能力。输入量不变，传感器的输出量随时间的变化而发生缓慢变化的情况称为漂移。当输入为零时，传感器输出产生的漂移称零点漂移。当输入为定值时产生的漂移称动态漂移。产生漂移的主要原因有两个方面：传感器自身结构参数的变化；周围环境对输出的影响，例如由温度变化引起的漂移称为温度漂移。

11.3.2 电阻应变式传感器

如图 11-5 所示，电阻应变式传感器是一种利用电阻应变片将应变力转换为电阻值变化的传感器。电阻应变式传感器由弹性元件、电阻应变片、补偿电阻和外壳组成。电阻应变片粘贴在弹性元件表面，弹性元件受到所测量的力而产生变形，并使附着其上的电阻应变片一起变形，并引起应变片电阻值的变化。通常由多个电阻应变片粘贴在弹性元件上，并接成电桥电路，可以从电桥的输出中直接得到应变量的大小，从而得知作用在弹性元件上的力。常用弹性元件的结构形式有：受拉压的直杆、受弯曲的梁、受扭转的圆轴、受均布压力的薄圆板、受内压的圆筒、受径向载荷的圆环及受轴向载荷的剪切轮辐式结构等。图 11-6 所示为 S 形结构的压力/拉力传感器。

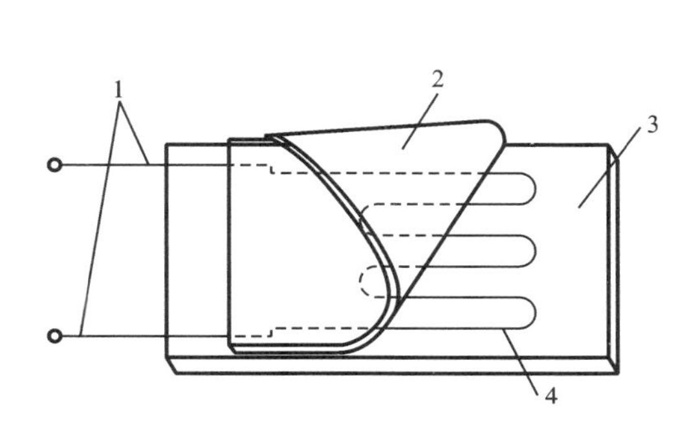

图 11-5　电阻应变片

1—引线；2—覆盖层；3—基片；4—敏感栅

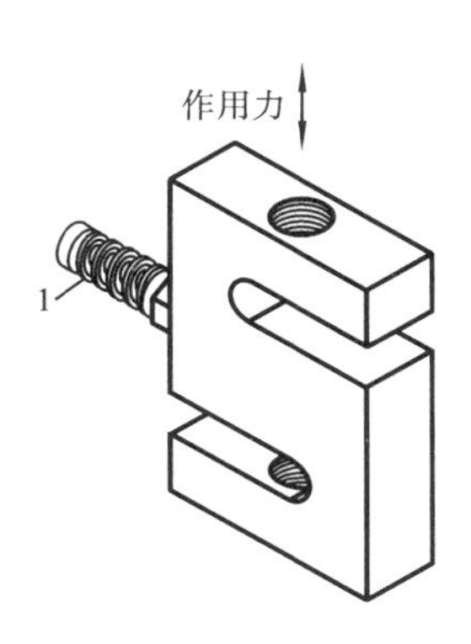

图 11-6　S形结构的压力/拉力传感器

1—信号电缆

电阻应变片可分为金属电阻应变片与半导体应变片两类。金属应变片的灵敏度较低，但温度稳定性较好，用于测量精度要求较高的场合。半导体应变片的最大优点是灵敏度高，比金属应变片要高得多，另外，还有横向效应和机械滞后小、体积小等特点。半导体应变片的缺点是温度稳定性差，在较大应变下，灵敏度的非线性误差大，在使用时，一般需要采取温度补偿和非线性补偿措施。

除了将应变片粘贴在弹性元件上，作为测量力、压力、位移等物理量的传感器外，还可以将应变片直接粘贴在试件上，用来测量工程结构受力后的应力分布或所产生的应变，为结构设计、应力校核或分析结构在使用中产生破坏的原因等提供试验数据。电阻应变式传感器可以用来测量应变、力、扭矩、位移、加速度等多种参数。电阻应变式传感器具有灵敏度高、测量精确、动态响应快、技术成熟等特点，在各行业获得了广泛应用。

11.3.3　电感式传感器

电感式传感器利用了电磁感应原理，把被测的物理量如位移、压力、流量、振动等转换成线圈的自感系数或互感系数的变化，再由电路转换为电压或电流的变化量输出，实现非电量到电量的转换。电感式传感器的种类较多，主要有自感式、差动变压器式和电涡流式。

实用的自感式传感器一般采用差动式结构，这样除了可以改善非线性，提高灵敏度外，对电源电压及温度变化等外界影响也有补偿作用，提高了传感器的稳定性。差动变压器式传感器是把被测量的变化转换成互感系数的变化。差动式传感器精度较高，可达 0.5%，量程范围较大，可用于位移、液位、流量等的测量。

根据法拉第电磁感应原理,将金属导体置于变化的磁场中或在磁场中作切割磁力线运动时,导体内将产生像水中的漩涡一样的感应电流,这种现象称为电涡流效应,根据电涡流效应制成的传感器称为电涡流式传感器。电涡流式传感器具有结构简单、使用方便、灵敏度高、不受油污介质影响等优点,而且还可用于动态非接触测量。它测量位移的范围在 0～30 mm,分辨率在 0～1 mm 量程时可达 1 μm,线性误差小于 3%。这种传感器在测量位移、振幅、材料厚度等参数方面应用较多。在高速旋转机械中,在测量旋转轴的轴向位移和径向振动,以及连续监控等方面发挥了独特的优点。

电感式传感器的特点如下。

(1) 传感器无活动电触点,因此工作可靠寿命长。

(2) 灵敏度和分辨力高,能测出 0.01 μm 的位移变化。传感器的输出信号强,电压灵敏度一般每毫米的位移可达数百毫伏的输出。

(3) 线性度和重复性都比较好,在一定位移范围(几十微米至数毫米)内,传感器非线性误差可达 0.05%～0.1%。

(4) 频率响应较低。

(5) 电感式传感器的分辨率与测量范围有关,测量范围越大,分辨率越低。

11.3.4 电容式传感器

如图 11-7 所示,电容式传感器利用平板电容器的工作原理,将被测物理量转换为电容量变化。如果不考虑边缘效应,两平行极板组成的电容器的电容量为

$$C=\frac{\varepsilon A}{\delta} \tag{11-5}$$

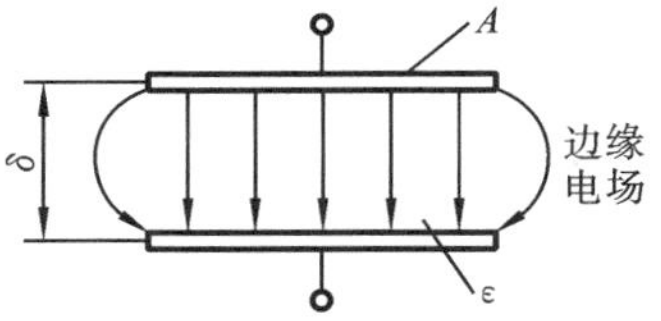

A
δ
边缘电场
ε

图 11-7 平行极板电容器

式中:ε 为极板间介质的介电常数;A 为两极板相互覆盖的面积;δ 为两极板之间的距离。

由式(11-5)可见,ε、A、δ 三个参数都直接影响电容量 C 的大小。实际的电容式传感器一般保持其中两个参数不变,而使另一个参数变化,这样只要这个变化的参数与被测量存在一定的函数转换关系,则被测量的变化就可以通过电容量的变化反映出来。根据变化的参数的不同,电容式传感器可以分为三种类型:变极距型、变面积型和变介电常数型。

电容式传感器具有结构简单、灵敏度高、动态响应快等优点,可实现非接触测量,具有平均效应,可工作在高温、低温、强辐射等恶劣的环境中。影响其测

量精度的主要因素是电路寄生电容、电缆电容和温度、湿度等外界干扰。要保证它的正常工作，必须采取极良好的绝缘和屏蔽措施。随着集成电路技术的发展和工艺的进步，已使得上述因素对测量精度的影响大为减少，为电容式传感器的应用开辟了广阔的前景。电容式传感器可用来测量直线位移、角位移、振动振幅，尤其适合测量高频振动振幅、精密轴系回转精度、加速度等机械量，在压力、厚度、液位、湿度等测量中也有广泛应用。

11.3.5　压电式传感器

压电式传感器是以压电效应为基础，实现非电量到电量的转换。如图 11-8 所示，某些材料当沿着一定方向受到作用力时，不但产生机械变形，而且内部极化，表面有电荷出现；当外力去掉后，又重新恢复到不带电状态，这种现象称为压电效应。

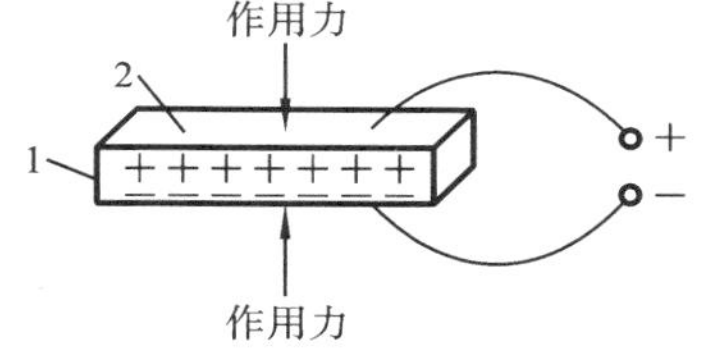

图 11-8　压电效应示意图

1—压电材料；2—极化面

压电式传感器输出的电荷量很小，而且压电元件本身的内阻很大，因此通常把传感器信号先输入到高输入阻抗的前置放大器，经过阻抗变换以后再进行其他处理。目前常采用电荷放大器作为前置放大器。经过外力作用后的电荷，只有在回路具有无限大的输入阻抗时才得到保存，但实际应用中回路输入阻抗不可能无限大，因此压电传感器主要用于测量动态的应力。

压电式传感器动态特性好、体积小、质量小，常用来测量动态力和压力，如测量振动加速度的惯性拾振器大多采用压电式传感器；又如压电式加速度传感器是一种常用的加速度计，它具有结构简单、体积小、质量小、使用寿命长等特点。压电式加速度传感器在飞机、汽车、船舶、桥梁和建筑的振动和冲击测量中已经得到了广泛的应用，特别是航空和宇航领域中更有它的特殊地位。

11.3.6　磁敏传感器

磁敏传感器的磁敏元件对磁场敏感，利用磁场作为媒介，可以将很多物理量转换成电信号。常用的磁敏元件有霍尔元件、磁敏电阻、磁敏管等。

1. 霍尔元件

霍尔传感器是根据霍尔效应制作的一种磁场传感器。如图 11-9 所示，将导电体薄片置于磁场 B 中，如果在 a、b 端通电流 I，则在 c、d 端就会出现电位差，这一现象称为霍尔效应。电位差称为霍尔电势。

霍尔元件可以用来测量磁场强度、位移、力、角度等。霍尔元件输出的电压信号较小,并且有一定的温度误差。随着半导体工艺技术的发展,目前霍尔传感器都是将霍尔元件、放大器、温度补偿电路及稳压电源做在一个芯片上。霍尔传感器可分成线性型霍尔传感器及开关型霍尔传感器。线性型霍尔传感器的输出电压与外加磁场强度在一定范围内呈线性关系,可以用来检测磁场的强弱。开关型霍尔传感器内部含有霍尔元件、放大器、稳压电源,并带一定滞后特性的比较器及集电极开路输出部分等,它的输出是开关(数字)量。开关型霍尔传感器尺寸小、工作电压范围宽、无触点、无磨损、位置重复精度高、工作可靠,适用于气动、液动、气缸和活塞泵的位置测定,也可作为限位开关用。与电感式开关相比,霍尔开关可安装在金属中,可并排紧密安装,可穿过金属进行检测。近年来,霍尔元件作为直流无刷电动机的位置传感器,具有简单、经济、可靠等特点。直流无刷电动机需要用位置传感器来检测转子的位置,以实现电子换向。

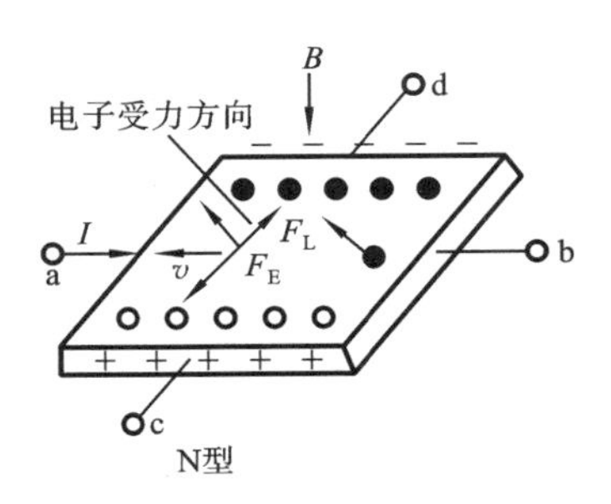

图 11-9　霍尔效应示意图

2. 磁敏电阻

将一载流导体置于外磁场中,除了产生霍尔效应外,其电阻也会随磁场而变化,这种现象称为磁致电阻效应,简称磁阻效应。磁敏电阻器就是利用磁阻效应制成的磁敏元件。电阻率的增加是因为运动电荷在磁场中受到洛仑兹力的作用而发生偏转后,从一个电极流到另一个电极所经过的途径要比无磁场作用时所经过的途径长些。磁阻效应与半导体材料的迁移率、几何形状有关,一般迁移率愈高,元件的长宽比愈小,磁阻效应愈大。

磁敏电阻的频率特性好、动态范围宽、噪声低,可以广泛应用于许多场合,如在测量时可制成无触点开关、压力开关、旋转编码器、角度传感器、转速传感器、位移传感器等。

3. 磁敏管

磁敏管包括磁敏二极管和磁敏三极管。磁敏二极管灵敏度很高,约为霍尔元件的数百甚至上千倍,又能识别磁场方向,而且线路简单、功耗小,但它的灵敏度与磁场关系呈线性的范围比较窄,而且受温度影响较大。磁敏三极管在正、反向磁场作用下,其集电极电流出现明显变化。

磁敏二极管可用来检测交、直流磁场,特别适合于测量弱磁场,可制作钳位电流计,对高压线进行不断线、无接触的电流测量,还可用作无触点开关、无接触电位计等。磁敏三极管在磁力探测、无损探伤、位移测量、转速测量及自动控制中得到广泛应用。

11.3.7　光电式传感器

光电式传感器是将光量转换为电量，其物理基础是光电效应。光电效应通常又分为外光电效应和内光电效应两大类。在光的照射下，金属中的自由电子吸收光能而逸出金属表面的现象称为外光电效应。基于外光电效应的器件有光电管和光电倍增管等。受光的照射后，半导体材料的电导率发生变化的现象称为光导效应，而受光后产生电势的现象称为光生伏特效应，这两种现象统称为内光电效应。基于光导效应的光电器件有光敏电阻，基于光生伏特效应的有光电池、光敏晶体管等。光敏电阻的光照特性是非线性的，常用做开关型光电传感器。光电池直接将光能转换成电能，目前应用最广泛的是硅光电池，它的性能稳定、光谱范围宽、频率特性好，用于可见光。硅光电池可制成检测元件用来测量光线的强弱，也可制成电源使用，称太阳能硅光电池。

光电传感器是采用光电元件作为检测元件的传感器。如图 11-10 所示，一个光电传感器基本上由一个光束发射器（发光二极管）和一个光敏接收器（光敏三极管）组成。一个发光二极管是一个半导体电子部件，当电流流过时就会发光，根据传输波长不同，发出可见光或不可见光。如图 11-11 所示，当物体进入发射光束范围时会影响到光接收器的光强，当接收器的光强减小，就会达到传感器的输出状态的改变。

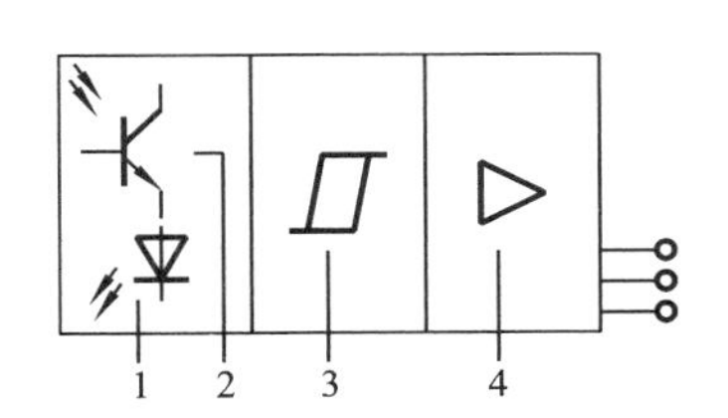

图 11-10　光电传感器结构

1—光束发射器；2—光束接收器；3—信号处理；4—信号输出

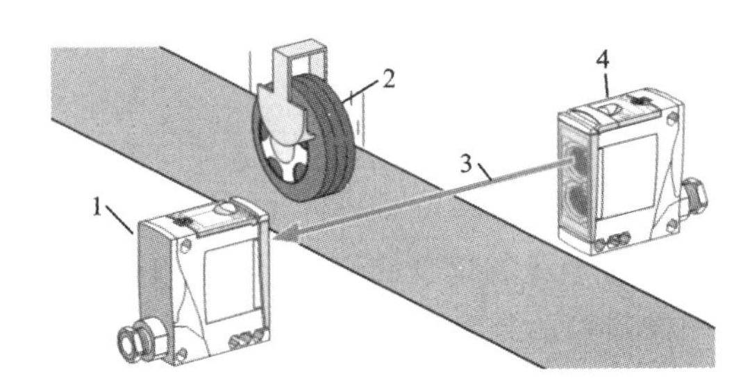

图 11-11　光电传感器的检测原理

1—接收器；2—检测对象；3—光束；4—发射器

光电式传感器具有精度高、反应快、非接触等优点，而且可测参数多，传感器的结构简单，形式灵活多样，因此，光电式传感器在检测和控制中应用非常广泛，可用于检测直接引起光量变化的非电量，如光强、光照度、辐射测温、气体成分分析等;也可用来检测能转换成光量变化的其他非电量,如零件直径、表面粗糙度、应变、位移、振动、速度、加速度,以及物体的形状、工作状态的识别等,在工业自动化装置和机器人中获得广泛应用。

11.3.8 固体图像传感器

固体图像传感器是将图像变换为电信号的光电式传感器。固体图像传感器由物镜、固体图像敏感器件、驱动电路和信息处理电路组成。物镜的作用是使被拍摄对象在图像传感器的光敏区清晰成像。固体图像传感器有一维(线阵)和二维(面阵)两种:一维图像传感器由排列整齐的光敏元件一维阵列组成,扫描一次只能摄取一行图像信息;二维图像传感器由排列整齐的光敏元件二维阵列组成,扫描一次可以一次获得整幅图像。每个光敏元件对应图像的一个像素。当图像传感器工作时,在驱动电路的作用下按行输出脉冲信号,每个脉冲的幅值与它所对应的像素的光强度成正比。最后,图像脉冲信号被送往信息处理电路进行放大和处理,变成适于后续设备接收处理的信号。与传统的摄像管(电真空器件)相比,固体图像传感器具有尺寸小、工作电压低、寿命长、性能稳定和图像边缘无畸变等优点。图 11-12 所示为工业相机里的图像传感器。

图 11-12　工业相机里的图像传感器

1—CCD/CMOS 传感器芯片

CCD 与 CMOS 传感器是普遍采用的两种固体图像传感器。CCD 与 CMOS 在制造上的主要区别在于 CCD 集成在半导体单晶材料上,而 CMOS 则集成在被称为金属氧化物的半导体材料上。两者都是利用光敏元件进行光电转换,将图像转换为数字信号,而其主要差异是数据传送的方式不同。CCD 传感器的每一行中每一个像素的电荷数据都会依次传送到下一个像素中,由最底端部分输出,再经由传感器边缘的放大器进行放大输出;而在 CMOS 传感器中,每个像素都会连接一个放大器及 A/D 转换电路,用类似内存电路的方式将数据输出。造成这种差异的原因在于 CCD 的特殊工艺可保证数据在传送时不会失真,因此各个像素的数据可会聚至边缘再进行放大处理;而 CMOS 工艺的数据在传送距离较长时会产生噪声,因此,必须先放大,再整合各个像素的数据。

由于自身物理特性的原因,CMOS 的成像质量和 CCD 比有一定差距。

CCD传感器在灵敏度、分辨率、噪声控制等方面都优于CMOS传感器，而CMOS传感器则具有低成本、低功耗及高整合度的特点。由于CMOS低廉的价格及高度的整合性，因此在摄像头领域得到了广泛的应用。随着技术的进步，两者的差异有逐渐缩小的态势，例如CCD传感器一直在功耗上作改进，以应用于移动通信市场；CMOS传感器则在改善分辨率与灵敏度方面的不足，以应用于更高端的图像产品。目前，市场上销售的数码摄像头中以CMOS感光器件为主。在以CMOS为感光元器件的产品中，通过采用影像光源自动增益补偿技术，自动亮度、白平衡控制技术，色饱和度、对比度、边缘增强及伽马矫正等图像处理技术，完全可以达到与CCD相媲美的效果。

11.3.9 视觉传感器

1. 机器视觉

现代工业生产过程中，为了保证产品质量，需要进行各种各样的测量和检验，例如机械零配件批量加工过程的尺寸测量和外观检验，电子组装过程的元件贴装精度检查、错料检查、焊接质量检查和IC上的字符识别等，这种带有高度重复性和智能性的工作以往主要由人工检查来完成。但由于以下几个方面的原因，人工检查已经难以满足现代生产的要求。

(1) 检查标准的主观性　人工检查的标准主观性强，对于同一对象，不同人检查的结果不一样，同一个人在不同时间检查结果也有差别。

(2) 检查结果不稳定　对于流水生产线的连续快速生产，人工检查时眼睛很容易疲劳，导致结果不稳定。

(3) 检查速度慢　除非使用大量的检查人员，否则人工检查很难跟上现代流水线的快速生产节拍。

(4) 检查结果难以实时统计分析　除了要检出存在问题的产品外，检查的另一个主要目的是根据结果及时改善工艺，人工检查需要先手工记录结果，再汇总输入计算机才能得到统计分析结果，因此难以及时反映存在的工艺问题，也就无法及时改进。

图11-13　机器视觉系统

如图11-13所示，机器视觉用图像传感器如CCD相机拍摄被测对象的图像，由图像采集卡将图像送入计算机或专用的图像处理模块，图像处理软件通过分析被检查对象的图像的像素分布、灰度或颜色等信息,实现尺寸测量、外观的检查或识别。

机器视觉把计算机的快速性、可重复性,与人类视觉的高度智能化和抽象能力相结合,实现客观、一致性的检测,人类视觉与机器视觉对比如表 11-1 所示。与人工检查相比,机器视觉的主要优势体现如下。

- 检查标准的客观性和稳定性　视觉系统严格按照预先设定的标准实施检查,不会因为工作时间长短而变化。
- 检查效率高　机器视觉结合图像处理、机械运动、现代计算技术和人工智能,检查效率比人工检查的效率高得多。
- 统计过程分析功能　机器视觉通过计算机实现,因此可以对检查结果进行实时统计分析,及时发现存在的工艺问题并指导工艺改善。
- 生产过程信息化　得益于计算机的多媒体和网络通信功能,机器视觉系统很容易实现生产过程和企业信息管理系统的无缝集成。
- 在一些不适合于人工作业的危险工作环境下,机器视觉可替代人工视觉。

表 11-1　人类视觉与机器视觉对比

	人类视觉	机器视觉
适应性	适应性强,可在复杂及变化的环境中识别目标	适应性差,容易受复杂背景及环境变化的影响
智能	具有高级智能,可运用逻辑分析及推理能力识别变化的目标,并能总结规律	虽然可利用人工智能及神经网络技术,但智能很差,不能很好地识别变化的目标
彩色识别能力	对色彩的分辨能力强,但容易受人的心理影响,不能量化	受硬件条件的制约,目前一般的图像采集系统对色彩的分辨能力较差,但具有可量化的优点
灰度分辨力	差,一般只能分辨 64 个灰度级	强,目前一般使用 256(8 位)灰度级,采集系统可具有 10 bit、12 bit、16 bit 等灰度级
空间分辨力	分辨率较差,不能观看微小的目标	目前有 4K×4K 的面阵摄像机和 8K 的线阵摄像机,通过备置各种光学镜头,可以观测小到微米大到天体的目标
速度	0.1 s 的视觉暂留使人眼无法看清较快速运动的目标	快门时间可达到 10 μs 左右,高速相机帧率可达到 1 000 以上,处理器的速度越来越快

续表

	人类视觉	机器视觉
感光范围	400～750 nm 范围的可见光	从紫外到红外的较宽光谱范围，另外有 X 光等特殊摄像机
环境要求	对环境温度、湿度的适应性差，另外有许多场合对人有损害	对环境适应性强，可加防护装置

2. 视觉系统与视觉传感器

与一般意义上的图像处理系统如多媒体系统相比，机器视觉强调的是精度和速度，以及工业现场环境下的可靠性。典型的视觉系统一般由以下部分构成：光源、图像传感器、镜头、图像采集卡、图像处理软件、计算机（或 DSP、微处理器等），通信、输入/输出单元等。除了采用可见光作为光源外，也可以用红外线、紫外线、X 光和超声波等配合相应的成像设备获得被测对象的图像，进而实现机器视觉检测或测量。

机器视觉系统一般与运动系统配合，运动系统负责传送检测对象和移动图像采集部件。利用机器视觉的识别或测量结果，还可以引导机械系统的运动，如电子组装领域的贴片机利用机器视觉识别元件和 PCB 的姿态，修正贴装头的贴放位置和姿态。如图 11-14 所示为自动光学检测装置（AOI）的视觉系统构成，用于 SMT 的电路板生产过程的元件贴装、焊接质量的检测。该装置通过电路板传输装置，将 PCB 送到机器内部；相机镜头和光源构成图像采集系统；图像

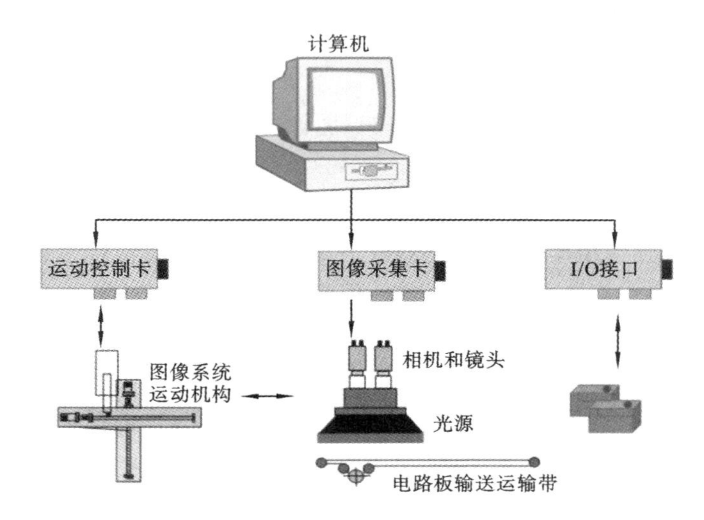

图 11-14　自动光学检测装置的视觉系统结构

系统运动机构可以做平面的二维运动结构;移动图像采集系统采集 PCB 的图像;图像采集卡将图像送到计算机内存;图像分析软件根据颜色或灰度分析焊点质量、元件类型和位置等;实现 PCB 组装过程的在线检查。

机器视觉输出的是经过运算处理之后的检测结果,如尺寸、位置数据或判断结果等。上位机如计算机和 PLC 实时获得检测结果后,指挥运动系统或 I/O 系统执行相应的控制动作,如定位和分类。

从视觉系统的运行环境分类,可分为基于计算机的视觉系统和基于可编程逻辑控制器和微处理器或数字信号处理器的视觉传感器。

基于计算机的视觉系统内含有高性能图像采集卡,一般可接多个相机。基于 PC 的系统利用了计算机的强大计算能力、多媒体功能和开放性,编程灵活,系统总体成本较低,而且支持流行的 Windows 操作系统,有很多专业的或开放的通用图像处理库函数可以选择,用户可用它开发复杂的、高级的应用,但要求用户掌握专业的机器视觉知识和具有较强的软件编制能力。

与基于计算机的视觉系统相比,视觉传感器是一个智能化的传感器,使用很简单,用户只需要进行简单的参数设置即可使用,对专门的机器视觉知识要求较少,也不要求具有编程能力;视觉传感器功能相对简单,根据物体在一定环境下得到的画面,适用于对尺寸,缺陷,种类,形状匹配,文字等各种参数的测量和判别。

视觉传感器一般采用微处理器或数字信号处理器作为图像处理器,图像处理软件固化在图像处理器中,不需要 Windows 等商用操作系统。图像处理软件直接对底层硬件进行操作,因而具有更高的处理速度,适合高速检测;视觉传感器一般将图像采集、图像处理和分析及基本的输入/输出控制功能集成到一体,有些传感器甚至将相机集成在一起;图像传感器体现了集成化、小型化、高速化、低成本的特点。

3. 光电传感器与视觉传感器(视觉系统)的比较

与光电传感器相比,视觉传感器赋予设计者更大的灵活性。相比光电传感器,视觉传感器有更高的分辨率。光电传感器一般只有单个或少量的光电二极管(传感单元),而即使最简单的视觉传感器也能提供比光电传感器多得多的像素(传感单元),因此以往需要多个光电传感器的应用,现在用一个视觉传感器就可以轻松完成。视觉传感器能够检验大得多的面积,这使视觉传感器在某些原先只能依靠光电传感器才能解决的应用中受到广泛欢迎。以往,这些应用还需要昂贵的配件,以及能够确保目标物体始终以同一位置和姿态出现的精确运动控制。此外,一个基本视觉传感器的成本仅相当于数个具有较贵配件的光电传感器，因此价格已不再是问题。

4. 机器视觉的应用

机器视觉的工业应用十分广泛，包括检验、计量、测量、定向、瑕疵检测和分拣。如：印制电路板的视觉检查、钢板表面的自动探伤、大型工件平行度和垂直度测量、容器容积或杂质检测、机械零件的自动识别分类和几何尺寸测量等。此外，在许多其他方法难以检测的场合，利用机器视觉系统可以有效地实现。机器视觉的应用正越来越多地代替人去完成许多工作，这无疑在很大程度上提高了生产自动化水平和检测系统的智能水平。以下举出一些应用范例。

- 汽车组装厂　检验由机器人涂抹到车门边框的胶珠是否连续，是否有正确的宽度；在线检测车身轮廓尺寸是否符合标准。
- 瓶装厂　校验瓶盖是否正确密封，灌装液位是否正确，标签是否完整，以及在封盖之前没有异物掉入瓶中。
- 药品包装生产线　检验药片的泡罩式包装是否有破损或缺失药片。
- 纸币印刷质量检测　利用图像处理技术，通过对纸币生产流水线上的纸币 20 多项特征（号码、盲文、颜色、图案等）进行比较分析，检测纸币的质量，替代传统的人眼辨别的方法。
- 智能交通管理　通过在交通要道放置摄像头，当有违章车辆（如闯红灯）时，摄像头将车辆的牌照拍摄下来，传输给中央管理系统，系统利用图像处理技术，对拍摄的图片进行分析，提取出车牌号，存储在数据库中，可以供管理人员进行检索。
- 医疗图像分析　血液细胞自动分类计数、染色体分析、癌症细胞识别等。

11.4　传感信号的变换与调理

传感器将非电量转换为电量时，往往输出电阻、电感、电容等电路参数，需要通过转换电路将其转换为易于测量和处理的电压、电流或频率等。另外，传感器的输出信号一般很微弱，一般为 mV 级甚至 μV 级，不能直接用于显示、记录或进行 A/D 转换；还可能混有各种噪声，要进行必要的放大、滤波、A/D 或 D/A 转换等各种运算等处理后才可以送入显示装置、执行机构或计算机。一般将基本转换电路和后续这部分电路统称为传感器的测量电路或信号调理电路。

11.4.1 电桥

电桥可以将电阻、电感、电容等电参量的变化转换为电压或电流输出。电桥电路连接简单、灵敏度和精确度较高,其输出视信号的大小,可用仪表直接测量显示,也可输入到放大器进行放大,在测试装置中得到了广泛的应用。电桥根据激励电源的不同分为直流电桥和交流电桥。电桥电路有两种基本的工作方式:平衡电桥(零检测器)和不平衡电桥。在传感器应用中主要采用不平衡电桥。图 11-15 所示为直流电桥的基本结构,R_1、R_2、R_3、R_4是电桥各桥臂电阻,U_0是直流电源电压,U 是输出电压。对于应用不平衡电桥电路的传感器,电桥中的一个或几个桥臂电阻对其初始值的偏差相当于被测量的大小变化,电桥只需将这个偏差变换为电压或电流输出即可。

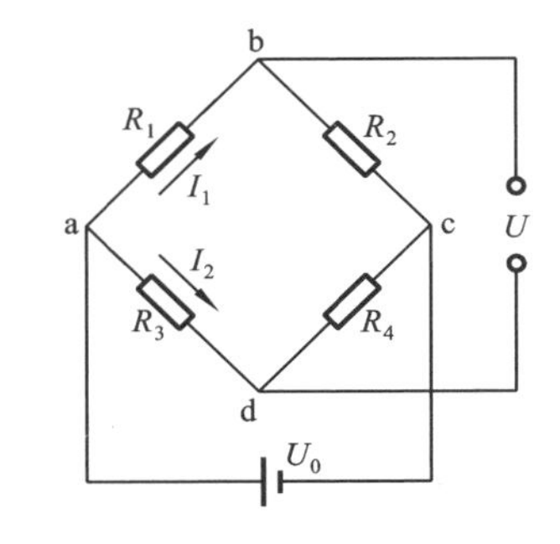

图 11-15 直流电桥的结构

11.4.2 信号的放大

对于直流或缓变信号,由于早期直流放大器的漂移较大,对于较微弱的直流信号需要将其调制成交流信号,然后用交流放大器放大,再解调成为直流信号。随着集成运算放大器性能的改善,目前已经可以组成性能良好的直流放大器。

1. 测量放大器

利用运算放大器可组成反相输入、同相输入和差动输入放大器,由运算放大器组成的上述三种放大器一般仅适用于信号回路不受干扰或信噪比较大的场合。当传感器的输出信号中含有较大的噪声和共模干扰时,可采用测量放大器对信号进行放大。所谓共模干扰是指在传感器的两条传输线上产生的完全相同的干扰。测量放大器又称仪表放大器,它具有线性好、共模抑制比高、输入阻抗高和噪声低等优点。如图 11-16 所示,测量放大器的基本电路由三个运算放大器组成。它是一种两级串联放大器,前级由两个同相放大器组成,为对称结构,输入信号可以直接加到输入端,从而输入阻抗高和抑制共模干扰能力强。后级是差动放大器,将双端输入变为单端输出,适应对地负载的需要。常用的单片集成测量放大器有 AD521、AD522、INA101、INA118 和 LH0038 等。

2. 隔离放大器

在有强电或强电磁干扰的环境中,传感器的输出信号中混杂着许多干扰和

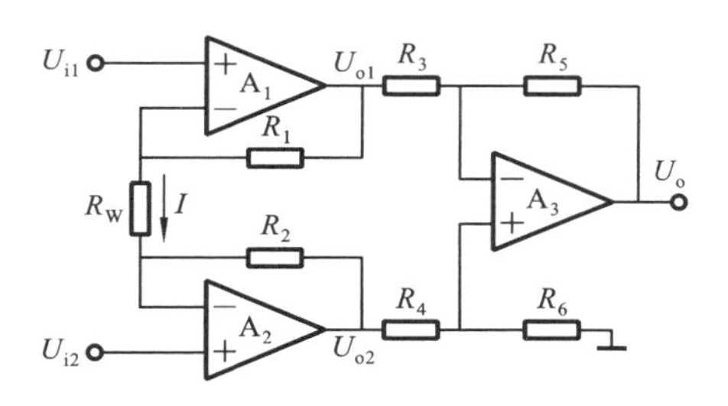

图 11-16　测量放大器

噪声，而这些干扰和噪声大都来自地回路、静电耦合及电磁耦合。为了消除这些干扰和噪声，除了将模拟信号先经过低通滤波器滤掉部分高频干扰外，还必须合理处理接地问题，将放大器实行静电和电磁屏蔽并浮置起来。这样的放大器称为隔离放大器。它的输入和输出电路之间没有直接的电路联系，只有磁路或光路的联系。

11.4.3　信号滤波

几乎所有的信号都会受到一定程度的噪声影响，如来自交流电源或机械设备的 50 Hz 噪声、转换电路和信号放大电路的暗电流噪声等。噪声会影响有效信号的检出，严重时会导致测量结果失真，因此有必要将噪声和有效信号分离出来。根据高等数学傅氏变换理论，任何一个满足一定条件的信号，都可以被看成是由无限个正弦波叠加而成。换句话说，工程信号是由不同频率的正弦波线性叠加而成的，组成信号的不同频率的正弦波称为信号的频率成分或谐波成分。

滤波器是具有频率选择作用的电路或运算处理系统，它能使一部分频率范围内的信号通过，而使另一部分频率范围内的信号衰减。也就是说，滤波器在一定的频率范围内具有滤除噪声和分离各种不同信号的功能，或在信号采样前去除不希望的信号或噪声。滤波器的基本功能如下。

(1) 去除无用信号、噪声、干扰信号，以及信号处理过程中引入的信号如载波等。

(2) 分离不同频率的有用信号。

(3) 对测量仪器或控制系统的频率特性进行补偿。

通常称可以通过的频率范围为通带，不能通过的频率范围为阻带，通带与阻带的界限频率为截止频率。按照滤波器的通频带将滤波器分为低通、高通、带通、带阻滤波器。图 11-17 所示为这四种滤波器的幅频特性。

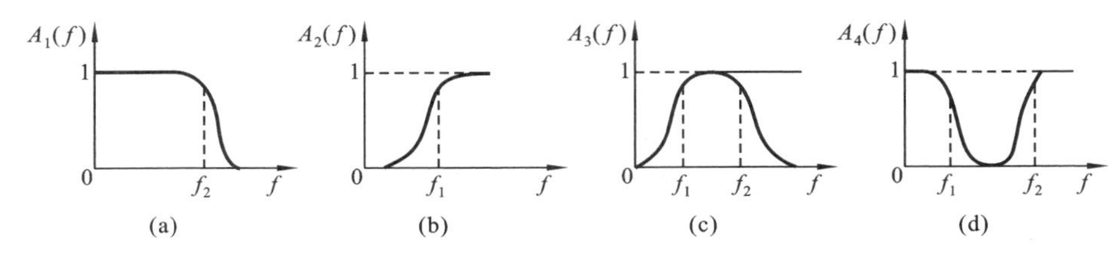

图 11-17 四种滤波器的幅频特性

(a) 低通滤波器 (b) 高通滤波器 (c) 带通滤波器 (d) 带阻滤波器

按所采用的元器件不同,滤波器分为无源和有源滤波器两种。由电阻、电容组成的滤波器称为无源 *RC* 滤波器。*RC* 滤波器电路简单,抗干扰性强,有较好的低频性能,可靠性高,成本低。它的缺点是通带内的信号有能量损耗,负载效应比较明显;使用电感元件时容易引起电磁感应,在低频域使用时电感的体积和质量较大,而且选择性差;多级串联时输入/输出阻抗不容易匹配。由电阻、电容和运算放大器组成的滤波器称为有源滤波器。优点是:有源滤波器利用有源器件不断补充由电阻造成的损耗,通带内的信号不仅没有能量损耗,而且还可以放大,负载效应不明显;多级相连时相互影响很小,利用简单的级联方法很容易构成高阶滤波器,并且滤波器的体积、质量小;不需要磁屏蔽(由于不使用电感元件)。缺点是:通带范围受有源器件(如集成运算放大器)的带宽限制,而且需要直流电源供电,可靠性不如无源滤波器高,在高压、高频、大功率的场合不适用。由于有源滤波器优良的性能,因而在工业检测等领域获得了广泛的应用。

根据滤波器所处理的信号性质,分为模拟滤波器和数字滤波器等。模拟滤波器采用模拟电路实现滤波功能。数字滤波器一词出现在 20 世纪 60 年代中期。由于计算机技术和大规模集成电路的发展,数字滤波器可用计算机软件实现,也可用大规模集成数字硬件实时实现。应用数字滤波器处理模拟信号时,首先须对输入模拟信号进行限带、抽样和 A/D 转换。数字滤波器输入信号的抽样率应大于被处理信号带宽的两倍,其频率响应具有以抽样频率为间隔的周期重复特性,且以折叠频率即 1/2 抽样频率点呈镜像对称。为得到模拟信号,数字滤波器处理的输出数字信号须经 D/A 转换且平滑。与模拟滤波器相比,数字滤波器具有高精度、高可靠性、可程控改变特性或复用、便于集成等优点。数字滤波器在语言信号处理、图像信号处理、医学生物信号处理及其他应用领域都得到了广泛应用。

11.5　自动化仪表

11.5.1　自动化仪表概述

自动化仪表是在工业生产过程中，对工艺参数进行检测、显示、记录或控制的仪表，又称工业仪表或（工业）过程检测控制仪表。检测是了解和控制工业生产过程的基本手段，只有准确地了解工艺过程的全貌，并进行控制，才能保证生产过程顺利。

11.5.2　自动化仪表的基本组成

自动化仪表是一种典型的计算机测试系统。自动化仪表一般可分为基于微控制器和基于通用计算机两种基本结构类型。如图 11-18 所示，基于微处理器的自动化仪表是将单片或多片微处理器作为信号处理平台，加上必要的外围芯片或电路，如传感器信号转换电路、信号调理电路、A/D 转换、通信控制、I/O 控制等，组成的数字化测量仪器具有多功能、小型化、成本低和适应性强的特点。基于通用计算机的自动化仪表是以 PC 机为核心，加上必要的仪器硬件如传感器信号转换电路、信号调理电路模块、A/D 转换卡、I/O 控制卡等，通过插卡或外置模块的方式进行扩展，而人机界面、数据存储、通信等功能可通过计算

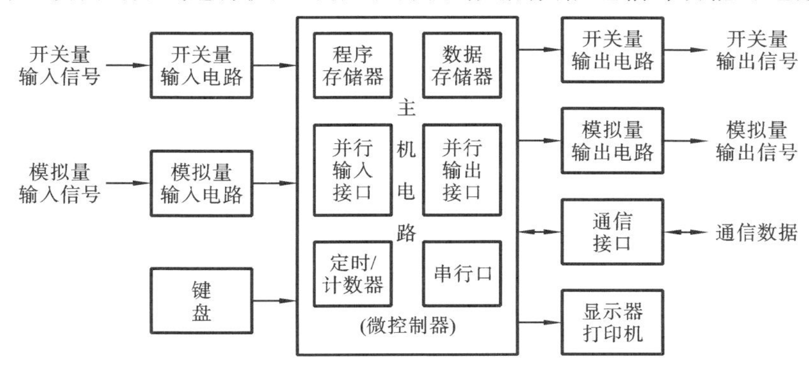

图 11-18　基于微控制器的自动化仪表的硬件结构

机自身资源实现。它的特点是可以充分利用PC机的资源,如磁盘、打印机、绘图仪等硬件资源,以及强大的数据处理能力、网络通信能力和多媒体等软件资源,可以实现复杂的测量信息处理任务。

工业仪表的种类很多,按被测量生产过程的参数分类,可将工业仪表分为温度测量仪表、压力测量仪表、流量测量仪表、物位测量仪表、机械量测量仪表、流程分析仪器等;工业仪表按其在工业生产过程的功能分类,可分为检测仪表、显示仪表、调节仪表等。检测仪表主要用于检测工业生产过程的参数,如温度、压力、流量、物位和机械量等,有时也带有记录和调节功能。显示仪表将检测仪表的输出信号显示出来,以供观察,可与检测仪表、变送器和传感器配套使用,按显示方式不同,显示仪表可分为模拟式显示仪表、数字式显示仪表和字符图像显示仪等。调节仪表又称为调节器,它的作用是将生产过程中的被测参数与设定参数进行比较,然后按一定调节规律发出调节信号给执行器。为了实现其工业控制功能,自动化仪表往往也具有相应的输出通道。根据不同的输出对象要求,其输出信号有模拟量、开关量和数字量等三类不同的形式。一般来说,自动化仪表主要由硬件和软件两大部分组成。

自动化仪表的软件部分主要包括监控程序、接口管理程序和数据处理程序三大部分。监控程序是软件的核心,它具有接收和分析各种命令,管理和协调全部程序的执行功能。面向仪表面板的键盘和显示器,能实现由键盘完成的数据输入或功能预置、控制显示器对处理后的数据以数字、字符、图形形式显示等任务的功能。接口管理程序主要通过控制接口电路完成数据采集、I/O通道控制、数据存储、通信等任务。数据处理程序主要完成数据滤波、运算、分析等任务。

基于微处理器的自动化仪表成本较低,但功能相对单一,可扩充性不强,而基于计算机的自动化仪表,由于利用了计算机的强大计算能力、多媒体能力、数据存储能力和通信能力,可以实现非常复杂的功能,此外得益于通用计算机的开放平台,基于计算机的自动化仪表功能易于扩充,配件互换性更好,开发周期更短;缺点是单机的配件成本相对较高。

11.5.3 自动化仪表的基本功能和特点

得益于计算机技术,自动化仪表具有对检测的信息进行统计分析、运算和存储等功能,自动化仪表具有以下特点。

1. 测量过程自动化

当前的自动化仪表一般都采用微控制器/计算机作为核心部件,测量过程在软件控制下进行,基本操作以软件形式完成逻辑转换,具有较强的灵活性。

自动化仪表的外围硬件，如传感器转换电路、信号调理电路和信号输入/输出电路，也逐步实现了标准化、专业化和模块化；另外，以往需要由模拟电路或数字电路实现的信号滤波、数据处理和测量控制等功能，可以由运行在微控制器或计算机上的软件实现，当需要改变仪表的功能时，只要改变软件程序即可。简化外围硬件电路的直接好处是降低了仪表的故障率，提升了可靠性。由于微处理器技术和电子技术的飞速发展，基于微控制器或计算机上的自动化仪表在大部分应用中都已经能满足实时控制的要求。

2. 测量精度提高，数据处理能力增强

（1）提高测量精度　采用计算机技术的自动化仪表中，利用软件可以很容易实现大量数据的自动采集、存储和分析，而且可以实现各种复杂的数据处理算法和控制算法，通过对测量过程精密控制和对测量结果进行在线修正，可使测量精度大大提高。

（2）可实现对测量结果再加工，达到提取高质量信息的目的　例如一些自动化分析仪，不仅可以进行信号的采集和显示，还可以对采集的信号进行数字滤波，进行时域或频域分析，从测量结果中提取丰富的信息。自动化仪表利用微处理器的运算和逻辑判断功能，多种传感器的数据集成变得简单，利用多种传感器，如温度传感器、湿度传感器和压力传感器等可以检测环境因素的变化，按照一定的算法对其补偿或控制，可以消除或减弱由于漂移、增益变化及数据采集过程的干扰等因素引起的误差，提高仪表的测量精度，改善仪表的性能。

3. 多功能化

由于自动化仪表具有测量过程软件控制和数据处理功能，使一机多用成为可能。例如在电力系统中使用的自动化电力需求分析仪，该仪器就同时具备测量电源功率、电能、各相电压、电流、功率因数和频率的功能。

4. 智能化

自动化仪表不仅可以对被测信号进行测量、存储和运算，还具有自校准、自动调零、量程自动转换、故障自诊断、非线性校正和动态特性的补偿等功能，大大改善了仪表的自动化测量水平。目前有些自动化仪表还运用了专家系统技术，使仪表可根据控制指令或外部信息自动地改变工作状态，进行复杂的计算、比较、推理，使之具有较深层次的分析能力，具有类似人的智能。

（1）量程自动转换　这是自动化仪表的基本功能。通过计算机或微处理器软件算法，很容易实现根据被测量的大小自动选择合适的量程，以保证测量具有足够的分辨率和精度。

（2）非线性校正　多数传感器和电路元件都存在非线性问题，当测量系统

输出量与输入量之间的函数关系已知时,以往是设计专门的校正电路解决非线性,由于绝大多数测量系统输出特性无法准确描述,硬件电路校正难以达到理想效果。但即使是复杂的非线性关系曲线,利用软件算法校正都不难实现。查表法和插值法是两种常用的方法。

(3)零位误差与增益误差的校正　由于传感器和电子线路中的各种元器件受其他不稳定因素的影响,不可避免地存在着温度和时间的漂移,这会给整个仪器引入零位误差和增益误差,严重影响测量的准确性。因此,自动化仪表一般具有自校准和自校零功能,可通过必要的硬件加上软件算法实现,以消除这种系统误差的影响。

5. 友好的人机对话界面

操作人员通过键盘输入命令,仪表即可完成某种参数测量和处理功能;同时,自动化仪表可通过显示器实时显示仪器的运行情况、工作状态及对测量数据的处理结果,使得人机界面非常友好。

11.6　虚拟仪器概述

11.6.1　虚拟仪器

虚拟仪器是指在以通用计算机为核心的硬件平台上,利用高性能的模块化硬件,结合高效灵活的软件完成各种测试、测量和自动化的应用。虚拟仪器的基本构成包括计算机、虚拟仪器软件、硬件接口模块等。与传统仪器仪表不同,虚拟仪器的用户界面、测试功能由用户设计和定义,并通过软件实现,其基本思想是在测试系统或仪器设计中尽可能地用软件代替硬件,即“软件就是仪器”。

虚拟仪器的外部信号输入/输出由数据采集卡、GPIB卡等硬件模块完成,仪器的功能主要由软件构成。虚拟仪器利用通用计算机强大的计算能力和图形化操作环境,以软件界面的方式构造虚拟仪器面板,代替传统仪器的硬件面板,通过软件完成对仪器的控制、数据分析和显示功能。

传统仪器的功能和操作完全由生产厂家定义,虚拟仪器彻底改变了这种模式。虚拟仪器在少量必要的硬件基础上,由用户根据需要定义仪器功能。它的运行主要依赖软件,所以修改或增加功能、改善性能都非常灵活,也便于利用

PC的软硬件资源和直接使用PC的外设和网络功能。得益于通用计算机开放式结构，虚拟仪器不但可以通过更改软件扩充、改善仪器的性能，也很容易在现有计算机硬件基础上改变虚拟仪器的外围硬件，实现全新的测量系统。与传统仪器相比，虚拟仪器具有高效、开放、易用灵活、功能强大、性价比高、可操作性好等明显优点，具体表现在以下几个方面。

（1）智能化程度高，处理能力强　虚拟仪器的处理能力和智能化程度主要取决于仪器软件水平。虚拟仪器的用户界面、测试功能由用户设计和定义，并通过软件实现。因此用户可以根据实际应用需求，将先进的信号处理算法、人工智能技术和专家系统应用于仪器的设计与集成，从而将智能仪器水平提高到一个新的层次。

（2）应用性强，系统费用低　应用虚拟仪器思想，用相同的基本硬件可构造多种不同功能的测试分析仪器，如利用同一个高速数据采集卡，配合必要的传感器电路和软件，可实现数字示波器、逻辑分析仪、计数器等多种仪器。这样形成的测试仪器系统功能更灵活、更高效、更开放、系统费用更低。通过与计算机网络连接，还可实现虚拟仪器的分布式共享，更好地发挥仪器的使用价值。

（3）操作性强，易用灵活　虚拟仪器的操作面板用软件实现，由用户定义，因此可以针对不同应用设计不同的操作界面，结合计算机的图形化操作和多媒体功能，可以使仪器操作变得更加直观、简便、易于理解。利用计算机的强大数据库功能，测量数据可以直接进入数据库系统。测量结果的分析、打印、显示所需的报表或曲线等功能很容易实现。

11.6.2　虚拟仪器的构成

如图11-19所示，虚拟仪器的结构和一般的数据采集系统类似，通过传感器将被测对象转换成电信号，再由信号调理电路将信号放大和滤波，通过数据采集电路将模拟信号转换为数字信号，然后由软件算法完成数据处理、显示和保存。

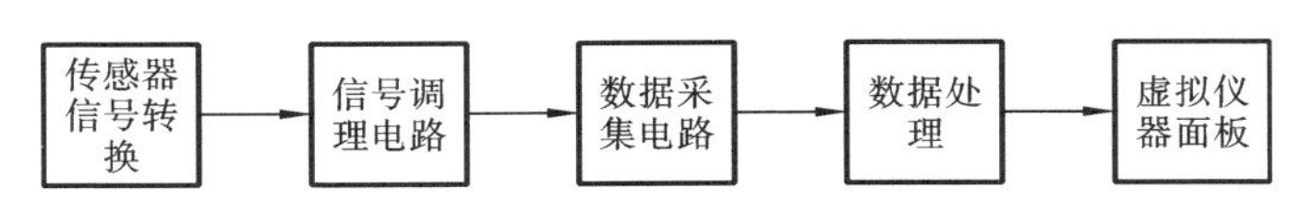

图11-19　虚拟仪器的构成

1. 信号调理电路

多数通用计算机使用的标准数据采集卡（电路）接收的输入是±5～±10 V标准电压或4～20 mA电流信号，而传感器的输出信号一般都是mV/mA级的

微弱信号。为了保证数据采集的分辨率,需要信号调理才能进行信号采集。信号调理一般包括放大、隔离、滤波、线性化处理等。对于常用的传感器,信号转换和调理电路都有现成的标准模块可以选用。信号放大、滤波的原理及作用在前面已讲述。信号隔离通常是通过光电耦合或磁电耦合的方式,使传感器信号回路与计算机信号回路之间没有直接的电路联系,只通过磁路或光路的联系,从而减少噪声干扰,保证被测信号的准确。部分传感器的输入/输出特性为非线性,如果非线性严重,通常要先进行线性化处理,这样有利于后续信号的放大和采样,能提高测量的精度和准确性。

2. 数据采集电路

数据采集电路可将被测的模拟信号转换为数字信号并送入计算机的输入通道,其核心是模拟/数字转换(A/D)电路,并附有驱动控制软件。数据采集电路一般采用标准的板卡或数据采集模块,也有很多性能和价格不同的标准件可以选用。A/D 的基本参数有通道数、采样频率、分辨率和输入信号范围。根据采样定理,采样频率至少是被测信号最高频率的两倍才不至于产生波形失真。分辨率是表示模拟信号的 A/D 转换位数,位数越多,分辨率越高,可区分的输入电压信号就越小。输入信号范围也称电压范围,由 A/D 能够量化的信号的最高电压与最低电压来确定。一般多功能 A/D 卡提供多种可选范围来处理不同的电压,这样能将信号范围与 A/D 转换范围进行匹配,有效地利用分辨率,得到精确的测量信号。数据采集卡需要相应的驱动软件才能发挥作用,商品化 A/D 卡配套的有数据采集卡驱动软件。驱动软件的主要功能有:A/D 卡的连接、操作管理和资源管理。并且驱动软件隐去底层的、复杂的硬件编程细节,而提供给用户简明的函数接口,用户在此基础上编写应用软件,减少用户编写驱动软件的工作。

11.6.3 虚拟仪器的软件开发工具

虚拟仪器软件由两部分构成,即应用程序和 I/O 接口仪器驱动程序。虚拟仪器的应用程序包含以下两方面功能的程序。

(1) 实现虚拟面板功能的软件程序。

(2) 定义测试功能的流程图软件程序。

应用程序一般由虚拟仪器开发者根据需要实现的功能编写,这是虚拟仪器的核心部分。I/O 接口仪器驱动程序完成特定外部硬件设备的扩展、驱动与通信,驱动程序一般由接口仪器开发商提供。

虚拟仪器软件开发工具主要有两类,一是通用的文本式编程语言,如

Visual C++、Visual Basic 等。这类工具虽然是可视化的开发工具，但它们并不是专门针对测量或仪器而开发的，要用户自己开发或另外购买仪表软件面板、信号处理或数据处理等虚拟仪器常用的控件或函数，因此对开发人员的编程能力要求高，而且开发周期较长。二是图形化编程语言，如 NI 公司的 LabVIEW、HP 公司的 VEE 等。这类工具提供了基于图形的虚拟仪器编程环境，开发者能方便地完成与各种软硬件的连接，更能提供强大的数据处理能力，并将分析结果有效地显示给用户。这类开发工具为用户设计虚拟仪器应用软件提供了最大限度的方便与良好的开发环境。

11.7　知识拓展

在一些不适合于人工作业的危险工作环境或人工视觉难以满足要求的场合，常用机器视觉来替代人工视觉；同时在大批量工业生产过程中，用机器视觉检测方法可以大大提高生产效率和生产的自动化程度。机器视觉易于实现信息集成，是实现计算机集成制造的基础技术。在现代自动化生产过程中，机器视觉系统广泛地用于工况监视、成品检验和质量控制等领域。目前机器视觉的应用普及主要体现在半导体及电子行业，如 PCB 制作过程中单、双面、多层线路板，覆铜板及所需的材料及辅料的检测；SMT 表面贴装工艺的丝网印刷设备、贴片机、点胶机、AOI、AXI；半导体封装的晶圆加工、邦定机、LED 点晶机、LED 全自动金丝焊线机等。机器视觉还广泛用于其他各个领域，如机械加工、汽车制造、包装、印刷、智能交通、安防系统和医学影像等。

本章重难点

重点

- 常用传感器原理、自动化仪表和虚拟仪器。

难点

- 图像传感器和机器视觉。

思考与练习

1. 简述机器视觉系统的基本组成及特点。
2. 简述电桥、信号放大和滤波的原理及作用。
3. 以一具体的自动化仪表为例子,简述自动化仪表的组成及特点。
4. 什么是虚拟仪器?与传统仪器相比有何优缺点?

参考文献

[1] 卜云峰. 检测技术[M]. 北京:机械工业出版社,2005.
[2] 唐文彦. 传感器[M]. 北京:机械工业出版社,2006.
[3] 王化祥,张淑英. 传感器原理及应用[M]. 天津:天津大学出版社,2007.
[4] 张吉良,周勇,戴旭涵. 微传感器原理、技术及应用[M]. 上海:上海交通大学出版社,2005.
[5] 施耐德电气公司. Osiconcept 灵感系列传感器-Osiris 光电传感器[EB/OL]. 2004.
[6] 光电编码器[EB/OL]. http://baike. baidu. com/view/56984. html.
[7] 虚拟仪器技术[EB/OL]. http://digital. ni. com/worldwide/china. nsf/web/all/F78E6B112B2076CB48256D720038244D.
[8] 串行通信[EB/OL]. http://www. hudong. com/wiki/%E4%B8%B2%E8%A1%8C%E9%80%9A%E4%BF%A1.
[9] 邹理和. 数字滤波器[M]. 北京:国防工业出版社,1979.

第12章 分布式工业控制技术与工业信息物理系统

12.1 相关本科课程体系与关联关系

为了更好地使读者，特别是大学机械类本科生了解分布式工业控制技术相关的本科课程以及与关联课程的关系，本节将简要勾勒工业分布式控制技术的机械类大学本科课程的关联关系。

图 12-1 表明了微机原理及接口技术本科学科基础课、机械设备数控技术专业领域课程与本章内容有一定的关联关系。由于很直接的课程与本章内容相关，因此，学生在学习时，应本着拓展学习的思想，了解相关内容，为后续的控制类专业领域课程学习以及主动学习打好基础。

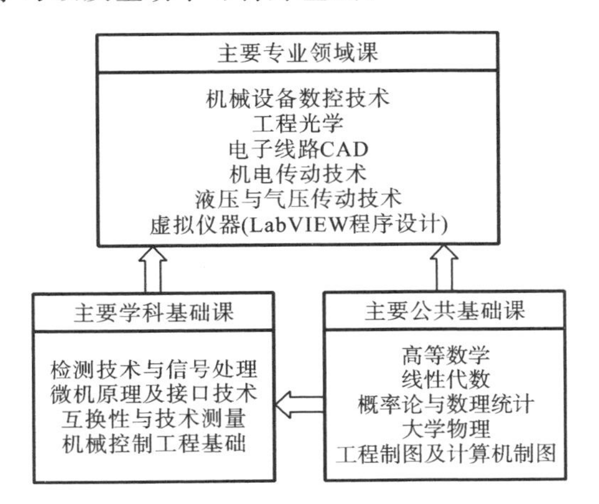

图 12-1 与分布式工业控制技术相关的本科课程体系

12.2 现场设备的通信方式

通信是指设备或计算机与外界的信息传输,它既包括计算机与计算机之间的信息传输,也包括计算机与外部设备,如终端、打印机和磁盘等设备之间的信息传输。工业自动化系统正向分布式、智能化的实时控制方面发展,其中通信已成为关键。工业通信包括数据监视和处理、诊断和监测及可视化。数据通信系统由传输设备、传输控制设备、通信介质、通信协议和通信软件等部分构成。

传输设备主要用来发送或接收信息,通信系统中至少有一个发送设备和一个接收设备。传输控制设备主要用于控制发送设备和接收设备之间的同步协调,保证信息发送和接收的一致性。通信介质是信息传送的基本通道,是发送设备和接收设备的桥梁。通信协议又称通信规程,是指通信双方对数据传送控制的一种约定。通信协议包括对数据格式、同步方式、传输速度、传输步骤、数据校验方式及控制字符定义等问题作出统一规定,通信双方必须共同遵守。通信软件根据通信协议对通信过程的软硬件统一调度、控制和管理。

12.2.1 基本的通信方式

常用的通信方式分为串行通信和并行通信两种。在计算机和终端之间的数据传输通常是靠电缆或信道上的电流或电压变化实现的。

如图 12-2 所示,串行通信是指使用一条数据线,将数据一位一位地依次传输,每一位数据占据一个固定的时间长度。只需要少数几条线就可以在系统间交换信息,适合远距离通信。并行通信使用多条数据线,将一组数据的各数据位在多条线上同时被传输。并行数据传输的特点:各数据位同时传输,传输速度快、效率高,多用在实时、快速的场合。如图 12-3 所示,并行传输的数据宽度可以是 1～128 bit,甚至更宽。但并行传输有多少数据位就需要多少根数据线,因此传输的成本较高。在集成电路芯片的内部、同一插件板上各部件之间、同一机箱内各插件板之间的数据传输都是并行的。以计算机的字长,通常是 8 bit、16 bit 或 32 bit 为传输单位,一次传送一个字长的数据。适合于外部设备与微机之间进行近距离、大量和快速的信息交换。并行数据传输只适用于近距离的通信,通常传输距离小于 30 m。

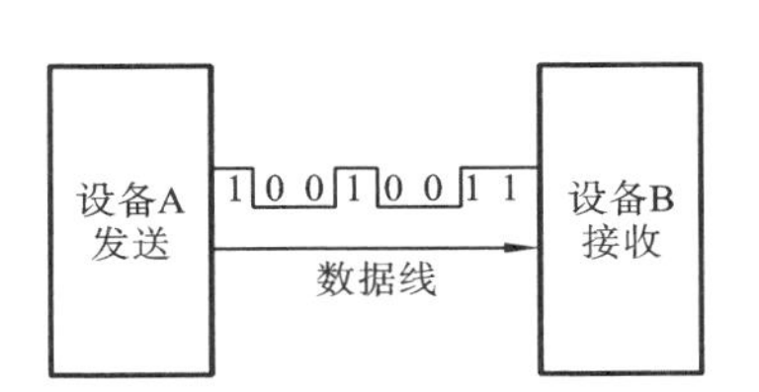

图 12-2 串行通信

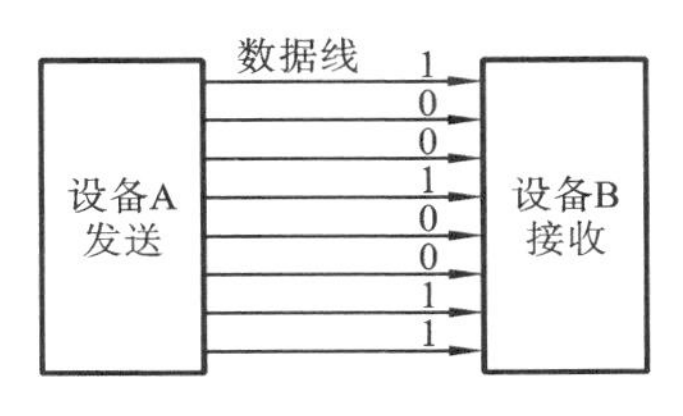

图 12-3 并行通信

12.2.2 串行通信数据传输方式

按数据的传送方向，可将串行通信分为单工、半双工和全双工三种方式。

单工方式采用一根数据传输线，只允许数据按照固定的方向传送。如图12-4(a)所示，A 只能作为发送器，B 只能作为接收器，数据只能从 A 传送到 B，不能从 B 传送到 A。半双工方式也是采用一根数据传输线，允许数据双向传送，但要分时进行，即同一个设备既可以接收，也可以发送，但在一个时刻只能接收或只能发送。如图 12-4(b)所示，在某一时刻，A 为发送器，B 为接收器，数据从 A 传送到 B；而在另一个时刻，A 可以作为接收器，B 作为发送器，数据从 B 传送到 A。全双工方式采用两根数据传输线，允许数据同时进行双向传送。如图 12-4(c)所示，A 和 B 具有独立的发送器和接收器，在同一时刻，既允许 A 向 B 发送数据，又允许 B 向 A 发送数据。在全双工方式下，通信系统的每一端都设置了发送器和接收器，因此，能控制数据同时在两个方向上传送。全双工方式无须进行传输方向的切换，因此，没有切换操作所产生的时间延迟，这对那些不能有时间延误的交互式应用(例如远程监测和控制系统)十分有利。这种方式要求通信双方均有发送器和接收器，同时需要两根数据线传输数据。

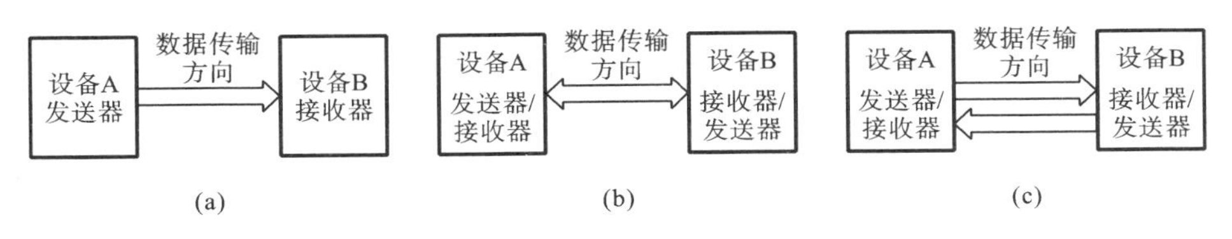

图 12-4 串行通信的数据传输方式

(a) 单工方式 (b) 半双工方式 (c) 全双工方式

12.2.3 常见的串行通信接口标准

在工业通信领域里，人们熟悉的串行通信技术标准是 EIA-232、EIA-422 和

EIA-485,也就是通常所说的 RS-232、RS-422 和 RS-485。而在 IT 领域,通用串行总线(USB)接口最常见,基于 USB 接口的产品已经成为计算机与外部设备,如鼠标、键盘、打印机、移动存储设备及多媒体电子设备如手机、MP3 等的标准接口。IEEE 1394 是一种高速的即插即用串行通信总线,是将计算机和多媒体消费类电器连接起来的重要桥梁。

1. EIA-232

RS-232 接口(又称 EIA RS-232C)是目前最常用的一种串行通信接口。它是在 1962 年由美国电子工业协会(EIA)联合贝尔系统、调制解调器厂家及计算机终端生产厂家共同制定的用于串行通信的标准。全名是"数据终端设备(DTE)和数据通讯设备(DCE)之间串行二进制数据交换接口技术标准"。RS-232 被定义为一种在低速率串行通信中增加通信距离的单端标准。RS-232 采取不平衡传输方式,即所谓单端通信。收、发端的数据信号是相对于信号地。典型的 RS-232 信号在正负电平之间摆动,在发送数据时,发送端驱动器输出正电平在+5 ~ +15 V,负电平在-15~-5 V 电平。当无数据传输时,线上为 TTL,从开始传送数据到结束,线上电平从 TTL 电平到 RS-232 电平再返回 TTL 电平。接收器典型的工作电平在+3~+12 V 与-12~-3 V。由于发送电平与接收电平的差仅为 2~3 V,所以其共模抑制能力差,再加上双绞线上的分布电容,其传送距离最大约为 15 m,最高速率为 20 Kb/s。RS-232 适合本地设备之间的通信。

2. EIA-422

EIA-422 由 EIA-232 发展而来。为改进 EIA-232 通信距离短、速率低的缺点,产生了 EIA-422,EIA-422 是一种单机发送、多机接收的单向、平衡传输规范,被命名为 TIA/EIA-422-A 标准。EIA-422 将传输速率提高到 10 Mb/s,传输距离延长到约 1 219 m(速率低于 100 Kb/s 时)。

与 RS-232 不一样,RS-422 的数据信号采用差分传输方式,也称作平衡传输,它使用一对双绞线,将其中一线定义为 A,另一线定义为 B。通常情况下,发送驱动器 A、B 之间的正电平在+2~+6 V,是一个逻辑状态,负电平在-2~6 V,是另一个逻辑状态。另有一个信号地 C。在 RS-485 中还有一"使能"端,而在 RS-422 中这是可用可不用的。"使能"端是用于控制发送驱动器与传输线的切断与连接。当"使能"端起作用时,发送驱动器处于高阻状态,称作"第三态",即它是有别于逻辑"1"与"0"的第三态。

由于接收器采用高输入阻抗和发送驱动器比 RS-232 更强的驱动能力,故允许在相同传输线上连接多个接收节点,最多可接 10 个节点。RS-422 支持点对多的双向(全双工)通信,即一个主设备(master),其余为从设备(salve),从设备之间不能通信。RS-422四线接口由于采用单独的发送和接收通道,因此不必控制数据方向,各装置之间任何必须的信号交换均可以按软件方式(XON/XOFF握手)或硬件方式(一对单独的双绞线)实现。

3. EIA-485

为扩展应用范围,EIA又于1983年在RS-422基础上制定了RS-485标准。由于RS-485是从RS-422基础上发展而来的,所以RS-485许多电气规定与RS-422相仿。如都采用平衡传输方式,都需要在传输线上接终接电阻等。RS-485可以采用二线与四线方式。二线制可实现真正的多点双向通信。

RS-485采用平衡发送和差分接收,具有抑制共模干扰的能力;加上总线收发器具有高灵敏度,能检测低至200 mV的电压,故传输信号能在千米以外得到恢复。RS-485采用半双工工作方式,任何时候只能有一点处于发送状态,因此,发送电路须由使能信号加以控制。

RS-485与RS-422的共模输出电压是不同的,RS-485在−7 V至+12 V之间,而RS-422在−7 V至+7 V之间;RS-485满足所有RS-422的规范,所以RS-485的驱动器可以在RS-422网络中应用。RS-485与RS-422一样,其最大传输距离约为1 219 m,最大传输速率为10 Mb/s。平衡双绞线的长度与传输速率成反比,在100 Kb/s速率以下,才可能使用规定最长的电缆长度。只有在很短的距离下才能获得最高速率传输。一般100 m长双绞线最大传输速率仅为1 Mb/s。RS-485接口在总线上允许连接多达128个收发器,即RS-485具有多机通信能力,这样用户可以利用单一的RS-485接口方便地建立起设备网络。RS-485接口具有良好的抗噪声干扰性,长的传输距离和多站能力等优点使其成为首选的串行接口。

RS-232、RS-422与RS-485标准只对接口的电气特性作出规定,而不涉及接插件、电缆或协议,在此基础上用户可以建立自己的高层通信协议。

4. USB

USB(universal serial bus)是一种串行总线系统,支持即插即用和热插拔功能。在Windows 2000及以后的操作系统中,标准的USB设备可以在任何时间、任何状态下与计算机连接,并且能够马上开始工作。

USB诞生于1994年,由康柏、IBM、Intel和微软公司共同推出,旨在统一外设接口,如打印机、外置Modem、扫描仪、鼠标等的接口,以便于用户进行便捷的安装和使用,逐步取代以往的串口、并口和PS/2接口。目前USB2.0的传输速率可以达到480 Mb/s,最多可以支持127个设备。在IT领域,USB接口已经占据了串行通信的垄断地位,每一款计算机主板都带有不少于 2 个 USB 接口,USB 打印机、USB 调制解调器、USB 鼠标、USB 音箱、USB 存储器等产品越来越多。但在工业领域,EIA 标准依然占据统治地位,使用 USB 接口的产品还比较少。因为在工业领域,更强调产品的可靠性和稳定性。目前,EIA 标准下的串行通信技术基本可以满足一般工业设备实时通信的要求,而 USB 接口在工业现场长期运行的可靠性和稳定性还有待进一步检验。

5. IEEE 1394

IEEE 1394 又被称为火线,是一种与平台无关的串行通信协议,标准速率分为 100 Mb/s、200 Mb/s 和 400 Mb/s,是 IEEE(电气与电子工程师协会)于 1995 年正式制定的总线标准。IEEE 1394 提供了一种高速的即插即用总线。接入这条总线,各种外设便不再需要单独供电,它也支持等时的数据传输,是将计算机和多媒体消费类电器连接起来的重要桥梁。由于速度非常快,所以它是消费类影音(AV)电器、存储、打印、高分辨率扫描和其他便携设备的理想选择。

从技术上看,IEEE 1394 具有很多优点。首先,它是一种纯数字接口,在设备之间进行信息传输的过程中,数字信号不用转换成模拟信号,从而不会带来信号损失;其次,速度很快,1 Gb/s 的数据传输速率可以非常好地传输高品质的多媒体数据,而且设备易于扩展,在一条总线中,100 Mb/s、200 Mb/s 和 400 Mb/s 的设备可以共存;另外,产品支持热插拔,易于使用,用户可以在开机状态下自由增减 IEEE 1394 接口的设备,整个总线的通信不会受到干扰。

目前支持 IEEE 1394 的产品有台式计算机、笔记本电脑、高精度扫描仪、数字视频(DV)摄影机、数码音箱(SA2.5)、数码相机等。

12.3 分布式控制系统

工业现场控制设备需要按照一定的顺序和逻辑对传感器、开关、阀门等输入/输出(I/O)设备进行检测或控制。就控制器与 I/O 设备间的通信而言,大体上可以分为集中式控制系统(CCS)、分布式控制系统(DCS)和混合式控制系统(HCS)三种类型。

早期微处理器和微控制器成本较高,因此一般采用集中式控制。如图 12-5 所示,集中控制系统有一个中央控制器,所有 I/O 设备都由中央控制器统一控

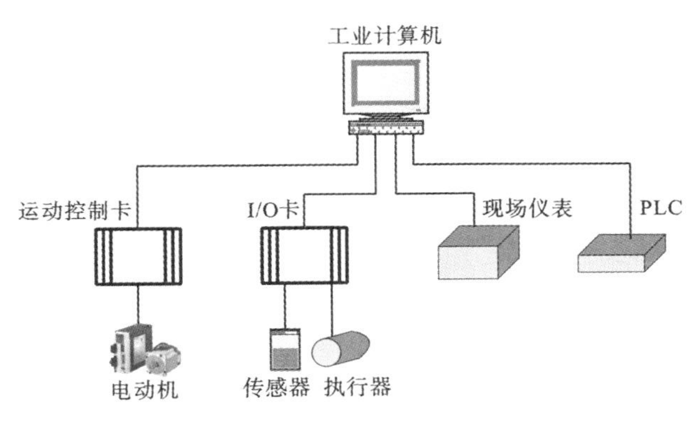

图 12-5　集中控制系统

制，中央控制器通过并行线路（也称为点对点线路）与现场设备通信。当 I/O 设备比较少时，集中控制系统的控制简单、容易实现。但随着 I/O 设备的增加，集中控制的缺点开始突出：点到点的通信方式需要使用大量电缆，线路复杂、维护工作量大；随着 I/O 设备的增多，中央控制器很难及时查询和控制，信号同步和并行控制等变得复杂；可靠性差，外围设备故障需要整个系统停机检修或更换，中央控制器故障将导致整个系统瘫痪。

12.3.1　分布控制系统

随着微电子技术和计算机技术的迅速发展，微处理器和微控制器在控制装置、变送器上广泛使用，现场仪表（传感器、变送器、执行器等）的智能化使得基于分布式控制系统（DCS）的发展成为可能。DCS 的实质是计算机技术对生产过程进行集中监视、操作、管理和分散控制的一种新型控制技术。

DCS 由多台独立的处理器组成，这些处理器可以完成传感、监视、控制的不同要求。DCS 的基本思想是分散控制、集中操作、分级管理。CCS 和 DCS 之间的主要差别在于它们对于 I/O 信号和 I/O 设备的访问方式不同，在 DCS 结构中，处理器和 I/O 设备大多是分散的，DCS 相当于一个控制网络，原来由 CCS 的中央控制器完成的整个任务被分散到 DCS 的多个控制器/计算机中，各控制器/计算机间通过网络连接实现数据交换。通常采用计算机作为操作站，负责收集和显示实时数据，传达操作指令。DCS 具有以下特点。

（1）系统结构采用容错设计　控制功能分散在各个独立控制器/计算机上实现，某一台控制器/计算机出现的故障不会导致系统其他功能的丧失。此外，各台控制器/计算机的任务比较单一，可以采用专用控制器，从而使控制器/计算机的可靠性也得到提高。

(2) 采用标准化、模块化和系列化设计　系统中各台设备采用局域网方式通信,当需要改变或扩充系统功能时,可在几乎不影响系统其他控制器/计算机的工作情况下,将控制器/计算机方便地加入系统网络或从网络中卸下。

(3) 易于维护　功能单一的小型或微型专用计算机具有维护简单、方便的特点,当某一局部或某个计算机出现故障时,可以在不影响整个系统运行的情况下在线更换,迅速排除故障。

(4) 协调性　各控制器/计算机之间通过通信网络传送各种数据,整个系统信息共享,协调工作,以完成控制系统的总体功能和优化处理。

12.3.2 现场总线控制系统

总线是传输信息的公共通路,按传输数据的方式,可分为串行总线和并行总线。串行总线是相对于串行通信而言的总线,而并行总线是相对于并行通信而言的总线。现场总线是应用于过程控制现场的一种数字网络,它不仅包含有过程控制信息交换,而且还包含设备管理信息的交流。通过现场总线,各种智能设备(智能变送器、调节器、分析仪和分布式 I/O 单元)可以方便进行数据交换,过程控制策略可以完全在现场设备层次上实现。

1. 现场总线的概念

根据国际电工委员会 IEC61158 标准定义,现场总线是指安装在制造或过程区域的现场装置与控制室内的自动控制装置之间用于数字式、串行、多点通信的数据总线。基于现场总线的控制系统被称为现场总线控制系统(fieldbus control system,FCS)。

现场总线技术通过普通双绞线、同轴电缆、光纤等多种途径进行信息传输,将多个测量控制仪表、计算机等作为节点连接成的网络系统。该网络系统按照公开、规范的通信协议,在位于生产现场的多个微机化自控设备之间,以及现场仪表与用做监控、管理的远程计算机之间,实现数据传输与信息共享,进一步构成了各种适应实际需要的自动控制系统。现场总线技术使自控系统与设备加入到信息网络的行列,成为企业信息网络的底层,使企业信息沟通的覆盖范围一直延伸到生产现场。

2. 现场总线控制系统的特点

如图 12-6 所示,现场总线控制系统既是一个开放的网络通信系统,又是一个全分布的自动控制系统。现场总线作为智能设备的联系纽带,把挂接在总线上并作为网络节点的智能设备连接为网络系统,并进一步构成自动化系统,实现基本控制、参数修改、报警、显示、监控、优化及控管一体化的综合自动化功

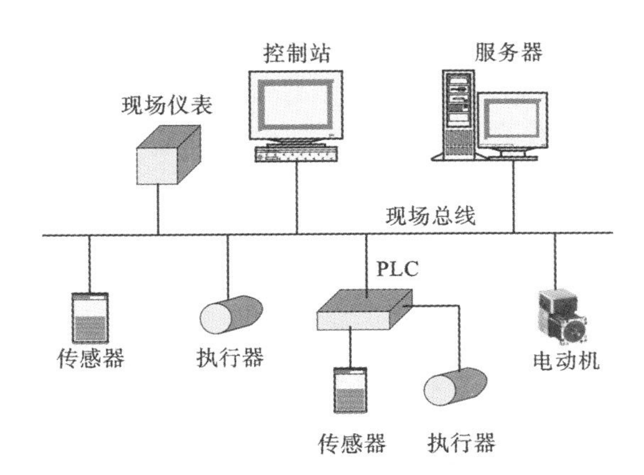

图 12-6　现场总线控制系统

能。与传统的控制系统相比,现场总线控制系统有以下特点。

(1) 总线式结构　现场总线在一对传输线(总线)上挂接多台现场设备,双向传输数字信号。它与集中式控制的一对一的单向模拟信号传输结构相比,简化了布线,大大节约了安装费用,而且维护简便。

(2) 开放性、互操作性与互换性　现场总线采用统一的协议标准,属于开放式的网络,传统的 DCS 由于硬件接口标准或通信协议不同,不同厂家的设备一般不能相互访问。而 FCS 采用统一的标准,不同厂家的网络产品可以方便地接入同一网络,在同一控制系统中进行互操作,而互换性意味着不同生产厂家的性能类似的设备可实现相互替换,因此简化了系统集成。

(3) 彻底的分散控制　现场总线控制系统将控制功能下放到作为网络节点的现场智能仪表和设备中,做到彻底的分散控制,提高了系统的灵活性、自治性和安全可靠性,减轻了分布式控制中控制器的计算负担。

(4) 信息综合、组态灵活　通过数字化传输现场数据,FCS 能获取现场仪表的各种状态、诊断信息,实现实时的系统监控和管理及故障诊断。此外,FCS 引入了功能块的概念,通过统一的组态方法,使系统组态简单灵活,不同现场设备中的功能块可以构成完整的控制回路。

(5) 多种传输介质和拓扑结构 由于采用数字通信方式,因此 FCS 可用多种传输介质进行通信。根据控制系统中节点的空间分布情况,可应用多种网络拓扑结构。这种传输介质和网络拓扑结构的多样性给自动化系统的施工带来了极大的方便,据统计,FCS 与传统集中式控制的主从结构相比,只计算布线工程一项即可节省 40%的经费。

3. FCS 与 DCS 的关系

FCS 是建立在现场总线技术基础上的扁平化网络结构,具有开放性、可互操作性、常规控制功能彻底分散、有统一控制策略组态方法的新一代分布式控制系统。FCS 是一种数字化的控制网络系统,它有助于实现 DCS。DCS 是一种哲学或理念,而 FCS 是一项全面的技术。FCS 为 DCS 提供了一个良好的基础。这些技术使得处理分散到设备级别,这使得监视和控制大大改善的同时还能降低成本,最终结果是现场设备变得更加智能化,并且它们都更自治、易组合、易配置。

4. 现场总线技术的现状

早在 1984 年,国际电工委员会(IEC)就开始着手制定现场总线的国际标准。在 IEC 制定现场总线标准的同时,各国、跨国大公司也在积极开发现场总线,这一方面由于工业自动化技术应用于各行各业,要求也千变万化,任何一种现场总线技术都很难满足所有行业的技术要求;另一方面,技术发展很大程度上受到市场规律、商业利益的制约,技术标准不仅是一个技术规范,也是一个商业利益的妥协产物。目前流行的现场总线有十多种,相互之间竞争激烈,还没有哪一种或几种总线能独占市场。常用的现场总线有 FF(现场总线基金会)、Profibus(过程现场总线)、LonWorks(局部操作网络)、CAN(控制局域网络)、HART(可寻址远程传感器数据通路)、Fieldbus、WorldFIP、MODBUS、CC-LINK 和 AS-i 等,大概不到十种的总线占有 80%左右的市场。每种总线大都有其应用的领域,比如 FF、PROFIBUS-PA 适用于石油、化工、医药、冶金等行业的过程控制领域;LonWrks、PROFIBUS-FMS、DevieceNet 适用于楼宇、交通运输、农业等领域;DeviceNet、PROFIBUS-DP 适用于加工制造业。但这些划分也不是绝对的,每种现场总线都力图将其应用领域扩大,彼此渗透。为了加强自己的竞争能力,很多总线都争取成为国家或地区的标准,比如 PROFIBUS 已成为德国标准,WorldFIP 已成为法国标准等。为了扩大自己产品的使用范围,很多设备制造商往往参与不止一个甚至多个总线组织。

12.3.3 工业以太网

现场总线最突出的问题就是缺少统一的标准,而且在相当长的一段时期内,仍将维持多种现场总线并存的局面。为了确保自身的产品能与主流的现场总线兼容,企业不得不在接口技术研发方面投入大量的人力物力,加上不同现场总线的产品相互不兼容,导致现场总线系统集成成本居高不下,推广应用受到限制,后果是技术发展慢。

在商业通用网络领域，以太网以其高度灵活，相对简单，易于实现的特点，成为当今最重要的一种局域网建网技术。此外，协议开放、成本低廉、易于安装、传输速度高、软硬件资源丰富、灵活性高、支持几乎所有流行的网络协议、易于与 Internet 集成等优点，使得以太网技术应用非常广泛，而且发展迅速。在工业自动化领域的企业管理层和控制层等中、上层也得到广泛应用，并有向下延伸直接应用于现场设备间通信的趋势。目前支持以太网接口的工控产品已经很常见，对于实时性要求不是特别严格的现场控制系统，已有很多成功应用。基于工业以太网的控制系统如图 12-7 所示，由于采用的网络协议相同，以太网很容易实现工业控制网络与企业信息网络的无缝连接，形成企业级管控一体化的全开放网络。

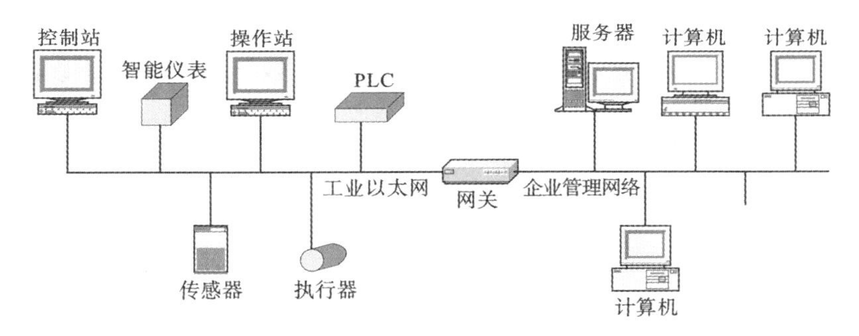

图 12-7　工业以太网控制系统与企业管理网络

1. 以太网技术的特点

以太网(Ethernet)由施乐(Xeros)公司在 20 世纪 70 年代研制成功，如今以太网一词更多被用来指各种采用载波监听多路访问和冲突检测(CSMA/CD)技术的局域网。与现场总线相比，以太网具有以下几个方面的优点。

(1) 兼容性好，有广泛的技术支持　以太网基于 TCP/IP 网络通信协议，是一种开放的全球标准。工业控制网络采用以太网，可以解决控制系统中不同厂商设备兼容和互操作问题，不同厂商的设备很容易互联，还能实现办公自动化网络与工业控制网络的信息无缝集成。以太网是目前应用最为广泛的计算机网络技术，几乎所有的编程语言都支持以太网的应用开发，如 VB、Java、VC 等，具有广泛的技术支持。

(2) 易于与 Internet 连接　以太网支持几乎所有流行的网络协议，能够在任何地方通过 Internet 对企业进行监控，能便捷地访问远程系统，共享/访问多数据库。

(3) 成本低廉　以太网的应用广泛，吸引了大量的资金和技术投入，发展十分迅速,具有丰富的软硬件资源和积累了大量的经验,硬件价格也相对低廉。目前以太网网卡的价格只有现场总线的十几分之一,随着微电子技术的发展,其价格还会进一步下降。因此采用以太网能降低成本,包括技术人员的培训费用、维护费用及初期投资。

(4) 可持续发展潜力大　在信息时代,企业的生存与发展越来越依赖于快速、有效的信息管理网络,这种需求为信息技术和通信技术的发展提供了持续的驱动力,保证了以太网技术的持续发展。

(5) 通信速率高　通常所说的以太网主要是指以下三种不同的局域网技术。

① 以太网/IEEE 802.3　采用同轴电缆作为网络媒体,传输速率达到 10 Mb/s。

② 100 Mb/s 以太网　又称为快速以太网,采用双绞线作为网络媒体,传输速率达到 100 Mb/s。

③ 1 000 Mb/s 以太网　又称为千兆以太网,采用光缆或双绞线作为网络媒体,传输速率达到 1 000 Mb/s(1 Gb/s)。

目前万兆以太网(10 Gb/s)正在推广并迅速发展。可见,以太网技术的传输速率比目前的现场总线快得多,可以满足对带宽的更高要求。

2. 工业以太网技术现状

所谓工业以太网,一般来讲是指技术上与商用以太网(IEEE 802.3 标准)兼容,但在产品设计时,在材质的选用、产品的强度、适用性及实时性、可互操作性、可靠性、抗干扰性和本质安全等方面能满足工业现场的需要。

传统的以太网是一种商用网络,应用到工业控制存在以下几个方面的问题。

1) 通信确定性和实时性

以太网采用 CSMA/CD 碰撞检测方式,每个网络节点通过竞争来取得信息发送权。通信时节点监听信道,只有发现信道空闲时,才能发送信息;如果信道忙碌则需要等待。信息开始发送后,如果检查到发生碰撞,则退出重发。显然,以太网这种冲突解决机制是以付出时间为代价的。在工业控制系统中,实时可定义为系统对某事件的反应时间的可测性。也就是说,在一个事件发生后,系统必须在一个可以准确预见的时间范围内做出反应,控制系统对数据的传递的实时性要求十分严格,往往数据的更新是在数十毫秒内完成的。以太网通信的不确定性限制了它在工业控制中的应用。

2) 工业可靠性

在生产环境中工业网络必须具备较好的可靠性,可恢复性,以及可维护性,

即保证一个网络系统中任何组件发生故障时，不会导致应用程序、操作系统、网络系统的崩溃和瘫痪。以太网是以办公自动化为目标设计的，并没有考虑工业现场环境的适应性需要，如超高或超低的工作温度，大电动机或其他大功率设备产生的强电磁噪声等，这些都可能影响以太网的信道传输特性，必然会导致其可靠性降低。

3）与现存的控制网络的集成

工业以太网必须能与现有的控制系统兼容，这一方面是保护用户的前期投资；另一方面，部分实时性要求高的应用场合，尚无满足性能要求的以太网产品，还需要用到其他现场总线产品。

针对工业领域对工业网络的特殊要求，目前已采用多种方法来改善工业以太网的性能和品质，以满足工业领域的要求，目前的主要解决机制如下。

（1）交换技术　使用以太网交换机可以改善以太网负载较重时的网络拥塞问题。它采用将共享的局域网进行有效的冲突域划分技术，各个冲突域之间用交换机连接，以减少 CSMA/CD 机制带来的冲突问题和错误传输。这样可以尽量避免冲突的发生，提高系统的确定性。

（2）高速以太网　现在以太网已经出现通信速率达 1 000 M/s，10 G/s 的高速以太网，加上细致全面的设计及对系统中的网络节点的数量和通信流量进行控制，可以有效降低网络的负荷。

（3）全双工通信　全双工通信使得端口间两对双绞线（或两根光纤）上分别同时接收和发送报文帧，也不会发生冲突。因此，采用交换式集线器和全双工通信，可使网络上的冲突域不复存在（全双工通信），或冲突概率大大降低（半双工），使以太网通信确定性和实时性大大提高。

（4）IEEE 1588 对时机制　IEEE 1588 定义了一个在测量和控制网络中，与网络交流、本地计算和分配对象有关的精确同步时钟的协议（PTP），精度可达 μs 范围。IEEE 1588 所定义的精确网络同步协议实现了网络中的高度同步。由于高精度的同步工作，使以太网技术所固有的数据传输时间波动降低到可以接受的，不影响控制精度的范围。通过采用这种技术，以太网 TCP/IP 协议不需要大的改动就可以运行于高精度的网络控制系统之中。

（5）针对工业环境的组网设备　专门针对工业现场环境的组网设备正在不断开发并迅速发展，如美国 Synergetic 微系统公司和德国 Hirschmann、Jetter AG 等公司专门开发和生产了导轨式集线器、交换机产品，安装在标准 DIN 导轨上，并有冗余电源供电，接插件采用牢固的 DB9 结构。而在 IEEE 802.3af 标准中，对以太网的总线供电规范也进行了定义。除了加强组网设备可靠性外，实际应用中为了提高网络的抗干扰能力和可靠性，主干网可以采用光纤传输，现

场设备的连接则可采用屏蔽双绞线,对于重要的网段还可采用冗余网络技术。

简而言之,针对以太网排队延迟的不确定性,可以通过采用适当的流量控制、交换技术、全双工通信技术、信息优先级等来提高实时性,通过改进容错技术、系统设计技术及冗余结构,以太网完全能用于工业控制网络。事实上,20世纪90年代中后期,国内外各大工控公司纷纷在其控制系统中采用以太网,推出了基于以太网的DCS、PLC、工业相机、视觉传感器、数据采集器,以及基于以太网的现场仪表、显示仪表等产品。

3. 工业以太网与现场总线

由于以太网具有应用广泛、价格低廉、通信速率高、软硬件产品丰富、技术成熟等优点,目前在工业企业综合自动化系统中的资源管理层、执行制造层得到广泛应用。在设备层,在没有严格的时间要求条件下,也已有很多成功应用范例。

现场总线经过十几年的发展,在技术上日渐成熟,在市场上也开始了全面推广,并且形成了一定的市场。由于现场总线目前种类繁多,标准不一,很多人都希望以太网技术能介入设备低层,广泛取代现有现场总线技术。但就目前而言,以太网还不能够真正解决实时性和确定性问题,在通信实时性、确定性要求严格的场合,现场总线技术还将处于主导地位。

随着网络和信息技术的日趋成熟,在工业通信和自动化系统中,以太网和TCP/IP协议将是最主要的通信接口和手段;向网络化、标准化、开放性方向发展将是各种控制系统技术包括现场总线技术发展的主要潮流。未来较长的一段时间内,现场总线技术和工业以太网技术将既相互竞争又相互借鉴;应用方面,工业以太网产品将与现场总线产品共存,在系统集成中,根据不同的需要组合使用。

12.3.4 主流实时工业以太网技术

1. 实时工业以太网技术简述

当前,实时工业以太网技术蓬勃发展,正在取代传统的现场总线技术(如Profibus、CAN、Interbus、Fieldbus、DeviceNet、Modbus等)。市场上出现了众多实时通信技术,这些实时以太网均建立在μs级的循环周期上,但不列入ModBus TCP/IP、Ethernet TCP/IP这些ms级的通信技术,并且也不将非主流的以太网技术列入。

1) ProfiNet IRT

ProfiNet的基础是Profibus。2007年,SIMENS推出Profinet,它基于软

实现方案，其刷新时间在5～100 ms等级，因此其实时性并未达到INONA所定义的实时以太网级别。为了解决在运动控制领域的高实时性要求，SIEMENS计划推出Profinet IRT。按照其实现和对应用的实时性支持能力，分别有ProfiNet/Cba、ProfiNet RT、ProfiNet IRT，其中ProfiNet/Cba是建立在Soft IP基础上，采用交换机连接方式，由于交换机所带来的时间延迟，因此无法支持较快的同步速度。ProfiNet并不具备很高的实时性，RT也无法满足高速运动控制的需求。但ProfiNet IRT则是设计为更快速的运动控制应用，因此采用了专用的芯片来实现，这使得其速度得到了大幅度的提高，系统抖动为1 μs。

2）Ethernet POWERLINK

Ethernet POWERLINK是2001年11月由B&R开发并投入应用的第一个实时工业以太网技术。Ethernet POWERLINK采用轮询方式，由主站MN和CN构成，系统由SoC开始启动等时同步传输，由主站为每个CN分配固定时间槽，通过这一机制来实现实时数据交换，同时也通过多路复用和节点序列方式来优化网络的效率，支持标准的Ethernet报文，应用层采用CANopen、Ethernet POWERLINK，无需专用的芯片，并且可运行在多种OS上。

3）SERCOSⅢ

SERCOSⅢ通过主从结构的设计来实现数据交换，在一个SERCOSⅢ的数据中，主站与从站之间的数据包传输M/S同步数据与CC直接交叉通信数据及Safety数据，由Sync同步管理机制来控制各种数据传输方式的进行。

SERCOSⅢ始于Bosch Rexroth的SERCOS（1996年），是一种适用于CNC和机器人领域的现场总线，其设计基于CNC应用的设备描述文件，更为侧重运动控制。在初始的SERCOS设计里，其拓扑仅支持环形网络，并且只传输伺服数据，不传输高速I/O数据，这使得其在应用中通常采用两个不同的总线来处理通信数据：用I/O总线如Profibus、Interbus做逻辑信号传输，而SERCOS则处理伺服间数据。第一代的SERCOS并不支持双绞线的连接，采用了光纤传输，最高通信速度为12 Mbps。为了克服SERCOS的局限性，Bosch Rexroth于2007年发布了基于以太网技术的SERCOSⅢ。

4）EtherCAT

EtherCAT的始创公司Beckhoff是一个以PC技术为导向的公司，EtherCAT是在PC上添加一个实时操作系统来运行实时网络。该技术采取一种所谓“数据列车”的方式设计，按照“边传输边处理”的顺序将数据包发送到各个从节点，然后再回到主站。因此，任务的处理将在下一个周期里完成。主节点通常采用PC，而节点采用LVDS-低压差分驱动信号传输方式，可以达到非常

高速的数据交换。但是,这也意味着从站需要特殊的硬件(ASIC 或 FPGA)。

5) Ethernet/IP CIP

Ethernet/IP CIP 基于原有的 Rockwell AB 的 DeviceNet 的控制和信息协议,采用了在 OSI 的会话层和表示层的修改。作为一种软件形式的协议,它显然具有较高的数据通过率,适应于大块的数据通信。因此,它更适合作为网关和交换设备的应用,其实时性却受到一定的限制。但是,它完全兼容标准以太网,具有很好的到工厂及企业的 IT 层互联的能力。

2. 主要技术特点对比

表 12-1 所示为各主流实时工业以太网技术的技术参数对比。它们的性能评价主要从传输速率、传输距离、抖动、循环时间等方面进行。但实际应用层面还要考虑直接交叉通信能力、可用的拓扑结果、热插拔支持、冗余支持、开放性(包括是否支持标准以太网、是否提供开源代码、是否可采用开放芯片实现、是否支持各种工业操作系统)等方面。

表 12-1 主流实时工业以太网技术的技术对比

比较项	Ethernet POWERLINK	ProfiNet IRT	SERCOSⅢ	EtherCAT	Ethernet/IP CIP
抖动	≪1 us	1 us	<1 us	≪1 us	<1 us
循环周期	100 us(Max)	1 ms	25 us	100 us	100 us
传输距离	100 m	100 m	40 m	100 m	100 m
直接交叉通信	Yes		Yes		
介质	双绞线/M12/光纤	双绞线	光纤	双绞线/M12	光纤
是否需要特殊硬件	无特殊硬件需求	ASIC	FPGA Or ASIC	从站 ASIC	ASIC
是否需要RTOS	否	是	是	是	否
开放性	开源技术	需授权	需授权	需授权	需授权
原始技术	CANopen	ProfiBus	SERCOS	CANopen SERCOS	DeviceNet ControlNet
硬件实现	简单	复杂	复杂	简单	简单
软件实现	简单	简单	复杂	复杂	复杂

续表

比较项	Ethernet POWERLINK	ProfiNet IRT	SERCOSⅢ	EtherCAT	Ethernet/IP CIP
节点安装数	>600000	Unvaliable	未知	未知	Unvaliable
拓扑结构	任意拓扑	受限	受限(环形)	受限(环形)	任意拓扑
同步方式	IEEE1588时钟同步	IEEE1588时钟同步		分布时钟	IEEE1588时钟同步
网络编程	简单	复杂	复杂	复杂	简单
网络关注	I/O,运动控制,Safety	现场总线运动控制	运动控制	I/O,运动控制,Safety	I/O,运动控制,Safety
动态配置	可以	可以	否	否	可以

12.4 工业信息物理系统

12.4.1 定义与体系结构

美国加利福利亚大学 Lee 于 2008 年提出了信息物理系统(cyper-physical systems,CPS)的技术特征,即“计算与物理过程的集成,integrations of computation and physical processes”。其实际应用中并不仅仅从技术角度去理解,还要从人本与经济环境有关的组织结构去理解。但共同的观点是:CPS 是一种将计算单元和物理对象在网络环境中高度集成和交互的复杂系统,是一种以嵌入式系统、计算机网络、控制理论等为基础的新型智能化系统。嵌入式计算机和网络的结合应用形成了系统的计算单元,它对系统的物理过程起到监视和控制的作用。计算单元和物理过程之间是通过反馈网络实现相互作用的。图 12-8 所示为面向制造的信息物理系统的 5C 体系结构,它包括了智能连接(smart connection)、数据信息转换(data-to-information conversion)、信息(cyber)、认知(cognition)、配置(configuration)。智能连接层用于传感器与不同类型数据的无缝获取;数据信息转换层用于从底层传感数据提取有意义的特征数据;信息层起到中央信息路由的作用;认知层产生有用的知识;配置层用于实现信息空间到物理空间的反馈。

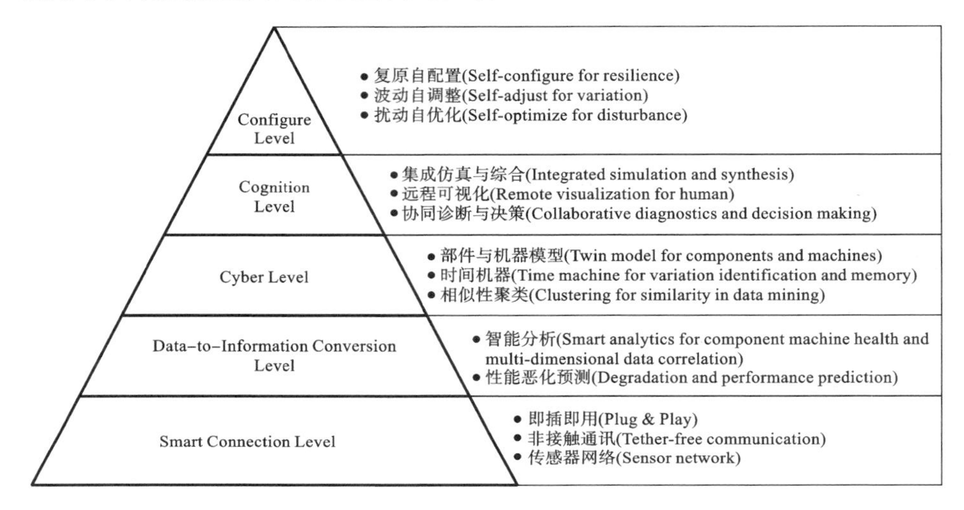

图 12-8 面向制造的信息物理系统的 5C 体系结构

工业 4.0、工业物联网(Industrial Internet of Things,IIoT)与工业信息物理系统这三个概念常常混用,正确理解它们的关联关系,有助于对技术发展的本质理解。信息物理系统(CPS)术语最早出现于 2006 年,Helen Gill 在美国自然科学基金这样描述:"Cyber-physical systems are physical, biological, and engineered systems whose operations are integrated, monitored, and/or controlled by a computational core."美国科学家首次在 1999 年提到"物联网(Internet of Things)"的概念,它与传统 Internet 主要不同在于:Internet 局限于各种媒体数据与文件的交换,而 IoT 强调每个物体间的互联。实际上,如果仅仅从技术角度,IoT 与 CPS 是可以互换的。IoT 产生于计算机科学与 Internet 技术,认为其是一种 Internet 概念的扩展;CPS 产生于工程因素,更多强调闭环系统中的可互相通信与交互的物理系统;工业 4.0 的术语最早出现在 2011 年德国汉诺威博览会上,常常出现在国家政府层面的指导性文件中,强调因 Internet 驱动的第四次工业革命,它描述了今天的生产系统到信息物理生产系统的技术革新。

因此,基于工业物联网、工业信息物理系统及工业 4.0 的理念,为了更好响应市场的多样性需求,做到绿色、高效、可重构、全局最优地完成产品的生产制造,传统的制造工厂或当前的数字工厂越来越迫切地需要转向智能工厂

(smart factory)。图12-9所示为一种智能工厂的体系结构。显然,在这个体系结构中,在物理层充分利用了现有的实时工业以太网技术,同时在网络层应用了OPC-UA开放互联技术。

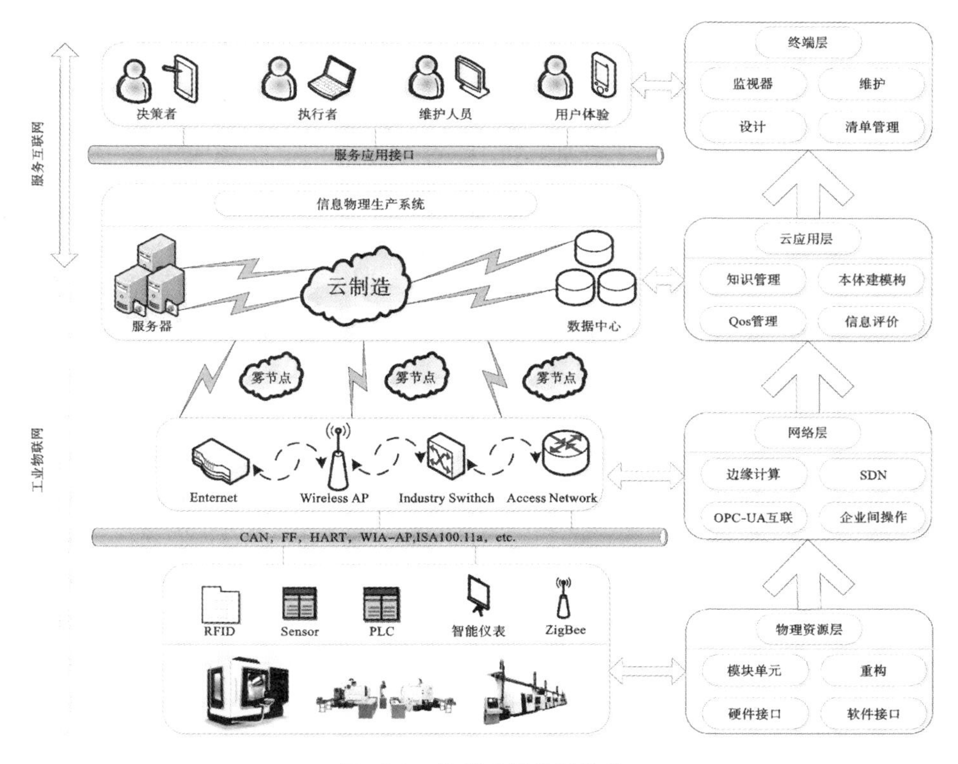

图12-9　智能工厂体系结构

12.4.2　基于云的分布式监控系统

过去数十年来,工业自动化一直在各种生产系统中起着举足轻重的作用,其技术与体系结构随着工厂生产组织结构的变化而变化。随着基于云服务的体系结构引入工厂自动化系统,其触角甚至达到了底层车间设备。这里仅仅简单介绍:基于云计算、云服务及工业物联网技术,基于服务理念在工业自动化监测控制系统上的技术变革。由于工厂设备的复杂多样性,为了采集监测设备与过程数据,其数据流动在传统工厂SCADA/DCS(supervisory control and data acquisition/distributed control system)系统中的数据流如图12-10所示。显然,这种数据流及基于该数据流的SCADA/DCS系统组网复杂、可

扩展性与人机交互性都很差。为了融入互联、交互的特征,引入 Web 服务的技术,通过在底层设备智能化,其本身可以提供对外的 Web 服务,从而具有实现与其他设备甚至与人的交互性。这种基于云服务的 SCADA/DCS 系统具有工业信息物理系统的主要特征,以及计算与物理过程的集成。图 12-11 所示的是一种基于云服务的下一代 SCADA/DCS 体系结构图。

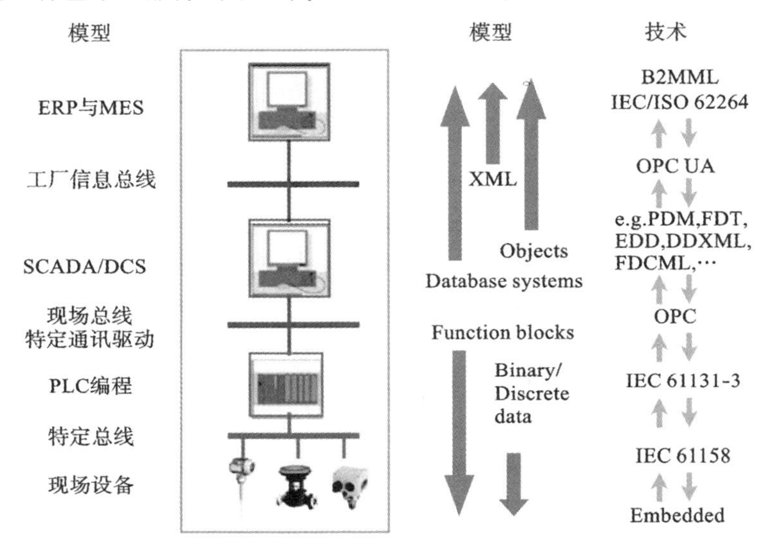

图 12-10　自动化系统的数据流

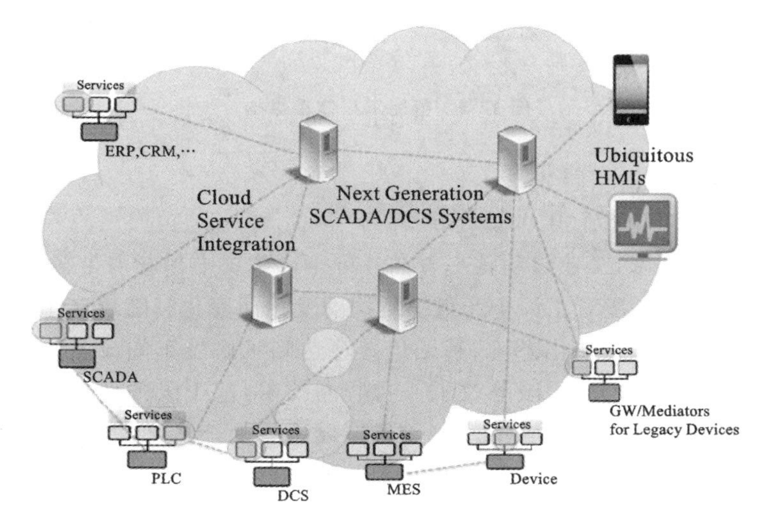

图 12-11　基于云服务的 SCADA/DCS 体系结构

12.5 知识拓展

12.5.1 信息物理电子制造

1. Self-Learning Electronics Production Processes

The aim of a self-learning production line is the holistic integration of sensor-based data within the value chain of electronics production in an automated analysis and decision system for the recording and interpretation of accruing process and test data. Thus, improved production quality as well as increased process flexibility can be achieved across all process steps.

This continuous increase in data diversity and complexity of data is in particular due to the 80% - 90% reduced cost of MEMS sensors in the last five years as well as the significantly increased amount of connected machinery and equipment. However, the combination of modern sensor technology and automated data analysis is only at the beginning of its development, despite these impressive figures. This is likely to change due to technological progress described before. Furthermore, the inspection and monitoring of critical processes often continues to take place manually. A prerequisite for the development and implementation of automated and connected techniques is the integration of machinery into control systems and cloud-based data systems. This requires standardized interfaces on the device side or flexible integration at the control level. This forms the basis for implementing automated fault detection and classification processes as well as the automated tracking of process parameters. The efficient use of collected process and quality data through smart data methods provides the basis for establishing a cross-process quality control loop as shown in Fig 12-12. Instead of individual processes, the entire value chain will be considered and statistical methods are used for a holistic process optimization.

By making use of big data technologies and cloud computing, manufac-

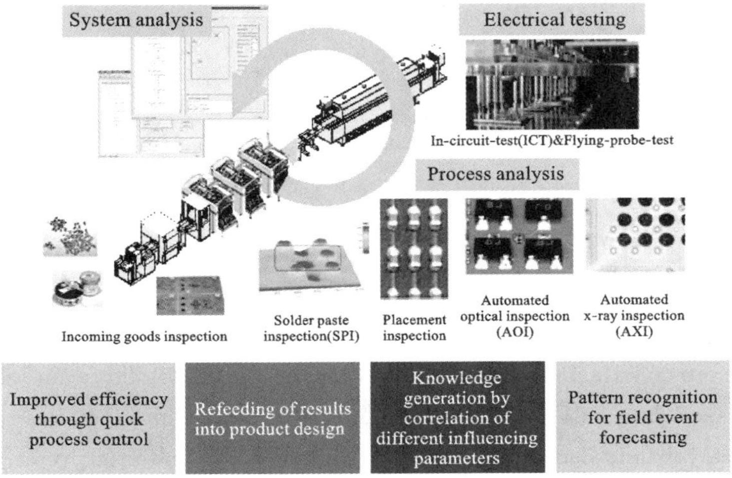

System analysis
Electrical testing
In-circuit-test(ICT)&Flying-probe-test
Process analysis
Incoming goods inspection
Solder paste inspection(SPI)
Placement inspection
Automated optical inspection (AOI)
Automated x-ray inspection (AXI)
Improved efficiency through quick process control
Refeeding of results into product design
Knowledge generation by correlation of different influencing parameters
Pattern recognition for field event forecasting

Fig. 12-12 Self-learning electronics production processes facilitated by big data technologies

turers are offered enormous potential to generate values from the diverse use of large sensor generated data volumes. The integration of data across the enterprise and the application of advanced analytical techniques help to increase productivity by improving efficiency, increasing flexibility, and promoting product quality. Sophisticated analytics can significantly improve automatic decision making in production, minimize risks, and provide valuable insights, which would otherwise remain hidden. Sensor-based data provide the required raw material either to develop new algorithms or to use established smart data algorithms. Thus, new economic, environmental, and social opportunities arise. In developed markets, manufacturers can use the large amount of sensor-generated data to reduce costs and achieve greater innovation in products and services.

2. Integrated Cyber-Physical Electronics Production

The demands for the highest productivity rates with more than 100,000 placed electronic components per hour with an aspired error rate of only a few defect per million have led to the rigidly connected production lines. The transport of products and materials is accomplished via conveyor belts or large and inflexible driverless transport systems (AGV). Against the backdrop of increasing product functionality and complexity, the importance of an increased flexibility of electronic production systems prevails. Currently, rigidly linked production lines prevent quick changes to the production sequence. This inadequacy is in particular visible during standstills of individual machines e. g. due to maintenance intervals, which results in a standstill of the entire line, and thus significantly impairs the overall equipment effectiveness (OEE). Another use case showing the inflexibility of current assembly lines is that of the reworking process. Rejected products are not discharged automatically from the manufacturing line and transported to a reworking station, since neither the transport systems nor the IT is able to do so. This creates the possibility of a dynamic breakup of rigid manufacturing lines in electronics production using smart cyber-physical attributes. Thus, a dynamic, viably real-time, and self-organizing internal value chain can be developed according to different targets such as cost, availability, energy and resource consumption, flexibility and throughput time. To reach this goal, all enabling technologies presented in Sect. 2 must work hand in hand. This creates the possibility of a production setup as shown in Fig 12-13.

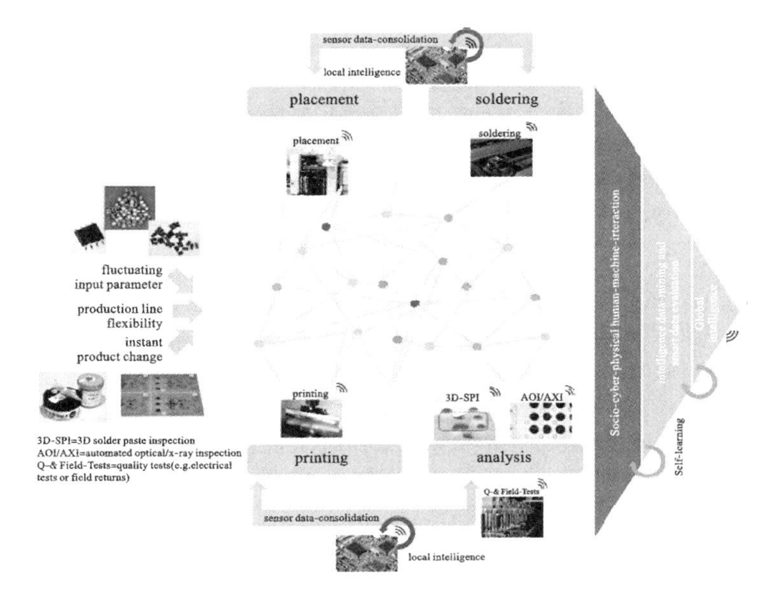

Fig. 12-13 Realization of a cyber-physical electronics production network by flexible connection of all entities

本章重难点

重点

- 串行通信、现场总线、分布式控制系统和实时以太网。

难点

- 现场总线控制系统和实时以太网。

思考与练习

1. 什么是串行通信和并行通信？各自的特点是什么？
2. 什么是 DCS 系统，其特点及适用场合是什么？
3. 现场总线与工业以太网的区别在哪里？各有什么特点？
4. 阐述工业信息物理系统、工业物联网与工业 4.0 的区别与联系。

参考文献

[1] 袁中凡. 机电一体化技术[M]. 北京：电子工业出版社，2006.

[2] 黄国权. 数控技术[M]. 北京：清华大学出版社，2008.

[3] 美国国家仪器(NI)有限公司，最新总线技术在仪器控制与连接应用上的发展远景[EB/OL]. http://digital.ni.com/worldwide/china.nsf/web/all/8FDA517436F68DD048256E1D002F9F88.

[4] 陈在平，岳有军. 工业控制网络与现场总线技术[M]. 北京：机械工业出版社，2006.

[5] 李行善，梁旭，于劲松. 基于局域网的自动测试设备(ATE)组建技术[J]. 计算机测量与控制，2006，14(1)：1-4.

[6] 杨卫华. 工业控制网络技术[M]. 北京：机械工业出版社，2008.

[7] 阳宪惠. 现场总线技术及其应用[M]. 北京：清华大学出版社，1999.

[8] 贾东耀，汪仁煌. 工业控制网络结构的发展趋势[J]. 工业仪表与自动化装置，2002(5)：8-12.

[9] 广州周立功单片机发展有限公司，CAN-bus 现场总线应用方案-汽车电子篇[EB/OL]. 2004.

[10] 实时以太网 RTE(Real Time Ethernet)[EB/OL]. https://blog.csdn.net/junbincc02/article/details/54645653.

[11] Lee E A. Cyber physical systems：Design challenges[C]. 11th IEEE Symposium on

Object/Component/Service-Oriented Real-Time Distributed Computing, ISORC 2008, May 5, 2008 - May 7, 2008, 2008: 363-369.

[12] Bagheri B, Yang S, Kao H-A, et al. Cyber-physical systems architecture for self-aware machines in industry 4.0 environment[C]. 15th IFAC Symposium on Information Control Problems in Manufacturing, INCOM 2015, May 11, 2015 - May 13, 2015, 2015: 1622-1627.

[13] Chen B, Wan J, Shu L, et al. Smart Factory of Industry 4.0: Key Technologies, Application Case, and Challenges[J]. IEEE Access, 2018, 6: 6505-6519.

[14] Colombo AW, Bangemann T, Karnousko S, et al. Industrila cloud-based cyber-physical systems: The IMC-AESOP approach[M]. Berlin: Springer, 2014.

[15] Jeschke S, Brecher C, Song H, Rawat D B. Industrial internet of things: Cybermanufacutring systems[M]. Berlin: Springer, 2017.

二维码资源使用说明

本书部分课程资源以二维码的形式在书中呈现，读者第一次利用智能手机在微信下扫码成功后提示微信登录，授权后进入注册页面，填写注册信息。按照提示输入手机号后点击获取手机验证码，稍等片刻收到 4 位数的验证码短信，在提示位置输入验证码成功后，重复输入两遍设置密码，点击“立即注册”，注册成功。（若手机已经注册，则在“注册”页面底部选择“已有账号？绑定账号”，进入“账号绑定”页面，直接输入手机号和密码，提示登录成功。）接着提示输入学习码，需刮开教材封底防伪涂层，输入 13 位学习码（正版图书拥有的一次性使用学习码），输入正确后提示绑定成功，可查看二维码数字资源。即可查看二维码数字资源。手机第一次登录查看资源成功后，以后在微信端扫码可直接微信登录进入查看。